T0224896

Technische Grundlagen Eingebetteter Systeme

Lizenz zum Wissen.

Sichern Sie sich umfassendes Technikwissen mit Sofortzugriff auf tausende Fachbücher und Fachzeitschriften aus den Bereichen: Automobiltechnik, Maschinenbau, Energie + Umwelt, E-Technik, Informatik + IT und Bauwesen.

Exklusiv für Leser von Springer-Fachbüchern: Testen Sie Springer für Professionals 30 Tage unverbindlich. Nutzen Sie dazu im Bestellverlauf Ihren persönlichen Aktionscode C0005406 auf *www.springerprofessional.de/buchaktion/*

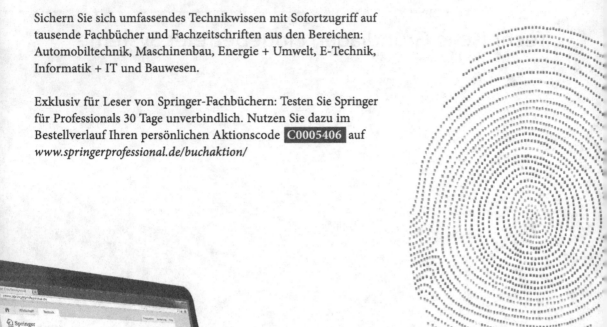

Jetzt
30 Tage
testen!

Springer für Professionals.
Digitale Fachbibliothek. Themen-Scout. Knowledge-Manager.

🔍 Zugriff auf tausende von Fachbüchern und Fachzeitschriften

☺ Selektion, Komprimierung und Verknüpfung relevanter Themen durch Fachredaktionen

✎ Tools zur persönlichen Wissensorganisation und Vernetzung

www.entschieden-intelligenter.de

Springer für Professionals

 Springer

Karsten Berns · Alexander Köpper ·
Bernd Schürmann

Technische Grundlagen Eingebetteter Systeme

Elektronik, Systemtheorie, Komponenten und Analyse

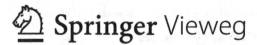
Springer Vieweg

Karsten Berns
TU Kaiserslautern
Kaiserslautern, Deutschland

Alexander Köpper
TU Kaiserslautern
Kaiserslautern, Deutschland

Bernd Schürmann
TU Kaiserslautern
Kaiserslautern, Deutschland

ISBN 978-3-658-26515-1   ISBN 978-3-658-26516-8   (eBook)
https://doi.org/10.1007/978-3-658-26516-8

Die Deutsche Nationalbibliothek verzeichnet diese Publikation in der Deutschen Nationalbibliografie; detaillierte bibliografische Daten sind im Internet über http://dnb.d-nb.de abrufbar.

Springer Vieweg
© Springer Fachmedien Wiesbaden GmbH, ein Teil von Springer Nature 2019
Das Werk einschließlich aller seiner Teile ist urheberrechtlich geschützt. Jede Verwertung, die nicht ausdrücklich vom Urheberrechtsgesetz zugelassen ist, bedarf der vorherigen Zustimmung des Verlags. Das gilt insbesondere für Vervielfältigungen, Bearbeitungen, Übersetzungen, Mikroverfilmungen und die Einspeicherung und Verarbeitung in elektronischen Systemen.
Die Wiedergabe von allgemein beschreibenden Bezeichnungen, Marken, Unternehmensnamen etc. in diesem Werk bedeutet nicht, dass diese frei durch jedermann benutzt werden dürfen. Die Berechtigung zur Benutzung unterliegt, auch ohne gesonderten Hinweis hierzu, den Regeln des Markenrechts. Die Rechte des jeweiligen Zeicheninhabers sind zu beachten.
Der Verlag, die Autoren und die Herausgeber gehen davon aus, dass die Angaben und Informationen in diesem Werk zum Zeitpunkt der Veröffentlichung vollständig und korrekt sind. Weder der Verlag, noch die Autoren oder die Herausgeber übernehmen, ausdrücklich oder implizit, Gewähr für den Inhalt des Werkes, etwaige Fehler oder Äußerungen. Der Verlag bleibt im Hinblick auf geografische Zuordnungen und Gebietsbezeichnungen in veröffentlichten Karten und Institutionsadressen neutral.

Springer Vieweg ist ein Imprint der eingetragenen Gesellschaft Springer Fachmedien Wiesbaden GmbH und ist ein Teil von Springer Nature.
Die Anschrift der Gesellschaft ist: Abraham-Lincoln-Str. 46, 65189 Wiesbaden, Germany

Vorwort

In der modernen Welt sind eingebettete Systeme allgegenwärtig. Sei es in Smartphones, Haushaltsgeräten, in modernen Kraftfahrzeugen oder Fabriken. Dabei verbinden sie die analoge mit der digitalen Welt und übernehmen eine Vielzahl unterschiedlicher Aufgaben. Dies führt dazu, dass Entwickler eingebetteter Systeme nicht nur umfangreiche Kenntnisse in der Entwicklung spezieller Softwaresysteme mitbringen müssen, sondern auch Wissen aus der Elektrotechnik und Regelungstechnik brauchen und sich mit Aspekten der Systemkomponenten, Kommunikation und Echtzeitanforderungen auseinandersetzen müssen. Aus dieser Motivation heraus ist dieses Lehrbuch entstanden. Das Buch fasst die Inhalte der Vorlesungen Grundlagen eingebetteter Systeme zusammen, die an der Technischen Universität Kaiserslautern im Fachbereich Informatik angeboten werden. Es richtet sich an Studierende und Anwender der Informatik sowie an Ingenieure, Physiker und Mathematiker, die sich für die Grundlagen der Entwicklung eingebetteter Systeme interessieren.

Um hierfür wesentliche Grundlagen aufzubereiten, ist das Buch in vier Teile untergliedert. Der erste Teil beschäftigt sich zunächst mit den elektrotechnischen Grundlagen. Hierbei werden Grundbegriffe und Grundmethoden so aufbereitet, dass die Studierenden ohne umfangreiche Grundkenntnisse der Elektrotechnik einen leichten Zugang zu eingebetteten Systemen finden. Im zweiten Teil des Buches werden systemtheoretische Grundlagen und der Entwurf von Reglern diskutiert. Im dritten Teil folgt ein Überblick über die Systemkomponenten eingebetteter Systeme und ihre Einbindung. Im vierten Teil werden schließlich die Modellierung und Analyse der Algorithmen in Bezug auf Echtzeitanforderungen erläutert. Hierzu werden einige Modellierungstechniken eingeführt und anhand von Beispielen deren Anwendung beschrieben, gefolgt von Methoden der Echtzeitplanung.

Dieses Lehrbuch ist unter Mitwirkung einiger Mitarbeiter der AG Robotersysteme entstanden, denen wir an dieser Stelle besonders danken möchten: Jens Hubrich für das Korrekturlesen und die Aufbereitung der Grafiken und Tabellen, Melanie Neudecker für das Erstellen der Fotografien und Axel Vierling für seine fachlichen Ergänzungen. Wir hoffen, mit diesem Buch einen wesentlichen Beitrag zum Verständnis eingebetteter Systeme geleistet zu haben. Softwareentwickler verstehen nach der Lektüre des Buches das technische Umfeld und dessen Anforderungen besser. Umgekehrt besitzen Ingenieure tiefere Kenntnisse in der Komplexität der Entwicklung eingebetteter Software.

Kaiserslautern   Karsten Berns
März 2019   Alexander Köpper
                                                                                 Bernd Schürmann

Inhaltsverzeichnis

Einleitung

Eingebettete Systeme sind aus der modernen Welt nicht mehr wegzudenken. Sie sind überall dort zu finden, wo eine direkte Interaktion technischer Systeme mit der Umwelt stattfinden soll. Dabei finden Sie in verschiedensten Bereichen wie der Luft- und Raumfahrttechnik wie auch in Konsumgütern wie Fernsehern oder Waschmaschinen Anwendung. Kaum ein heute verfügbares technisches Gerät wäre ohne den Einsatz eingebetteter Hard- und Softwaresysteme realisierbar.

Als *eingebettete Systeme (ES)* bezeichnet man informationsverarbeitende Systeme, die in ein größeres Produkt bzw. eine Umgebung integriert sind (siehe Abb. 1.1). Diese Definition ist bewusst recht unspezifisch gehalten, da der Begriff der eingebetteten Systeme ein weites Anwendungsfeld abdeckt.

Bei der Gebäudeautomatisierung werden beispielsweise eingebettete Systeme zur Klima- und Lichtsteuerung, Einbruchsicherung, und in modernen Klingelanlagen eingesetzt. Auch in modernen Fitnesstrackern und Smartphones interagiert man ständig mit ihnen.

Ohne die digitale, softwarebasierte Verarbeitung von Steuerungs- und Regelungsproblemen oder der Signalverarbeitung wären auch heutige Fahrerassistenzsysteme wie ABS, ESP, Personen- und Verkehrsschilderkennung oder Notbremsassistenten undenkbar.

Sind solche Systeme in größeren Strukturen vernetzt, spricht man auch von *Cyber-Physical-Systems (CPS)*.

Im Allgemeinen nehmen eingebettete Systeme interne Zustände des Gesamtsystems sowie Informationen über die Umwelt über Sensorsysteme auf. Die so gewonnenen Messdaten werden zunächst durch analoge Hardware aufbereitet und anschließend auf digitalen Rechnerknoten weiterverarbeitet. Für diese wiederum muss eine spezielle Software entwickelt werden, die neben den funktionalen Anforderungen auch nichtfunktionale Eigenschaften berücksichtigen muss.

© Springer Fachmedien Wiesbaden GmbH, ein Teil von Springer Nature 2019
K. Berns et al., *Technische Grundlagen Eingebetteter Systeme*,
https://doi.org/10.1007/978-3-658-26516-8_1

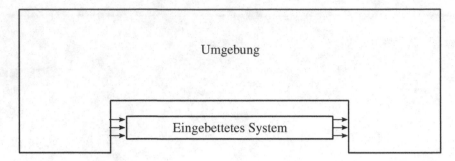

Abb. 1.1 Eingebettetes System

Hierzu zählen u. a.

- Echtzeitanforderungen,
- Gewicht, Baugröße, Energieverbrauch,
- Zuverlässigkeit, Wartbarkeit, Verfügbarkeit,
- verlässliche echtzeitfähige Kommunikation,
- Verbindungen von digitalen, analogen und hybriden Wirkprinzipien.

Im Gegensatz zu Softwaresystemen, wie beispielsweise Office-Anwendungen, werden bei eingebetteten Systemen die Programme i. d. R. zyklisch abgearbeitet (Endlosschleife) und sind anwendungsspezifisch optimiert. Dabei nähern sie sich jedoch mittlerweile, u. a. durch den Einsatz von komplexen Betriebssystemen und steigender Ressourcenverfügbarkeit, dem klassischen PC auch aus Sicht der Softwareentwicklung immer weiter an.

Eingebettete Systeme können entweder als *reaktive* (s. Abb. 1.2) oder als *transformierende Systeme* aufgebaut werden. Bei reaktiven Systemen wird die Umwelt durch die Ansteuerung von Aktuatoren verändert, beispielsweise wird über eine Ventilsteuerung eines Heizkessels die Temperatur nach oben bzw. nach unten korrigiert. Transformierende Systeme nehmen Daten aus der Umwelt auf, verarbeiten diese digital und stellen sie

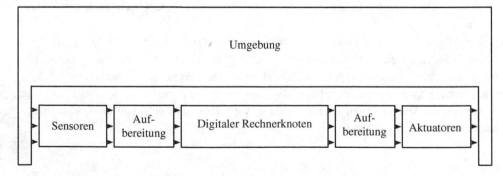

Abb. 1.2 Reaktives eingebettetes System

anschließend in modifizierter Form auf einem Ausgabegerät dar. Ein Beispiel für transformierende Systeme stellt ein modernes TV-Gerät dar, bei dem zunächst elektromagnetische Wellen mittels Satellitenschüssel und Receiver in elektrische Signale umgewandelt werden, anschließend digital modelliert und gefiltert und danach als Video- und Audiodaten auf dem TV-Gerät ausgegeben werden. Unabhängig von ihrem Einsatzgebiet sind eingebettete Systeme also vor allem auch durch das intensive Zusammenspiel zwischen Mechanik, elektrischer Hardware und Software geprägt. Erst das effektive Zusammenspiel zwischen Sensoren, Aktuatoren und der Software, die auf Mikrocontrollern oder spezieller Hardware ausgeführt wird, ermöglicht die Realisierung der heute verfügbaren komplexen Funktionalitäten. Die Entwicklung softwareintensiver eingebetteter Systeme erfordert daher sowohl Wissen aus der Elektrotechnik – wie beispielsweise zur eingesetzten Hardware, zur Systemtheorie und Regelungstechnik – als auch Wissen zur systematischen Softwareentwicklung komplexer Systeme aus der Informatik. Eine gute Übersicht zur Eingliederung in diese angrenzenden Felder bieten z. B. [Brä03] und [Mar08].

1.1   Der autonome Gabelstapler als Beispielsystem

Da die ausschließlich abstrakte Betrachtung der Methoden und Komponenten eingebetteter Systeme oft nicht ausreicht, um ein Verständnis der Funktion zu erlangen, werden in diesem Buch regelmäßig Beispiele aus der Praxis vorgestellt. Um einen besseren Überblick über die Zusammenhänge zu erlangen, wird im Folgenden ein Beispielsystem vorgestellt, das zur Verdeutlichung unterschiedlicher Aspekte herangezogen wird: Der autonome Gabelstapler.

Bei diesem System handelt es sich um ein autonomes Fahrzeug mit elektrischem Antrieb, auf dem eine auf- und abfahrbare Lastgabel montiert ist, ähnlich dem in Abb. 1.3

Abb. 1.3 Gabelstapler

abgebildeten. Verschiedene Sensorsysteme, wie Abstandssensoren oder Kameras werden im Laufe des Buches diskutiert. Das System soll damit in der Lage sein, in seiner Umgebung autonom Objekte zu erkennen und aufzunehmen und an vorgegebene Zielpunkte zu bringen. Dabei soll Hindernissen in der Umgebung ausgewichen werden. Das System besteht also aus Sensorik, Aktuatorik, Recheneinheit und den zugehörigen elektrischen und mechanischen Elementen. Es kommen Signale in analoger, wie auch digitaler Form vor. Es muss nicht-funktionalen Anforderungen genügen, wie z. B. auftauchenden Hindernissen *rechtzeitig* auszuweichen und muss mit einer begrenzten Energiemenge (Akku) auskommen. Eine komplexe Regelung für den Antrieb ist nötig, wie auch Kommunikationsschnittstellen zwischen den Komponenten. Diese Eigenschaften werden in den folgenden Kapiteln aufgegriffen und vertieft.

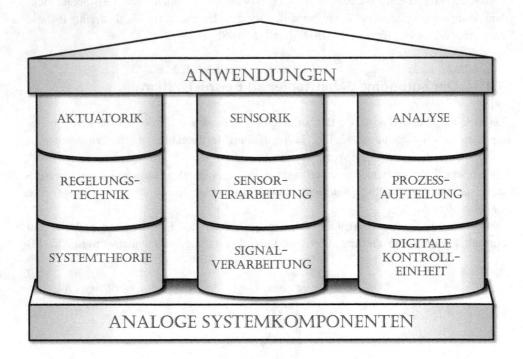

Struktur des Buches

In *Teil I* werden die elektrischen und elektronischen Grundlagen erläutert.

Eingebettete Systeme bestehen aus einer Vielzahl elektrischer und elektronischer Komponenten. Von den Sensorsystemen, die physikalische Eingangsgrößen in digitale Daten umwandeln, über die eigentliche Recheneinheit, in der diese Daten verarbeitet werden, bis zu den elektrisch angesteuerten Aktuatoren. Um die hier stattfindenden Vorgänge begreifen und berechnen zu können und mögliche Fehlerquellen zu identifizieren, ist ein fundiertes Grundwissen der Elektrotechnik und Elektronik erforderlich.

Dazu werden zuerst die Grundlagen der Berechnung elektrischer Stromkreise (Kap. 2) eingeführt und dann zu elektrischen Netzwerken (Kap. 3) erweitert. Danach wird das Funktionsprinzip von Halbleiterbauelementen vorgestellt (Kap. 4) und deren praktische Anwendung, auch in Operationsverstärkerschaltungen, erläutert.

In *Teil II* werden Systemtheorie und Regelungstechnik behandelt.

Um richtig auf nicht-vorhersagbare Eingaben reagieren zu können, sind, insbesondere bei zeitkritischen Anwendungen, regelungstechnische Systeme nötig.

Zunächst werden die hierfür verwendeten formalen und mathematischen Grundlagen im Rahmen der *Systemtheorie* erarbeitet (Kap. 5). Darauf aufbauend wird dann das konkrete Vorgehen beim Entwurf von klassischen und „Fuzzy-" Reglern vorgestellt (Kap. 6).

In *Teil III* werden Systemkomponenten eingebetteter Systeme vorgestellt.

Eingebettete Systeme sind nicht nur oft in umfangreiche Gesamtsysteme integriert, sondern bestehen selbst aus einer Vielzahl von Komponenten. Diese müssen für den jeweiligen Zweck passend ausgewählt und in das System integriert werden.

Dazu werden zuerst Methoden der Signalverarbeitung erläutert, die für die grundlegende Übertragung und (Vor-)Verarbeitung ein- und ausgehender Signale benötigt werden (Kap. 7). Danach wird der Begriff des Sensors erläutert und auf die spezifische Verarbeitung von Sensordaten eingegangen (Kap. 8). Dazu werden verschiedene Sensortypen vorgestellt. Außerdem werden einige Aktuatoren (Kap. 9) und unterschiedliche Architekturen der digitalen Kontrolleinheit eingeführt (Kap. 10). Schließlich wird die abstrakte Kommunikation eingebetteter System mit der Umgebung, wie auch im System selbst, beleuchtet (Kap. 11).

In *Teil IV* geht es um die Modellierung von Echtzeitverhalten.

Eingebettete Systeme müssen oft bestimmte Qualitätskriterien einhalten. Neben einer gewissen Ausfallsicherheit und der eigentlichen Funktionalität gilt es meistens, Effizienz- und Zeitvorgaben einzuhalten. Um dies zu realisieren wird ein umfangreiches Wissen der Vorgänge in Hard-, aber auch Software benötigt. Um dies zu beherrschen werden abstrakte Modellierung- und Analysemethoden eingeführt (Kap. 12). Darauf basierend werden schließlich verschiedene Methoden vorgestellt, um Echtzeitanforderungen zu erfüllen (Kap. 13).

Am Schluss des Buches werden die gewonnenen Erkenntnisse am Beispiel des autonomen Gabelstaplers zusammengefasst.

Literatur

[Brä03]   Bräunl, T.: Embedded Robotics: Mobile Robot Design and Applications with Embedded
          Systems. Springer, Berlin (2003)
[Mar08]   Marwedel, P.: Eingebettete Systeme. Springer, Berlin (2008) (korrigierter nachdr.)

Teil I

Elektrische und Elektronische Grundlagen

Zusammenfassung

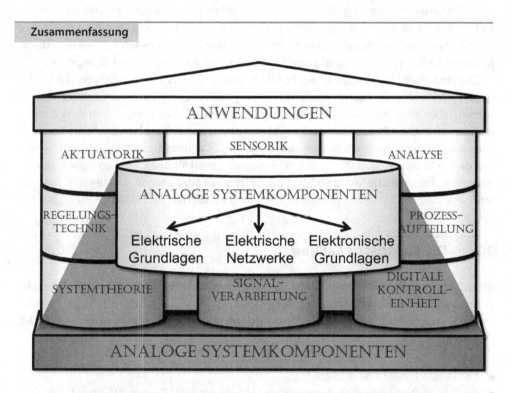

In diesem Kapitel werden die wichtigsten Grundbegriffe und die grundlegenden physikalischen Prinzipien der Elektrotechnik eingeführt. Der Umgang mit wichtigen Rechengrößen, wie der Energie und Leistung im elektrischen Stromkreis, wird dabei ebenso behandelt, wie der Widerstand als zentrales Bauelement elektrischer Schaltungen. Damit werden die Voraussetzungen für die Berechnung elektrischer Schaltungen, die z. B. in der

© Springer Fachmedien Wiesbaden GmbH, ein Teil von Springer Nature 2019
K. Berns et al., *Technische Grundlagen Eingebetteter Systeme*,
https://doi.org/10.1007/978-3-658-26516-8_2

Signalverarbeitung genutzt wird, geschaffen. Schließlich wird der ohmsche Widerstand als das wichtigste Element elektrischer Schaltungen vorgestellt. Er dient u. a. zur Analyse elektrischer Netzwerke, die im nächsten Kapitel behandelt werden.

2.1   Elektrotechnische Betrachtung Eingebetteter Systeme

Software-Entwickler, die im Bereich eingebetteter Systeme tätig sind, benötigen vertiefte Kenntnisse des technischen Systems für das sie ihre eingebettete Software konstruieren. Da oft mit eingeschränkten Ressourcen gearbeitet wird, muss ein Verständnis der Arbeitsweise dieser Ressourcen vorhanden sein, um sie optimal nutzen zu können. Weiterhin stehen bei vielen eingebetteten Systemen einige Abstraktionsschichten, wie das Betriebssystem oder eine Treiberschicht, nicht zur Verfügung, wodurch man sehr Hardware-nah arbeiten muss. Dafür ist es unumgänglich, ein Grundverständnis eben dieser verwendeten Hardware und der benutzten Konzepte zu besitzen. Dies dient außerdem als Basis für das gegenseitige Verständnis innerhalb des i. d. R. interdisziplinären Entwicklerteams solcher Systeme, da die Kommunikation in der Praxis oft einen Flaschenhals in der Systementwicklung darstellt.

Die grundlegenden elektrotechnischen und elektronischen Zusammenhänge, die für das spätere Verständnis der Steuerungs- und Regelungstechnik, der Sensorverarbeitung und der Schnittstellen zwischen einem Steuergerät (eingebetteter Prozessor) und dem zu beeinflussenden technischen System notwendig sind, werden in Kap. 2 bis 4 beschrieben. Dazu werden zunächst die wichtigsten Bauteile und Schaltungen eingeführt und danach der Umgang mit diesen erläutert. Details zu den verwendeten physikalischen Größen finden sich in Anhang A, beispielhafte Werte und die verwendeten Schaltzeichen in Anhang B. Zur weiteren Vertiefung des Stoffes empfehlen sich beispielsweise [Büt12a, FLM05, Mec95, Nel02].

2.2   Die elektrische Ladung

Elektrische Vorgänge beruhen auf der Bewegung von elektrischen Ladungen. Grundsätzliche Träger von Ladung sind Elektronen und Protonen.

Die Ladung eines Elektrons heißt Elementarladung e und beträgt: $e = -1,602 \cdot 10^{-19}$As. Dabei gilt:

- Ein Proton hat die Ladung $-e$.
- Maßeinheit von Ladung ist *Amperesekunde* [As] oder auch *Coulomb* [C] mit 1 As = 1 C.
- Für die elektrische Ladung wird die Abkürzung Q verwendet.
- Gleich geladene Teilchen stoßen sich ab, entgegengesetzt geladene Teilchen ziehen sich an.

Die elektrische Ladung, hier als Akkumulation vieler Ladungsträger, spielt insbesondere im Umgang mit Bauelementen, die elektrische Energie speichern können, wie z. B. Batterien oder Kondensatoren, eine große Rolle. Alle elektrisch geladenen Körper sind von einem *elektrischen Feld* umgeben. Als Kraftfeld wirkt dieses auf Ladungen und beeinflusst so deren Verhalten.

2.3   Der elektrische Strom

Unter dem *elektrischen Strom* versteht man die gerichtete Bewegung von Ladungen. Dies können Elektronen oder Ionen sein. Transportiert werden die Ladungen über (Halb-) Leiter, welche Stoffe sind, die viele bewegliche Ladungsträger besitzen.

Die *elektrische Stromstärke I*, häufig auch einfach „Strom" genannt, ist die Ladungsmenge Q, die pro Zeiteinheit t durch einen festen Querschnitt eines Leiters fließt. Die Einheit der Stromstärke ist *Ampere* [A], benannt nach André-Marie Ampère, der um 1820 u. a. die Theorie des Elektromagnetismus begründet hat. Bei der Stromstärke handelt sich um eine gerichtete Größe, die „Fließrichtung" der Ladungsträger beeinflusst also die Berechnungen. Dabei wird immer mit der technischen Stromrichtung gerechnet, die per Definition die Flussrichtung der (imaginären) positiven Ladungsträger ist. Negativ geladene Elektronen fließen demnach entgegen der technischen Stromrichtung. Obwohl in der physikalischen Realität i. d. R. die negativ geladenen Elektronen fließen (Ausnahmen wären z. B. positiv geladene Ionen in stromdurchflossenen Flüssigkeiten), hat sich diese Konvention historisch durchgesetzt.

Für einen zeitlich konstanten Strom gilt

$$I = \frac{Q}{t} \text{ bzw. } Q = I \cdot t \qquad (2.1)$$

Falls der Strom $I(t)$ nicht konstant im betrachteten Zeitintervall $[t_1, t_2]$ ist, muss die Berechnung der transportierten Ladung abschnittsweise erfolgen.

Für einen zeitlich variablen Strom kommt man über die Näherung von N Zeitintervallen der Länge Δt, in denen $I(t)$ konstant ist

$$Q = I(t_i) \cdot \Delta t$$

beim Übergang von $N \rightarrow \infty$ bzw. $\Delta t \rightarrow 0$ zum Integral

$$Q_{1,2} = \int_{t_1}^{t_2} I(t)dt$$

für den Ladungsträgertransport im Zeitintervall t_1 bis t_2.

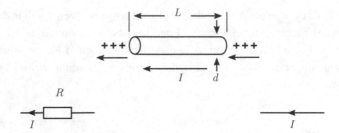

Abb. 2.1 Ersatzschaltbilder für elektr. Strom in Leitungen

Mit einer Anfangsladung Q_0 beträgt die Ladung, die zum Zeitpunkt τ geflossen ist

$$Q(\tau) = \int_{t=0}^{\tau} I(t)dt + Q_0 \qquad (2.2)$$

Umgekehrt ergibt sich die momentane Stromstärke aus dem Ladungstransport als Funktion der Zeit

$$I(t) = \frac{d}{dt} Q(t) \qquad (2.3)$$

Die Darstellung eines Stromes durch einen Leiter erfolgt in der Regel vereinfacht als Pfeil auf dem Leiter selbst, wie in Abb. 2.1 gezeigt.

2.4 Der elektrische Widerstand

Bei der Bewegung von Elektronen in einem Leiter stoßen diese immer wieder mit dessen Atomen zusammen, wodurch ihre Energie in Form von Wärme abgegeben wird. Der elektrische Widerstand R beschreibt, wie leicht bzw. schwer sich Elektronen in einem Leiter bewegen können. Die Einheit des Widerstands ist *Ohm* [Ω] mit $1\,\Omega = 1$ V/A. Dabei ist insbesondere im Vergleich zur englischen Literatur darauf zu achten, dass im Deutschen sowohl das *Bauteil* (engl. *Resistor*), als auch die *abstrakte Größe* (engl. *Resistance*) als Widerstand bezeichnet werden.

Der *elektrische Widerstand* wächst proportional mit der Länge l und umgekehrt proportional mit dem Querschnitt q des Leiters. Darüber hinaus hängt der Widerstand von der Temperatur und dem Material des Leiters, was durch den spezifischen Widerstand ρ beschrieben ist, ab.

$$R = \rho \cdot \frac{l}{q} \qquad (2.4)$$

Eine Auflistung verschiedener Materialien und ihres spezifischen Widerstands findet sich im Anhang in Tab. B.1. Da (ohmsche) Widerstände in jedem elektrischen Bauteil auftreten, bilden sie ein wesentliches Element der Elektrotechnik. Ihr Schaltzeichen ist in Abb. 2.2 abgebildet.

Abb. 2.2 Schaltzeichen/Symbol des Widerstands

2.5 Der elektrische Stromkreis

Strom fließt nur in einem geschlossenen Stromkreis (vgl. Abb. 2.3). In einer Quelle (Spannungs- oder Stromquelle) werden immer gleich viele positive wie negative Ladungen erzeugt, wobei die beweglichen Ladungsträger durch den Stromkreis fließen. Ist der Stromkreis nicht verzweigt, ist die Stromstärke an jedem Punkt gleich groß.

Die *elektrische Spannung (U)* ist der Quotient aus der zur Verschiebung einer Ladung Q von a nach b erforderlichen Arbeit und der Ladung Q:

$$U = \frac{W_{ab}}{Q} \tag{2.5}$$

Die Einheit der Spannung ist *Volt* [V] mit $1\,V = 1\,W/A = 1\,Nm/As$, benannt nach Alessandro Volta, der u. a. 1780 mit der Voltaschen Säule einen Vorläufer heutiger Batterien entwickelte. Für die Spannung gilt:

- Eine Spannung ist immer nur zwischen zwei Punkten definiert.
- Eine Spannung hat immer auch eine Richtung, im Schaltbild durch den Spannungspfeil gekennzeichnet.
- Strom wird durch einen Pfeil auf dem Leiter dargestellt, Spannung durch einen Pfeil neben dem Leiter/Bauteil bzw. zwischen den Klemmen.

Oft werden aus Platz- und Übersichtlichkeitsgründen die Darstellungen von elektrischen Schaltungen (Schaltpläne) reduziert. Die beiden rechten Diagramme in Abb. 2.4 sind vereinfachte Darstellungen der linken Schaltung. Hier wird die Ausgangsspannung U_a nur an

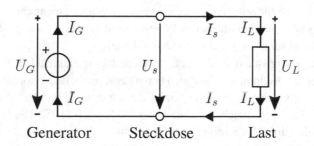

Abb. 2.3 Einfacher Stromkreis mit Generatorspannung U_G, Spannung U_s und Lastspannung U_L

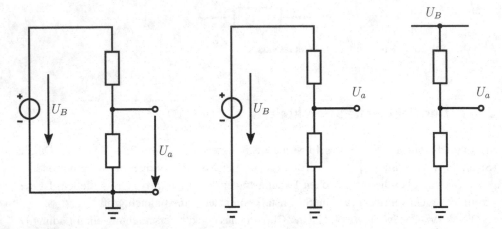

Abb. 2.4 Mögliche Vereinfachungen des Schaltbildes

einem Punkt dargestellt. Dies ist durch die Einführung eines gemeinsamen Bezugspunkts für die gesamte Schaltung möglich, den man Masse nennt und der durch einen (waagerechten) Strich symbolisiert wird. Bei Spannungsangaben U_P in einem Punkt P, wird die Masse immer als zweiter Punkt angenommen, d. h. U_P ist die Spannung zwischen dem Punkt P und der Masse. Im Bild entspricht dies z. B. U_a als Spannung zwischen dem Abgriffpunkt und der Masse. Sind in einer Schaltung mehrere Massepunkte eingezeichnet, so sind diese miteinander verbunden bzw. als verbunden anzunehmen.

2.6   Das Ohmsche Gesetz

Den Zusammenhang zwischen Stromstärke I und Spannung U an einem Widerstand R beschreibt das *Ohmsche Gesetz*, benannt nach dem Physiker Georg Simon Ohm, der es 1826 nachgewiesen hat:

$$U = R \cdot I \tag{2.6}$$

Dieses Gesetz gilt auch für zeitabhängige Größen (z. B. Wechselspannung, variabler Widerstand), allerdings ist R nur bei ohmschen Widerständen konstant. In der Realität kann der Widerstand spannungsabhängig und temperaturabhängig sein.

Das Ohmsche Gesetz ist das Basisgesetz der Berechnung elektrischer Netzwerke.

Mit den bisherigen Kenntnissen lässt sich bereits eine einfache Temperaturmessung mithilfe eines Strommessgeräts durchführen. Der Aufbau hierfür ist in Abb. 2.5 dargestellt. Der Widerstand R sei bei 20 °C gleich 100 Ω und bei 40 °C gleich 110 Ω. Die Spannungsquelle liefert 10 V. Damit würde das Strommessgerät bei 20 °C $I = \frac{U}{R} = \frac{10\,\text{V}}{100\,\Omega} = 0{,}1$ A und bei 40 °C 0,09 A anzeigen. Somit ist eine einfache Umrechnung des gemessenen Stroms zur Temperatur des Widerstandes möglich.

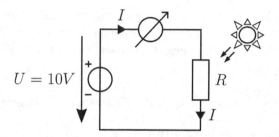

Abb. 2.5 Temperaturmessung mittels wärmeempfindlichem Widerstand

2.7 Energie und Leistung

Laut dem Energieerhaltungssatz bleibt in einem abgeschlossenen System die Gesamtenergie immer gleich. Es geht keine Energie verloren und es kann keine erzeugt werden. Es erfolgt lediglich eine Umwandlung zwischen verschiedenen Energieformen, z.B. von elektrischer in mechanische Energie und umgekehrt. Dieser Vorgang spielt in eingebetteten Systemen eine wichtige Rolle, da sowohl bei der Messgrößenumformung (siehe Abschn. 7.2), als auch in den Aktuatoren (siehe Kap. 9) solche Vorgänge stattfinden. Neben diesen gewollten Effekten muss oft auch die ungewollte Umwandlung von elektrischer Energie in Wärmeenergie aufgrund des elektrischen Widerstands der Bauteile berücksichtigt werden (s. Abschn. 2.4). Einerseits führt dies zu höherem Energieverbrauch, was insbesondere bei batteriebetriebenen Systemen relevant sein kann, andererseits kann zu hohe Aufheizung auch Bauteile zerstören, sodass ggf. ein Kühlkonzept erstellt werden muss.

Die Spannung zwischen zwei Punkten P_1 und P_2 entspricht der Arbeit bzw. Energie, die aufgebracht werden muss, um eine Ladung Q von P_1 nach P_2 zu bringen:

$$W = U \cdot Q \tag{2.7}$$

$$W = \int_{t=0}^{T} U(t) \cdot I(t) dt \tag{2.8}$$

bzw. $W = U \cdot I \cdot t$ bei zeitlich konstanter Spannung und Strom. Die Einheit der Energie bzw. Arbeit W ist Joule [J] mit 1 J = 1 Ws = 1 VAs, unabhängig von der Energieform. Allerdings wird die elektrische Energie in der Regel in [Ws] angegeben und nicht in der allgemeinen Energieeinheit [J], die bei der Wärmeenergie üblich ist.

Alle Energieformen (elektr. Energie, Wärmeenergie, Bewegungsenergie, …) sind äquivalent. So wird z. B. in einem Elektromotor elektrische Energie in kinetische Energie überführt, in einer Bremse kinetische Energie in Wärmeenergie und in einer Batterie chemische Energie in elektrische Energie.

$$W_{elektrisch} \equiv W_{kinetisch} \equiv W_{thermisch} \equiv W_{potentiell} \equiv W_{...}$$

Beim Vergleich verschiedener Systeme bzgl. ihrer Leistungsfähigkeit bzw. ihres Verbrauches eignet sich die Energie durch ihre Zeitabhängigkeit nur bedingt. Hier hilft die Betrachtung der *Leistung*. Die (elektrische) Leistung ist die (elektrische) Arbeit, die pro Zeiteinheit t aufgebracht wird:

$$P(t) = \frac{dW(t)}{dt} \Rightarrow P = U \cdot I \text{ (bei Gleichstrom/Gleichspannung)} \qquad (2.9)$$

Die elektrische Leistung wird in Watt [W] angegeben, mit 1 W = 1 VA. Mit Hilfe des Ohmschen Gesetzes lässt sich die Leistung eines Widerstands berechnen:

$$P = U \cdot I = \frac{U^2}{R} = I^2 \cdot R \qquad (2.10)$$

Diese Formel dient der realistischen Verbrauchsabschätzung von Bauteilen. Durch die reine Angabe der Spannung oder des Stromes, die über ein Bauteil abfallen/fließen, kann ohne die Kenntnis der jeweils anderen Größe hierzu keine Aussage getroffen werden. In der Leistung sind diese bereits als Momentanwert kombiniert.

2.8   Zeitlicher Verlauf von Spannungen

In den bisherigen Abschnitten wurden im Wesentlichen zeitlich konstante Ströme und Spannungen betrachtet. Die meisten elektrischen Signale in eingebetteten Systemen sind jedoch zeitlich variabel. Insbesondere im Sensorikbereich spielt dies eine wichtige Rolle (siehe z. B. Abschn. 8.5.2). Man unterscheidet zwischen drei Strom- bzw. Spannungsarten: Gleichstrom/-spannung (zeitlich konstant), Wechselstrom/-spannung (zeitlich variabel, Mittelwert 0) und Mischstrom/-spannung (zeitlich variabel, Mittelwert ungleich 0). Reine Gleichströme/-spannungen werden durch einen einzigen Wert vollständig beschrieben. Periodische Wechselströme/-spannungen können durch Überlagerung von Sinusfunktionen mit verschiedenen Frequenzen beschrieben werden. Überwiegt bei einer Mischspannung die Gleichspannung, so spricht man auch von einer Gleichspannung mit einer Wechselspannungskomponente oder Welligkeit (siehe Abb. 2.6).

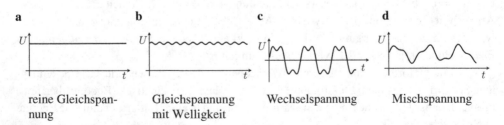

a   b   c   d

reine Gleichspan-   Gleichspannung   Wechselspannung   Mischspannung
nung   mit Welligkeit

Abb. 2.6 Verläufe von Spannungen

Zur Beschreibung von Wechselspannungen wird neben der Amplitude oder dem Effektiv-wert (s. u.) auch die Frequenz der Spannung benötigt. Die *Frequenz f* ist der Reziprokwert der Periode T mit der Einheit Hertz [Hz] und der Umrechnung 1 Hz = 1 1/s.

Sei

$$U(t + T) = U(t) \; \forall t \tag{2.11}$$

eine periodische Spannung, dann gilt für die Frequenz f:

$$f = \frac{1}{T} \tag{2.12}$$

Als Beispiel dient eine Steckdose an der eine sinusförmige Wechselspannung anliegt, die 100 mal pro Sekunde ihre Richtung ändert. Eine Periode dauert 20 ms, die Frequenz ist also 50 Hz. Die Amplitude der Spannung beträgt 325 V. Der Zeitverlauf ist in Abb. 2.7 dargestellt. Die Funktion der Netzwechselspannung ist:

$$U(t) = U_m \cdot \sin\left(2\pi \cdot f \cdot t\right)$$

Die Wechselspannung an der Steckdose wird immer mit der *Effektivspannung* 230 V ange-geben. Dies ist die Spannung, die eine Gleichspannung haben müsste, um eine Glühbirne genauso hell leuchten zu lassen, wie es die gegebene Wechselspannung tut. Bei sinusförmi-gen Wechselspannungen hängen *Effektivspannung* U_{eff} und *Amplitude* U_m nach folgender Gleichung zusammen:

$$U_{eff} = \frac{U_m}{\sqrt{2}} = 0{,}707 \cdot U_m \tag{2.13}$$

Für das europäische Verbundsystem gilt also

$$U_{eff} = \frac{325\,\text{V}}{\sqrt{2}} = 230\,\text{V}$$

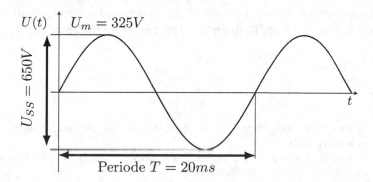

Abb. 2.7 Zeitverlauf einer Wechselspannung: U_m bezeichnet dabei die Amplitude, U_{SS} die Spitz-Spitz-Spannung

Tab. 2.1 Beispiele zeitabhängiger Spannungsverläufe

Zeitverlauf	Anwendung
1 / 0 (Sprungfunktion)	Bestimmung des Verhaltens von Netzwerken bei Schaltvorgängen
h / l (Rechtecksignal)	Zum Anzeigen von Ein- und Ausschaltvorgängen oder als Taktgenerator bei Digitalschaltungen
h / l (Sägezahnsignal)	Zum Messen der Linearität von Netzwerken oder zum Aufzeichnen nichtlinearer Kennlinien
1 / -1 (Sinussignal)	Sinusfunktion mit einstellbarer Frequenz zum Messen des Frequenzgangs von Netzwerken
1 / -1 (Rauschsignal)	Zusatz zum Testen von Signalen mit überlagertem Rauschen. Häufig mit sehr langer Periode

Neben Gleich-, Wechsel- und Mischspannungen können mittels sogenannter Signalgeneratoren beliebige Signale erzeugt werden. Dabei werden mittels analoger Schaltungen oder digitaler Rechner mehrere Gleich- und/oder Wechselspannungssignale überlagert, um das neue Signal zu generieren (vgl. Abschn. 5.4). Tab. 2.1 zeigt Spannungsverläufe, wie sie von Signalgeneratoren erzeugt werden; sie werden typischerweise zum Testen und Ausmessen von Schaltungen benutzt. Insbesondere die als erstes dargestellte *Sprungfunktion* spielt in der Regelungstechnik eine große Rolle und wird im Verlauf des Buches noch öfter auftreten.

Literatur

[Büt12a]　Büttner, W.E.: Grundlagen der Elektrotechnik 1. De Gruyter, Oldenbourg Verlag, München (2012)

[FLM05]　Frohne, H., Löcherer, K.H., Müller, H.: Moeller, Grundlagen der Elektrotechnik, 20, überarb Aufl. Teubner, Stuttgart (2005)

[Mec95]　Mechelke, G.: Einführung in die Analog- und Digitaltechnik, 4. Aufl. Stam, Köln (1995)

[Nel02]　Nelles, D.: Grundlagen der Elektrotechnik zum Selbststudium 1. VDE, Offenbach (2002)

Elektrische Netzwerke

Zusammenfassung

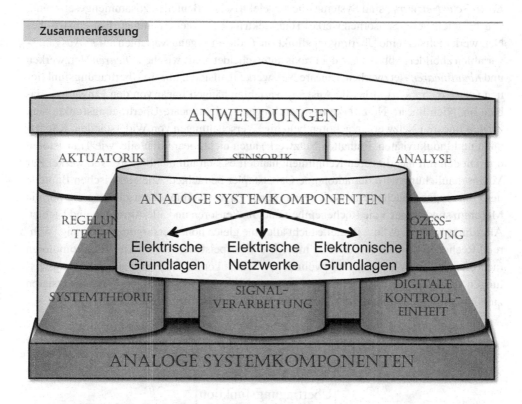

In diesem Kapitel wird die Berechnung elektrischer Netzwerke eingeführt. Durch die wichtigsten Schaltungsregeln ist es mittels der Abstraktion zu Widerstandsnetzwerken und Zwei- bzw. Vierpolen möglich, die Spannungen und Ströme an verschiedenen Orten

© Springer Fachmedien Wiesbaden GmbH, ein Teil von Springer Nature 2019
K. Berns et al., *Technische Grundlagen Eingebetteter Systeme*,
https://doi.org/10.1007/978-3-658-26516-8_3

des Netzwerks zu bestimmen. Mittels Spannungsteiler können unterschiedliche Spannungen und mit dem Stromteiler verschiedene Ströme generiert werden. Dies ist beispielsweise eine wichtige Voraussetzung für den Aufbau von Messbrücken und Verstärkerschaltungen (vgl. Abschn. 8.5.2 und 4.5). Weiterhin werden die Bauteile Kondensator und Spule vorgestellt und deren Verhalten im elektrischen Netzwerk näher betrachtet. Diese Bauteile können genutzt werden, um analoge Zustände zu speichern. Hiermit können sowohl frequenzabhängige und schwingfähige Schaltungen (vgl. Abschn. 6.2.3) aufgebaut, als auch die Zeitabhängigkeit bestimmter Netzwerke modelliert werden. Beispielhaft wird der Tiefpass als wichtige Filterschaltung eingeführt.

3.1   Übertragungsfunktion elektrischer Netzwerke

Elektrische Netzwerke sind Systeme, die aus elektrischen Bauteilen zusammengesetzt sind, wie beispielsweise Sensornetzwerke, Hauselektrik, oder Steuerplatinen. Ein elektrisches Netzwerk realisiert eine Übertragungsfunktion f, die n Eingangsvariablen auf m Ausgangsvariablen abbildet (Abb. 3.1). In der Praxis unterscheidet man zwischen *linearen* Netzwerken und *nichtlinearen* Netzwerken. Lineare Netzwerke realisieren lineare Übertragungsfunktionen ($y_i = a \cdot x_j + b$), d.h. alle Ausgangsvariablen hängen linear von den Eingangsvariablen ab. Nichtlineare Netzwerke besitzen hingegen nichtlineare Übertragungsfunktionen. Zu den linearen Netzwerken gehören beliebige Verschaltungen von Widerständen, Kapazitäten und Induktivitäten. Enthalten Netzwerke auch nichtlineare Bauteile, wie Transistoren und Dioden mit nichtlinearen Kennlinien, handelt es sich um nichtlineare Netzwerke. Zur Veranschaulichung wird der autonome Gabelstapler betrachtet. Alle elektrischen Bauteile des Fahrzeuges brauchen eine Stromversorgung. Zu den Verbrauchern zählen nicht nur die Motoren, sondern auch die Recheneinheit und die Sensoren und alle Anzeigen und Lichter. Allerdings benötigen diese Bauteile nicht alle eine gleich hohe Versorgungsspannung. Während Recheneinheiten üblicherweise mit 1,8–5 V gespeist werden, sind für Elektromotoren mehrere hundert Volt nichts Ungewöhnliches. Hinzu kommen die Signalübertragungsleistungen, die üblicherweise eher im 5–12 V-Bereich liegen. Um solche Netzwerke analysieren zu können, werden diese unter anderem als *Widerstandsnetzwerke* modelliert.

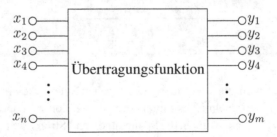

Abb. 3.1 Allgemeines elektrisches Netzwerk

3.2 Widerstandsnetzwerke

Widerstandsnetzwerke sind beliebig komplexe Schaltungen, die ausschließlich aus Widerständen, Stromquellen und Spannungsquellen bestehen. Die Analyse solcher Netzwerke, d. h. die Berechnung aller Ströme und Spannungen, erfolgt auf Basis der Kirchhoffschen Regeln, der Knoten- und der Maschenregel, die Gustav Robert Kirchhoff 1845 formuliert hat. Durch die Überführung beliebiger elektrischer Netzwerke in Widerstandsnetzwerke, können auch komplexe Schaltungen – zumindest für bestimmte Randbedingungen – mit vergleichsweise geringem Aufwand analysiert werden.

Für den autonomen Gabelstapler wird als Beispiel das folgende Szenario angenommen (vgl. Abb. 3.2):

Ein FPGA (siehe Abschn. 10.5) soll als Rechenknoten benutzt werden, um einen Motor anzutreiben. Dafür ist er mittels eines Bussystems mit der Motorendstufe verbunden. Für die externe Kontrolle ist hier auch noch ein PC angeschlossen.

Die Energieversorgung gestaltet sich jedoch schwierig: Der FPGA benötigt eine Versorgungsspannung von 3,3 V oder 1,8 V; der Motor selbst wird mit 300 V angetrieben und sowohl das Bussystem, als auch das PC-Interface gehen von einem 12 V-Kommunikationspegel aus.

Eine Zuleitung der benötigten Spannungen von außen würde einerseits zu vielen Kabeln und damit hohem Gewicht führen, andererseits die Beweglichkeit des Gabelstaplers erheblich einschränken, sodass alle Versorgungsspannungen aus einem mitgeführten 330 V-Akku entnommen werden müssen. Im Folgendem soll nun mittels des Spannungsteilers eine Möglichkeit eingeführt werden, die unterschiedlichen benötigten Spannungen aus der Akku-Spannung zu erzeugen.

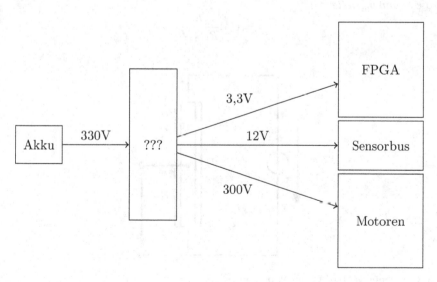

Abb. 3.2 Beispiel: Spannungsversorgung des Gabelstaplers

3.2.1 Reihenschaltung von Widerständen

Eine Reihenschaltung von R_1 und R_2 kann als Anzapfung bzw. *Abgriff* eines Gesamtwiderstandes R betrachtet werden (siehe Abb. 3.3). R hat die Länge l, R_1 und R_2 jeweils l_1 und l_2 mit $l = l_1 + l_2$. Dann gilt gemäß Formel 2.4:

$$R = \rho \cdot \frac{l}{q} = \frac{\rho}{q}(l_1 + l_2)$$

$$R_1 = \frac{\rho \cdot l_1}{q} \text{ und } R_2 = \frac{\rho \cdot l_2}{q}$$

$$\Rightarrow R = R_1 + R_2 \tag{3.1}$$

Daraus folgt

$$U = I \cdot R = I(R_1 + R_2)$$

$$U_1 = I \cdot R_1 \text{ und } U_2 = I \cdot R_2$$

$$\Rightarrow U = U_1 + U_2 \tag{3.2}$$

In einer Reihenschaltung von Widerständen addieren sich die Widerstände und die Spannungen über den Widerständen, vgl. Abb. 3.4. Häufig interessiert die Spannung U_2, die man mit einem solchen *Spannungsteiler* (Potentiometer) aus U gewinnen kann. Aus

$$I = \frac{U}{R_1 + R_2} \text{ und } U_2 = I \cdot R_2 \tag{3.3}$$

folgt die *Spannungsteilerregel*

$$U_2 = U \cdot \frac{R_2}{R_1 + R_2} \tag{3.4}$$

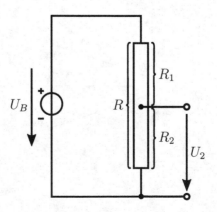

Abb. 3.3 Anzapfung/Abgriff eines Widerstandes

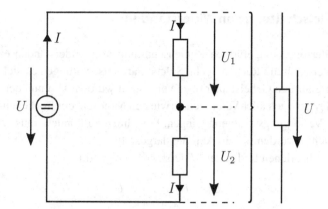

Abb. 3.4 Reihenschaltung von Widerständen

Führt man diese Überlegung auf Reihenschaltungen mehrerer Widerstände weiter, so ergibt sich die allgemeine Formel

$$U_2 = U \cdot \frac{R_x}{R_{ges}}, \text{ mit } R_x = \sum R_i \tag{3.5}$$

Somit lässt sich auch das Problem der unterschiedlichen Versorgungsspannungen lösen: Es wird die größte vorkommende Spannung als Versorgungsspannung U gewählt. Alle kleineren Spannungen können nun gemäß Formel 3.5 durch Abgriffe zwischen entsprechend dimensionierten Widerständen eines Spannungsteilers realisiert werden (siehe Abb. 3.5).

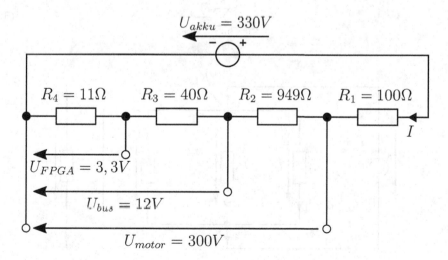

Abb. 3.5 Beispiel: Spannungsteiler zur Spannungsversorgung des Gabelstaplers

3.2.2 Parallelschaltung von Widerständen

Entsprechend der oben eingeführten Reihenschaltung von Widerständen existieren auch
für deren Parallelschaltung Rechenregeln. Solche Parallelschaltungen entstehen z. B. durch
Abgriffe, wie sie für den Gabelstapler oben vorgestellt wurden. Um nun den Gesamtstrom
und den Energieverbrauch aller Verbraucher (wie den Motoren, der Recheneinheit, etc.), die
parallel an der Versorgungsspannung hängen, berechnen zu können, muss deren Parallelschaltung betrachtet werden, wie in Abb. 3.6 dargestellt.

Wegen der verbundenen Enden der Widerstandszweige gilt:

$$U_1 = U_2 = U_3 = U$$

Und damit folgt aus dem Ohmschen Gesetz (Formel 2.6)

$$I_1 R_1 = I_2 R_2 = I_3 R_3 = I R_{ges}$$

$$I_1 = I \cdot \frac{R}{R_1} \quad I_2 = I \cdot \frac{R}{R_2} \quad I_3 = I \cdot \frac{R}{R_3}$$

$$\Rightarrow I = I \cdot \left(\frac{R}{R_1} + \frac{R}{R_2} + \frac{R}{R_3} \right)$$

$$\Rightarrow \frac{1}{R} = \frac{1}{R_1} + \frac{1}{R_2} + \frac{1}{R_3}$$

Allgemein gilt für N parallelgeschaltete Widerstände:

$$\frac{1}{R} = \sum_{i=1}^{N} \frac{1}{R_i} \tag{3.6}$$

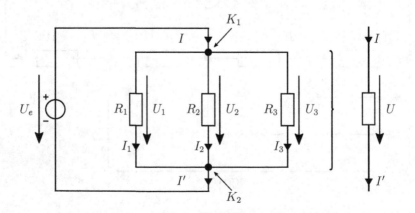

Abb. 3.6 Parallelgeschaltete Widerstände

Dabei heißt $\frac{1}{R}$ *Leitwert* von R. Die Einheit des Leitwertes ist *Siemens* [S] mit $1\,S = 1\,1/\Omega$, benannt nach Werner von Siemens, der 1866 den ersten elektrischen Generator entwickelte und als Begründer der elektrischen Energietechnik gilt.

Bei der Parallelschaltung von Widerständen addieren sich die Kehrwerte der Widerstände zu dem Kehrwert des Gesamtwiderstandes. Für zwei parallelgeschaltete Widerstände gilt also:

$$R = R_1 \| R_2 = \frac{R_1 \cdot R_2}{R_1 + R_2}$$
$$\frac{I_1}{I_2} = \frac{R_2}{R_1} \quad \textit{(Stromteilerregel)} \tag{3.7}$$

Diese Formel spielt bei der Netzwerkanalyse eine große Rolle, insbesondere bei Energieverbrauchsabschätzungen. Bei komplexeren Netzwerken werden die Berechnungen nur mit Spannungsteiler- und Stromteilerregel jedoch schnell unübersichtlich. Eine Vereinfachung kann durch die beiden *Kirchhoffschen Regeln* erreicht werden.

3.2.3 Erste Kirchhoffsche Regel (Knotenregel)

In Parallelschaltungen ergeben sich Verzweigungen, so genannte Knoten. Hierbei können alle Verzweigungen, zwischen denen sich keine Bauelemente befinden, zu einem Knoten zusammengefasst werden. Da sich in diesen Knoten die Ströme verzweigen, aber keine Ladung von außerhalb der angeschlossenen Zweige hinzukommt bzw. abfließt, gilt:

In jedem Knoten einer Schaltung ist die Summe der einfließenden Ströme gleich der Summe der abfließenden Ströme (vgl. Abb. 3.7). *Da hierbei die Strompfeilrichtung zu beachten ist, entspricht dies der Aussage:*

Die Summe aller Ströme, die in einen Knoten einfließen, ist Null *(Knotenregel)*.

$$\sum_{i=1}^{N} I_i = 0 \tag{3.8}$$

Als Beispiel dienen die parallelgeschalteten Widerstände aus Abb. 3.6. Es ergeben sich die zugehörigen Knotengleichungen zum Netzwerk:

$$K_1 : I = I_1 + I_2 + I_3$$
$$K_2 : I_1 + I_2 + I_3 = I'$$

Die zweite Knotengleichung ist in diesem Fall überflüssig, da $I = I'$.

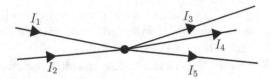

Abb. 3.7 Es gilt $I_1 + I_2 = I_3 + I_4 + I_5$ bzw. $I_1 + I_2 - I_3 - I_4 - I_5 = 0$

3.2.4   Zweite Kirchhoffsche Regel (Maschenregel)

Einen geschlossenen Stromkreis in einem Netzwerk nennt man Masche. Eine solche Masche kann ein beliebiger Durchlauf durch das Netzwerk sein, wobei der Endpunkt mit dem Anfang zusammenfällt. In einer solchen Masche muss die Summe aller Quellspannungen gleich der Summe aller Spannungsabfälle sein. Oder allgemeiner:

In jeder Masche eines Netzwerkes ist die Summe aller Spannungen Null *(Maschenregel)*.

$$\sum_{i=1}^{N} U_i = 0 \quad \text{für } N \text{ Spannungen in einer Masche} \tag{3.9}$$

Als Beispiel soll die Maschenregel auf ein einfaches Widerstandsnetzwerk (Abb. 3.8) angewendet werden. Die Bestimmung der Richtung des *Maschenpfeils* für die Masche erfolgt willkürlich. Alle Spannungen in Richtung des Maschenpfeils werden positiv, alle anderen negativ gerechnet. Bei mehreren Maschen ist zu beachten, dass alle Maschenpfeile die *gleiche Drehrichtung* haben sollten. Andernfalls müssten die Vorzeichen der erhaltenen Gleichungen immer wieder entsprechend angepasst werden, was leicht zu Rechenfehlern führt. Für das gegebene Netzwerk folgt:

$$U_{q1} + U_{q2} - U_1 - U_2 - U_3 = 0 \tag{3.10}$$

Diese Gleichung reicht alleine nicht aus, um das Netzwerk zu analysieren.

Zur Analyse eines Widerstandsnetzwerks stellt man aus den (unabhängigen) Knoten- und Maschengleichungen ein Gleichungssystem auf und löst dieses.

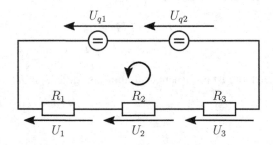

Abb. 3.8 Einfaches Netzwerk mit Maschenpfeil (Bildmitte)

1. Zunächst bestimmt man alle unabhängigen Maschen. Jede Spannung muss (mindestens) in einer Masche enthalten sein, andererseits dürfen nicht alle Spannungen einer Masche in anderen Maschen bereits auftreten.
2. Danach werden so viele Knotengleichungen hinzugefügt, bis die Anzahl von Gleichungen gleich der Anzahl von unbekannten Strömen und Spannungen ist.

Dieser Ansatz zur Bestimmung von Strömen und Spannungen in einem Netzwerk lässt sich auch auf allgemeinere Netzwerke mit nichtlinearen Bauteilen, z. B. Dioden und Transistoren, anwenden.

Als Beispiel wird ein dreimaschiges Widerstandsnetzwerk (Abb. 3.9) betrachtet. Gegeben sind U_0, R_1, R_2, R_3, R_4, R_5, gesucht sind die Zweigströme I_1, I_2, I_3.

Zuerst werden entsprechend dem rechten Bild in Abb. 3.9 die Maschen M_1, M_2 und M_3 gewählt. Es ergeben sich die Maschengleichungen:

$$M_1 : U_0 - U_1 - U_3 - U_5 = 0$$
$$M_2 : U_3 - U_2 - U_4 = 0$$
$$M_3 : U_0 - U_1 - U_2 - U_4 - U_5 = 0$$

Durch Ersetzen der Spannungen über den Widerständen nach dem Ohmschen Gesetz (Formel 2.6) erhalten wir

$$M_1 : U_0 - I_1 R_1 - I_3 R_3 - I_1 R_5 = 0$$
$$M_2 : I_3 R_3 - I_2 R_2 - I_2 R_4 = 0$$
$$M_3 : U_0 - I_1 R_1 - I_2 R_2 - I_2 R_4 - I_1 R_5 = 0$$

Subtraktion $M_3 - M_1$ ergibt:

$$I_3 R_3 - I_2 R_2 - I_2 R_4 = 0 \quad (\text{gleich } M_2)$$

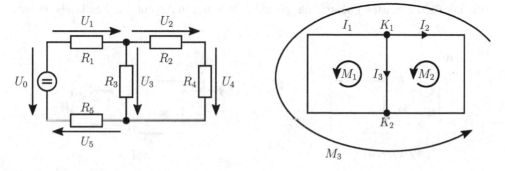

Abb. 3.9 Dreimaschiges Netzwerk und Maschenpfeile

D. h. das Gleichungssystem ist nicht linear unabhängig, da mit M_3 keine neuen Spannungen erfasst wurden. Zur Berechnung der Ströme wird somit eine dritte, unabhängige Gleichung benötigt:

$$K_1 : I_1 - I_2 - I_3 = 0 \quad \text{(Knotenregel)}$$

Die Lösung erhält man nun mittels Gaußschem Eliminationsverfahren, angewendet auf ein linear unabhängiges Gleichungssystem (z. B. M_1, M_2, K_1).

3.3   Zweipole und Vierpole

Häufig verwendete Spezialfälle elektrischer Netzwerke sind Zwei- bzw. Vierpole, d. h. Netzwerke mit zwei Anschlüssen bzw. einem Eingangs- und einem Ausgangspaar. Diese dienen oft als vereinfachende Abstraktion von Netzwerken auf einer niedrigeren Betrachtungsebene. In Abb. 3.10 sind ein Zwei- und ein Vierpol dargestellt. Ein Zweipol (z. B. ein Widerstand R) kann vollständig durch die Relation zwischen Strom I und Spannung U beschrieben werden. Ein Vierpol wird durch U_e, U_a, I_e, I_a und die vier Relationen zwischen diesen Größen eindeutig beschrieben.

Zwei- oder Vierpole heißen *aktiv,* wenn sie eine Energiequelle enthalten, ansonsten werden sie als *passiv* bezeichnet.

3.4   Widerstands-Kondensator-Netzwerke

In der Elektrotechnik gibt es neben dem bisher betrachteten Widerstand noch zwei weitere wichtige passive Bauelemente: den Kondensator (Kapazität) und die Spule (Induktivität). Diese dienen im Wesentlichen der Energiespeicherung und der Filterung bestimmter Frequenzen (siehe Abschn. 3.5) in Wechselsignalen. Sie kommen in diesen Bereichen in nahezu allen eingebetteten Systemen zum Einsatz. An dieser Stelle sollen lediglich die Kondensatoren im Zeitbereich, stellvertretend für beide Bauelemente vorgestellt werden. Die Spule verhält sich für die meisten Phänomene spiegelbildlich, wie in Abschn. 3.6 beschrieben wird.

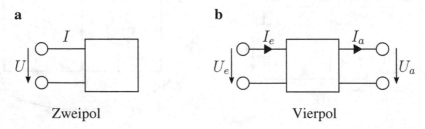

Abb. 3.10 Zwei- und Vierpol

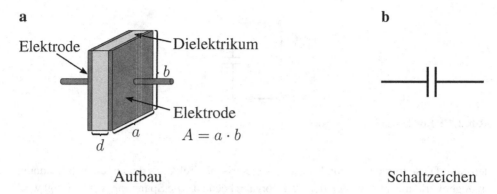

Abb. 3.11 Aufbau und Schaltzeichen eines Kondensators

Ein Kondensator besteht im Prinzip aus zwei Metallplatten (Elektroden), welche durch einen Isolator, auch Dielektrikum genannt, getrennt sind (siehe Abb. 3.11). Die Metallplatten können elektrische Ladungen, d. h. elektrische Energie speichern. Die Kapazität C eines Kondensators sagt aus, wie viele Ladungsträger der Kondensator aufnehmen kann. Dies hängt von der Fläche A und dem Abstand d der Metallplatten sowie dem Isolationsmaterial ab. Da sich die Ladungsträger auf der Metalloberfläche ansammeln, ist die Kapazität unabhängig von der Dicke der Metallplatten. Kapazitäten werden in Schaltungen eingesetzt, um z. B. Spannungen zu glätten oder Störimpulse zu verkleinern. Sie treten überall dort ungewollt auf, wo elektrische Leiter nahe beieinander verlaufen (z. B. auf ICs), bzw. wo unterschiedliche Spannungsebenen auftreten.

Kapazitäten bestimmen stark das Zeitverhalten von Schaltungen. Die Einheit der Kapazität ist *Farad* [F] mit 1 F = 1 As/V, benannt nach Michael Faraday, der u. a. 1831 die elektromagnetische Induktion entdeckt hat. Die Kapazität eines Kondensators berechnet sich zu:

$$C = \varepsilon_0 \cdot \varepsilon_r \cdot \frac{A}{d} \tag{3.11}$$

Die relative Dielektrizitätskonstante ε_r beschreibt hierbei das Isolationsmaterial. Bei Vakuum ist $\varepsilon_r = 1$, bei Luft ist $\varepsilon_r = 1{,}006$ und bei SiO_2, einem häufig verwendeten Isolationsmaterial in der Mikroelektronik, ist $\varepsilon_r = 3{,}9$. ε_0 ist der Proportionalitätsfaktor, der die Kapazitätsgleichung an das SI-Größensystem anpasst ($\varepsilon_0 = 8{,}8 \cdot 10^{-12}$ F/m). Die in der Elektronik verwendeten Kapazitäten sind in der Regel sehr klein. Sie liegen in den Größenordnungen Picofarad (pF) bis Millifarad (mF, vgl. Anhang, Tab. A.2).

3.4.1 Der Kondensator als Zweipol

Um eine Ladung Q auf einen Kondensator zu bringen, benötigt man eine Spannung, die an den Kondensator angelegt ist. Durch diese Spannung fließen Ladungsträger auf den Kon-

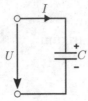

Abb. 3.12 Kondensator als Zweipol

densator. Diese formen im Kondensator ein elektrisches Feld, das der angelegten Spannung entgegenwirkt und mit der Zeit den Ladevorgang beendet. Die Spannung, die benötigt wird, um weitere positive Ladungsträger auf die positive Seite zu bringen, steigt mit der Anzahl der bereits vorhandenen Ladungsträger (Abstoßung gleicher Ladungen). In Abb. 3.12 geht man davon aus, dass zwischen den offenen Klemmen die Spannung U fest anliegt. Diese könnte z. B. durch eine angeschlossene Spannungsquelle oder einen Abgriff in einem Spannungsteiler zustande kommen. Durch den Strom I werden Ladungsträger auf den Kondensator mit der Kapazität C transportiert. Je größer die Kapazität eines Kondensators bzw. die angelegte Spannung ist, desto größer ist die Ladung auf dem Kondensator. Es gilt:

$$Q = C \cdot U \tag{3.12}$$

Spannungs- und Stromverlauf an Kondensatoren

Dieser Zusammenhang ist besonders in Hinblick auf den Stromverlauf eines Kondensators interessant. Aus Formel 2.2 ergibt sich:

$$Q(t) = \int_0^t I(t)dt + Q_0$$

$$I(t) = \frac{d}{dt}Q(t)$$

mit $Q = C \cdot U$ folgt:

$$U(t) = \frac{1}{C}\int_0^t I(t)dt + \frac{Q_0}{C} \tag{3.13}$$

$$I(t) = C \cdot \frac{dU(t)}{dt} \tag{3.14}$$

Diese Funktion der zeitlichen Abhängigkeit von Strom und Spannung an einem Kondensator ermöglicht die Berechnung von Schaltungen, die diese Bauteile enthalten, wie dem Tiefpass (siehe Abschn. 3.5.1) und dem Integrierer (siehe Abschn. 4.10.3).

3.4.2 Parallelschaltung von Kondensatoren

Entsprechend den Widerständen lassen sich auch Kondensatoren parallel und in Reihe schalten. Gesucht wird nun die Gesamtkapazität C der parallelgeschalteten Kondensatoren C_1, C_2 in Abb. 3.13. Aus Gl. 3.12 ergibt sich:

$$Q_1 = C_1 \cdot U \text{ und } Q_2 = C_2 \cdot U$$

Für die Gesamtladung gilt also:

$$
\begin{aligned}
Q &= Q_1 + Q_2 \\
&= C_1 U + C_2 U \\
&= (C_1 + C_2) U \\
&= CU \\
\Rightarrow C &= C_1 + C_2
\end{aligned}
\tag{3.15}
$$

Bei einer Parallelschaltung von Kondensatoren vergrößert sich die effektive Oberfläche. Die Gesamtkapazität ergibt sich hierbei aus der Summe der Einzelkapazitäten.

$$C_{ges} = \sum C_i \tag{3.16}$$

3.4.3 Reihenschaltung von Kondensatoren

Die Reihenschaltung von Kondensatoren wird in Abb. 3.14 dargestellt. C_1 und C_2 seien zum Zeitpunkt $t = 0$ entladen ($Q_0 = 0$). Zwischen den Klemmen liege eine Spannungsquelle, die einen konstanten Strom I liefert. Durch C_1 und C_2 fließt der gleiche Strom I, deshalb besitzen beide Kondensatoren zum Zeitpunkt t' die gleiche Ladung $Q(t')$. Für die Spannung gilt laut Gl. 3.12 und der Maschenregel (Gl. 3.9):

$$U_1(t') = \frac{Q(t')}{C_1} \quad U_2(t') = \frac{Q(t')}{C_2}$$
$$U(t') = U_1(t') + U_2(t')$$

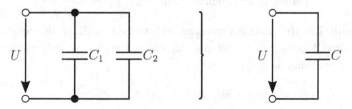

Abb. 3.13 Parallelgeschaltete Kondensatoren und Ersatzschaltbild

Abb. 3.14 In Reihe geschaltete Kondensatoren und Ersatzschaltbild

Für die Ersatzkapazität C gilt also:

$$\frac{1}{C} = \frac{1}{C_1} + \frac{1}{C_2}$$

$$C = \frac{C_1 \cdot C_2}{C_1 + C_2}$$

Auch diese Formel lässt sich für eine beliebige Anzahl von Kondensatoren erweitern zu:

$$\frac{1}{C_{ges}} = \sum_{i=1}^{N} \frac{1}{C_i} \tag{3.17}$$

Damit verhält sich die Gesamtkapazität von *parallelgeschalteten Kondensatoren* entsprechend des Gesamtwiderstandes von *in Reihe geschalteten Widerständen* und umgekehrt.

3.4.4 Impedanz

Wie aus Formel 3.14 ersichtlich, sind der Strom- und Spannungsverlauf am Kondensator abhängig von der Zeit. Dies erschwert eine einfache Berechnung von Netzwerken, die Kondensatoren enthalten, insbesondere dann, wenn keine Gleichspannung anliegt. Um dennoch die Analyseverfahren der Widerstandsnetzwerke anwenden zu können, wurde die *Impedanz* eingeführt. Sie beschreibt einen frequenzabhängigen, komplexen Widerstand von Kondensatoren und Spulen, der rechnerisch wie ein Ohmscher (normaler) Widerstand verwendet werden kann.

Es gilt:

$$\text{Impedanz eines realen Kondensators: } \underline{Z}_C = R + \frac{1}{j\omega C} \tag{3.18}$$

Dabei stellt ω die Kreisfrequenz des anliegenden Stroms/der anliegenden Spannung dar und R den parasitären Widerstand in realen Bauelementen. Für ideale Kondensatoren, mit denen üblicherweise gerechnet wird, ergibt sich:

$$\text{Impedanz des idealen Kondensators: } \underline{Z}_C = \frac{1}{j\omega C} \tag{3.19}$$

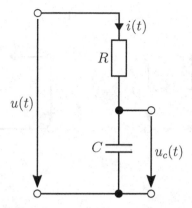

Abb. 3.15 Komplexer Spannungsteiler

Das „j" ist eine Besonderheit der Elektrotechnik. Da mit i üblicherweise ein Strom bezeichnet wird, hätte seine Verwendung als imaginäre Einheit zu Verwechslungen führen können. Daher gilt in Gleichungen der Elektrotechnik $j = \sqrt{-1}$. Um das zu verdeutlichen, wird der Spannungsteiler in Abb. 3.15 betrachtet. Mittels der Impedanz kann hier auch in dem Fall, dass $u(t)$ eine Wechselspannung ist, die Spannungsteilerregel aus Gl. 3.5 verwendet werden:

$$u_C(t) = u(t) \cdot \frac{\underline{Z}_C}{\underline{Z}_C + R}$$

3.5 Schaltverhalten von RC-Gliedern

Für die Praxis sind Schaltungen, die aus Kondensatoren und Widerständen (und Spulen) bestehen, interessant. Die einfachsten solcher Vierpole sind der Tief- und der Hochpass erster Ordnung, die aus jeweils einem Kondensator (C) und einem Widerstand (R) bestehen (siehe Abb. 3.16). Diese Schaltungen finden eine breite Verwendung bei der Filterung bzw. Selektion von Signalen (siehe auch Abschn. 6.2.2, 6.2.3, 7.2 und 7.3.2). Weiterhin können sie als Modell für die Übertragungsfunktion elektrischer Leitungen genutzt werden (siehe auch Abschn. 11.4.1). Da diese Schaltungen also von großer Relevanz sind, lohnt ein näherer Blick. Im Folgenden wird das Verhalten dieser RC-Glieder bei Schaltvorgängen betrachtet, die insbesondere in der Digitaltechnik auftreten. Zur Analyse des Verhaltens von Vierpolen werden oft Sprungfunktionen (siehe Abb. 3.17) verwendet:

$$U_e(t) = \begin{cases} U_1 & \text{tur } t < t_0 \\ U_2 & \text{für } t \geq t_0 \end{cases} \tag{3.20}$$

Diese Funktionen dienen der Modellierung von Einschaltvorgängen, können aber auch als vereinfachtes Modell digitaler Signale verwendet werden (vgl. 5.2.4).

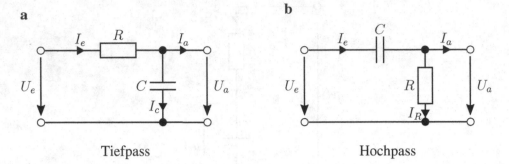

Tiefpass   Hochpass

Abb. 3.16 RC-Glieder

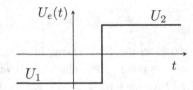

Abb. 3.17 Sprungfunktion

3.5.1 Der elektrische Tiefpass

Als *Tiefpass* wird eine Schaltung bezeichnet, die Frequenzen größer einer Grenzfrequenz f_g herausfiltert. Bei einem idealen Tiefpass würde dies bedeuten, dass alle Signalanteile mit Frequenzen unterhalb der Grenzfrequenz unverändert weitergeleitet werden, während alle Signalanteile höherer Frequenz vollständig unterdrückt werden. In der Realität werden einerseits die niedrigen Frequenzen beeinflusst, andererseits die höheren nicht vollständig ausgeblendet. Insbesondere Frequenzen, die nur leicht über der Grenzfrequenz liegen, werden i. d. R. nur wenig beeinflusst und bei weiter steigenden Frequenz zunehmend unterdrückt. Da also kein idealer Tiefpass existiert, müssen die realen Ein- und Ausschaltzeiten bekannt sein, um das Verhalten eines realen Tiefpasses korrekt einschätzen zu können. Zunächst wird der Einschaltvorgang betrachtet. Sei

$$U_e(t) = \begin{cases} 0 & \text{für } t < t_0 \\ U_0 & \text{für } t \geq t_0 \end{cases}$$

und $U_a = 0$ für $t \leq t_0$, d. h. der Kondensator ist ungeladen. Durch Anwendung der Knotenregel (Gl. 3.8) auf die Schaltung in Abb. 3.18 ergibt sich

$$I_e = I_C + I_a$$

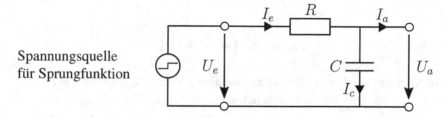

Abb. 3.18 Einfache Tiefpassschaltung mit Sprungfunktion

Ohne angeschlossene Last fließt kein Strom aus den offenen Klemmen im Bild. Daher ist $I_a = 0$. Mit der Maschenregel (Gl. 3.9) folgt:

$$I_e = I_C$$
$$U_e = I_C \cdot R + U_a \quad \text{(Maschengleichung)}$$

Aus Gl. 3.12 folgt $U_a = \frac{Q}{C}$ und somit:

$$U_e = I_C \cdot R + \frac{Q}{C}$$
$$U_e = I_C \cdot R + \frac{1}{C} \int_{t_0}^{t} I_C dt$$

Durch Ableitung der Gleichung ergibt sich:

$$\frac{dU_e}{dt} = R \cdot \frac{dI_C}{dt} + \frac{I_C}{C} \quad \text{(Tiefpassgleichung)}$$

Da durch die Sprungfunktion $U_e = U_0$ konstant für $t \geq t_0$, gilt:

$$0 = R \cdot \frac{dI_C}{dt} + \frac{I_C}{C}$$

Eine Funktion, die diese Bedingung erfüllt (experimentell ermittelt), ist:

$$I_C(t) = I_0 \cdot e^{-\frac{t-t_0}{RC}}$$

Denn:

$$\frac{dI_C}{dt} = -\frac{I_0}{RC} \cdot e^{-\frac{t-t_0}{RC}}$$

Einsetzen in Tiefpassgleichung für $U_e = U_0 = const$ ergibt schließlich:

$$0 = -\frac{R \cdot I_0}{RC} \cdot e^{-\frac{t-t_0}{RC}} + \frac{I_0}{C} \cdot e^{-\frac{t-t_0}{RC}}$$

$$= I_0 \cdot e^{-\frac{t-t_0}{RC}} \left(-\frac{R}{RC} + \frac{1}{C} \right)$$

Zur Bestimmung von I_0 wird die Anfangsbedingung benutzt: $U_a = 0$ für $t = t_0$.

Für $t = t_0$ gilt somit für die Maschengleichung $U_e = I_C \cdot R + U_a$:

$$U_e = U_0 = I_C \cdot R + 0 = I_0 \cdot R \cdot e^{-\frac{t-t_0}{RC}}\bigg|_{t=t_0} = I_0 \cdot R$$

$$\Rightarrow I_0 = \frac{U_0}{R}$$

Zum Zeitpunkt t_0 hat demnach der Kondensator kurzzeitig keinen Widerstand und verhält sich wie ein Kurzschluss. Das bedeutet, dass für einen infinitesimalen Zeitabschnitt der Strom durch den Kondensator rechnerisch unendlich groß wird und die über den Kondensator abfallende Spannung gegen Null geht.

Damit gilt allgemein für *Einschaltvorgänge* am Tiefpass:

$$I_C = \frac{U_0}{R} \cdot e^{-\frac{t-t_0}{RC}} \tag{3.21}$$

Und damit für die Maschengleichung

$$U_a = U_0 \cdot \left(1 - e^{-\frac{t-t_0}{RC}} \right) \tag{3.22}$$

Oft sieht man auch die Schreibweise:

$$U_a = U_0 \cdot \left(1 - e^{-\frac{t-t_0}{\tau}} \right) \text{ bzw. } I_C = \frac{U_0}{R} \cdot e^{-\frac{t-t_0}{\tau}} \tag{3.23}$$

Dabei ist $\tau = R \cdot C$ die sogenannte *Zeitkonstante* des RC-Gliedes, da sie alle Informationen zur Abschätzung des zeitlichen Verhaltens der Schaltung enthält.

Ausschaltvorgang am Tiefpass

Entsprechend dem Einschaltvorgang lässt sich auch der Ausschaltvorgang und der daraus resultierende Spannungsverlauf berechnen.

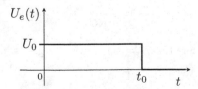

Abb. 3.19 Sprungfunktion für Ausschaltvorgang am Tiefpass

Es wird für U_e wieder eine Sprungfunktion wie in Abb. 3.19 verwendet, mit:

$$U_e(t) = \begin{cases} U_0 & \text{für } t < t_0 \\ 0 & \text{für } t \geq t_0 \end{cases}$$

Sei $U_a = U_{a0}$ für $t = t_0$, dann gilt für $t \geq t_0$:

$$U_a(t) = U_{a0} + \frac{1}{C} \int_{t_0}^{t} I_C(t) dt$$

Einsetzen in die bekannte Maschengleichung $U_e(t) = I_C(t) \cdot R + U_a(t)$ ergibt:

$$U_e(t) = I_C(t) \cdot R + \frac{1}{C} \int_{t_0}^{t} I_C(t) dt + U_{a0}$$

Zum Ausschaltzeitpunkt $t = t_0$ gilt für die Sprungfunktion $U_e(t) = 0$ und somit:

$$U_e(t_0) = I_C(t_0) \cdot R + 0 + U_{a0}$$
$$0 = I_0 \cdot R + U_{a0} \quad \text{mit } I_0 = I_C(t_0)$$
$$\Rightarrow I_0 = -\frac{U_{a0}}{R}$$

Einsetzen in die bekannte Lösung für $I_C(t)$ ergibt für den Ausschaltvorgang:

$$I_C(t) = -\frac{U_{a0}}{R} \cdot e^{-\frac{t-t_0}{RC}} \tag{3.24}$$

Einsetzen in die Maschengleichung mit $U_e(t) = 0$ für $t \geq t_0$:

$$U_a(t) = U_e(t) - I_C(t) \cdot R$$
$$= U_{a0} \cdot e^{-\frac{t-t_0}{RC}} \tag{3.25}$$

Umschaltvorgang am Tiefpass

Aus den Gleichungen für den Ein- und Ausschaltvorgang lässt sich somit eine allgemeine Gleichung für Umschaltvorgänge am Tiefpass ermitteln. Für die allgemeine Sprungfunktion

$$U_e(t) = \begin{cases} U_1 & \text{für } t < t_0 \\ U_2 & \text{für } t \geq t_0 \end{cases}$$

gilt mit $U_a(t_0) = U_{a0}$ und der Maschengleichung für $t = t_0$:

$$U_2 = I_0 \cdot R + U_{a0}$$

$$\Rightarrow I_0 = \frac{U_2 - U_{a0}}{R}$$

Daraus folgt:

$$I_C(t) = \frac{U_2 - U_{a0}}{R} \cdot e^{-\frac{t-t_0}{RC}} \tag{3.26}$$

$$U_a(t) = U_2 - (U_2 - U_{a0}) \cdot e^{-\frac{t-t_0}{RC}} \quad (\text{für } t \geq t_0) \tag{3.27}$$

Es zeigt sich also, dass, wie in Abb. 3.20 zu sehen ist, beim Umschalten des Einganges einer Tiefpassschaltung der Ausgang dem Eingang nicht direkt folgt, sondern das Signal „verschleift", d. h. die hohen Frequenzanteile gefiltert werden. Wenn man sich nun eine Wechselspannung am Eingang vorstellt, die mit steigender Frequenz (entspricht in Abb. 3.20 einem nach links wandernden t_0) zwischen einer positiven und einer negativen Spannung wechselt, so kommt man an einen Punkt, an dem der Kondensator sich nicht mehr schnell genug auflädt, um die Maximalspannung zu erreichen, bzw. sich nicht mehr schnell genug entlädt, um die negative Spitzenspannung anzunehmen.

Je höher die Frequenz, desto deutlicher der Effekt, dass die Amplitude der Ausgangsspannung niedriger wird. Bei einer unendlich hohen Frequenz bleibt der Ausgang des Kondensator demnach auf der 0 V-Linie, verhält sich also wie ein Kurzschluss, während bei niedrigen Frequenzen das Verschleifen der Schaltzeitpunkte nicht mehr auffällt. Hier verhält sich der Kondensator quasi wie eine offene Klemme. Dieses Verhalten gibt dem Tiefpass seinen Namen.

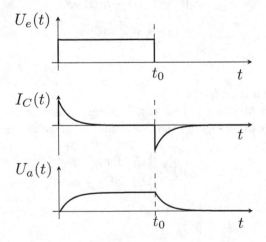

Abb. 3.20 Strom- und Spannungsverlauf am Tiefpass beim Ein- und Ausschaltvorgang

3.5.2 Schaltverhalten eines Hochpasses

Tauscht man nun, wie in Abb. 3.21 gezeigt, den Platz von Kondensator und Widerstand, ist letzterer parallel zur Ausgangsspannung. Die Analyse des allgemeinen Umschaltvorgangs erfolgt analog zum Tiefpass. Hierfür wird die obige Abbildung betrachtet. Da bei offener Anschlussklemme hierüber kein Strom abfließen kann, ergibt sich aus der Knotenregel:

$$I_e = I_R$$

Durch Aufstellen der Maschengleichung erhält man weiterhin: $U_e(t) = U_C(t) + U_a(t)$ Mit $U_a(t) = I_R(t) \cdot R$ und $U_C = \frac{Q}{C}$ erhält man:

$$U_e(t) = \frac{Q(t)}{C} + I_R(t) \cdot R$$

$$= \frac{1}{C} \int_{t_0}^{t} I_R(t)dt + \frac{Q_0}{C} + I_R(t) \cdot R$$

mit Ladung Q_0 des Kondensators zum Zeitpunkt t_0.

Durch Ableiten erhält man (mit $U_e = const$ für $t \geq t_0$):

$$0 = \frac{I_R(t)}{C} + \frac{dI_R(t)}{dt} \cdot R$$

Damit gilt analog zum Tiefpass:

$$I_R(t) = I_0 \cdot e^{-\frac{t-t_0}{\tau}} \quad \text{mit } \tau = RC \tag{3.28}$$

Als Anfangsbedingung gilt für $t = t_0$:

$$U_e = U_2 = \frac{Q_0}{C} + I_0 \cdot R \cdot e^0$$

$$\Rightarrow I_0 = \frac{U_2 - U_{C0}}{R} \quad \text{mit } U_{C0} = \frac{Q_0}{C}$$

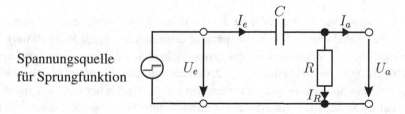

Abb. 3.21 Einfache Hochpassschaltung mit Sprungfunktion

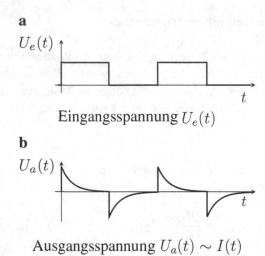

a

$U_e(t)$

Eingangsspannung $U_e(t)$

b

$U_a(t)$

Ausgangsspannung $U_a(t) \sim I(t)$

Abb. 3.22 Spannungsverlauf am Hochpass beim Ein- und Ausschaltvorgang

Somit erhält man die **allgemeine Lösung:**

$$I_R(t) = \frac{1}{R}(U_2 - U_{C0})e^{-\frac{t-t_0}{\tau}} \tag{3.29}$$

$$U_a(t) = I_R(t) \cdot R \tag{3.30}$$

$$U_a(t) = (U_2 - U_{C0})e^{-\frac{t-t_0}{\tau}} \tag{3.31}$$

Im Unterschied zum Tiefpass ist die Ausgangsspannung beim Hochpass proportional zum Strom (siehe Abb. 3.22). Somit werden nun die hohen Frequenzen an den Ausgang weitergereicht, während tiefe Frequenzen unterdrückt werden.

3.6   Widerstands-Kondensator-Spule-Netzwerke

3.6.1   Spule

Neben Widerstand und Kondensator ist die Spule das dritte wichtige lineare Bauelement in elektrischen Schaltungen. Durch Hinzunahme einer solchen in ein RC-Netzwerk, erhält man ein RLC-Netzwerk. Diese Netzwerke ermöglichen die Erzeugung von Schwingungen und benötigen Differentialgleichungen der 2. Ordnung zur Beschreibung, da nun mindestens zwei Bauteile mit Speichereigenschaften enthalten sind. Spulen bestehen aus spiralförmig aufgewickelten Stromleitern (meisten Kupferdraht). Ihre Wirkung kann durch das Einfügen eines weichmagnetischen Kerns (z. B. ein Eisenstab) verstärkt werden (vgl. Abb. 3.23). Spulen speichern durch *Selbstinduktion* Energie in ihrem Magnetfeld, im Gegensatz zum Kondensator, der zwischen seinen Platten Energie in einem elektrischen Feld speichert.

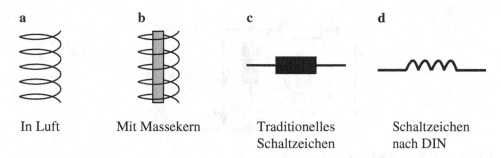

a	b	c	d
In Luft	Mit Massekern	Traditionelles Schaltzeichen	Schaltzeichen nach DIN

Abb. 3.23 Bauformen und Schaltzeichen von Spulen

Wegen der mechanisch aufwendigen Herstellung und den verwendeten Materialien sind Spulen im Vergleich zu anderen Bauelementen relativ teuer, weshalb sie weniger oft verwendet werden, als z.B. Kondensator und Widerstand. Verwendung finden sie z.B. bei Oszillatoren, Filterschaltungen, Schaltnetzteilen und in der Modellierung von Nebeneffekten in Schaltungen und Übertragungsleitungen. Die wichtigste Kenngröße für Spulen ist ihre Induktivität L:

$$L = \frac{N^2 \cdot \mu \cdot A}{l} \tag{3.32}$$

mit der Windungszahl der Spule N, der Permeabilität (magnetische Leitfähigkeit des Materials) in Vs/Am μ, der Querschnittsfläche der Spule A und der Feldlinienlänge (entspricht der Länge der Spule) l. Die Einheit der Induktivität ist das *Henry* [H] mit 1 H = 1 Vs/A, benannt nach Joseph Henry, der u. a. 1835 das elektromagnetische Relais erfand.

Über der Spule ergibt sich durch Selbstinduktion ein *induktiver Spannungsabfall:*

$$U_L = L \cdot \frac{dI}{dt} \tag{3.33}$$

Impedanz der Spule

Entsprechend dem Kondensator gibt es auch für die Spule eine Formel für die Impedanz. Es gilt allgemein:

$$\underline{Z}_L = R + j\omega L \tag{3.34}$$

Und für eine ideale Spule:

$$\underline{Z}_L = j\omega L \tag{3.35}$$

3.6.2 RLC-Kreis

Im RLC-Kreis werden die drei Bauteile Widerstand, Kondensator und Spule derart zusammengestellt, dass ein potentiell schwingfähiges System entsteht. Dies wird am Beispiel aus Abb. 3.24 deutlich. Mit $I_a = 0$ (unbeschalteter Ausgang) gilt: $I_L = I_e$.

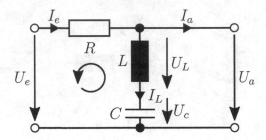

Abb. 3.24 Beispiel eines RLC-Kreises

Die Maschengleichung lautet somit:

$$U_e(t) = R \cdot I_e(t) + U_L(t) + U_C(t)$$

$$= R \cdot I_e(t) + L \cdot \frac{dI_e}{dt} + \frac{1}{C} \int I_e(t)dt + \frac{Q_0}{C}$$

Durch Ableitung erhält man:

$$\frac{dU_e}{dt} = R \cdot \frac{dI_e}{dt} + L \cdot \frac{d^2 I_e}{dt^2} + \frac{1}{C} \cdot I_e$$

Diese lineare Differentialgleichung 2. Ordnung ist analytisch lösbar für

$$\frac{dU_e}{dt} = 0 \quad \text{(Eingangsspannung konstant)}$$

Dies gilt für die betrachtete Sprungfunktion für $t \geq t_0$.

Somit lässt sich das folgende Ergebnis herleiten:

$$I_e = I_0 \cdot e^{\left(-\frac{R}{2L} \pm \sqrt{\frac{R^2}{4L^2} - \frac{1}{LC}}\right) \cdot t} \tag{3.36}$$

Um diese Gleichung zu verstehen, müssen abhängig vom Exponenten mehrere Fälle betrachtet werden:

Fall 1: Radikant < 0 (Schwingfall)

$$I_e = I_0 \cdot e^{\left(-\frac{R}{2L} \pm j\sqrt{-\frac{R^2}{4L^2} + \frac{1}{LC}}\right) \cdot t} \tag{3.37}$$

Falls $\frac{R^2}{4L^2} - \frac{1}{LC}$ negativ ist, kann die Wurzel nur komplex gelöst werden. Somit ist sie, wie in Gl. 3.37 zu sehen, der Imaginärteil einer komplexen Zahl, die im Exponenten der Gleichung steht. Die Lösung für I_e hat daher die allgemeine Form:

$$I_e = I_0 \cdot e^{(\alpha \pm j\beta)t} = I_0 \cdot e^{\alpha t} \cdot e^{\pm j\beta t}$$

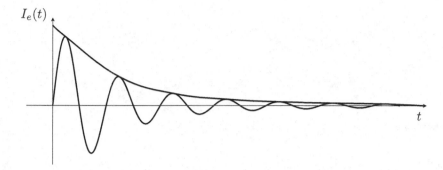

Abb. 3.25 Beispiel für Schwingung eines RLC-Kreises mit Abklingverhalten als Hüllkurve

Nach der Eulerschen Gleichung gilt:

$$e^{\pm j\beta t} = \cos(\pm\beta t) + j\sin(\pm\beta t)$$
$$\Rightarrow I_e = I_0 \cdot e^{\alpha t} \cdot (\cos(\pm\beta t) + j\sin(\pm\beta t))$$

Eine reale Strommessung zeigt nur den Realteil dieser komplexen Lösung. Also beinhaltet jede Lösung der Gleichung eine Schwingung, wie in Abb. 3.25 zu sehen ist. Fall 2: Radikand ≥ 0

Falls der Radikand jedoch größer 0 ist, ist der Exponent rein reellwertig. Somit entfällt die komplexe Lösung und der Stromkreis ist *schwingungsfrei*. man spricht hier auch vom *Kriechfall* Der Sonderfall Radikand $= 0$ heißt *aperiodischer Grenzfall*, da hier gerade so keine Schwingung auftritt.

Mittels der Dimensionierung der Bauteile dieser Schaltung können Schwingungen unterschiedlicher Frequenz, Phase und Amplitude erzeugt werden. Dies wird z. B. für die in Abschn. 2.8 erwähnten Signalgeneratoren genutzt. Auch viele Mikrocontroller benutzen RLC-Kreise als internen Taktgeber, wenn die Anforderungen an die Präzision des Taktes nicht zu hoch sind.

Elektronische Grundschaltungen

4

Zusammenfassung

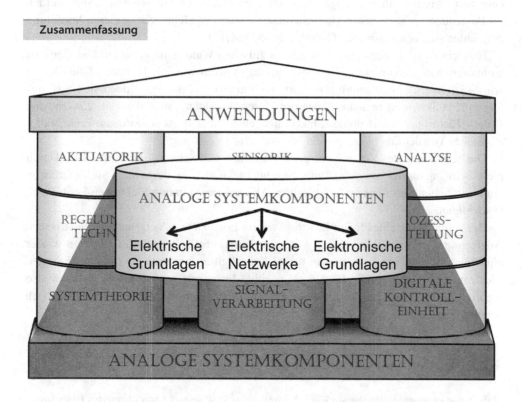

In diesem Kapitel werden die Grundlagen der Elektronik eingeführt. Neben einem Grundverständnis für das Funktionsprinzip von Halbleitern wird mit der Einführung der wichtigsten Halbleiterbauelemente, wie Diode und Transistor, die Möglichkeit eröffnet,

© Springer Fachmedien Wiesbaden GmbH, ein Teil von Springer Nature 2019
K. Berns et al., *Technische Grundlagen Eingebetteter Systeme*,
https://doi.org/10.1007/978-3-658-26516-8_4

komplexe Schaltungen zu untersuchen. Diese spielen beispielsweise bei der Umwandlung von analogen in digitale Signale (vgl. Abschn. 7.5) oder in der Leistungselektronik von Elektromotoren (vgl. Abschn. 9.2) eine wichtige Rolle. Weiterhin werden Verstärkerschaltungen und einfache Logikschaltungen auf dieser Grundlage eingeführt. Schließlich wird mit dem Operationsverstärker die Basis geschaffen, mathematische Funktionen wie Addition, Subtraktion und Integration in analogen Schaltungen abzubilden.

4.1 Grundlagen der Halbleitertechnik

In der modernen Elektronik (digital und analog) spielen Halbleiterbauelemente (z. B. Dioden, Transistoren) eine beherrschende Rolle. Häufig benötigte Schaltungen werden in so genannten integrierten Schaltkreisen (integrated circuit, IC) zusammengefasst. Diese enthalten zwischen einem einzigen und mehreren Milliarden Transistoren. Daher werden im Folgenden die wichtigsten Halbleiterbauelemente eingeführt. Zur weiteren Vertiefung empfehlen sich beispielsweise [Goß08, Mec95, TSG12].

Halbleiter sind Materialien mit einem spezifischen Widerstand zwischen Metallen und Isolatoren. Sie gehören zur 4. Hauptgruppe des Periodensystems. Hierunter fallen Stoffe wie Silizium (Si), Germanium (Ge) und Gallium-Arsenid (GaAs). Bilden sich z. B. aus Silizium vollkommen reguläre Kristallstrukturen, bezeichnet man diese als *Einkristalle*. Da alle Elektronen innerhalb des Einkristalls gebunden sind, ist ein Silizium-Einkristall – abgesehen von der *Eigenleitung* – ein Isolator.

Die Temperatur des Kristalls entspricht mechanischen Schwingungen im Gitter. Durch diese Schwingungen lösen sich ständig einzelne Elektronen aus dem Gitter. Sie hinterlassen ein positiv geladenes *Loch* im Kristallgitter. Also existieren immer Elektronen-Loch-Paare *(Paarbildung)*.

Bei Annäherung eines freien Elektrons an ein Loch kann es aufgrund der elektrischen Anziehung zu einer *Rekombination* kommen: Ein Loch fängt ein freies Elektron wieder ein. Bei Anlegen einer Spannung an das Si-Kristallgitter fungieren die *(thermisch)* freien Elektronen als negative, die Löcher als positive Ladungsträger (Abb. 4.1), es kann also theoretisch ein elektrischer Strom fließen. Bei Zimmertemperatur ist die Eigenleitung jedoch nahezu vernachlässigbar.

4.2 Dotierung von Halbleitern

Neben der oben angesprochenen Eigenleitung eines Halbleiters kann durch das Einbringen von Fremdatomen (Dotieren) in den reinen Halbleiterkristall die Anzahl an freien Ladungsträgern und damit dessen Leitfähigkeit erhöht werden.

Man unterscheidet zwei Arten der Dotierung: *n-Dotierung* und *p-Dotierung*. n-Dotierung erfolgt mit fünfwertigen Elementen, z. B. Phosphor, und zeichnet sich durch den überzähligen *negativen* Ladungsträger aus, welcher das Fremdatom einbringt – p-Dotierung mit

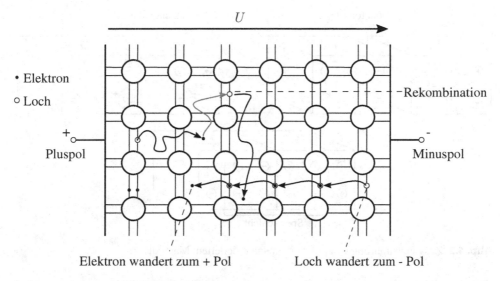

Abb. 4.1 Si-Kristall mit angelegter Spannung

dreiwertigen Stoffen, z. B. Aluminium, zeichnet sich durch das *positive* Loch aus, welches bei Dotierung entsteht.

Durch Dotierung wird also die Anzahl der freien Ladungsträger erhöht. Die Zahl der zusätzlichen *Majoritätsträger* (bei p-Dotierung Löcher, bei n-Dotierung Elektronen) ist gleich der Anzahl der Fremdatome und temperaturunabhängig. Die Anzahl der zusätzlichen *Minoritätsträger* (bei p-Dotierung Elektronen, bei n-Dotierung Löcher) ist temperaturabhängig, spielt aber nur bei Übergängen zwischen p- und n-dotierten Halbleitern eine Rolle.

Beachte Die erzielten spezifischen Widerstände der dotierten Halbleiter ($4 \cdot 10^{-1} \Omega$m– $6 \cdot 10^{5} \Omega$m) sind relativ hoch verglichen mit Kupfer ($18 \cdot 10^{-9} \Omega$m). D.h. Leitungslängen müssen gering gehalten werden.

4.3 Der pn-Übergang

Ein p- und ein n-Leiter sollen nun durch Anschmelzen flächig zusammengefügt werden. Vor dem Verbinden sind beide Seiten jeweils elektrisch neutral. Die n-Seite hat eine hohe Konzentration an Elektronen und die p-Seite eine hohe Konzentration an Löchern, d.h. eine niedrige Konzentration an Elektronen.

Aufgrund von Wärmebewegung versuchen sich unterschiedliche Konzentrationen auszugleichen ($\rightarrow$ Diffusion). Dies passiert nun beim Verbinden der n- und p-Leiter. Beim Verbinden fließt zunächst ein Diffusionsstrom aus Elektronen vom n- in den p-Leiter. Der Diffusionsstrom kommt rasch zum Erliegen, da sich die Grenzschicht elektrisch auflädt.

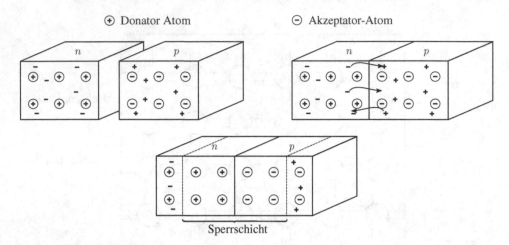

Abb. 4.2 Zusammenführung von p-dotiertem und n-dotiertem Material

Auf der n-Seite bleiben positive Ionen zurück. Die diffundierten Elektronen werden auf
der p-Seite in den Löchern relativ fest eingebaut, wodurch eine negative Überschussladung
entsteht. Deren elektrisches Feld drängt weitere aus der n-Seite diffundierende Elektronen
zurück. Es entsteht eine für Elektronen „unüberwindbare" Sperrschicht ohne frei bewegliche Ladungsträger. Alle freien Elektronen und Löcher sind rekombiniert (vgl. Abb. 4.2).
Auf beiden Seiten der Sperrschicht stehen sich nun getrennte Ladungen wie bei einem Kondensator gegenüber. Die Ladungen erzeugen ein elektrisches Feld und somit eine Spannung
U_D. Diese *Diffusionsspannung* ist relativ klein und hängt von der Dotierung und der Temperatur ab. Sie beträgt bei Silizium bei Raumtemperatur etwa 0,7 V und bei Germanium etwa
0,3 V. Der Zusammenhang zwischen der Diffusionsspannung und dem pn-Übergang ist in
Abb. 4.3 dargestellt.

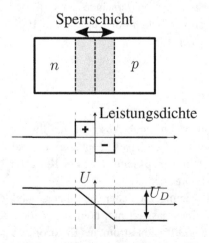

Abb. 4.3 Gleichgewicht zwischen Rekombination und Diffusionsspannung U_D

4.4 Dioden

Das elektronische Bauteil, das aus den zusammengefügten P- und N-Leitern besteht, nennt man *Diode*. Diese verhält sich wie ein „Stromventil". In Abb. 4.4 ist eine Diode mit einer Spannungsquelle und einer Lampe elektrisch verbunden. Im linken Teil der Abbildung ist der pn-Übergang in *Durchlassrichtung* beschaltet: Die äußere Spannung U_F „drückt" die Elektronen des n-Leiters zunächst in die Sperrschicht und dann, falls U_F größer ist, als die Diffusionsspannung, über die Sperrschicht, sodass sie über den p-Leiter abfließen können. Es entsteht ein Stromfluss, der die Lampe zum Leuchten bringt. Das Schaltzeichen der Diode ist über der Schaltung abgebildet. Die Diodenspannung U_F entspricht bei Beschaltung in Durchlassrichtung in etwa der Diffusionsspannung, da die äußeren Zonen der Diode einen vernachlässigbaren Widerstand darstellen. Sie ist (fast) unabhängig von der Batteriespannung U_B, d. h. der größte Teil der Batteriespannung fällt über der Lampe ab: $U_L = U_B - U_F$. Der elektrische Strom durch die Diode wächst exponentiell mit der angelegten Spannung U_F: $I_F \sim e^{U_F}$, wie in Abb. 4.5 gezeigt. Wird die Diode in *Sperrrichtung* beschaltet, die Stromrichtung also wie im rechten Teil von Abb. 4.4 umgekehrt, werden die freien Ladungsträger von der Grenzschicht weggezogen. Dadurch wird die ladungsträgerfreie Zone, d. h. die Sperrschicht breiter. Die Diode sperrt ($U_R = U_B$). Es fließt nur noch

a   **b**

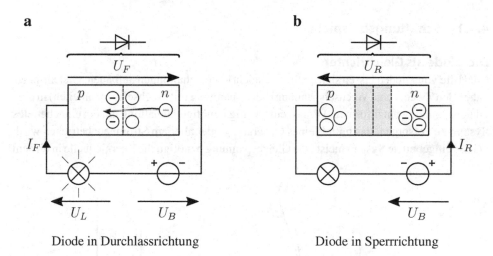

Diode in Durchlassrichtung   Diode in Sperrrichtung

Abb. 4.4 Einfacher Stromkreis mit einer Diode als „elektrisches Ventil"

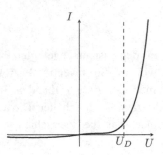

Abb. 4.5 Diodenkennlinie

ein vernachlässigbar kleiner Sperrstrom I_R aufgrund thermisch bedingter Paarbildung. Bei Silizium beträgt dieser etwa 1nA und bei Germanium etwa 10μA.

Die Diodenkennlinie kann man in der Praxis meist mit der Knickspannung $U_K \approx U_D$ approximieren (anwendungsabhängig) (siehe Abb. 4.6). Somit eignet sich die Diode als Verpolungs-, aber auch als Überspannungsschutz, zum Gleichrichten von Signalen und für einige weitere Anwendungsfelder, die im Folgenden betrachtet werden. Eine Übersicht gängiger Diodentypen findet sich in Anhang B.3.1.

4.4.1   Schaltungsbeispiele

Die Diode als Gleichrichter

Mit Hilfe von Dioden lassen sich einfache Gleichrichterschaltungen aufbauen. Gleichrichter haben den Zweck, eine Wechselspannung (oder Spannung mit Wechselstromanteilen) in eine Gleichspannung umzuformen. Dies ist eine häufig benötigte Schaltung um ein eingebettetes System zu versorgen, das mittels eines Generators, oder aber am Stromnetz betrieben wird. Da das eingebettete System meist eine Gleichspannung benötigt, die Energiequelle in diesem

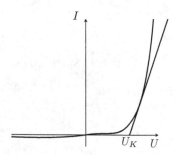
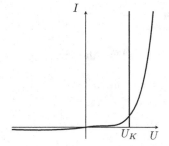

Abb. 4.6 Näherungen für Diodenkennlinien

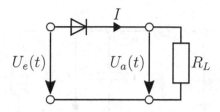

Abb. 4.7 Einfache Gleichrichterschaltung

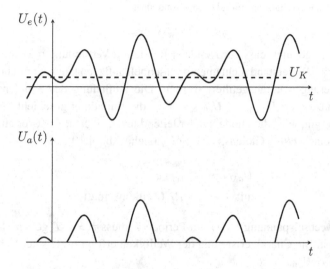

Abb. 4.8 Signalverlauf der Gleichrichtung mittels Diode

Fall aber nur eine Wechselspannung liefert, muss hier eine Umformung stattfinden. In der Schaltung in Abb. 4.7 wird ausgenutzt, dass Dioden nur in ihrer Durchlassrichtung Strom leiten, sodass mit dem Einsatz einer Diode der Strom entgegengesetzter Richtung, wie er in Wechselspannungen in jeder zweiten Halbwelle vorkommt, direkt blockiert wird, siehe Abb. 4.8. Es wird eine vereinfachte Diodenkennlinie angenommen, d. h. für $U_e(t) > U_K$ ist die Diode leitend mit einem Spannungsabfall von U_K.

Es folgt:

$$U_a(t) = \begin{cases} U_e(t) - U_K & \text{für } U_e > U_K \\ 0 & \text{für } U_e \leq U_K \end{cases} \tag{4.1}$$

Gleichrichterschaltung mit Glättungskondensator

Für die Erzeugung von Gleichspannungen zur Spannungsversorgung elektronischer Geräte wird eine möglichst konstante Ausgangsspannung benötigt. Dies wird durch eine Gleichrichterschaltung mit *Glättungskondensator* ermöglicht, wie sie in Abb. 4.9 gezeigt ist.

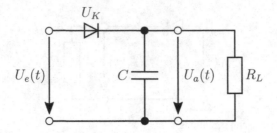

Abb. 4.9 Gleichrichterschaltung mit Glättungskondensator

Dabei wird ausgenutzt, dass der Kondensator sich in Verbindung mit einem (angenommenen) ohmschen Widerstand nicht unendlich schnell aufladen kann, womit höherfrequente Spannungsänderungen herausgefiltert werden. Die Aufladung des Kondensators erfolgt bis auf den Spitzenwert $U_{amax} = U_{emax} - U_K$, die Entladung geschieht über R. Sobald $U_e > U_a + U_K$ gilt, wird die Diode wieder leitend und C lädt sich wieder auf U_{amax} auf.

Es entsteht eine *wellige* Gleichspannung U_a (siehe Abb. 4.10):

$$U_a(t) = U_{amax} \cdot e^{-\frac{t}{\tau}} \tag{4.2}$$

$$\text{mit } \tau = C \cdot R_L \text{ (Zeitkonstante)} \tag{4.3}$$

Bei Eingangswechselspannung $U_e(t)$ mit Periode T muss $\tau >> T$ gelten, damit die Welligkeit gering ist. Die Charakterisierung der Welligkeit erfolgt mittels der Spitzen-Spitzen-Spannung $U_{SS} = U_{amax} - U_{amin}$.

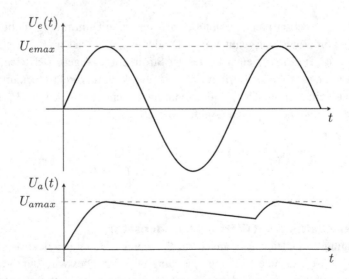

Abb. 4.10 Wellige Gleichspannung U_a nach Glättung durch C

Der einfache Gleichrichter nutzt nur jede zweite Halbwelle *(Halbwellengleichrichter)*, günstiger ist aber der *Brückengleichrichter* (siehe Abb. 4.11). Der Brückengleichrichter nutzt jede Halbwelle aus, was ermöglicht, dass der Glättungskondensator zweimal pro Periode geladen wird. Allerdings entsprechen die Schaltspannungsverluste $2 \cdot U_K$.

Daher verwendet man in der Praxis Germanium-Dioden, welche mit $U_K = 0,25$ V eine wesentlich geringere Schaltspannung aufweisen, als etwa Silizium-Dioden mit $U_K = 0,7$ V. Der Signalverlauf ist in Abb. 4.12 dargestellt.

$$U_a(t) = \begin{cases} |U_e(t)| - 2 \cdot U_K & \text{für } |U_e| > 2 \cdot U_K \\ 0 & \text{für } |U_e| \leq 2 \cdot U_K \end{cases} \tag{4.4}$$

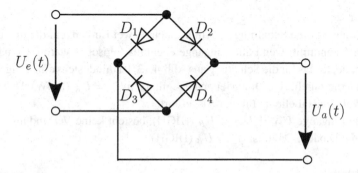

Abb. 4.11 Schaltbild eines Brückengleichrichters

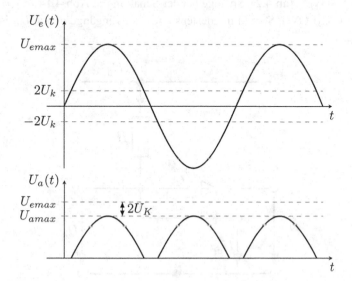

Abb. 4.12 Signalverlauf am Brückengleichrichter ohne Glättungskondensator

4.4.2   Dioden als Schalter

Digitale Systeme beruhen hauptsächlich auf logischen Schaltelementen zur Darstellung binärer Zustände, sogenannter *logischer Gatter*. So bestehen moderne Datenspeicher, viele Spezial-ICs und auch Prozessoren größtenteils aus einer Zusammenschaltung solcher Elemente. Dabei wird prinzipiell nur noch zwischen zwei elektrischen Spannungen am Ausgang unterschieden, einer hohen (HIGH) und einer niedrigen (LOW, meistens GND). Diesen Spannungen werden *logisch 1* bzw. *logisch 0* zugeordnet (z. B. HIGH entspricht 1, LOW entspricht 0).

In der DTL-Schaltungstechnik (Dioden-Transistor-Logik) werden Dioden zur Realisierung solcher logischer Gatter eingesetzt.

UND-Gatter

Das UND-Gatter ist eine Schaltung mit (mindestens) zwei Eingängen, deren Ausgang nur dann logisch 1 annimmt, wenn alle Eingänge ebenfalls logisch 1 waren. Gemäß der o. g. Zuordnung bedeutet das für die Schaltung aus Abb. 4.13: Ist mindestens eine Eingangsleitung LOW, dann ist die zugehörige Diode leitend. Es gilt dann $U_a = U_K$ (LOW). Detailliert wird dies in der Wahrheitstabelle in Tab. 4.1 ausgeführt.

Sind beide Eingänge $U_{e1} = U_{e2} = U_B$ (HIGH), besteht keine Verbindung von U_B zur Masse über die Dioden. Dann ist $U_a = U_B$ (HIGH).

ODER-Gatter

Beim ODER-Gatter nimmt der Ausgang logisch 1 an, wenn mindestens einer der Eingänge auch logisch 1 ist (vgl. Tab. 4.2). Solange bei der Schaltung in Abb. 4.14 $U_{e1} = U_{e2} = 0\,\text{V}$ gilt, ist $U_a = 0\,\text{V}$ (LOW). Sobald mindestens einer der Eingänge gleich U_B ist, fließt ein

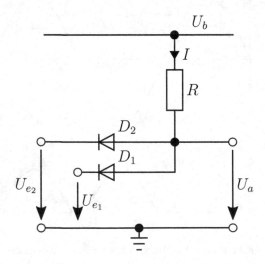

Abb. 4.13 Schaltbild eines UND-Gatters

Tab. 4.1 Wahrheitstabelle eines UND-Gatters

U_{e1}	U_{e2}	U_a
L	L	L
L	H	L
H	L	L
H	H	H

Tab. 4.2 Wahrheitstabelle eines ODER-Gatters

U_{e1}	U_{e2}	U_a
L	L	L
L	H	H
H	L	H
H	H	H

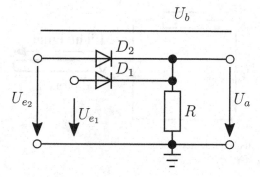

Abb. 4.14 Schaltbild eines ODER-Gatters

Strom durch die entsprechende(n) Diode(n) und es gilt: $U_a = U_B - U_K$ (HIGH). Mit Dioden lassen sich also UND- und ODER-Gatter aufbauen, die Diode ist damit als Schalter verwendbar. NICHT-Gatter sind jedoch nicht möglich, weshalb nicht alle Schaltungen mit Dioden aufgebaut werden können.

4.4.3 Spezialdioden

Neben den bisher vorgestellten, grundlegenden Dioden wurden verschiedene Spezialdioden entwickelt, die z. B. für Anwendungen in der Leistungselektronik oder als Überspannungsschutz Verwendung finden. Von besonderer Bedeutung für die Entwicklung eingebetteter Systeme sind die im Folgenden vorgestellten Leucht- und Fotodioden.

Bei der Rekombination mit Löchern geben Elektronen Energie in Form von Wärme oder Licht ab. Durch geeignete Wahl der Halbleitermaterialien kann die Lichtausbeute erhöht und die Einstellung bestimmter Wellenlängen ermöglicht werden. *Leuchtdioden (LED, Light Emitting Diode)* strahlen Licht ab, wenn Strom in Durchlassrichtung hindurchfließt.

Anwendungen finden LEDs bei Instrumentenanzeigen, Nachrichtenübermittlung, Optokopplern, Laserdioden und natürlich auch als Beleuchtungskörper. So kann, wie in Abb. 4.15 zu sehen, mit einer simplen Schaltung ein elektrisches Signal (hier als Spannungsquelle dargestellt) mittels einer LED in ein Lichtsignal umgeformt werden, das durch eine Glasfaserleitung weitergeleitet wird. Es wird dabei ausgenutzt, dass eine LED im Gegensatz zu z. B. einer Glühbirne keine Aufwärmzeit benötigt, weshalb auch schnelle Wechsel zwischen hell und dunkel gut realisiert werden können. Um nun auf der Empfangsseite das Lichtsignal wieder in ein elektrisches Signal umzuwandeln, wird ein anderes Bauteil benötigt: Die *Fotodiode.* Fotodioden dienen dem Empfang von Lichtsignalen. Einfall von Licht auf der Sperrschicht erzeugt zusätzlich zu den thermischen Paaren freie Ladungsträger durch Paarbildung. Dadurch wird die Leitfähigkeit der Diode erhöht. Betreibt man sie in Sperrrichtung, so ist der fließende Sperrstrom daher proportional zur Beleuchtungsstärke (vgl. Abb. 4.16).

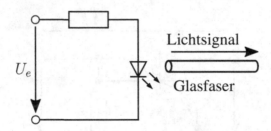

Abb. 4.15 Leuchtdiode als Nachrichtensender

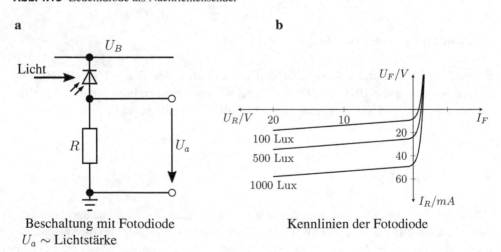

Abb. 4.16 Kennlinien und Beschaltung von Fotodioden

4.5   Bipolar-Transistor

Das zweite wichtige Halbleiterbauteil ist der Transistor. In der Praxis liegt oft der Fall vor, dass ein aufgenommenes elektrisches Signal nur sehr schwach ist, also nur eine kleine Amplitudendifferenz oder eine schwache Stromstärke aufweist. Um dieses Signal effektiv nutzen zu können, muss es zuerst verstärkt werden. Transistoren bilden hierfür die Grundlage in der Analog- und Sensortechnik (Hifi-Verstärker, Restlichtverstärker, LIDAR-Vorverstärker etc.). Ihre größte Verbreitung finden sie jedoch als Schalter in der Digitaltechnik. Während dort heute leistungslos steuerbare *Feldeffekttransistoren (MOSFETs)* verwendet werden, finden sich im analogen Bereich eingebetteter Systeme meist *bipolare Transistoren*, die mit größeren Strömen belastet werden können. So z. B. in vielen Operationsverstärkern (s. u.), oder der analogen Signalaufbereitung. Zunächst wird auf diese bipolaren Transistoren eingegangen, bevor dieser Abschnitt mit dem Aufbau und der Funktionsweise von MOSFETs abgeschlossen wird.

Im Unterschied zur Diode, die aus zwei unterschiedlichen Dotierungsschichten besteht, setzt sich der Bipolartransistor aus drei abwechselnden Dotierungsschichten zusammen. Dies können N-P-N-Schichten oder aber P-N-P-Schichten sein. Entsprechend bezeichnet man diese Transistoren als npn- oder pnp-Transistoren (vgl. Abb. 4.17). Im Folgenden wird nur auf den npn-Typ eingegangen. Der pnp-Transistor funktioniert entsprechend bei umgekehrter Polung.

Der npn-Transistor besteht aus einer stark N-dotierten Emitterschicht, einer dünnen und schwach P-dotierten Basisschicht und einer schwach N-dotierten Kollektorschicht. Wird der Kollektor gegenüber der Basis und dem Emitter positiv gepolt, so sperrt die $BC - Diode$.

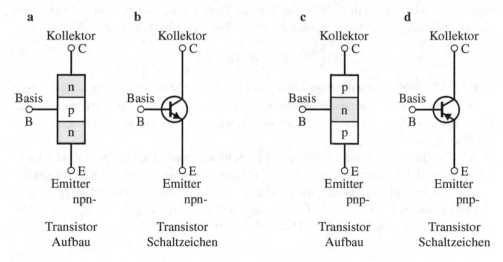

Abb. 4.17 Aufbau und Schaltzeichen von Bipolartransistoren

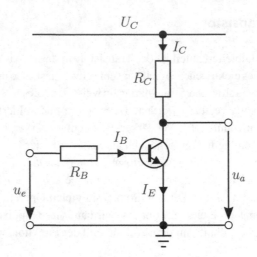

Abb. 4.18 Transistor als Stromverstärker

Auch die $BE - Diode$ bleibt gesperrt, solang die $BE - Spannung$ unter dem Schwellwert liegt. Wird die $BE - Spannung$ über den Schwellwert erhöht, so fließen Elektronen vom Emitter in die dünne Basis. Aufgrund der starken N-Dotierung des Emitters werden viele Elektronen durch die $BE - Spannung$ in die Basis „gezogen", von denen nur wenige über die dünne Basis abfließen können. Die meisten Elektronen diffundieren in den $BC - Sperrbereich$ und fließen durch die positive $CE - Spannung$ zum Kollektor ab. Es ergeben sich also zwei Stromkreise, wie in Abb. 4.18 zu sehen. Ein kleiner Basisstrom (Eingangsstromkreis) beeinflusst oder steuert einen viel größeren Kollektorstrom (Ausgangsstromkreis). Man spricht deshalb davon, dass der Transistor den Basisstrom verstärkt. Der Kollektorstrom I_C verändert sich ungefähr proportional zum Basisstrom I_B

$$I_C = B \cdot I_B, \tag{4.5}$$

wobei der Verstärkungsfaktor B typischerweise bei etwa 250 (zwischen 50 und 1000) liegt.

Die $BE - Diode$ im Eingangsstromkreis verhält sich wie die oben beschriebene Diode. Der Basisstrom I_B – und damit auch der Kollektorstrom I_C – steigt etwa exponentiell mit der Eingangsspannung U_{BE}.

Wird der Transistor in der Digitaltechnik als Schalter verwendet, kann man wieder idealisiert eine Knickspannung von etwa 0,7 V bei Silizium annehmen. Unterhalb dieser Knickspannung sperrt der Transistor, darüber leitet er. Der viel kleinere Basisstrom I_B steuert den viel größeren Kollektorstrom I_C. Der Zusammenhang $I_C = f(U_{CE}, I_B)$ ergibt sich aus dem Ausgangskennlinienfeld in Abb. 4.19. Hier ist für verschiedene Basisströme I_B das

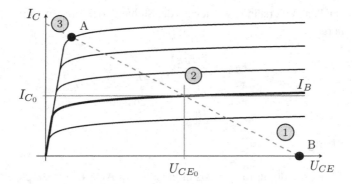

Abb. 4.19 Ausgangskennlinienfeld eines Bipolartransistors

resultierende Verhältnis von U_{CE} zu I_C dargestellt. Aus Knoten- und Maschengleichungen folgt:

$$I_E = I_B + I_C = (1 + B) \cdot I_B \qquad (4.6)$$

$$U_a = U_{CE} = U_C - U_{RC} \qquad (4.7)$$

$$U_{RC} = I_C \cdot R_C = B \cdot I_B \cdot R_C \qquad (4.8)$$

$$U_{CE} = U_C - R_C \cdot B \cdot I_B = U_C - R_C \cdot I_C \qquad (4.9)$$

$$I_C = f(U_{CE}) \qquad (4.10)$$

Die (fast) äquidistanten Abstände der Kennlinien in Abb. 4.19 zeigen den (fast) linearen Zusammenhang zwischen dem Basisstrom I_B und dem Kollektorstrom I_C. Der rechte Bereich des Kennlinienfelds ist der so genannte Arbeitsbereich (2). Hier hängt I_C im Wesentlichen von I_B und kaum von U_{CE} ab (horizontaler Kennlinienverlauf). Der linke Bereich ist der Sättigungsbereich (3). Hier ist U_{CE} im Verhältnis zu I_B zu klein, sodass $U_{CB} < 0$, wodurch der Kollektor nicht mehr als „Elektronensammler" fungiert. Die Basis ist in diesem Bereich mit Ladungsträgern gesättigt, die Vergrößerung von I_B erhöht I_C also nicht. Nur der Diffusionsdruck bewirkt eine Leitfähigkeit der $BC - Diode$. Im Cutoff-Bereich (1) ist I_B so klein, dass kein Strom von Basis und Kollektor zu Emitter fließt.

Solange die Eingangsspannungsänderung an der BE-Diode klein ist, kann die Kennlinie um den Arbeitspunkt (I_{C0}, U_{CE0}) als annähernd linear betrachtet werden. Dies nennt man *Kleinsignalverhalten* und ermöglicht die Verwendung des Ersatzschaltbildes in Abb. 4.20.

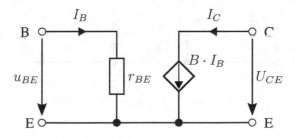

Abb. 4.20 Ersatzschaltbild für Kleinsignalverhalten

Die differenziellen Widerstände werden als die Steigung der Tangenten im Arbeitspunkt wie folgt definiert:

$$r_{BE} = \frac{\partial U_{BE}}{\partial I_B}\bigg|_{U_{CE}=Konst} \tag{4.11}$$

$$r_{BE} \approx \frac{U_T}{I_{B0}}, U_T \approx 26mV \tag{4.12}$$

Emitterschaltung

Eine wichtige Grundschaltung für Transistoren ist die in Abb. 4.21 gezeigte *Emitterschaltung*. Sie findet Verwendung, wenn kleine Wechselspannungen verstärkt oder geregelt werden müssen, beispielsweise in Audioverstärkern oder Transistorradios, aber auch, um den Transistor als Schalter verwenden zu können. Sie bildet die Grundlage der in Abschn. 4.7 eingeführten Differenzverstärker und Operationsverstärker.

Am Eingang des Verstärkers liege eine kleine Wechselspannung im Millivolt-Bereich an, wie sie beispielsweise bei einem demodulierten Radiosignal vorliegen könnte. Diese soll verstärkt werden, um einen Lautsprecher anzusteuern.

Die Eingangsspannung u_e ist zu klein, um den Transistor direkt anzusteuern, da dieser bei Spannungen unter 0,7 V (bei Siliziumtransistoren) sperrt. Die Spannung muss deshalb um einen Gleichanteil auf einen Arbeitspunkt AP erhöht werden, was durch den Spannungsteiler $R_1 - R_2$ passiert. Die Eingangsspannung des Transistors schwankt nun mit u_e um die Spannung $U_B \cdot R_2/(R_1 + R_2)$.

Mögliche Gleichanteile in u_e werden durch C_1 herausgefiltert.

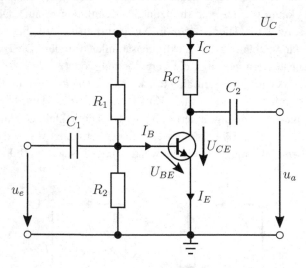

Abb. 4.21 Emitterschaltung als Wechselspannungsverstärker

Der Transistor verstärkt nun das Mischsignal. Im Arbeitspunkt ergibt sich mit dem Strom I_{B0} und dem Wechselstrom i_B der Basisstrom $I_B = I_{B0} + i_B$. Bei korrekter Wahl des Arbeitspunktes ist der Kollektorstrom I_C nicht von U_{CE}, sondern nur von I_B linear abhängig. Da I_C durch den Kollektorwiderstand R_C fließt und von diesem begrenzt wird, gilt auch $U_{RC} \sim I_B$ und $U_{CE} = U_B - U_{RC} \sim I_B$. Der Kondensator C_2 filtert aus dieser Spannung den Gleichanteil wieder aus, sodass die Ausgangsspannung u_a proportional zu u_e ist, jedoch um den Verstärkungsfaktor des Transistors größer und um 180° gedreht. Diese Phasenumkehr ist typisch für diesen Schaltungstyp.

Wie auch der Basisstrom, setzt sich die Kollektor-Emitter-Spannung U_{CE} aus der Spannung im Arbeitspunkt U_{CE0} und der Wechselspannung u_{CE} zusammen: $U_{CE} = U_{CE0} + u_{CE}$. Um beides zu bestimmen, werden deshalb im Folgenden die Arbeitspunkteinstellung und die Wechselspannungsverstärkung einzeln betrachtet.

Arbeitspunkt

Für die Berechnung des Arbeitspunktes wird das Ersatzschaltbild in Abb. 4.22 zugrunde gelegt. Die Wechselspannungsquelle in Abb. 4.21 wird auf $u_e = 0$ gesetzt. Da somit nur die Gleichspannungsquelle U_C im System enthalten ist, werden Kapazitäten als Stromkreisunterbrechung betrachtet. Der Transistor selbst kann als eine Diode und eine an deren Strom gekoppelte *Konstantstromquelle* betrachtet werden. Hierbei handelt es sich um ein abstraktes Bauteil, dass den eingeprägten Strom (hier: $B \cdot I_B$) immer konstant hält. Der Gleichstrom für Basis und Emitter und die Kollektor-Emitter-Spannung U_{CE0} berechnen sich wie folgt:

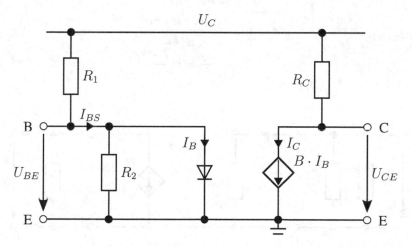

Abb. 4.22 Ersatzschaltbild zur Arbeitspunktbestimmung

$$I_{BS} = \frac{U_C - U_{BE}}{R_1}$$

$$I_{B0} = I_{BS} - \frac{U_{BE}}{R_2}$$

$$U_{CE0} = U_C - R_C \cdot I_{C0} = U_C - R_C \cdot B \cdot I_{B0} \qquad (4.13)$$

R_1 und R_2 werden nun so dimensioniert, dass die aus den bekannten Eingangsströmen und
–spannungen resultierenden Ausgangsströme und -spannungen in einem Bereich liegen, der
für die weitere Verarbeitung günstig ist. Insbesondere sollte U_{BE} im Bereich der Knickspannung des Transistors liegen, da sonst ein Über- oder Untersteuern einzelner Halbwellen des
Ausgangssignals die Folge sein kann.

Wechselspannung

Zur Berechnung der Wechselspannung wird die Speisespannungsquelle $U_C = 0$ gesetzt und
die Kleinsignal-Ersatzschaltung in Abb. 4.23 eingesetzt. Als Ersatz für den Transistor werden hier der Eingangswiderstand r_{BE} und erneut eine Konstantstromquelle betrachtet. Nun
werden der Ein- und Ausgangskreis aufgestellt, die Ausgangsspannung u_a und Spannungsverstärkung v berechnet. Aus dem Diagramm in Abb. 4.24 lässt sich $u_e = 0{,}02 \sin(10\pi t)$
und die Verstärkung $v \approx -20$ abschätzen. Die resultierenden Verläufe für I_B, I_C, U_{CE} und
U_{BE} sind in Abb. 4.25 zusammengefasst.

$$i_B = \frac{u_e}{r_{BE}} \qquad (4.14)$$

$$i_C = B \cdot i_B \qquad (4.15)$$

$$u_{CE} = -i_C \cdot R_C \qquad (4.16)$$

$$u_a = u_{CE} = -\frac{u_e \cdot B \cdot R_C}{r_{BE}} \qquad (4.17)$$

$$v = \frac{u_a}{u_e} = -\frac{B \cdot R_C}{r_{BE}} \qquad (4.18)$$

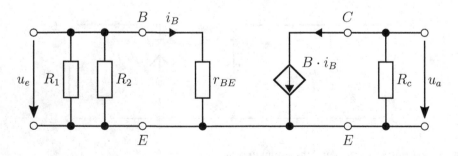

Abb. 4.23 Kleinsignal-Ersatzschaltbild der Emitterschaltung zur Berechnung der Wechselspannung

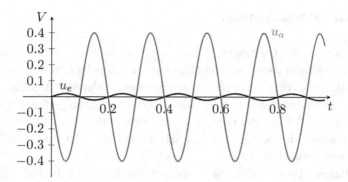

Abb. 4.24 Spannungsverläufe von u_e und u_a an der Emitterschaltung

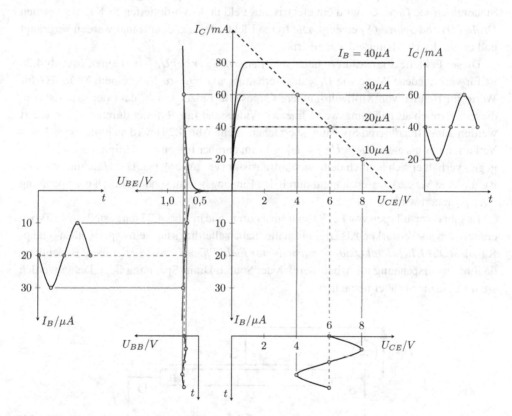

Abb. 4.25 Beispielhafte Kennlinienschar einer Emitterschaltung

4.6 Feldeffekttransistoren

Besonders wichtig in der Digitaltechnik sind *unipolare* Transistoren *(Feldeffekttransistor, FET)*. Der Name kommt daher, dass im Gegensatz zum Bipolartransistor die Verstärkung bzw. Leitfähigkeit des Transistors nicht mit einem Strom, sondern mit der Stärke einer angelegten Spannung und des daraus resultierenden elektrischen Feldes gesteuert wird. Dadurch ist der Stromfluss und somit der Energieverbrauch durch den Transistor erheblich geringer, was insbesondere bei hochintegrierten Schaltungen, die Milliarden von Transistoren enthalten können, vorteilhaft ist.

Das grundlegende Prinzip ist in Abb. 4.26 dargestellt: Der n-dotierte Halbleiter zwischen den Anschlüssen D (für *Drain*) und S (für *Source*) ist durch den Überschuss an negativen Ladungsträgern prinzipiell leitend. Durch Anlegen einer Spannung U_{GS} an die isolierte Steuerelektrode *Gate* (G) wird ein elektrisches Feld in dem n-dotierten Si-Kanal zwischen *Drain* (D) und *Source* (S) erzeugt. Die freien Elektronen aus dem Kanal werden verdrängt und damit der Halbleiterwiderstand erhöht.

Dieser Feldeffekttransistortyp heißt *selbstleitend*, da er bei $U_{GS} = 0$ leitet. In Abb. 4.28 ist für verschiedene Werte von U_{GS} das Verhältnis von U_{DS} zu I_D in einem MOSFET für Werte im Bereich von Millivolt/-ampere dargestellt. Es zeigt sich, dass der Transistor in diesem Bereich als näherungsweise linearer Widerstand fungiert, der durch U_{GS} gesteuert werden kann. In größeren Spannungsbereichen (siehe Abb. 4.29) wird sichtbar, dass dieses Verhalten nur bis etwa $U_P = U_{GS} - U_T$ gilt. Im darüber folgenden Sättigungsbereich hingegen verhält er sich ähnlich dem Bipolartransistor (vgl. Abb. 4.19). Der Hauptunterschied ist, dass die Verstärkung eben nicht durch den Eingangsstrom, sondern durch die Spannung U_{GS} gesteuert wird.

Es gibt diverse Typen von Feldeffekttransistoren, wie in Abb. 4.27 dargestellt. Alle Typen eignen sich als Verstärker. Als Digitalschalter haben allerdings nur selbstsperrende n- und p-Kanal-*MOSFETs (Metal Oxide Semiconductor Field Effect Transistor)* größere Bedeutung, da ihre Steuerspannung im Arbeitsbereich der Source-Drain-Spannung liegt. Daher werden sie im Folgenden näher betrachtet.

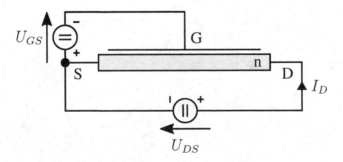

Abb. 4.26 Spannungsgesteuertes Schalten mit Feldeffekttransistor

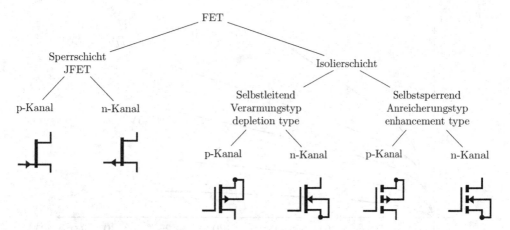

Abb. 4.27 Übersicht über FET-Typen

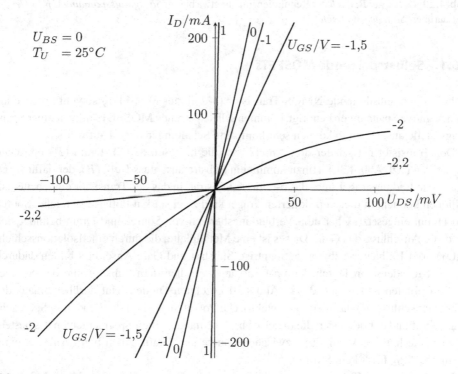

Abb. 4.28 MOSFET-Kennlinienschar für kleine U_{DS}

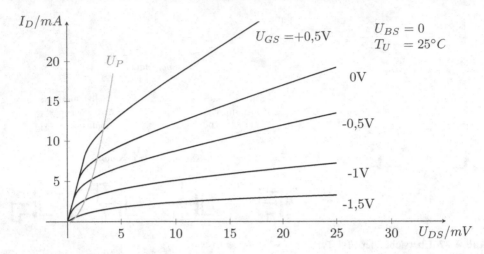

Abb. 4.29 *Ohmscher Bereich* der Kennlinien gilt nur etwa bis zur *Sättigungsspannung* $U_P = U_{GS} - U_T$; darüber: *Sättigungsbereich*

4.6.1   Selbstsperrende MOSFETs

Während der selbstleitende NMOS-Transistor (n-dotierter MOSFET) sowohl positive als auch negative Spannungen benötigt, kommen selbstsperrende MOSFETs mit nur einer Spannungsquelle aus. Dadurch können sehr kompakte Schaltungen aufgebaut werden.

Der Transistor hat wieder drei Anschlüsse, die hier Source (S), Drain (D) und Gate (G) heißen (vgl. Abb. 4.30). Hinzu kommt ein Substratanschluss Bulk (B), der dafür sorgt, dass keine Ladungsträger über das p-dotierte Substrat, in das der Transistor eingebettet ist, abfließen können. In diesen p-dotierten Träger sind zwei stark n-dotierte Bereiche, Source und Drain, eingesetzt. Über dem Verbindungsbereich von Source und Drain befindet sich der dritte Anschluss, das Gate. Dieses ist eine Metallplatte, die durch eine Isolationsschicht (SiO_2) vom Halbleiter-Substrat getrennt ist. Substrat und Gate-Anschluss bilden dadurch eine Art Kondensator. Durch den pn-Übergang zwischen dem Substrat und den Source-/Drain-Gebieten bilden sich die in Abb. 4.30 gezeigten Dioden. Hat darüber hinaus der Substratanschluss (B) das niedrigste elektrische Potential, so sind die Dioden in Sperrrichtung gepolt und es bilden sich die in der Abbildung dargestellten Sperrschichten. Es besteht damit keine leitende Verbindung zwischen Source und Drain. Auch beim Anlegen einer Spannung U_{DS} fließt kein Strom.

Das Verhalten des Transistors ändert sich, wenn das Gate positiv gegenüber dem Substrat beschaltet wird. Durch die positive Gate-Substrat-Spannung werden Elektronen aus dem Substrat in Richtung Gate gezogen. Es bildet sich ein Elektronenkanal (n-Kanal), der dem Transistor seinen Namen gibt (Abb. 4.30). Nun besteht eine leitende Verbindung zwischen Source und Drain, sodass bei Anlegen einer Spannung U_{DS} ein Strom über den Kanal

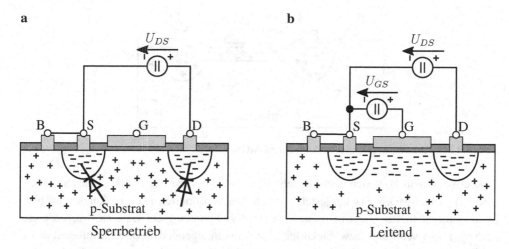

Abb. 4.30 Aufbau eines selbstsperrenden n-Kanal-MOSFETS

fließen kann. Im Gegensatz zu o. g. Bipolartransistor spricht man hier von einem unipolaren Transistor, da für den Kanal nur ein Halbleitermaterial benötigt wird.

4.6.2 Selbstleitende MOSFETs

Abb. 4.31 zeigt den Aufbau eines selbstleitenden n-Kanal MOSFETs. Auch hier ist das Gate durch eine dünne Isolationsschicht vom Substrat getrennt. Allerdings existiert hier schon ein dotierter n-Kanal zwischen Drain und Source. Die trotzdem stärkere Dotierung der Kontaktzonen dient dazu, Diodeneffekten an den Metall-Halbleiter-Verbindungsstellen zu verhindern. Durch den n-dotierten Kanal können in unbeschaltetem Zustand Ladungen fließen, daher die Bezeichnung selbstleitend. Wird nun am Gate eine negative Spannung angelegt, so werden die freien Ladungsträger aus diesem Kanal verdrängt und der Transistor sperrt.

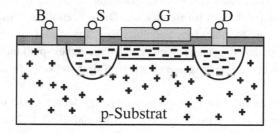

Abb. 4.31 Aufbau eines selbstleitenden n-Kanal MOSFETs

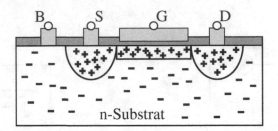

Abb. 4.32 Aufbau eines selbstleitenden p-Kanal-MOSFETs

Dieses Prinzip lässt sich auch umkehren. In Abb. 4.32 ist der Aufbau eines selbstleitenden p-Kanal-MOSFETs dargestellt. Durch den vordotierten p-Kanal können positive Ladungsträger fließen. Legt man nun eine positive Spannung am Gate an, werden diese Ladungsträger verdrängt (bzw. Elektronen aus dem umliegenden n-dotierten Substrat in die Löcher gezogen) und der Kanal somit gesperrt. Das Verhalten ist somit fast identisch, bei umgekehrter Polung aller Spannungen. Bei gleichem Dotierungsgrad und gleichen Dimensionen ist der Widerstand von p-Kanal-Transistoren allerdings etwa 3-fach höher als der von n-Kanal-Transistoren, was auf die geringere Beweglichkeit der Löcher zurückzuführen ist.

4.7   Grundlegende Transistorschaltungen

Transistoren bilden die Grundlage aller (mikro-)elektronischen Schaltungen. An dieser Stelle soll auf einige Grundschaltungen eingegangen werden. Zunächst wird der Inverter betrachtet, welcher die einfachste digitaltechnische Schaltung ist. Danach wird der Differenzverstärker als Erweiterung der Emitterschaltung eingeführt und darauf folgend zum Operationsverstärker erweitert. Letzterer ist in fast allen analog-digitalen Schnittstellen eingebetteter Systeme zu finden.

4.7.1   Transistor als Inverter

Die geschilderte Phasenumkehr beim Wechselspannungsverstärker aus der Emitterschaltung (vgl. Abschn. 4.5) lässt sich auch im Bereich der Digitaltechnik zur Invertierung digitaler Signale verwenden. Der Aufbau eines Schalters bzw. Inverters (Abb. 4.33) sieht deshalb ganz ähnlich zu dieser Schaltung aus, jedoch kann auf die Arbeitspunkteinstellung verzichtet werden, da die Ein- und Ausgangssignale gleich groß sind und keine negativen Spannungen auftreten.

Ist die Eingangsspannung U_e niedrig, genauer gesagt, kleiner als 0,7 V (logisch 0), sperrt der Transistor. Damit ist $I_C = 0$ und $U_a = U_B = 5$ V (logisch 1). Bei hoher Eingangsspannung (logisch 1) leitet der Transistor und I_C steigt damit auf einen hohen Wert an. Durch diesen hohen Kollektorstrom, der durch R_C fließt, fällt über diesen eine hohe Spannung

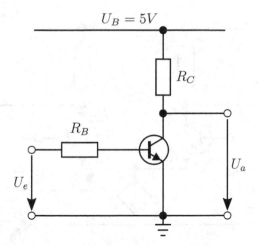

Abb. 4.33 Inverter- bzw. Schalter-Schaltung

U_{RC} ab, wodurch $U_a = U_B - U_{RC}$ niedrig (logisch 0) wird. Das binäre Eingangssignal wird also invertiert.

Wichtig bei der Verwendung des Transistors als Schalter ist, dass der Transistor nicht im Verstärkungsbereich eingesetzt wird. Der Transistor sollte entweder definitiv sperren, d. h. $U_e << 0, 7$ V oder weit offen sein (z. B. $U_e >> 2$ V), damit die Ausgangsspannung wieder klein genug und für ein folgendes Logikgatter wieder definitiv logisch 0 ist. Damit diese Spannungsintervalle auch bei gestörten Signalen eingehalten werden, muss zusätzlich ein minimaler Störabstand festgelegt werden.

4.7.2 Differenzverstärker

Der *Differenzverstärker* ist aus zwei einzelnen Verstärkern T_1, T_2 aufgebaut. Der Differenzverstärker bildet das „Herz" eines Operationsverstärkers. Wie sein Name ausdrückt, findet beim Differenzverstärker eine große Verstärkung der Differenz zweier Eingangssignale statt. Werden diese beiden Eingangsspannungen gleichmäßig verändert, so ändert sich der Ausgang des Verstärkers nicht. Im Idealfall ist diese sogenannte *Gleichtaktverstärkung* Null.

Abb. 4.34 zeigt den grundsätzlichen Aufbau eines Differenzverstärkers. Es handelt sich hierbei um zwei Transistoren, die über ihren Emitter gekoppelt und mit einer Konstantstromquelle verbunden sind. Diese Stromquelle kann in der Praxis durch eine einfache Transistorschaltung oder sogar nur durch einen gemeinsamen Emitterwiderstand mehr oder weniger gut angenähert werden, wodurch sich jedoch die Qualität des Verstärkers reduziert. Für die Analyse wird der Einfachheit halber eine ideale Stromquelle betrachtet.

Wichtig für die Analyse und den Aufbau eines Differenzverstärkers ist die Symmetrie der Bauteile. Die beiden Transistoren T_1 und T_2 müssen einheitliche Kenndaten und die gleiche

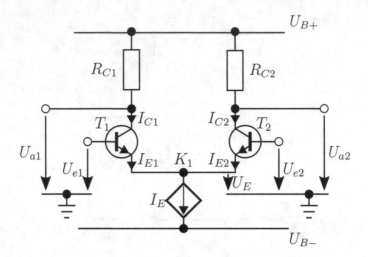

Abb. 4.34 Aufbau eines Differenzverstärkers

Temperatur haben. Hierfür waren früher sehr hochwertige, ausgesuchte und teure Bauteile notwendig. Die Einführung integrierter Schaltungen hat dieses Problem stark reduziert. Zunächst wird der Arbeitspunkt AP der Schaltung bei $U_{e1} = U_{e2} = 0\,\text{V}$ betrachtet. Durch die zweite Spannungsquelle $U_{B-} < 0\,\text{V}$, ist auch in diesem Fall die BE-Diode der beiden Transistoren leitend und es gilt:

$$\begin{aligned} U_{a1} &= U_{B+} - I_{C1} \cdot R_{C1} \\ U_{a2} &= U_{B+} - I_{C2} \cdot R_{C2} \end{aligned} \rightarrow U_{a1_{AP}} = U_{a2_{AP}} = U_{B+} - I_{C_{AP}} \cdot R_C.$$

Dies basiert auf der Symmetrie für $R_{C1} = R_{C2} = R_C$ und $I_{C1} = I_{C2} = I_C$.

Im Knoten K_1 setzt sich der Emitterstrom I_E aus den beiden Teilströmen I_{E1} und I_{E2} zusammen. Da I_E konstant ist, müssen sich I_{E1} und I_{E2} immer gegenläufig ändern:

$$\Delta I_{E1} = -\Delta I_{E2}$$

Da $I_{C1/2} \approx I_{E1/2}$, gilt für die Ausgangsspannungen:

$$\Delta U_{a1} \approx -\Delta I_{E1} \cdot R_C \text{ und} \tag{4.19}$$

$$\Delta U_{a2} \approx -\Delta I_{E2} \cdot R_C = \Delta I_{E1} \cdot R_C \tag{4.20}$$

und damit $\Delta U_{a1} = -\Delta U_{a2}$.

Wie die Ströme, so ändern sich auch die Ausgangsspannungen symmetrisch.

Es werden nun die Eingangsspannungen U_{e1} und U_{e2} gleichmäßig auf eine Spannung U_e, die von Null verschieden ist, erhöht. Da der Spannungsabfall über die BE-Dioden der beiden Transistoren unverändert gleich der Knickspannung bleibt, erhöht sich mit U_e auch die Spannung über der Stromquelle:

$$U_E = U_e - U_{BE}$$

Aufgrund der Konstantstromquelle und der Symmetrie der beiden Transistoren bleiben I_E sowie $I_{E1} = I_{E2} = I_E/2$ unverändert. Damit bleiben aber auch die Kollektorströme I_{C1} und I_{C2} und letztendlich auch die Ausgangsspannungen $U_{a1} = U_{a2} = U_{B+} - I_C \cdot R_C$ unverändert. Für die Gleichtaktverstärkung gilt demnach:

$$A_{Gl} = 0.$$

Was passiert aber, wenn U_{E1} und U_{E2} verschieden sind? Unter der Annahme, dass die Spannungsänderungen $\Delta U_{e1} = -\Delta U_{e2}$ klein sind, kann die Transistorkennlinien als linear betrachtet werden, wodurch auch $\Delta I_{C1} = -\Delta I_{C2}$ ist, da I_E aufgrund der Stromquelle weiterhin konstant bleibt.

Für eine einfache Transistorschaltung kann man zeigen, dass die Spannungsverstärkung

$$A = \frac{dU_a}{dU_e} = \frac{U_B - U_a}{U_T} \tag{4.21}$$

von der aktuellen Ausgangsspannung U_a im Arbeitspunkt und einer Transistor-abhängigen Temperaturspannung U_T abhängt, wobei U_a im Volt-Bereich und U_T im Millivolt-Bereich liegen. Da oben angenommen wurde, dass $\Delta U_{e1} = -\Delta U_{e2}$, gilt für die Differenzspannung ΔU_D und nach obiger Formel für die Differenzspannungsverstärkung A_D:

$$\Delta U_D = 2 \cdot \Delta U_{e1}$$
$$A_D = \frac{dU_{a1/2}}{dU_D} = \frac{1}{2} \cdot \frac{U_{B+} - U_{a1/2,AP}}{U_T} \tag{4.22}$$

Bei typischen Transistoren und Widerständen liegt A_D im Bereich von etwa 100. Damit ist die Differenzverstärkung A_D wesentlich größer als die Gleichtaktverstärkung A_{Gl}. Durch Hintereinanderschalten mehrerer solcher Differenzverstärker lassen sich diese Faktoren weiter erhöhen, was schlussendlich zu den im Folgenden beschriebenen Operationsverstärkern führt, die u. a. eine große Rolle in der A/D-Schnittstelle eingebetteter Systeme spielen.

4.7.3 Operationsverstärker

Der *Operationsverstärker*, im Folgenden mit *OV* abgekürzt, ist ein mehrstufig aufgebauter Differenzverstärker mit theoretisch unendlicher Verstärkung. Differenzverstärker bieten, wie oben gezeigt, die Möglichkeit bei sehr kleinen Eingangsströmen große Verstärkungen zu realisieren. Allerdings sind deren Ausgänge recht hochohmig, liefern also nur einen begrenzten Strom. Um dies in der Praxis zu umgehen, werden sie im Operationsverstärker um zusätzliche Verstärkerstufen erweitert. Der prinzipielle Aufbau ist in Abb. 4.35 dargestellt.

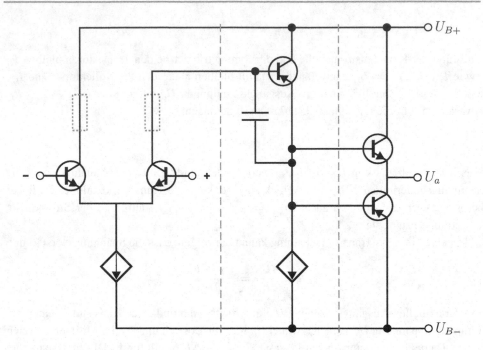

Abb. 4.35 Prinzipieller Aufbau eines Operationsverstärkers

Hierbei folgt auf den (links dargestellten) Differenzverstärker eine zusätzliche Verstärkerstufe (mittig). Diese erhöht einerseits den Verstärkungsfaktor nochmals, dient aber – mittels des eingebauten Kondensators – auch zur sogenannten *Frequenzkompensation*. Die Idee ist, dass der Kondensator zusammen mit dem (differenziellen) Widerstand des Transistors einen Tiefpass bildet, der evtl. auftretende Schwingungen in der Schaltung unterdrückt. Schließlich wird noch eine sogenannte *Gegentaktstufe* (rechts im Bild) dazugeschaltet. Der npn-Transistor verstärkt die positive Halbwelle des Signals, der pnp-Transistor die negative. Dadurch erhält man ggf. eine zusätzliche Verstärkung, vor allem aber kann diese Stufe einen hohen Ausgangsstrom treiben, wodurch der Nachteil des Differenzverstärkers aufgehoben wird.

Der OV erhielt seinen Namen aus seinem ursprünglichen Einsatzgebiet, der Ausführung von Rechenoperationen in Analogrechnern. Er bildet die Grundlage von analogen Operationen wie Addition, Subtraktion und Integration. Im Wesentlichen wurde er zur „experimentellen" Lösung von Differentialgleichungen eingesetzt. Heute ist er beispielsweise Kernstück von A/D-Wandlern (siehe Abschn. 7.5) und Trigger-Schaltungen.

In Abb. 4.36 ist das Schaltbild des Operationsverstärkers zu sehen. Er hat zwei Eingänge, die mit „+" und „−" bezeichnet werden. Sie entsprechen den beiden Eingängen des Differenzverstärkers. Signale am Pluseingang werden nicht invertiert und mit dem Faktor $+A$ verstärkt. Dagegen werden die Signale am Minuseingang invertiert (Verstärkung $-A$).

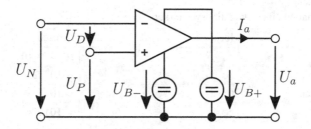

Abb. 4.36 Schaltzeichen und Anschlüsse des Operationsverstärkers

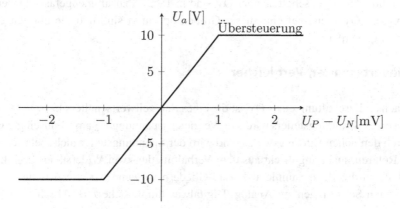

Abb. 4.37 Verhältnis von Eingangsspannungen zur Ausgangsspannung

Die Bezeichnungen „+" und „−" der Eingänge bezeichnen damit das Vorzeichen der Verstärkung und nicht die Polarität der anliegenden Spannungen. Verstärkt wird die Differenz der Eingangsspannungen $U_D = U_P - U_N$. Eine minimale Differenz zwischen diesen beiden Spannungen bewirkt bereits eine maximale Ausgangsspannung $U_a = \pm U_B$, wie in Abb. 4.37 gezeigt.

4.8 Anwendung von Operationsverstärkern

Für die Analyse von Schaltungen mit OV kann man mit einer unendlichen Verstärkung A rechnen, die in der Praxis im Bereich von *10.000* bis mehreren *100.000* liegt. Die Gleichtaktverstärkung ist etwa um den Faktor 10^6 kleiner und damit vernachlässigbar.

$$U_a = V_0 \cdot (U_P - U_N)$$

Auch der Eingangswiderstand des OV kann als unendlich groß betrachtet werden. Er liegt typischerweise im Bereich von $1\,\text{M}\Omega$ bis $1000\,\text{M}\Omega$. Dadurch werden die Eingangsströme vernachlässigbar (typischerweise $< 0{,}1\,\mu\text{A}$) und die Ansteuerung des OV erfolgt praktisch leistungslos. Frequenzen bis etwa $10\,\text{kHz}$ werden linear, d. h. verzerrungsfrei verstärkt.

Tab. 4.3 Eigenschaften eines Operationsverstärkers

	Ideal	Typisch
Verstärkung	∞	$10^4 - 2 \cdot 10^5$
Eingangswiderstand	∞	$> 10^6 \,\Omega$
Ausgangswiderstand	0	$< 10 \,\Omega$
Grenzfrequenz	∞	$> 10 \,\text{kHz}$

Die wichtigsten Eigenschaften eines OV sind in Tab. 4.3 zusammengefasst. Dabei ist zu beachten, dass OV meist auf eine dieser Größen optimiert sind und die übrigen Größen vernachlässigt werden.

Schwellwertschalter, Vergleicher

Die einfachste Beschaltung eines OV ist die eines Schwellwertschalters bzw. Vergleichers. Mit Hilfe eines Spannungsteilers wird eine Vergleichsspannung U_2 am Minuseingang angelegt. Durch den hohen Eingangswiderstand wird der Spannungsteiler nicht belastet, sodass sich die Referenzspannung direkt aus dem Verhältnis der zwei Widerstände ergibt. Diese Eigenschaft wird z. B. in Sample-and-Hold-Gliedern verwendet (siehe Abschn. 7.4), aber auch in vielen Schaltungen zur Analog-/Digitalwandlung (siehe z. B. Abschn. 7.5.1, 7.5.4 und 7.5.6).

Ist die eigentliche Eingangsspannung U_e größer als die Referenzspannung U_2, so ist die Differenz $U_D = U_P - U_N$ positiv und der Ausgang des OV durch die große Verstärkung sofort im Bereich der Übersteuerung ($U_a = \min\{U_{B+}, A \cdot (U_e - U_2)\} = U_{B+}$).

Abb. 4.38 zeigt eine solche Vergleicherschaltung für $U_B = 10\,\text{V}$, eine Referenzspannung $U_2 = 1\,\text{V}$ und ein etwa sinusförmiges Eingangssignal U_e. Sobald das Eingangssignal größer als 1 V ist, liegt am Ausgang $U_a = 10\,\text{V}$ an. Fällt U_e unter die Referenzspannung $U_2 = 1\,\text{V}$, springt die Ausgangsspannung nach $U_{B-} = -10\,\text{V}$.

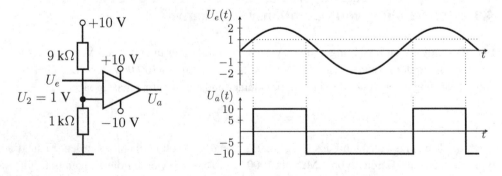

Abb. 4.38 Beispielschaltung für einen Vergleicher und Erregung mit einem Sinus-Signal

4.8.1   Rückkopplung

Die Wirkungsweise des OV wird in der Regel durch seine äußere Beschaltung bestimmt. Im vorangegangenen Beispiel wurde eine einfache Vergleicherschaltung realisiert. Durch den hohen Verstärkungsfaktor sprang der Ausgang des OV zwischen den beiden Übersteuerungsbereichen hin und her.

In der Regel wird der Ausgang des OV auf den Eingang zurückgeführt. Dies nennt man *Rückkopplung* (Abb. 4.39). Erfolgt die Rückführung gleichphasig (also z. B. auf den „+" - Eingang), spricht man von *Mitkopplung*, was das System meist übersteuern bzw. instabil werden lässt. Durch eine gegenphasige Rückkopplung, auch *Gegenkopplung* genannt, regelt sich der OV jedoch auf folgendes Gleichgewicht ein.

Da der Eingangswiderstand als $R_E = \infty$ angenommen wird, folgt, dass $I_E = 0$.

Im Knoten K fließt folglich kein Strom über den OV ab und es gilt laut Knotenregel $I_0 = I_1 + I_2$. Somit kompensiert I_0 die Eingangsströme.

Da auch die Verstärkung eines idealen OVs als $v = \infty$ angenommen wird, regelt sich U_K auf U_2 ein: $U_K \to U_2$.

Dies lässt sich so erklären:

Wäre $U_K < U_2$, dann würde der OV aufgrund der großen Verstärkung übersteuern: $U_a \to +U_B$. Durch die teilweise Rückkopplung von U_a steigt dann aber auch U_K und zwar so lange, bis $U_K = U_2$. Die gleiche Überlegung gilt für $U_K > U_2$.

Mit Hilfe einer solchen Rückkopplung lassen sich invertierende und nicht invertierende Verstärker sowie komplexere Rechenoperatoren realisieren. Bevor diese vorgestellt werden, soll ein einfaches Beispiel der Mitkopplung gezeigt werden. Es handelt sich hierbei um eine Variante des oben eingeführten Vergleichers.

Vergleicher mit Hysterese (Schmitt-Trigger)

In Abb. 4.40 ist eine Schaltung für einen *Schmitt-Trigger* abgebildet. Dieser ist benannt nach Otto Schmitt, der ihn 1934 – noch als Student – erfand. Durch Mitkopplung über R_2 kippt der Ausgang zwischen zwei Schaltzuständen:

Wird U_D positiv, also $U_e > U_a$, dann regelt sich U_a durch die Mitkopplung auf $U_a = U_B$ ein und zieht U_D ebenfalls hoch (und umgekehrt). Dadurch schaltet der

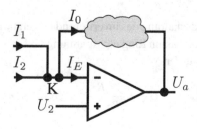

Abb. 4.39 Rückgekoppelter OV

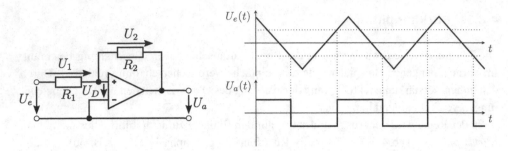

Abb. 4.40 Beispielschaltung für einen Schmitt-Trigger und Erregung mit einem Dreieck-Signal

Vergleicher erst über bzw. unter einem Grenzwert, der vom Mittelwert verschieden ist. Die so entstehende Übergangszone wird *Hysterese* genannt. Diese kann über die Widerstände R_1 und R_2 bestimmt werden.

Der Schmitt-Trigger hat im Bereich eingebetteter Systeme eine besondere Bedeutung: Da reale Werte nicht in Nullzeit von niedrigem auf hohen Pegel schalten, sondern immer auch Zwischenwerte einnehmen, kann mittels des Schmitt-Triggers ein sauberer Übergang realisiert werden, der z. B. für den Inverter aus 4.7.1 benötigt wird. Trigger-Schaltungen werden außerdem immer dann benötigt, wenn ein Takt oder eine diskrete Zeitunterteilung benötigt werden, wie z. B. in Oszilloskopen oder zur Generierung einer Pulsweitenmodulation (vgl. Abschn. 7.7.3).

4.9 Verstärkerschaltungen

Die in der Praxis eingesetzten Verstärkerschaltungen beruhen auf einem gegengekoppelten OV. Die Ausgangsspannung U_a wird in diesem Fall auf den Minuseingang zurückgeführt. Dies führt dazu, dass sich die Differenzspannung U_D auf Null einregelt. Je nach externer Beschaltung lassen sich mithilfe eines OV invertierende und nicht-invertierende Verstärker realisieren.

4.9.1 Invertierender Verstärker

Verstärkung V_U: Die Grundschaltung des invertierenden Verstärkers ist in Abb. 4.41 dargestellt. Beim Anlegen einer konstanten Eingangsspannung U_e springt U_N unter der Annahme, dass $U_a = 0\,\mathrm{V}$, kurzzeitig auf den Wert:

$$U_N = \frac{R_2}{R_2 + R_1} \cdot U_e \tag{4.23}$$

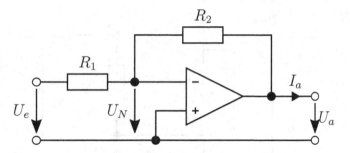

Abb. 4.41 Äußere Beschaltung des invertierenden Verstärkers

Wegen der hohen Verstärkung A_D und der negativen Spannungsdifferenz an den OV-Eingängen sinkt U_a schnell auf einen negativen Wert ab. Sie wirkt damit über den Gegenkopplungszweig solange der positiven Eingangsspannung entgegen, bis $U_N \approx 0$ V wird.

Dann gilt nach Knotenregel mit unendlich hohem Widerstand des OV-Eingangs:

$$\frac{U_e}{R_1} + \frac{U_a}{R_2} = 0 \Longrightarrow$$

$$V_U = -\left(\frac{U_a}{U_e}\right) = -\left(\frac{R_2}{R_1}\right) \qquad (4.24)$$

Eingangswiderstand R_e: Da der negative OV-Eingang wegen $U_N \approx 0$ V praktisch auf Massepotential liegt, ist der Eingangswiderstand des Verstärkers:

$$R_e = \frac{U_e}{I_e} = R_1 \qquad (4.25)$$

Ausgangswiderstand R_a: U_a hängt nicht von I_a ab, da der OV (nahezu) unabhängig von der Ausgangslast für $U_N \approx 0$ V sorgt. Deshalb gilt für einen idealen OV:

$$R_a = \frac{dU_a}{dI_a} = 0 \qquad (4.26)$$

4.9.2 Elektrometerverstärker (nicht-invertierender Verstärker)

Ein Nachteil des invertierenden Verstärkers ist sein niedriger Eingangswiderstand. Damit belastet er den Ausgang einer vorangegangenen Schaltung und ist insbesondere ungeeignet, um als Messverstärker für Spannungsmessungen eingesetzt zu werden. Um Spannungen verlustfrei messen zu können, wird deshalb ein nicht-invertierender Elektrometerverstärker eingesetzt (Abb. 4.42).

Verstärkung V_U: Wie beim invertierenden Verstärker bewirkt auch hier die Gegenkopplung des Operationsverstärkers, dass gilt:

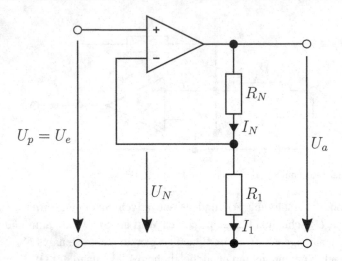

Abb. 4.42 Äußere Beschaltung des nicht-invertierenden Verstärkers

$$U_N \approx U_e = U_P$$

Damit gilt für die Spannungsverstärkung nach Spannungsteilerregel:

$$V_U = \frac{U_a}{U_e} = \frac{R_1 + R_N}{R_1} = 1 + \frac{R_N}{R_1} \tag{4.27}$$

Wie beim invertierenden Verstärker lässt sich auch hier die Spannungsverstärkung durch die Widerstände R_1 und R_N einstellen.

Eingangswiderstand R_e: Der nicht-invertierende Verstärker besitzt den sehr hohen Eingangswiderstand eines Operationsverstärkers:

$$R_e \Rightarrow \infty \tag{4.28}$$

Ausgangswiderstand R_a: U_a hängt nicht von I_a ab, da der OV (nahezu) unabhängig von der Ausgangslast für $U_N \approx 0\,\text{V}$ sorgt. Deshalb gilt für einen idealen OV:

$$R_a = \frac{dU_a}{dI_a} = 0 \tag{4.29}$$

Im Vergleich zum invertierenden Verstärker wird beim Elektrometerverstärker der Ausgang des Operationsverstärkers innerhalb der Verstärkerschaltung durch den Spannungsteiler stärker belastet.

Durch die beiden Eigenschaften, dass der nicht-invertierende Verstärker einen praktisch unendlich großen Eingangswiderstand besitzt und ihm ein sehr großer Ausgangsstrom entnommen werden kann ($R_a = 0$), wird dieser Verstärker überall dort eingesetzt, wo eine

Quelle nicht belastet werden soll, aber ggf. zur Weiterverarbeitung des Eingangssignals viel Strom benötigt wird. Die Schaltung kann deshalb auch als Impedanzwandler (Trennverstärker) eingesetzt werden. Hierbei wird häufig ein Verstärkungsfaktor $A = 1$ eingestellt, um lediglich den Eingang vom Ausgang zu trennen.

4.10 Funktionsglieder

Im Folgenden werden einige Schaltungsvarianten des OV vorgestellt: der Analog-Summierer, -Subtrahierer und -Integrierer. Alle drei Schaltungen waren wesentliche Rechenglieder der Analogrechner, werden aber auch heute noch in Analog-Digital-Wandlern verwendet, weshalb sie hier näher vorgestellt werden.

4.10.1 Analog-Addierer

Der typische Aufbau eines Analog-Addierers bzw. Summierers ist in Abb. 4.43 dargestellt. Im Knoten K (Minuseingang des OV) werden die Eingangsströme I_1, I_2, ... der Eingänge E_1, E_2, ... aufsummiert, was der Schaltung ihren Namen gibt.

Aufgrund des sehr hohen Eingangswiderstands des OV kann dessen Eingangsstrom I_e zu Null angenommen werden. Damit gilt für den Knoten K:

$$I_0 = I_1 + \ldots + I_n$$

Desweiteren kann wieder die Differenzspannung am OV-Eingang zu Null angenommen werden, sodass gilt: $U_K = U_{ref} = 0\,\text{V}$. Mit Hilfe des Ohmschen Gesetzes lässt sich die obige Knotenpunktgleichung umformen:

$$I_0 = -\frac{U_a}{R_0} = \left(\frac{U_1}{R_1} + \frac{U_2}{R_2} + \ldots + \frac{U_n}{R_n} \right)$$

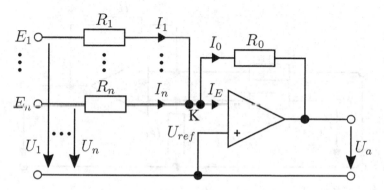

Abb. 4.43 Äußere Beschaltung des Analog-Addierers

Löst man diese Gleichung nach U_a auf, erhält man die Ausgangsspannung als gewichtete Summe der Eingangsspannungen:

$$U_a = -\left(\frac{R_0}{R_1}U_1 + \frac{R_0}{R_2}U_2 + \ldots + \frac{R_0}{R_n}U_n \right)$$

Für den Fall, dass alle Eingangswiderstände gleich R_0 sind, kürzen sich die Gewichte zu Eins und es gilt:

$$U_a = -(U_1 + U_2 + \ldots + U_n) = -\sum_{i=1}^{n} U_i \qquad (4.30)$$

Diese Schaltung findet heute u. a. im R2R-Kettenglied zur Digital-/Analogwandlung Anwendung (vgl. Abschn. 7.7.2).

4.10.2 Analog-Subtrahierer

Für die analoge Subtraktion wird die Grundfunktion des OV, die Differenzverstärkung, genutzt. Die Beschaltung des OV ist in Abb. 4.44 dargestellt. Dass diese Schaltung tatsächlich die Differenz der beiden Eingänge E_1 und E_2 berechnet, soll nun schrittweise hergeleitet werden.

Um die Ausgangsspannung des Differenzverstärkers berechnen zu können, werden zunächst die beiden Eingänge E_1 und E_2 getrennt von einander betrachtet.

Zunächst wird E_2 auf Masse gezogen. Dadurch ergibt sich dieselbe Ausgangsspannung wie beim invertierenden Verstärker:

$$U_a = -U_{e1} \cdot \frac{R_2}{R_1}$$

Wird E_1 auf Masse gezogen, ergibt sich dieselbe Ausgangsspannung wie beim nicht invertierenden Verstärker:

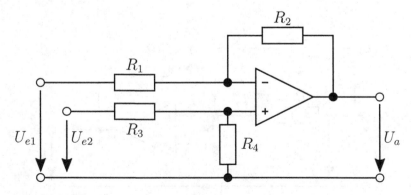

Abb. 4.44 Äußere Beschaltung des Analog-Subtrahierers

$$U_a = \frac{R_1 + R_2}{R_1} \cdot \frac{R_4}{R_3 + R_4} \cdot U_{e2}$$

Werden beide Eingänge benutzt ergibt sich folgende Gleichung für die Ausgangsspannung:

$$U_a = \frac{R_1 + R_2}{R_1} \cdot \frac{R_4}{R_3 + R_4} \cdot U_{e2} - U_{e1} \cdot \frac{R_2}{R_1}$$

Wählt man die Widerstände so, dass $R_1 = R_3$ und $R_2 = R_4$, ergibt sich für die Ausgangs-spannung folgende Gleichung:

$$U_a = \frac{R_2}{R_1} \cdot (U_{e2} - U_{e1})$$

Wird keine Verstärkung für die Ausgangsspannung benötigt, wählt man alle Widerstände gleich groß. Dadurch vereinfacht sich die Ausgangsgleichung zu:

$$U_a = U_{e2} - U_{e1} \tag{4.31}$$

4.10.3 Integrierer

Die Grundschaltung des Integrierers in Abb. 4.45 ist der des invertierenden Verstärkers sehr ähnlich. Im Rückkopplungszweig wird der Widerstand durch einen Kondensator ersetzt. Durch den Kondensator wird die Schaltung frequenzabhängig. Mit steigender Frequenz sinkt die Impedanz des Kondensators und die Ausgangsspannung nimmt ab (Tiefpassverhalten). Wie beim invertierenden Verstärker bildet sich am invertierenden Eingang des Operations-verstärkers ein virtueller Nullpunkt; dadurch ist $I_C = I_1$. Liegt am Eingang U_e eine positive Spannung an, lädt sich der Kondensator mit $I_C = \frac{U_e}{R}$ bis zur maximalen negativen Aus-gangsspannung des Operationsverstärkers auf. Die Spannung am Kondensator U_C ist also

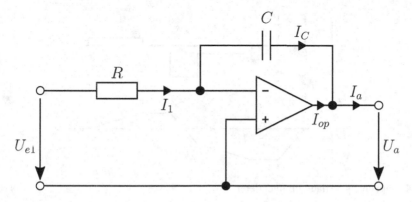

Abb. 4.45 Schaltung eines einfachen Integrierers

vorzeichenverdreht zur Ausgangsspannung U_a. Liegt eine negative Spannung am Eingang an, steigt die Ausgangsspannung bis auf die maximale Ausgangsspannung an.

Sei U_e konstant:

Es soll gelten, dass $I_e = 0\,\text{A}$: $I_C = I_1$ und $U_N = 0\,\text{V}$: $I_1 = U_e/R$. Damit ergibt sich für die Ladung auf dem Kondensator

$$\Delta Q = I_1 \cdot \Delta t = I_C \cdot \Delta t \tag{4.32}$$

und für die Spannung über dem Kondensator

$$\Delta U_C = \frac{\Delta Q}{C} = \frac{I_C}{C} \cdot \Delta t = \frac{U_e}{RC} \Delta t \tag{4.33}$$

Mit der Annahme, dass $U_N = U_{ref}$, berechnet sich die Ausgangsspannung zu

$$\Delta U_a = -\Delta U_C = -\frac{U_e}{RC} \Delta t \tag{4.34}$$

Die gleiche Herleitung kann für eine variable Eingangsspannung herangezogen werden.

Sei U_e variabel:

$$dU_a = -\frac{U_e}{RC} dt \tag{4.35}$$

$$\Rightarrow U_a = -\frac{1}{RC} \int_0^t U_e dt + U_{a0}$$

Wie in Abb. 4.46 ersichtlich, ist die Ausgangsspannung proportional zum Integral über die Eingangsspannung.

Auch diese Schaltung findet nach wie vor breite Anwendung z.B. in Analog-/Digitalwandlern (vgl. Abschn. 7.5.4, 7.5.6 und 7.5.7).

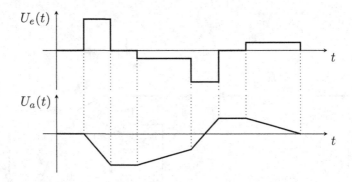

Abb. 4.46 Spannungsverlauf am Integrierer

Literatur

[Goß08] Goßner, S.: Grundlagen der Elektronik. Halbleiter, Bauelemente und Schaltungen, 7., erg. Aufl. Shaker, Aachen (2008)

[Mec95] Mechelke, G.: Einführung in die Analog- und Digitaltechnik, 4. Aufl. Stam, Köln (1995)

[TSG12] Tietze, U., Schenk, C., Gamm, E.: Halbleiter-Schaltungstechnik, 14., überarb. und erw. Aufl. Springer Vieweg, Berlin (2012)

Teil II
Systemtheorie und Regelung

Systemtheorie

5

Zusammenfassung

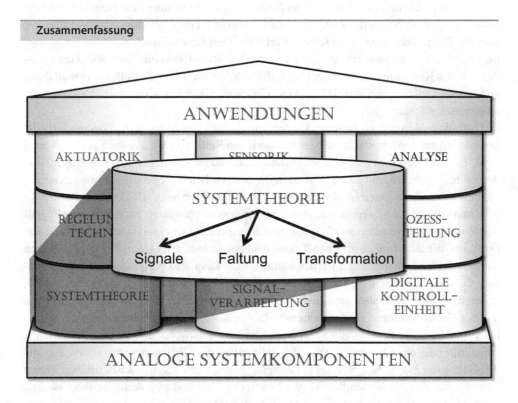

In diesem Kapitel werden die theoretischen Grundlagen vorgestellt, die zur Modellierung und Regelung eines technischen Systems benötigt werden, wie es im nächsten Kapitel erläutert wird. Dazu wird zuerst das Signal in verschiedene Klassen gruppiert und die besonderen Eigenschaften der linearen, zeitinvarianten Systeme (LTI) beleuchtet.

© Springer Fachmedien Wiesbaden GmbH, ein Teil von Springer Nature 2019
K. Berns et al., *Technische Grundlagen Eingebetteter Systeme*,
https://doi.org/10.1007/978-3-658-26516-8_5

Weiterhin wird mit der Faltung eine Möglichkeit diskutiert, das Zusammenspiel zweier Funktionen, wie Signalen und Übertragungsfunktionen, im Zeitbereich zu bestimmen. Schließlich wird dies mit der Fourier- und Laplace-Transformation auf den Frequenz- bzw. Bildbereich überführt, sodass auch komplexe Systeme mit reduziertem Rechenaufwand analysiert werden können. Dies ist u. a. bei der Abtastung analoger Signale (vgl. Abschn. 7.3.1) und der Reglerauslegung essentiell.

5.1   Modellierung des Eingebetteten Systems

Nachdem in den ersten Kapiteln das notwendige Grundlagenwissen zu elektrotechnischen Schaltungen und deren Details vermittelt wurde, wird nun der Fokus auf das Gesamtsystem gelegt:

Eine der Hauptaufgaben eingebetteter Systeme ist die Steuerung bzw. Regelung techni- scher Systeme. Dabei ist das Ziel, die Abläufe innerhalb eines Systems so zu beeinflussen, dass die Zielgröße(n) bestimmte Kriterien erfüllen. Dies kann beispielsweise bedeuten, dass man das System „autonomer Gabelstapler"derart beeinflusst, dass die Zielgröße „Geschwin- digkeit" das Kriterium „kleiner oder gleich 10 km/h" erfüllt. Diese Beeinflussung wird dabei von einem *Regler* ausgeführt. Dieser kann ein menschlicher „Fahrer" sein, aber auch ein eingebettetes System.

Um solche Regelungen zu verwirklichen, muss zuerst das zu regelnde System analysiert und modelliert werden, wofür die Systemtheorie ein Reihe von Werkzeugen zur Verfügung stellt. Erst mit diesen ist eine konsistente und nachvollziehbare mathematische Abstraktion des Systems möglich, mit deren Hilfe auch die entsprechende Regelungssoftware generiert werden kann. Einen guten Überblick über dieses Feld bieten auch [BFF09] und [GRS07].

Um die Rolle der Systemtheorie in diesem Prozess zu verstehen, muss zuvor der Begriff des *Systems* näher erläutert werden. Allgemein gesprochen ist ein System eine Menge von Gebilden, die derart miteinander in Zusammenhang stehen, dass sie in einem bestimmten Kontext als Einheit angesehen werden können. Man kann also beispielsweise den autono- men Gabelstapler als ein System, bestehend aus seinen Einzelkomponenten betrachten. In anderem Kontext kann aber auch die Fabrik, in der er eingesetzt wird, als das System gelten und der Gabelstapler nur als Komponente. Für den Kontext der eingebetteten Systeme sind insbesondere *technische Systeme* interessant, also mathematische Modelle einer technischen Apparatur oder eines Prozesses. Diese Modelle sollen das *Übertragungsverhalten*, d. h. die Abbildung der Eingangssignale auf die Ausgangssignale eines Systems beschreiben. Damit ist auch das Ziel der Systemtheorie gegeben: technische und physikalische Prozesse und Apparaturen mathematisch darstellbar und berechenbar zu machen. Da dieses Ziel ver- schiedene Domänen umfasst (z. B. die eingesetzten elektrischen Schaltungen, die auf das System wirkenden Kräfte, die Stellgrößenvorgaben des Reglers...) muss hierfür eine gewisse Abstraktion von diesen Einzelelementen gemacht werden. Dazu nutzt die Systemtheorie ver- schiedene Verfahren, wie die Faltung oder die Fourier- und Laplace-Transformation (s. u.).

Insofern bildet sie die Grundlage für die in Kap. 6 beschriebene Modellbildung und Identifikation. Auch können die hier gewonnenen Erkenntnisse in modellbasierte Systembeschreibungen, wie sie in Kap. 12 vorgestellt werden, einfließen. Der vorgestellte Systembegriff ist daher ganz bewusst universell gehalten und deckt die ganze Breite eingebetteter bzw. technischer Systeme ab. Diese können z. B. beschreiben:

- Übertragungsverhalten eines Rechnernetzes,
- Änderung der Temperatur einer Flüssigkeit in einem Heiztank,
- Verhalten eines KFZ nach einem Wechsel des Fahrbahnbelags,
- Reaktion eines Roboters auf Annäherung einer Person.

Alle zu steuernden bzw. zu regelnden, technischen Systeme fallen in die Klasse der *dynamischen Systeme*.

Ein weiterer Begriff, der oft im Zusammenhang mit der Systemtheorie genutzt wird, ist der des *Prozesses*. Dieser ist nicht ganz einfach zu fassen:

Laut der allgemeinen Definition nach DIN ist ein Prozess die „Gesamtheit zusammengehöriger Vorgänge, durch die Materie, Energie und Information transportiert, gespeichert und umgeformt werden, bzw. Information auch erzeugt und vernichtet werden kann."

Im besonderen Fokus der Entwicklung eingebetteter Systeme steht dabei der *technische Prozess*. Dieser beschreibt den zu beeinflussenden Teil des Gesamtsystems, also beispielsweise die Kinematik eines Roboterarms und die Positionen der Objekte in seiner Umgebung. Auch hierbei sind die Signale und das Übertragungsverhalten des Systems ein wesentlicher Fokus der Systemtheorie. Zu beachten ist, dass der hier verwendete Prozess-Begriff nicht mit dem Software-„Prozess" verwechselt werden darf, der z. B. in Kap. 13 verwendet wird und wesentlich enger gefasst ist.

5.2 Signale

Die Komponenten aller im Rahmen dieses Buches interessierenden eingebetteten Systeme tauschen Signale aus. Diese können *analog* oder – wie bei der Rechnerkommunikation vorherrschend – *digital* sein.

Die Kommunikationsstrukturen innerhalb eingebetteter Systeme dienen der Übertragung von Signalen. Während man im täglichen Leben unter dem Begriff Signal ganz allgemein einen Vorgang zur Erregung der Aufmerksamkeit (z. B. Lichtzeichen, Pfiff und Wink) versteht, wird im Folgenden eine etwas eingeschränktere, präzisere Definition aus der Informationstechnik verwendet.

Unter einem *Signal* versteht man die Darstellung einer Information durch eine zeitveränderliche physikalische, insbesondere elektrische Größe, z. B. Strom, Spannung, Feldstärke. Die Information wird durch einen Parameter dieser Größe kodiert, z. B. Amplitude, Phase, Frequenz, Impulsdauer, oder einer mathematischen Abstraktion davon.

Signale lassen sich nach verschiedenen Kriterien in Klassen einteilen. Mögliche Kriterien sind z. B., ob ein Signal stochastisch oder deterministisch ist, ob es kontinuierlich oder diskret ist, ob es eine endliche oder unendliche Dauer hat und ob es eine endliche Energie- oder Leistungsaufnahme hat.

Die wichtigsten Signalklassen sollen im Folgenden dargestellt werden.

5.2.1 Stochastische und deterministische Signale

Unter *stochastischen Signalen* versteht man alle nichtperiodische, schwankende Signale. In diese Klasse fallen alle in der Realität vorkommende Signale, u. a. Video-, Sprach- und Nachrichtensignale. Gemeinsam ist ihnen, dass sie nicht genau vorhergesagt werden können.

Dagegen fallen in die Klasse der *deterministischen Signale* die Signale, deren Verlauf durch eine Formel, eine Tabelle oder einen Algorithmus eindeutig beschrieben werden kann. Somit werden zukünftige Werte vorhersagbar. Obwohl diese Signalklasse in der Praxis der Kommunikation nur eine untergeordnete Rolle spielt, ist sie zur Beschreibung von Kommunikationssystemen und für die Nachrichtentheorie von großer Wichtigkeit. Viele stochastische Signale können hinreichend genau durch deterministische Signale angenähert werden, was eine große Vereinfachung des Entwicklungsprozesses bedeutet. Deterministische Signale untergliedern sich noch einmal anhand ihrer Dauer in *transiente* oder *aperiodische Signale* von endlicher Dauer, deren Verlauf über den gesamten Zeitbereich darstellbar ist (z. B. Einschaltvorgang) und in periodische Signale von theoretisch unendlicher Dauer (z. B. Sinus- und Taktsignal). Ein deterministisches Signal wird vollständig durch seine Zeitfunktion $x(t)$ oder seine Amplitudenspektralfunktion $X(\omega)$ – kurz Amplitudenspektrum – im Frequenzbereich beschrieben (siehe Abschn. 5.4). Beide Darstellungen sind mathematisch gleichwertig. Der Übergang zwischen Zeit- und Frequenz-/Bildbereich erfolgt durch eine mathematische Transformation (z. B. Fourier-, Z- oder Laplace-Transformation, siehe Abschn. 5.4).

5.2.2 Kontinuierliche und diskrete Signale

Wesentlich für die Entwicklung eingebetteter Systeme, insbesondere bei der Kommunikation, ist die Unterscheidung der Signale in *kontinuierliche* und *diskrete* Signale. Die beiden Attribute ‚kontinuierlich' und ‚diskret' betreffen sowohl den Zeitverlauf als auch den Wertebereich des Signals:

- **zeitkontinuierlich** bedeutet dabei, dass der Signalwert für jeden Zeitpunkt eines (kontinuierlichen) Zeitintervalls definiert ist
- **zeitdiskret**, dass der Signalwert nur für diskrete, meist äquidistante Zeitpunkte definiert ist (hierunter fallen z. B. durch Polling gewonnene, oder diskret abgetastete Signale, siehe Abschn. 7.3),

- **wertkontinuierlich**, dass der Wertebereich des Signals alle Punkte eines Intervalls umfasst,
- **wertdiskret**, dass der Wertebereich des Signals nur diskrete Funktionswerte enthält.

Da die Klassifizierungen des Zeit- und des Wertebereichs unabhängig voneinander sind, gibt es insgesamt vier Kombinationsmöglichkeiten bzw. Signalklassen:

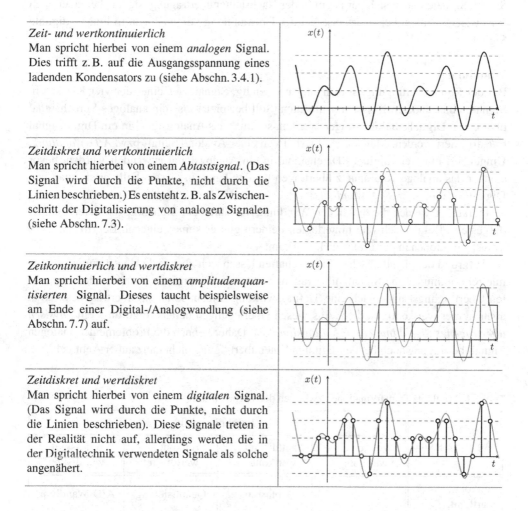

Zeit- und wertkontinuierlich Man spricht hierbei von einem *analogen* Signal. Dies trifft z. B. auf die Ausgangsspannung eines ladenden Kondensators zu (siehe Abschn. 3.4.1).	
Zeitdiskret und wertkontinuierlich Man spricht hierbei von einem *Abtastsignal*. (Das Signal wird durch die Punkte, nicht durch die Linien beschrieben.) Es entsteht z. B. als Zwischenschritt der Digitalisierung von analogen Signalen (siehe Abschn. 7.3).	
Zeitkontinuierlich und wertdiskret Man spricht hierbei von einem *amplitudenquantisierten* Signal. Dieses taucht beispielsweise am Ende einer Digital-/Analogwandlung (siehe Abschn. 7.7) auf.	
Zeitdiskret und wertdiskret Man spricht hierbei von einem *digitalen* Signal. (Das Signal wird durch die Punkte, nicht durch die Linien beschrieben). Diese Signale treten in der Realität nicht auf, allerdings werden die in der Digitaltechnik verwendeten Signale als solche angenähert.	

In der Umgangssprache werden Digitalsignale und binäre Signale oft gleichwertig genutzt, doch obwohl die binären Signale die am meisten verwendeten digitalen Signale sind, gibt es durchaus auch andere Ausprägungen. Abhängig von der Größe M der Wertemenge eines digitalen Signals unterscheidet man z. B. in

- $M = 2$: binäres Signal
- $M = 3$: ternäres Signal
- $M = 4$: quaternäres Signal
- $M = 8$: okternäres Signal
- ...

Solche Signale finden sich vor allem in der Nachrichtenübertragung, sie tauchen aber auch als Zwischenstufen, beispielsweise bei der Umwandlung von analogen in binäre, digitale Signale, auf.

Wandlung

Bei der Signalübertragung ist es häufig notwendig, Signale aus einer der vier Klassen in Signale einer anderen Klasse umzuformen. Soll beispielsweise ein analoges Sprachsignal über einen Digitalkanal übertragen werden, so muss das Analogsignal in ein Digitalsignal transformiert werden. Man spricht hierbei von einer Analog/Digital- bzw. *A/D-Wandlung*. Umgekehrt muss ein digitales Datensignal in ein Analogsignal gewandelt werden, bevor es über das analoge Telefonnetz übertragen werden kann. In diesem Fall spricht man von Digital/Analog- bzw. *D/A-Wandlung*.

In Tab. 5.1 werden die möglichen Wandlungsverfahren der Signalklassen untereinander dargestellt. Bei den schwarz hinterlegten Feldern gibt es keinen eigenen Begriff, da diese Transformationen in der Praxis nicht vorkommen.

Aufgrund der physikalischen Eigenschaften lassen sich über reale Übertragungsmedien nur zeitkontinuierliche Signale übertragen. Zieht man weiterhin in Betracht, dass die realen Übertragungskanäle auch eine Tiefpasswirkung zeigen, so ist ein übertragenes Signal auch immer wertkontinuierlich. Aus diesen Überlegungen heraus folgt, dass ein *physisch übertragenes Signal immer ein Analogsignal* ist. Daher können die Probleme der analogen Signalübertragung auch bei der digitalen Datenübertragung nicht ganz außer Acht gelassen

Tab. 5.1 Mögliche Transformationen zwischen den Signalklassen

Ausgangssignal	Ergebnissignal			
	zeitkont., wertkont.	zeitdiskret, wertkont.	zeitkont., wertdiskret	zeitdiskret, wertdiskret
zeitkont., wertkont.	-	Abtastung	Quantisierung	A/D-Wandlung
zeitdiskret, wertkont.	Interpolation	-	■	Quantisierung
zeitkont., wertdiskret	Glättung	■	-	Abtastung
zeitdiskret, wertdiskret	D/A-Wandlung	Quantisierung	Interpolation	-

werden. Im Weiteren müssen analoge Übertragungssysteme daher auch bei der Entwicklung eigentlich digitaler eingebetteter Systeme weiter berücksichtigt werden. Umgekehrt müssen Analogsignale vor ihrer Verarbeitung in diesen Systemen digitalisiert werden.

5.2.3 Energie- und Leistungssignale

Jede physikalische Übertragung von Information bzw. Signalen benötigt Energie bzw. Leistung. Für die Datenübertragung ist neben der Einteilung von Signalen in zeit-/wertkontinuierliche bzw. -diskrete Signale auch eine Klassifizierung in *Energie-* und *Leistungssignale* wichtig. Diese spielt insbesondere bei der späteren Modellierung eine große Rolle. Zur Erklärung dieser Begriffe soll das folgende Beispiel dienen:

Zur Berechnung der Energie bzw. der mittleren Leistung bei der Signalübertragung über ein physikalisches Medium soll hier ein ganz einfaches Leitungsmodell verwendet werden. Es wird lediglich betrachtet, wie sich die elektrische Energie bzw. Leistung an einem ohmschen Widerstand berechnet. Ein einfaches Leitungsmodell ist in Abb. 5.1 abgebildet.

Die in einem Zeitintervall t_1 bis t_2 am Widerstand R umgesetzte Energie E beträgt

$$E = \int_{t_1}^{t_2} u(t)i(t)dt = \frac{1}{R}\int_{t_1}^{t_2} u^2(t)dt = R\int_{t_1}^{t_2} i^2(t)dt \qquad (5.1)$$

Die am Widerstand R abgegebene elektrische Energie ist demnach proportional zum Integral über das Quadrat einer Zeitfunktion, in diesem Fall der zeitlich veränderlichen Spannung $u(t)$ bzw. des Stromes $i(t)$. Entsprechend definiert sich die am Widerstand R abgegebene mittlere Leistung P als

$$P = \frac{1}{2t}\int_{t_1}^{t_2} u(t)i(t)dt = \frac{1}{2t}\frac{1}{R}\int_{t_1}^{t_2} u^2(t)dt = \frac{1}{2t}R\int_{t_1}^{t_2} i^2(t)dt \qquad (5.2)$$

Mit den beiden Formeln lässt sich nun definieren, was ein Energie- bzw. ein Leistungssignal ist. Man spricht von einem Energiesignal, wenn die am Widerstand abgegebene Energie über einem unendlichen Zeitintervall endlich ist.

$$0 < E = \int_{-\infty}^{\infty} x^2(t)dt < \infty \qquad (5.3)$$

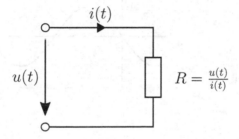

Abb. 5.1 Energie und Leistung am Widerstand

Entsprechend ist ein Signal ein Leistungssignal, wenn die mittlere Leistung über dem gesamten Zeitbereich endlich ist.

$$0 < P = \frac{1}{2t} \lim_{t \to \infty} \int_{-t}^{t} x^2(t)dt < \infty \quad \text{mit } x(t) : i(t) \text{ oder } u(t) \tag{5.4}$$

Es ist leicht zu zeigen, dass ein Leistungssignal kein Energiesignal sein kann, da in diesem Fall die im unendlichen Zeitintervall abgegebene Energie unendlich wäre. Umgekehrt gilt auch, dass jedes Energiesignal kein Leistungssignal ist, da dann die mittlere Leistung im unendlichen Zeitintervall Null wird.

Die im Folgenden dargestellten Funktionen stellen einige Beispiele für Energie- und Leistungssignale dar. Prinzipiell gilt, dass Gleichsignale und periodische Signale in die Klasse der Leistungssignale fallen und dass transiente/aperiodische Signale (deterministische Signale endlicher Dauer) zu den Energiesignalen zu rechnen sind.

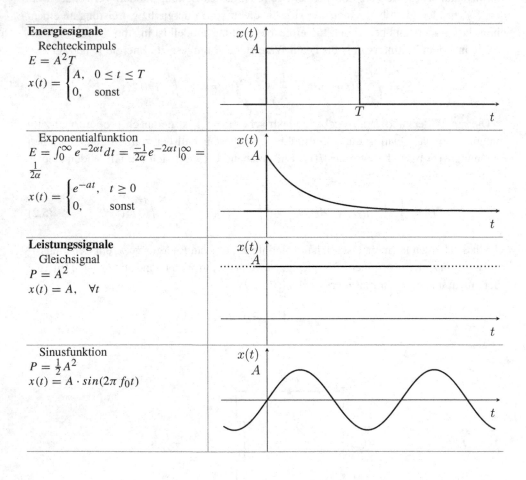

Energiesignale	
Rechteckimpuls $E = A^2T$ $x(t) = \begin{cases} A, & 0 \le t \le T \\ 0, & \text{sonst} \end{cases}$	
Exponentialfunktion $E = \int_0^\infty e^{-2\alpha t}dt = \frac{-1}{2\alpha}e^{-2\alpha t}\big|_0^\infty = \frac{1}{2\alpha}$ $x(t) = \begin{cases} e^{-at}, & t \ge 0 \\ 0, & \text{sonst} \end{cases}$	
Leistungssignale	
Gleichsignal $P = A^2$ $x(t) = A, \quad \forall t$	
Sinusfunktion $P = \frac{1}{2}A^2$ $x(t) = A \cdot sin(2\pi f_0 t)$	

Zeitdiskrete Signale, egal ob wertkontinuierlich oder wertdiskret (letzteres sind Digitalsignale), sind weder Energie- noch Leistungssignale, da sowohl die im unendlichen Zeitintervall abgegebene Energie als auch die Leistung Null sind. Da die physikalische Signalübertragung jedoch nur durch Energieeinsatz möglich ist, sind Digitalsignale nicht über reale physikalische Kanäle übertragbar und müssen somit durch die Überlagerung von wertkontinuierlichen Signalen approximiert werden.

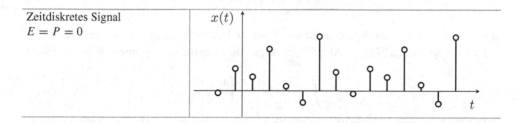

Ein für die Nachrichtentechnik wichtiges Signal endlicher Dauer ist der *Dirac-Impuls* $\delta(t)$. Dieses Signal ist ein Rechteckimpuls beliebig kurzer Zeitspanne $2/\tau$ mit einer Amplitude von $0,5/\tau$:

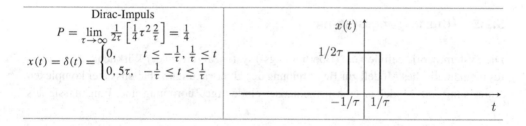

Das Zeitintervall $[-1/\tau, 1/\tau]$ muss dabei als beliebig klein angesehen werden, d. h. $\tau \to \infty$. Obwohl der Dirac-Impuls ein endliches Signal ist, gehört er in die Klasse der Leistungssignale, da (per Definition) die mittlere Leistung endlich ist. Der Dirac-Impuls ist wichtig zur Beschreibung und Analyse von Übertragungssystemen, auch wenn er physikalisch nicht erzeugt werden kann.

5.2.4 Beschreibung von Signalen im Zeitbereich

Signale, die eine besonders einfache mathematische Beschreibung gestatten und technisch leicht erzeugt werden können, werden *Elementarsignale* genannt.

Wichtige Elementarsignale für Systemuntersuchungen sind das Sprungsignal ($\sigma(t)$), das ideale Impulssignal (Dirac, $\delta(t)$), das Rampensignal und die harmonische Schwingung.

Ein *Sprungsignal,* welches zum Zeitpunkt t = 0 auftritt (dargestellt in Abb. 5.2(a)), definiert sich wie folgt:

$$x(t) = \sigma(t) = \begin{cases} 0 \ \forall \ t < 0; \\ 1 \ \forall \ t \geq 0. \end{cases} \tag{5.5}$$

Der oben beschriebene Dirac-Impuls (siehe Abb. 5.2(b)) ist definiert durch:

$$x(t) = \int_{-\infty}^{\infty} \delta(t)dt = 1. \tag{5.6}$$

Er stellt eine gute Näherung einer nur kurzfristigen Beeinflussung eines Systems dar.

Das *Rampensignal* (siehe Abb. 5.2(c)) kann als Integral der Sprungfunktion definiert werden.

$$x(t) = \int_{-\infty}^{t} \sigma(\tau)d\tau = \begin{cases} 0 \ \forall \ t < 0; \\ t \ \forall \ t \geq 0. \end{cases}$$

Die harmonische Schwingung schließlich wird durch ein sinusförmiges Signal abgebildet (siehe Abb. 5.3). Sinusförmige Signale unterschiedlicher Frequenz werden gerne zur Anregung von Systemen verwendet. Das periodische Elementarsignal ist beschrieben durch:

$$x(t) = x_0 \sin(\omega_0 t)$$

5.2.5 Übertragungssysteme

Die Systemtheorie definiert ein (Übertragungs-)System als ein an der Wirklichkeit orientiertes mathematisches Modell zur Beschreibung des Übertragungsverhaltens einer komplexen Anordnung. Das Modell ist eine mathematisch eindeutige Zuordnung eines Eingangssignals

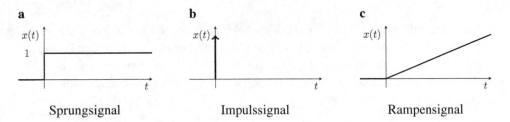

a   **b**   **c**

Sprungsignal   Impulssignal   Rampensignal

Abb. 5.2 Wichtige Elementarsignale

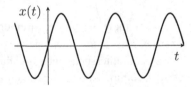

Abb. 5.3 Harmonische Schwingung

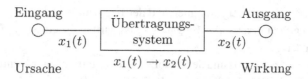

Abb. 5.4 Übertragungssystem

zu einem Ausgangssignal, wie es in Abb. 5.4 dargestellt ist. Die Zuordnung wird meist als Transformation bezeichnet. Es wird nun für ein gegebenes reales System nach dem Zusammenhang zwischen Systemerregung (Eingangssignal, Ursache), dem System selbst und der Wirkung (Systemausgangsgröße) gesucht. Während die Systemtheorie sich ganz allgemein für beliebig komplexe Systeme interessiert, werden im Folgenden nur passive Signalübertragungsmedien wie Leitungen und Funk sowie physikalische Systeme betrachtet. Diese fallen in die im folgenden Abschnitt beschriebene Klasse der linearen, zeitinvarianten Systeme.

Ein typisches Beispiel für ein solches (eingebettetes) System ist das Modell einer Doppeldrahtleitung, wie sie in der Praxis sehr häufig vorkommt. Beispiele im Nachrichtenaustausch wären verdrillte Zweidrahtleitungen (engl.: Twisted Pair, vgl. Abschn. 11.4.2) in der Telekommunikation und in lokalen Netzen (LANs). Ein einfaches Modell einer solchen Doppeldrahtleitung ist in Abb. 5.5 dargestellt. Dieses kompakte Modell beschreibt eine Leitung recht genau, solange die Leitung im Vergleich zur Wellenlänge des übertragenen Signals kurz ist. Zur Analyse des Übertragungsverhaltens der Doppeldrahtleitung werden häufig einige Vereinfachungen angenommen. So wird zum Beispiel der Innenwiderstand

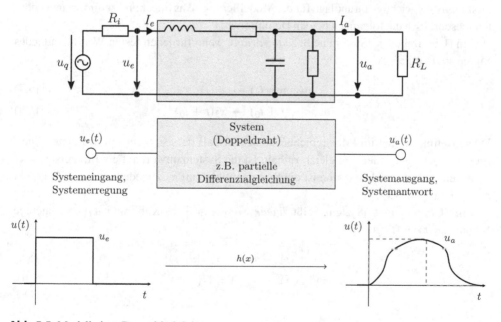

Abb. 5.5 Modell einer Doppeldrahtleitung

der Signalquelle R_i mit Null angenommen und der Lastwiderstand R_l, der die Signalsenke modelliert, zu unendlich gesetzt. Als Eingangssignal wird meist ein Sprung oder ein Rechtecksignal verwendet.

Je nach Frequenz des Signals und der Ausbildung der Leitung kann eventuell auch auf das eine oder andere Bauteil zur Modellierung der Leitung (z. B. die Spule) verzichtet werden. Ein großer Vorteil bei der Systemanalyse dieser Zweidrahtleitung ist ihr lineares Übertragungsverhalten, das man auch bei den meisten physikalischen/technischen Systemen findet. Dies bedeutet, dass die Systemantwort auf ein zusammengesetztes Signal die Zusammensetzung der Systemantworten auf die Einzelsignale ist. Damit ist es vielfach möglich, lediglich die Systemeigenschaften für einfache Grundsignale zu studieren, um auch Kenntnisse über das Verhalten bei komplizierteren Signalen zu erlangen. Hierauf soll nun etwas präziser eingegangen werden.

Lineare, zeitinvariante Systeme

Alle elektrischen Systeme bestehend aus linearen, passiven Bauteilen wie Widerständen, Kondensatoren und Spulen sind linear und zeitinvariant, so z. B. der Tiefpass (siehe Abschn. 3.5.1). Auch viele andere Systeme, wie mechanische Systeme aus Feder, Masse und Dämpfer, wie z. B. der Einmassenschwinger (siehe Abschn. 6.2.2) fallen in diese Kategorie. Diese Systeme bilden einen großen Teil der real vorkommenden Systeme. Aber auch nichtlineare Systeme können mittels einer Linearisierung um den Arbeitspunkt (vergleiche z. B. [Lit13]) für viele Anwendungsfälle als lineare Systeme angenähert werden. Daher bilden die linearen, zeitinvarianten Systeme (engl. linear time-invariant Systems, oder LTI-Systems) eine wichtige Grundlage für die Modellierung. Was linear und zeitinvariant bedeuten, beschreiben die folgenden beiden Definitionen:

Ein (Übertragungs-)System heißt *zeitinvariant,* wenn für jeden festen Wert t_0 und jedes Signal $x_1(t)$ gilt:

$$\text{wenn } x_1(t) \rightarrow x_2(t) \tag{5.7}$$

$$\text{dann } x_1(t + t_0) \rightarrow x_2(t + t_0) \tag{5.8}$$

Diese Definition sagt im Prinzip nichts anderes aus, als dass sich ein zeitinvariantes Übertragungssystem zu jeder Zeit gleich verhält. Ist die Systemantwort auf ein Erregersignal x_1 zum Zeitpunkt t gleich x_2, dann ist die Systemantwort auf x_1 zu jedem anderen Zeitpunkt $t + t_0$ auch gleich x_2.

Ein (Übertragungs-)System heißt *linear,* wenn für jede Konstante a und beliebige Signale $u_1(t)$, $v_1(t)$ gilt:

$$\text{wenn } u_1(t) \rightarrow u_2(t) = G\{u_1(t)\} \tag{5.9}$$

$$\text{und } v_1(t) \rightarrow v_2(t) = G\{v_1(t)\} \tag{5.10}$$

dann gelten:

$$G\{u_1(t) + v_1(t)\} = G\{u_1(t)\} + G\{v_1(t)\} \text{ (Überlagerungsprinzip) und} \qquad (5.11)$$

$$G\{a \cdot u_1(t)\} = a \cdot G\{u_1(t)\} \text{ (Proportionalitätsprinzip)} \qquad (5.12)$$

Mit dieser Definition wird das oben beschriebene Verhalten ausgedrückt. Besteht ein komplexes Signal $x(t)$ aus der Überlagerung zweier einfacher Signale $x(t) = u_1(t) + v_1(t)$, dann ist die Systemantwort G auf $x(t)$ gleich der Überlagerung der Systemantworten auf die Signale $u_1(t)$ und $v_1(t)$, d. h.

$$Gx(t) = Gu_1(t) + Gv_1(t). \qquad (5.13)$$

Ähnliches gilt auch für ein Signal $x(t) = a \cdot u_1(t)$.

5.3 Faltung

Die in Abschn. 5.2.4 beschriebenen Elementarsignale eignen sich sehr gut, um die Übertragungsfunktion eines Systems zu bestimmen, also die mathematische Beziehung der Eingangssignale des Systems zu den resultierenden Ausgangssignalen. Allerdings liegt in der Praxis oft der Fall vor, dass ein System mit bekannter Übertragungsfunktion oder Impulsantwort vorliegt und man nun berechnen möchte, wie der Systemausgang bei einem bestimmten Eingangssignal aussieht. Dieses Vorgehen kommt beispielsweise beim Funktionstest von Bauelementen vor und spielt auch beim Auslegen von Reglern eine große Rolle, da sich nur so das Verhalten der Hintereinanderschaltung von Regler und Strecke (siehe Kap. 6) berechnen lässt.

Um das Ausgangssignal eines Systems bei einem beliebigen Eingangssignal berechnen zu können, wurde das *Faltungsintegral* eingeführt:

$$y(t) = \int_{-\infty}^{\infty} x(\tau) \cdot g(t - \tau) d\tau = x(t) * g(t) \quad \text{gelesen als: x gefaltet (mit) g} \qquad (5.14)$$

mit y(t): Ausgangssignal, x(t): Eingangssignal, g(t): Impulsantwort des Systems, τ: Verschiebung auf der Zeitachse.

Zur Herleitung des Faltungsintegrals wird zunächst die Systemantwort $g^{(n)}(t)$ auf einen einzelnen Rechteckimpuls $r^{(n)}(t)$ mit der Fläche 1 betrachtet:

$$r^{(n)}(t) = \begin{cases} \frac{n}{T}, & 0 \le t < \frac{T}{n} \\ 0 & \text{sonst} \end{cases} \qquad (5.15)$$

Wie die Definition des Rechteckimpulses $r^{(n)}(t)$ zeigt, wird die Impulsdauer mit steigendem n immer kleiner, wobei die Fläche des Rechtecks konstant bleibt. Für $n \to \infty$ geht

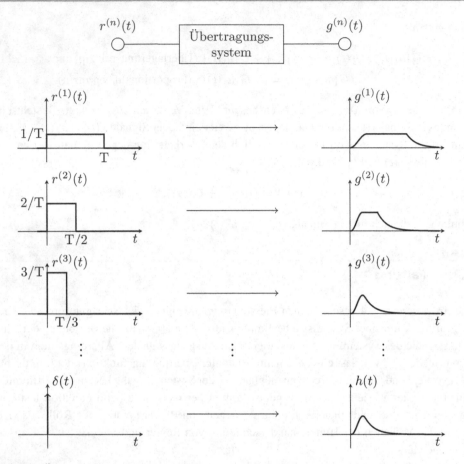

Abb. 5.6 Übergang vom Rechtecksignal zum Dirac-Impuls mit entspr. Systemantworten

demnach der Rechteckimpuls in den *Dirac-Impuls* über (vgl. Abb. 5.6). Man berechnet nun die Antwort $x_2(t)$ auf ein *allgemeines Eingangssignal* $x_1(t)$. Hierzu approximiert man das Signal $x_1(t)$ durch Rechteckimpulse, deren Impulsbreiten immer schmaler werden, bis man vom Rechteck zum Dirac-Impuls kommt, wie folgt:

Es wird angenommen, $x_1(t)$ habe eine Länge (Dauer) von $L \cdot T$, $x_1(t)$ werde durch die Summe von verschobenen, gewichteten Rechteckimpulsen $r^{(n)}(t)$ approximiert und $\tilde{x}_1^{(n)}(t)$ bezeichne die Signalapproximation von $x_1(t)$.

Mit der obigen Formel ergibt sich, dass $r^{(n)}(t - k\frac{T}{n})$ nur im Intervall $k\frac{T}{n} \leq t < (k+1)\frac{T}{n}$ nicht Null ist. Entsprechend lässt sich nun das Signal $x_1(t)$ durch folgende Summe einzelner Rechtecke approximieren:

$$\tilde{x}_1^{(n)}(t) = \sum_{k=1}^{nL} x_1(k\frac{T}{n}) \cdot \frac{T}{n} \cdot r^{(n)}(t - k\frac{T}{n}) \qquad (5.16)$$

Mit der Impulsantwort $g^{(n)}(t)$ auf den Rechteckimpuls $r^{(n)}(t)$ gilt dann für beliebige n:

$$\tilde{x}_1^{(n)}(t) = \sum_{k=1}^{nL} x_1(k\frac{T}{n}) \cdot \frac{T}{n} \cdot r^{(n)}(t - k\frac{T}{n}) \longrightarrow \tilde{x}_2^{(n)}(t) = \sum_{k=1}^{nL} x_1(k\frac{T}{n}) \cdot \frac{T}{n} \cdot g^{(n)}(t - k\frac{T}{n})$$

(5.17)

Man lässt nun n beliebig groß werden, d. h. die Impulsbreite der Rechteckimpulse wird beliebig schmal (Für die ersten beiden Summanden in Abb. 5.7 bildlich dargestellt). Für $n \to \infty$ wird aus dem Rechteckimpuls der Dirac-Impuls. Insbesondere gilt:

- $\frac{T}{n} = d\tau; k\frac{T}{n} = \tau$
- $r^{(n)}(t) \to \delta(t)$ (Dirac-Impuls)
- $g^{(n)}(t) \to h(t)$ (Systemantwort)

Mit $n \to \infty$ konvergieren die Signalapproximationen $\tilde{x}_1^{(n)}(t)$ und $\tilde{x}_2^{(n)}(t)$ gegen die Signale $x_1(t)$ und $x_2(t)$, da die Fläche des um τ verschobenen Dirac-Impulses $\delta(t - \tau)$ gleich Eins ist:

$$\lim_{n \to \infty} \tilde{x}_1^{(n)}(t) = \int_0^{LT} x_1(\tau) \cdot \delta(t - \tau)d\tau = x_1(t) \cdot \int_0^{LT} \delta(t - \tau)d\tau = x_1(t) \qquad (5.18)$$

$$\lim_{n \to \infty} \tilde{x}_2^{(n)}(t) = \int_0^{LT} x_1(\tau) \cdot h(t - \tau)d\tau = x_2(t) \qquad (5.19)$$

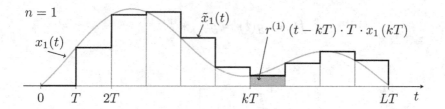

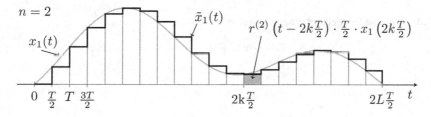

Abb. 5.7 Die ersten beiden Summanden der Faltungssumme (Gl. 5.17)

Für nicht zeitbegrenzte Signale gilt dann:

$$x_2(t) = \int\limits_{-\infty}^{\infty} x_1(\tau) \cdot h(t - \tau)d\tau = x_1(t) * h(t) \quad (x_1 \text{ gefaltet h}) \tag{5.20}$$

Mit Hilfe dieser Integralfunktion, die man *Faltungsintegral* nennt, ist es nun möglich, bei Kenntnis der Systemantwort auf den Dirac-Impuls $\delta(t) \rightarrow h(t)$ auch die Systemantwort $x_2(t)$ auf das Erregersignal $x_1(t)$ zu ermitteln (siehe Abb. 5.8).

Wie in Gl. 5.20 zu sehen, ergibt sich für den Dirac-Impuls als Eingangssignal $x_1(t) = \delta(t)$ die Impulsantwort als *charakteristische Systemantwort* zu:

$$x_2(t) = \int\limits_{-\infty}^{\infty} \delta(\tau) \cdot h(t - \tau)d\tau = h(t) \quad \text{oder auch} \quad g(t) \tag{5.21}$$

Diese charakteristische Systemantwort (auch *Impulsantwort* genannt) spielt in der System-identifikation eine große Rolle, da man anhand der Reaktion des Systems über eine Anregung mit einem Dirac-Impuls bereits Abschätzungen zum allgemeinen Systemverhalten machen kann.

Bei der Nutzung des Faltungsintegrals gelten die in der folgenden Aufzählung darge-stellten Rechenregeln:

Kommutativität

$$f(t) \quad \boxed{\quad g(t) \quad} \quad f(t) * g(t) \qquad g(t) \quad \boxed{\quad f(t) \quad} \quad g(t) * f(t)$$

$$=$$

$$f(t) * g(t) = g(t) * f(t)$$

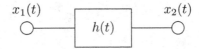

Abb. 5.8 Grafische Darstellung eines allgemeinen Übertragungssystems

Assoziativität

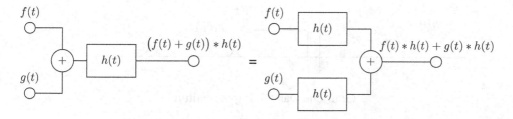

$$f(t) * g(t) * h(t) = f(t) * (g(t) * h(t))$$

Distributivität

$$(f(t) + g(t)) * h(t) = f(t) * h(t) + g(t) * h(t)$$

5.3.1 Grafische Darstellung der Faltung

Zusätzlich zur oben vorgestellten, rein rechnerischen Lösung der Faltung gibt es auch ein grafisches Darstellungs- und Lösungsverfahren. Dieses bietet sich insbesondere bei simplen bzw. abschnittsweise definierten Übertragungsfunktionen und Signalen an, da man oft das Ergebnis ohne größere Rechnung direkt „sieht", bzw. die eigentliche Rechnung in einfachere Teilrechnungen aufspalten kann.

Dabei wird folgendes Vorgehen angewandt: Zuerst wird die Impulsantwort am Ursprung gespiegelt, dann die Signale „ineinander geschoben", wie in Abb. 5.9 abgebildet. Dabei werden die Faltungs(teil)- Integrale aufgestellt und berechnet.

Dieser grafische Lösungsansatz soll anhand zweier Beispiele dargestellt werden. Als Erregersignal wird ein Rechteckimpuls $x_1(t)$ gewählt, wie er für die digitale Datenübertragung typisch ist. Die Impulsantwort $h(t)$ aus Abb. 5.10 ist hier ebenfalls ein Rechtecksignal. Gesucht ist die Systemantwort $x_2(t)$ auf Anregung mit $x_1(t)$. Um diese zu finden, müssen die Funktionen $x_1(t)$ und $h(t)$ gefaltet werden. Dazu wird das Eingangssignal zuerst am Ursprung gespiegelt, was bei einem Rechtecksignal nur einer Verschiebung auf die andere Seite der Achse entspricht. Danach wird dieses Signal von links nach recht

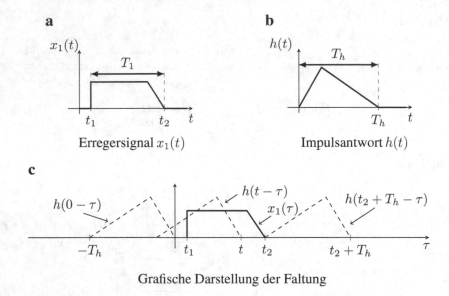

a

Erregersignal $x_1(t)$

b

Impulsantwort $h(t)$

c

Grafische Darstellung der Faltung

Abb. 5.9 Beispiel der grafischen Darstellung der Faltung

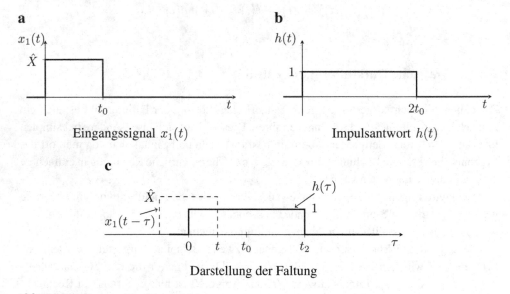

a

Eingangssignal $x_1(t)$

b

Impulsantwort $h(t)$

c

Darstellung der Faltung

Abb. 5.10 Faltung von $x_1(t)$ mit $h(t)$

über die Impulsantwortfunktion geschoben (siehe Abb. 5.10(c)). Überall, wo die beiden Signale überlappen (in der Abbildung z. B. vom Zeitpunkt 0 bis t), wird nun das passende Faltungsintegral berechnet (hier: $x_2(t) = \int_0^t h(\tau) \cdot x_1(t - \tau) d\tau = \hat{X}t$) und dessen Gültigkeitsgrenzen bestimmt, also die Zeitpunkte, zwischen denen dieses Integral gültig ist.

So ergeben sich verschiedene Abschnitte, für die nun das jeweilige Faltungsintegral berechnet werden kann:

$$x_2(t) = \int_{\tau=0}^{t \le t_0} h(\tau) \cdot x_1(t-\tau)d\tau = \begin{cases} 0 & t \le 0 \\ \hat{X}t & 0 \le t \le t_0 \\ \hat{X}t_0 & t_0 \le t \le 2t_0 \\ \hat{X}(3t_0 - t) & 2t_0 \le t \le 3t_0 \\ 0 & 3t_0 \le t \end{cases} \quad (5.22)$$

Damit ergibt sich der in Abb. 5.11 dargestellte Verlauf des Ausgangssignals.

Als weiteres Beispiel wird, wie in Abb. 5.12 dargestellt, ein weiterer Rechteckimpuls der Dauer T_1 als Erregersignal $x_1(t)$ auf ein System mit einer Exponentialfunktion $h(t)$ als Impulsantwort gegeben, wie sie z. B. für passive Leitungen typisch ist (vgl. auch den Umschaltvorgang am Tiefpass in Abschn. 3.5.1).

Zur Berechnung des Faltungsintegrals mit der Integrationsvariablen τ werden die beiden Funktionen $x_1(t)$ und $h(t)$ wieder auf der τ-Achse aufgetragen, wobei diesmal gemäß dem Kommutativitätsgesetz $h(t)$ an der Achse gespiegelt wird. Für $t = 0$ ergibt sich $h(-\tau)$. Die Impulsantwort erscheint gespiegelt oder gefaltet (daher auch der Name *Faltung*). Für $t > 0$ wird die zeitinverse Impulsantwort nach rechts verschoben, wie in Abb. 5.13(a) dargestellt. Für jede Position ist das Integral über das Produkt $s_1(\tau) \cdot h(t-\tau)$ zu bilden. Es ergibt sich somit das in Abb. 5.13(b) gezeigte Ausgangssignal $x_2(t)$.

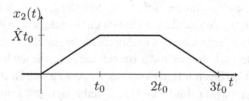

Abb. 5.11 Resultierendes Ausgangssignal

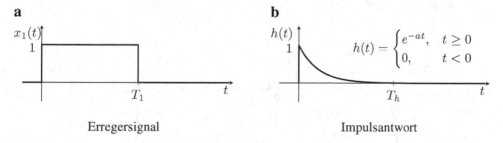

Abb. 5.12 Erregersignal und Impulsantwort – Beispiel

a

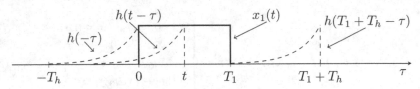

Grafische Darstellung der Faltung

b

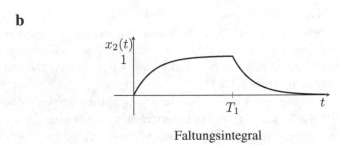

Faltungsintegral

Abb. 5.13 Grafische Darstellung einer Faltung – Beispiel

5.3.2 Zeitdiskrete Faltung

Da heutzutage die meisten Regelungen auf einem digitalen System, wie z. B. einem Mikroprozessor implementiert werden, sind die zu faltenden Signale, wie in Abschn. 5.2.2 gezeigt,
meist zeitdiskret, wie beispielsweise das in Abb. 5.14 dargestellte Signal. Ist dies der Fall,
so stellen sich einige Besonderheiten in der Berechnung ein, die auch in eingebetteten Systemen aufgrund des oft geringeren Rechenaufwandes eine große Rolle spielen. So werden
statt dem Integral nur Summen gebildet und die Zeitabhängigkeit kann durch Zähler dargestellt werden. Die Länge L einer Folge zeitdiskreter Signale $\{x(n)\}_a^b = \{x(a), \dots, x(b)\}$ ist
gleich:

$$L = b - a \qquad (5.23)$$

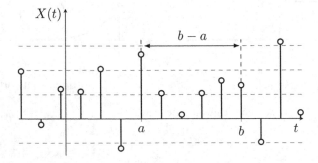

Abb. 5.14 Zeitdiskretes Signal

Also hat ein Signal $L + 1$ Folgenelemente.

Zeitdiskrete Folgen im Zeitbereich sind:

$$\{x_1(n)\}, \{h(n)\}, \{x_2(n)\}$$

Dementsprechende zeitdiskrete Folgen im Frequenzbereich sind:

$$\{X_1(k)\}, \{H(k)\}, \{X_2(k)\}$$

Durch die diskrete Natur der Signale vereinfacht sich daher die *Faltung* im Zeitbereich zu

$$\{x_2(n)\} = \left\{ \sum_{\nu=-\infty}^{\infty} x_1(\nu) \cdot h(n - \nu) \right\} = \{x_1(n)\} * \{h(n)\} \qquad (5.24)$$

mit der *Impulsantwort* $\{h(n)\}$ = Systemantwort auf Eins-Impuls am Eingang $\{x_1(n)\} = \{\delta(n)\}$ mit

$$\{\delta(n)\} = \begin{cases} 1 & \text{für } n = 0 \\ 0 & \text{sonst} \end{cases}$$

Im Folgenden wird ein Beispiel zur diskreten Faltung erläutert. Gegeben seien als Eingangssignal $x_1(n)$ und $h(n)$ entsprechend Abb. 5.15. Gesucht ist die Systemantwort $x_2(n)$ auf Anregung mit $x_1(n)$, welche über Faltungsoperationen berechnet wird:

Berechnen der Faltungssumme:

$$x_2(n) = x_1(n) * h(n)$$

Aus Gl. 5.24 ergibt sich:

$$x_2(n) = \sum_{\nu=0}^{n} x_1(\nu) \cdot h(n - \nu)$$

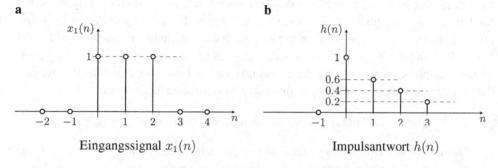

a   Eingangssignal $x_1(n)$ **b**   Impulsantwort $h(n)$

Abb. 5.15 Signalverlauf von $x_1(n)$ und $h(n)$

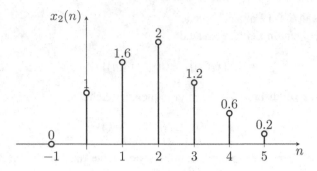

Abb. 5.16 Systemantwort $x_2(n)$ berechnet mittels diskreter Faltung

Da das Signal $h(n)$ nur 5 Werte hat, kann man dies in Einzelschritten berechnen:

$$x_2(0) = x_1(0) \cdot h(0) = 1$$
$$x_2(1) = x_1(1) \cdot h(0) + x_1(0) \cdot h(1) = 1{,}6$$
$$x_2(2) = x_1(2) \cdot h(0) + x_1(1) \cdot h(1) + x_1(0) \cdot h(2) = 2$$
$$x_2(3) = x_1(2) \cdot h(1) + x_1(1) \cdot h(2) + x_1(0) \cdot h(3) = 1{,}2$$
$$x_2(4) = x_1(1) \cdot h(3) + x_1(2) \cdot h(2) = 0{,}6$$
$$x_2(5) = x_1(2) \cdot h(3) = 0{,}2$$

Das Ausgangssignal ist in Abb. 5.16 dargestellt.

5.4   Modellierung dynamischer Systeme

Um die Eigenschaften eines technischen Systems beschreiben und damit rechnen zu können, muss dieses zuerst in ein mathematisches Modell überführt werden. Da in der Regelungstechnik meist das zeitliche Verhalten des Systems relevant ist, wird hier ein dynamisches Modell benötigt, in dem dieses Verhalten beschrieben ist. Dabei ist diese Zeitabhängigkeit oft nicht direkt proportional, sondern tritt erst durch die Ableitung von Zustandsgrößen auf (wie z. B. Dämpfer: $F_d = d \cdot \dot{x}$). Einfache technische Systeme wie beispielsweise Feder-Masse-Dämpfer-Systeme, elektrische Schwingkreise oder die Doppeldrahtleitung werden durch lineare Differentialgleichungen mit festen Koeffizienten beschrieben:

$$b_n^{(n)} x_a(t) + \ldots + b_1 \dot{x}_a(t) + b_0 x_a(t) = a_0 x_e(t) + a_1 \dot{x}_e(t) + \ldots + a_n^{(m)} x_e(t)$$

Die Lösung solcher Differentialgleichungen ist im Allgemeinen sehr aufwändig. Um sie zu vereinfachen und zur Analyse komplexerer Übertragungssysteme wird eine Transformation aus dem Zeitbereich in den Frequenzbereich durchgeführt. Hierzu werden Transformationen wie zum Beispiel die im Folgenden vorgestellten *Fourier-* und

Laplace-Transformationen ausgeführt. Weitere Transformationen und einen tieferen Einblick in die Materie bieten beispielsweise [But12b] und [FK11].

Mit dem Übergang vom Zeit- in den Frequenzbereich gehen komplexe Operationen der Differentiation und Integration (z. B. die eben beschriebene Faltung) in einfachere algebraische Operationen (z. B. Multiplikation und Division) mit komplexen Variablen über. Aus komplexen Differentialgleichungssystemen werden dann relativ einfach zu lösende lineare Gleichungssysteme (vgl. das Beispiel in Abschn. 6.2.2). Nach Analyse des Übertragungssystems im Frequenzbereich muss jedoch das Ergebnis wieder in den Zeitbereich zurücktransformiert werden. Auch wenn die beiden Transformationen zu Beginn und am Ende der Systemanalyse einen gewissen Aufwand bedeuten, so ist doch meist die gesamte Systemanalyse im Frequenzbereich einfacher als direkt im Zeitbereich.

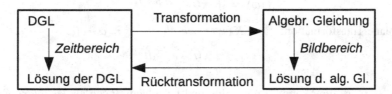

Zur Verdeutlichung des zugrunde liegenden Gedankens einer solchen Transformation soll der Logarithmus dienen. Mit seiner Hilfe lässt sich eine Multiplikation auf eine einfachere Addition im Bildbereich abbilden. Diese Eigenschaft wurde bis in die 1980er Jahre beim Arbeiten mit dem Rechenschieber ausgenutzt, bevor dieser durch den heutigen Taschenrechner abgelöst wurde.

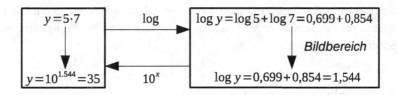

In diesem einfachen Beispiel ist bereits deutlich zu sehen, dass die vereinfachte Arithmetik im Bildbereich (hier: Addition statt Multiplikation) durch den Aufwand der Transformation (Logarithmus und Exponentialfunktion) mehr als ausgeglichen werden kann. Trotzdem kann sich das Verfahren lohnen. Im Fall des Rechenschiebers wurde die Transformation einmalig durch eine logarithmische Skala auf den Rechenschieber aufgedruckt und musste nicht mehr vom Anwender ausgeführt werden.

Zur Modellierung technischer Systeme werden daher so genannte Integraltransformationen verwendet. Sei $x(t)$ eine beliebige Funktion, dann wird die Integraltransformation wie folgt berechnet:

$$X(\rho) = \int\limits_{t_1}^{t_2} x(t) \cdot K(\rho, t) dt$$

Den Term $K(\rho, t)$ innerhalb des Integrals nennt man den Kern. Dieser unterscheidet sich bei den verschiedenen Transformationen. Bei der Fourier- und Laplace- Transformation sieht der Kern des Transformationsintegrals folgendermaßen aus:

Fourier-Transformation: $K(\omega, t) = e^{-j\omega t}$ $\omega = 2\pi f$ (Kreisfrequenz)

$$X(\omega) = \int\limits_{-\infty}^{\infty} x(t) \cdot e^{-j\omega t} dt$$

Laplace Transformation: $K(s, t) = e^{-st}$ $s = \alpha + j\omega$

$$X(s) = \int\limits_{0}^{\infty} x(t) \cdot e^{-st} dt$$

$s = \alpha + j\omega$ ist eine komplexe Variable und wird häufig auch als *komplexe Frequenz* bezeichnet. Eine weitere Transformation ist die Z- Transformation. Diese ist ein Spezialfall der Laplace-Transformation für zeitdiskrete Signale. Ihre Transformationsfunktion lautet:

$$X_z(z) = \sum_{k=0}^{\infty} x_k \cdot z^{-k} \tag{5.25}$$

mit $z = e^{Ts}$. Auf diese Transformation soll hier jedoch nicht näher eingegangen werden. Die genannten Formen der Transformation haben zusätzlich zur vereinfachten Lösung von Integralgleichungen einige weitere Vorteile, die, wie auch deren Umsetzung, im Folgenden etwas näher diskutiert werden.

5.4.1   Fourierreihe und -transformation

In diesem Abschnitt wird nun gezeigt, wie beliebige analoge Signale durch Reihen von Elementarfunktionen beschrieben werden können. Die Reihenzerlegung ist von Interesse, da die in der Praxis zur Übertragung verwendeten passiven Systeme ein lineares Verhalten besitzen. Wenn die Zerlegung eines komplexen Signals in eine Überlagerung von Elementarfunktionen bekannt ist, bedeutet dies, dass nur das Übertragungsverhalten für die (einfachen) Elementarfunktionen ermittelt werden muss, um auch das Übertragungsverhalten für das komplexe Signal berechnen zu können.

Sei $x(t)$ ein beliebiges zeitkontinuierliches Signal. $x(t)$ kann durch die Überlagerung von Elementarfunktionen $k(t)$ approximiert werden, wobei der Approximationsfehler umso kleiner wird, je mehr Elementarfunktionen zur Approximation herangezogen werden.

Umgekehrt kann man damit das zeitkontinuierliche Signal als Überlagerung dieser Elementarfunktionen betrachten.

$$\tilde{x}(t) = \sum_k c_k \cdot \Phi_k(t) \quad \text{mit } \tilde{x}(t) : \text{Approximation von } x(t)$$

$$\Phi_k(t) : \text{ Elementarfunktionen, } k = 0, 1, 2, \ldots$$
$$c_k : \text{ konstante Koeffizienten}$$

Zwei typische Elementarfunktionen sind die Rechteckfunktion und die Sinusfunktion. Letztere führt zur Beschreibung von periodischen Signalen durch Fourierreihen bzw. zur Beschreibung von allgemeineren, in der Praxis meist auftretenden aperiodischen Signalen (endlicher Dauer) durch die Fourier-Transformation.

Modellierung periodischer Signale – Fourierreihe
Die Fourierreihe beschreibt ein *periodisches Signal* $s(t)$ entweder

- als Summe von Sinus- und Cosinusschwingungen verschiedener Frequenzen

$$x(t) = A_0 + \sum_{n=1}^{\infty} A_n cos(n\omega_0 t) + \sum_{n=1}^{\infty} B_n sin(n\omega_0 t) \quad \text{mit} \quad \omega_0 = 2\pi f_0 \qquad (5.26)$$

- oder als Summe von Cosinusfunktionen verschiedener Frequenzen und Phasenlagen

$$x(t) = A_0 + \sum_{n=1}^{\infty} C_n cos(n\omega_0 t - \varphi_n) \quad \text{mit } C_n = \sqrt{A_n^2 + B_n^2}$$

$$\varphi_n = arctan(\tfrac{B_n}{A_n})$$

Um nun die Koeffizienten zu ermitteln, wird Gl. 5.26 mit $cos(m\omega_0 t)$ multipliziert und die Funktion über $[-\pi, \pi]$ integriert:

$$\int_{-\pi}^{\pi} x(t)cos(m\omega_0 t)dt = \int_{-\pi}^{\pi} \frac{A_0}{\pi}cos(m\omega_0 t)dt + \sum_{n=1}^{\infty}\int_{-\pi}^{\pi} (A_n cos(n\omega_0 t)$$

$$+ B_n sin(n\omega_0 t))cos(m\omega_0 t)dt$$

Mit $m = 0$ und $n \neq 0$ folgt aus den Orthogonalitätsbeziehungen der trigonometrischen Funktionen:

$$\int_{-\pi}^{\pi} x(t)dt = \int_{-\pi}^{\pi} \frac{A_0}{\pi}dt = A_0\pi$$

und somit $A_0 = \frac{1}{\tau}\int_0^{\tau} x(t)dt$. Damit beschreibt A_0 den Gleichanteil, also den zeitlich unveränderlichen Teil des Signals. Für $m > 0$ und $n = m$ folgt somit:

$$A_n = \frac{2}{\tau} \int\limits_0^\tau x(t) cos(n\omega t) dt$$

und

$$B_n = \frac{2}{\tau} \int\limits_0^\tau x(t) sin(n\omega t) dt$$

Dabei ist ω_0 die Grundschwingung bzw. erste Harmonische Schwingung und $n\omega_0$ die $(n-1)$-te Oberwelle bzw. n-te Harmonische. Eine Einschränkung dieser Darstellung ist, dass $n\omega_0 \in \mathcal{N}$. Dies wird mit einer weiteren Darstellung umgangen. Aus der Eulerschen Formel $e^{ix} = cos(x) + i sin(x)$ folgt:

$$A_n cos(n\omega_0 t) + B_n sin(n\omega_0 t) = \frac{1}{2}(A_n - i B_n) \cdot e^{in\omega_0 t} + \frac{1}{2}(A_n + i B_n) \cdot e^{-in\omega_0 t}$$

Durch Zusammenfassen von $\frac{1}{2}(A_n - i B_n)$ zum neuen Koeffizienten C_n und $\frac{1}{2}(A_n + i B_n)$ zu C_{-n}, so ergibt sich

$$C_n e^{in\omega_0 t} + C_{-n} e^{-in\omega_0 t} = A_n cos(n\omega_0 t) + B_n sin(n\omega_0 t)$$

bzw. in der Summe:

$$\sum_{n=-\infty}^{\infty} C_n e^{in\omega_0 t} = A_0 + \sum_{n=1}^{\infty}(A_n cos(n\omega_0 t) + B_n sin(n\omega_0 t)), \qquad (5.27)$$

wobei für C_n gilt $n \in \mathcal{Z}$.

Die Darstellung der Fourierreihe einer Zeitfunktion $x(t)$ ist das Amplitudenspektrum für Sinus- und Cosinusfunktionen im ersten Fall bzw. Amplituden- und Phasenspektrum für die Cosinusfunktionen im zweiten Fall. Diese Spektren zeigen, wie in Gl. 5.27 zu sehen, die Amplituden A_n und B_n (bzw. Amplitude C_n und Phase φ_n) für alle $n \in \mathbb{N}$. Abb. 5.17 zeigt das Amplituden- und das Phasenspektrum für ein gegebenes periodisches Signal $x(t)$. Wie in dieser Abbildung auch zu sehen ist, haben periodische Signale ein Linienspektrum. Die Spektrallinien haben einen festen Frequenzabstand ω_0. Es ist leicht einzusehen, dass der Linienabstand im direkten Zusammenhang mit der Periodendauer T_P steht: $T_P = 1/\omega_0$. Einzelne Oberwellen lassen sich durch Bandfilter aus dem überlagerten Signal $x(t)$ herausfiltern, wobei durch Weglassen von Oberwellen das Signal $x(t)$ nur noch angenähert wird.

Je kürzer bzw. steiler ein Impuls in der Zeitfunktion $x(t)$ ist, umso mehr Oberwellen treten im Spektrum auf. Dies ist gerade für die Digitaltechnik eine wichtige Feststellung, da ideale Rechteckimpulse senkrechte Flanken und damit ein unendlich breites Spektrum besitzen. Technische Systeme und reale Leitungen zeigen jedoch immer eine Tiefpasswirkung, d. h. sie dämpfen die Oberwellen mit steigendem Index immer mehr. Je drastischer diese Wirkung ist,

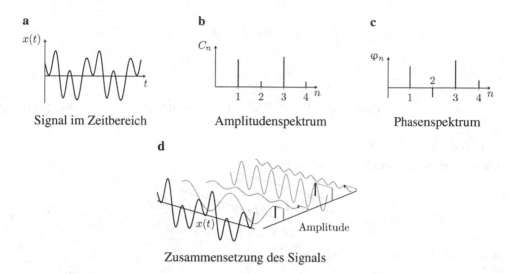

a Signal im Zeitbereich

b Amplitudenspektrum

c Phasenspektrum

d Zusammensetzung des Signals

Abb. 5.17 Signal mit zugehörigem Amplituden- und Phasenspektrum

umso mehr wird das Rechtecksignal, z. B. ein Taktsignal, verformt. Dies wird im Folgenden nochmals aufgegriffen.

Beispiele für Fourierreihen mit ihren Eigenschaften können in Anhang C gefunden werden.

Modellierung aperiodischer Signale – Fouriertransformation

Der Nachteil der Beschreibung von Signalen durch die Spektren der Fourierreihe liegt darin, dass mit der Fourierreihe nur periodische Signale beschrieben werden können. Sieht man vom eben angesprochenen Taktsignal ab, so sind die praxisrelevanten Signale der Informationstechnik jedoch aperiodisch und beginnen zu einem Zeitpunkt t_0. Hier ist der Ansatz der Fourierreihe nicht mehr anwendbar.

Zur Beschreibung von *aperiodischen, endlichen Signalen* wird ein mathematischer Trick angewendet. Man betrachtet das endliche Signal als eine Periode eines periodischen Signals mit beliebig langer Periodendauer T_P. Für die Grenzwertbetrachtung $T_P \rightarrow \infty$ ergeben sich folgende Änderungen bei der Fourierreihenzerlegung:

- aus dem diskreten Linienspektrum wird ein kontinuierliches Spektrum (die Linien wachsen mit steigender Periodendauer T_P beliebig eng zusammen); Man erhält damit eine kontinuierliche Spektralfunktion;
- die Summation der Reihenzerlegung geht in eine Integration über.

Der Zusammenhang zwischen dem Zeitsignal $x(t)$ und dem zugehörigen Spektrum $X(f)$ wird durch die Fouriertransformation beschrieben: $x(t) \circ\!\!-\!\!\bullet X(f)$

$$X(f) = \int\limits_{-\infty}^{\infty} x(t) \cdot e^{-j2\pi ft} dt \quad \text{(Fourier-Integral)} \tag{5.28}$$

bzw.

$$X(\omega) = \int\limits_{-\infty}^{\infty} x(t) \cdot e^{-j\omega t} dt \quad \text{(Fourier-Integral)} \tag{5.29}$$

Dabei gelte $\omega = 2\pi f$.

Die entsprechende Rücktransformation lautet:

$$x(t) = \int\limits_{-\infty}^{\infty} X(f) \cdot e^{j2\pi ft} df \tag{5.30}$$

bzw.

$$x(t) = \frac{1}{2\pi} \int\limits_{-\infty}^{\infty} X(\omega) \cdot e^{j\omega t} d\omega \tag{5.31}$$

Aus praktischen Gründen wird hier in der Praxis statt der Cosinus-Funktion die aufgrund der Euler-Beziehung äquivalente komplexe Schreibweise $e^{j\omega t}$ genutzt.

Das Fourierspektrum ist im Allg. komplexwertig: $X(f) = |X(f)| \cdot e^{j\varphi(f)} = R(f) + j \cdot I(f)$ und besteht wie bei der Fourierreihe aus einem Amplitudenspektrum $|X(f)|$ und einem Phasenspektrum $\varphi(f)$. Bei reelwertigen Signalen gilt stets: $|X(f)| = |X(-f)|$ und $\varphi(f) = -\varphi(-f)$.

Umgerechnet bedeutet das:

$$R(f) = Re\{X(f)\} = \int\limits_{-\infty}^{\infty} x(t) \cdot cos(2\pi ft) dt$$

und

$$I(f) = Im\{X(f)\} = -\int\limits_{-\infty}^{\infty} x(t) \cdot sin(2\pi ft) dt,$$

wobei der Realteil eine gerade Funktion ist $[R(f) = R(-f)]$ und der Imaginärteil eine ungerade Funktion $[I(f) = -I(-f)]$. Allgemein gilt:

- die Transformierte einer geraden Zeitfunktion ist rein reell,
- die Transformierte einer ungeraden Zeitfunktion ist rein imaginär.

Tab. 5.2 zeigt den Zusammenhang zwischen der Zeitfunktion $x(t)$ und dem Amplituden-spektrum $|X(f)|$ für einige Beispielsignale. Interessant ist in diesem Zusammenhang die Tatsache, dass sich die Funktionen Konstante/Dirac-Impuls bzw. Rechteck/Si-Funktion im

Tab. 5.2 Ausgewählte Funktionen mit zugehörigen Fourierspektren

Name	Zeitfunktion	Amplitudenspektrum
Konstante, Gleichspannung		
Dirac-Stoß		
Sprungfunktion		
Rechteckimpuls		
Si-Funktion		
Exponentialimpuls		

Zeit- und Frequenzbereich dual zueinander verhalten, sie also in beide Richtungen ineinander überführt werden können. Hierbei fällt, entsprechend der Reihenentwicklung, auf, dass Signale, die im Zeitbereich einen steilen Anstieg enthalten (wie z. B. die Sprungfunktion oder das Rechtecksignal), einen kontinuierlichen Frequenzgang mit Frequenzanteilen bis ins Unendliche aufweisen.

Als Beispiele werden die Transformation der Dirac-Funktion $\delta(t)$ (Gl. 5.32) und die Transformation des Rechteckimpulses $rect(t)$ (Gl. 5.33) betrachtet:

Tab. 5.3 Eigenschaften der Fourier-Transformation

Voraussetzung	$x(t)\circ\!\!-\!\!\bullet X(\omega)$
Linearität	$\mathcal{F}(a \cdot x + b \cdot g) = a \cdot \mathcal{F}(x) + b \cdot \mathcal{F}(g)$
Zeitverschiebung	$x(a - t)\circ\!\!-\!\!\bullet e^{-ia\omega} \cdot X(\omega)$
Frequenzverschiebung	$e^{iat} \cdot x(t)\circ\!\!-\!\!\bullet X(\omega - a)$
Spiegelsymmetrie	$\mathcal{F}(\mathcal{F}(x))(t) = x(-t)$
Faltungstheorem	$\mathcal{F}(x * g) = (2\pi)^{\frac{n}{2}} \mathcal{F}(x) \cdot \mathcal{F}(g)$

$$X(f) = \int_{-\infty}^{\infty} \delta(t) \cdot e^{-j\omega t} dt = e^0 = 1 \tag{5.32}$$

$$X(f) = \int_{-\infty}^{\infty} rect(t) \cdot e^{-j\omega t} dt = \int_{-1/2}^{1/2} e^{-j2\pi ft} dt = \frac{-1}{j2\pi f}(e^{-j\pi f} - e^{j\pi f}) = \frac{sin(\pi f)}{\pi f} = si(\pi f)$$

$$\tag{5.33}$$

Hat man es nur mit einfachen Signalen zu tun, oder lässt sich das komplexe Signal in eine Summe von Elementarsignalen aufteilen (z. B. mittels Partialbruchzerlegung oder des Residuensatzes), so kann die Transformierte auch einfach aus einer Transformationstabelle entnommen werden, wie sie in Anhang C.2 zu finden ist.

Bei der Arbeit mit der Fourier-Transformation sind einige mathematische Eigenschaften zu beachten, die allerdings auch als Hilfe dienen können. Dabei ist $\mathcal{F}(x)$ die Fourier-Transformierte X von x (Tab. 5.3).

Diskrete Fourier-Transformation (DFT)

Die Diskrete Fourier Transformation stellt insbesondere in der Audiotechnik und bei Verwendung von digitalen Signalprozessoren ein wichtiges Werkzeug dar, das sich in vielen Codecs und Übertragungssystemen wiederfindet. Hierbei wird der Spezialfall ausgenutzt, dass digitale Signale zeitdiskret sind, weshalb die Transformation durch eine Summe statt des Integrals dargestellt werden kann, was die Realisierung z. B. durch ein Programm vereinfacht. Im Unterschied zur Fourier-Reihe können mit der diskreten Fourier-Transformation endliche Signale in den Frequenzbereich überführt werden. Die Diskrete Fourier-Transformation ist definiert als:

$$X\left(\frac{k}{N \cdot T}\right) = T \cdot \sum_{n=0}^{N-1} x(nT) \cdot e^{-j \cdot 2 \cdot \pi \cdot \frac{k \cdot n}{N}}, k = 0, 1, \ldots, N - 1$$

Tab. 5.4 Eigenschaften der DFT

Voraussetzung	$\{x(n)\}_0^{N-1} \circ\!\!\!-\!\!\bullet \{X(k)\}_0^{N-1}$
Linearität	$\{a \cdot x(n)\}_0^{N-1} \circ\!\!\!-\!\!\bullet \{a \cdot X(k)\}_0^{N-1}$
Zeitverschiebung	$\{x(n - n_0)\}_0^{N-1} \circ\!\!\!-\!\!\bullet \left\{ X(k) \cdot e^{-j \cdot 2 \cdot \pi \cdot \frac{k \cdot n_0}{N}} \right\}_0^{N-1}$
Frequenzverschiebung	$\left\{ x(n) \cdot e^{j \cdot 2 \cdot \pi \cdot \frac{k_0 \cdot n}{N}} \right\}_0^{N-1} \circ\!\!\!-\!\!\bullet \{X(k - k_0)\}_0^{N-1}$

$$\text{N diskrete Funktionwerte} \rightarrow \text{N diskrete Spektralwerte}$$

$$x(n \cdot T), n = 0, 1, \ldots, N - 1 \rightarrow X\left(\frac{k}{N \cdot T}\right), k = 0, 1, \ldots, N - 1$$

Abkürzende Schreibweise: T = 1, $X(k)$ statt $X\left(\frac{k}{N \cdot T}\right)$:

$$X(k) = \sum_{n=0}^{N-1} x(n) \cdot e^{-j \cdot 2 \cdot \pi \cdot \frac{k \cdot n}{N}}, k = 0, 1, \ldots, N - 1 \qquad (5.34)$$

Die entsprechende Diskrete Fourier-**Rück**transformation lautet:

$$x(n) = \frac{1}{N} \sum_{k=0}^{N-1} X(k) \cdot e^{j \cdot 2 \cdot \pi \cdot \frac{k \cdot n}{N}}, n = 0, 1, \ldots, N - 1 \qquad (5.35)$$

Insbesondere die digitale Signalübertragung und -verarbeitung profitieren vom verringerten Rechenaufwand, der sich in niedrigeren Latenzzeiten niederschlägt. In der Praxis wird dies noch durch die Verwendung der *Fast Fourier-Transform* (*FFT*) optimiert, die eine Spezialfall der DFT darstellt.

DFT-Regeln

Die von der kontinuierlichen Fourier-Transformation bekannten Rechenregeln (siehe Abschn. 5.4.1) lassen sich auch auf die DFT übertragen (Tab. 5.4).

5.4.2 Laplace-Transformation

Voraussetzung für die oben genannte Fourier-Transformation eines kontinuierlichen Signals ist eine absolute Integrierbarkeit der Zeitfunktion $x(t)$. Für viele wichtige Anregungsfunktionen der Regelungstechnik, wie z. B. die Sprungfunktion oder einen zeitbegrenzten linearen Anstieg, ist diese jedoch nicht gegeben. In diesem Fall erreicht man die Integrierbarkeit durch eine Multiplikation der Zeitfunktion $x(t)$ mit einer Dämpfungsfunktion $e^{-\alpha t}$ mit $a \in \mathcal{R}$.

$$X(f) = \int\limits_{0}^{\infty} x(t)\mathrm{e}^{-\alpha t}\mathrm{e}^{-\mathrm{j}\omega t}\,dt = \int\limits_{0}^{\infty} x(t)\mathrm{e}^{-(\alpha+\mathrm{j}\omega)t}\,dt \tag{5.36}$$

Setzt man nun $s = \alpha + \mathrm{j}\omega$, erhält man die Laplace-Transformierte:

$$x(t)\circ\!\!-\!\!\bullet X(s) = \int\limits_{0}^{\infty} x(t)\mathrm{e}^{-st}\,dt \tag{5.37}$$

bzw. $X(s) = L\{x(t)\} = \int\limits_{0}^{\infty} x(t)\mathrm{e}^{-st}\,dt$. Die zugehörige inverse Laplace-Transformierte ist:

$$x(t) = L^{-1}\{X(s)\} = \frac{1}{\mathrm{j}2\pi} \int\limits_{c-\mathrm{j}\infty}^{c+\mathrm{j}\infty} X(s)\mathrm{e}^{st}\,ds \tag{5.38}$$

Analog zur Fourier-Transformation wird auch die Laplace-Transformation zum Lösen von Differentialgleichungen benutzt. Ihr kommt in der Regelungstechnik eine besondere Bedeutung zu, da viele der Modellierungs- und Identifikationsverfahren (siehe Abschn. 6.2.3) die Systemeigenschaften aus der Laplace-Transformierten ableiten. Auch sie überführt eine Zeitfunktion eindeutig in einen Bildbereich (auch Laplace-Bereich oder Laplace-Ebene genannt). Vielfach wird sie als Verallgemeinerung der Fourier-Transformation angesehen. Sie bildet eine Funktion mit einer reellwertigen (Zeit-)Variablen auf eine Bildfunktion mit einer komplexwertigen (Spektral-)Variablen ab.

Eigenschaften der Laplace-Transformation
In der praktischen Anwendung spielen auch bei der Laplace-Transformation Transformationstabellen, wie in Tab. C.3 zu sehen, eine wichtige Rolle. Mit Hilfe dieser Tabellen lassen sich einfache Glieder einer Gleichung ohne zusätzlichen Rechenaufwand transformieren. In der Praxis ist es daher oft einfacher, eine Gleichung mittels Partialbruchzerlegung, Residuensatz o.ä. in eine Summe passender Terme zu unterteilen und diese dann mit der Tabelle zu transformieren, als die Transformierte der kompletten Gleichung direkt zu berechnen. Wie aus der Fourier-Transformation bekannt, gelten weiterhin auch für die Laplace-Transformation einige Rechenregeln, die in Tab. 5.5 dargestellt sind.

Eine wichtige Größe im Laplace-, aber auch Fourier-Bereich ist die Übertragungsfunktion G. Da die Faltung im Zeitbereich zu einer Multiplikation im Frequenz- und Bildbereich wird, gilt

$$G(s) = \frac{Y(s)}{X(s)}$$

Die Übertragungsfunktion stellt somit den Zusammenhang zwischen der Eingangs- und der Ausgangsgröße eines Systems dar.

Tab. 5.5 Eigenschaften der Laplace-Transformation

Linearität	$L\{a_1 \cdot f_1(t) + a_2 \cdot f_2(t)\} = a_1 L\{f_1(t)\} + a_2 L\{f_2(t)\}$
Verschiebungssatz	$L\{f(t-a)\} = \mathrm{e}^{-as} \cdot L\{f(t)\} = \mathrm{e}^{-as} \cdot F(s)$
	$L\{f(t+a)\} = \mathrm{e}^{as} \cdot \left(F(s) - \int\limits_0^a f(t)\mathrm{e}^{-st}dt\right)$ für $t \geq a \geq 0$
Ähnlichkeitssatz	$L\{f(at)\} = \frac{1}{a} \cdot F(\frac{s}{a})$
Multiplikationssatz	$L\{t^n f(t)\} = (-1)^n \cdot F^{(n)}(s)$ für $n = 1, 2, 3, \dots$
Differentiationssatz	$L\left\{\left(\frac{d}{dt}\right)^n f(t)\right\}$
	$= s^n \cdot F(s) - s^{n-1}f(0^+) - s^{n-2}f'(0^+) - \dots - f^{(n-1)}(0^+)$
Integrationssatz	$L\left\{\int\limits_0^t f(q)dq\right\} = \frac{1}{s} \cdot F(s)$
Faltungssatz	$L\{f_1(t) * f_2(t)\} = F_1(s) \cdot F_2(s) =$
	$L\left\{\int\limits_0^t f_1(u) \cdot f_2(t-u)du\right\}$
Grenzwertsatz	$\lim\limits_{s\to 0} s \cdot F(s) = \lim\limits_{t\to\infty} f(t) \qquad \lim\limits_{s\to\infty} s \cdot F(s) = \lim\limits_{t\to 0^+} f(t)$

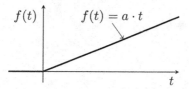

Abb. 5.18 Lineare Steigung

Als Beispiel der Laplace-Transformation wird eine lineare Steigung betrachtet, welche in Abb. 5.18 abgebildet ist. Die zugehörige Funktion ist:

$$f(t) = \begin{cases} a \cdot t & \text{für } t \geq 0 \\ 0 & \text{sonst} \end{cases}$$

Daraus ergibt sich durch umrechnen nach Formel 5.37 die Laplace-Transformierte:

$$F(s) = a \int\limits_0^\infty t \cdot \mathrm{e}^{-st}dt = \frac{a}{s^2}$$

In der Praxis erfolgt die Transformation (sofern manuell berechnet) mittels Tabellen (siehe Tab. C.3, Nr. 3):

$$a \cdot t \;\circ\!\!-\!\!\bullet\; \frac{a}{s^2}$$

Literatur

[BFF09]   Bossert, M., Thomas, F., Norbert, F.: Signal- und Systemtheorie, 2., korrigierte Aufl. Springer, Wiesbaden (2009)

[But12b] Butz, T.: Fouriertransformation für Fußgänger, 7., aktualisierte Aufl. Vieweg+Teubner, Wiesbaden (2012)

[FK11]   Föllinger, O., Mathias, K.: Laplace-, Fourier- und z-Transformation,10., überarb. Aufl. VDE-Verlag, Berlin (2011)

[GRS07]   Girod, B., Rudolf, R., Stenger, A.K.E.: Einführung in die Systemtheorie: Signale und Systeme in der Elektrotechnik und Informationstechnik, 4., durchges. und aktualisierte Aufl. Vieweg+Teubner, Wiesbaden (2007)

[Lit13]   Litz, L.: Grundlagen der Automatisierungstechnik, 2., aktualisierte Aufl. Oldenbourg, München (2013)

Regelung

Zusammenfassung

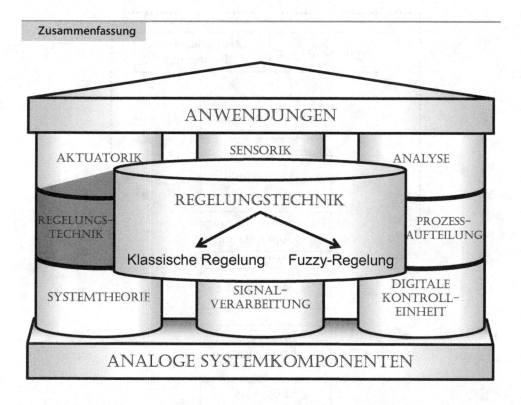

In diesem Kapitel werden die grundlegenden Prinzipien der Regelungstechnik entsprechend dem in Abb. 6.1 gezeigten Arbeitsfluss eingeführt. Dazu wird zuerst das Funktionsprinzip eines klassischen Reglers und dessen Entwurfszyklus diskutiert.

© Springer Fachmedien Wiesbaden GmbH, ein Teil von Springer Nature 2019
K. Berns et al., *Technische Grundlagen Eingebetteter Systeme*,
https://doi.org/10.1007/978-3-658-26516-8_6

Im Anschluss werden wichtige Werkzeuge zur Entwicklung und Analyse vorgestellt, darunter Blockschaltbilder, Sprungantwortmessungen, Bode-Diagramme, Ortskurven und Pol-Nullstellen-Diagramme. Diese dienen beispielsweise der Systemidentifikation. Mit den danach eingeführten elementaren Gliedern ist es möglich, komplexe Systeme in einfach zu analysierende Komponenten aufzuteilen, um damit deren Eigenschaften zu bestimmen. Im Anschluss werden heuristische Entwurfsmethoden eingeführt und der Reglerentwurf nach Ziegler-Nichols erläutert. Eine Alternative zum klassischen Reglerentwurf, die auf einem mehr intuitiven Ansatz basiert, wird mit der Fuzzy-Regelung behandelt.

Für eine Vertiefung des Stoffes empfehlen sich beispielsweise [FK13, Lit13, Trö15] sowie [Mic12].

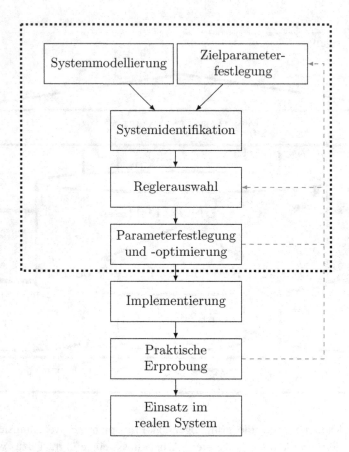

Abb. 6.1 Vorgehen beim klassischen Reglerentwurf

6.1 Einführung in die Regelungstechnik

Wie schon in Kap. 1 gezeigt, werten reaktive Systeme sensorische Informationen aus und wirken über Aktuatoren auf den Prozess ein. Die sensorischen Informationen liefern eine oder mehrere Stell- und Störgrößen (vgl. Abb. 6.2). Das System versucht mit diesen Daten den Prozess im Rahmen seiner Spezifikation ausführen zu lassen.

Um dies zu bewerkstelligen, kommen verschiedene Steuer- und Regelalgorithmen zur Anwendung. Deren Entwurf und Analyse sind somit integraler Bestandteil der Entwicklung eingebetteter Systeme.

Steuerung

Eine intuitive Möglichkeit, um auf einen Prozess einwirken zu können, ist die *Steuerung (Open Loop Control* oder *Feed-Forward Control)*. Bei ihr werden die Stellgrößen ohne Kenntnisse über den aktuellen Ist-Zustand des Prozesses berechnet. Hierzu wird ein Modell benötigt, welches den Zusammenhang zwischen Stellgrößen und Ausgangsgrößen beschreibt.

In dieser offenen Wirkkette wird das Eingangssignal von einer übergeordneten Steuerung oder von einem Anwender vorgegeben. Dieses Signal wird anhand von Modellwissen des Prozesses im Steuerungsglied in ein Steuersignal überführt, wie es in Abb. 6.3 dargestellt ist. Beispielsweise soll ein Schieber mit Spindelantrieb in eine bestimmte Position gebracht werden. Das Eingangssignal wäre in diesem Fall die Positionsvorgabe. Das Steuerungsglied berechnet eine Zeitspanne, während der eine Spannung anliegt, die im Stellglied verstärkt wird. Diese verstärkte Spannung bewirkt eine Drehung der Spindel und somit eine Bewegung des Schiebers (Strecke). Bei einer Störung des Systems erfolgt eine Abweichung von der Zielgröße, die im Steuerungsglied nicht erkannt wird. Dadurch ist keine Korrektur der Ansteuerung möglich und die Strecke könnte schlimmstenfalls zerstört werden.

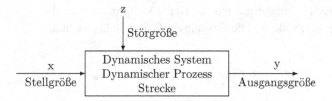

Abb. 6.2 Ein- und Ausgänge eines dynamischen Systems

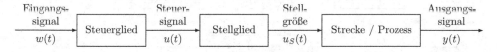

Abb. 6.3 Übersicht der Komponenten einer Steuerungsstrecke

Es ist zu beachten, dass der Begriff der Steuerung in der Literatur unterschiedlich verwendet wird. Insbesondere in der Industrie wird mit „Steuerung" auch die Beeinflussung eines rückgekoppelten Systems mit diskreten Zuständen bezeichnet (so z. B. bei der in Abschn. 10.3.2 vorgestellten SPS). Hier wäre das englische Äquivalent *logical control, sequential control* oder *discrete event control*.

Regelung (Closed Loop Control)

Die Aufgabe eines Reglers ist, das Eingangssignal der Strecke so zu verändern, dass die Ausgangsgröße der Sollwertvorgabe bestmöglich folgt. Dabei überwacht der Regler – im Gegensatz zur Steuerung – die Strecke über eine Rückkopplung, um auf Störungen reagieren zu können. Der Regler erhält als Eingangssignal die Regeldifferenz e, die durch die Subtraktion von Sollwertvorgabe w und Rückführgröße r entsteht. Ein idealer Regler regelt die Regeldifferenz auf Null aus. Ein realer Regler versucht diese Differenz so gering wie möglich zu halten. Die Regelung wird aufgrund der Rückkopplung auch „geschlossene Wirkkette" genannt.

Die Regelungstechnik (Closed Loop Control) bezeichnet die Lehre von der selbsttätigen, gezielten Beeinflussung dynamischer Prozesse während des Prozessablaufs. Die Methoden der Regelungstechnik sind allgemeingültig, d. h. unabhängig von der speziellen Natur der Systeme.

Es werden hier folgende Komponenten unterschieden (vgl. Abb. 6.4):

- **Strecke** Der zu regelnde Teil eines Systems.
- **Führungsgröße** w Ein von außen zugeführter Wert, dem die Ausgangsgröße in vorgegebener Abhängigkeit folgen soll.
- **Regeldifferenz** e Differenz zwischen der Führungsgröße w und der Rückführgröße r.
- **Regler** Berechnet aus der Regeldifferenz e eine Ausgangsgröße, mit deren Hilfe die Strecke der Führungsgröße w so schnell wie möglich folgen wird.
- **Stellglied** Funktionseinheit am Eingang der Strecke, die in den Massenstrom oder Energiefluss eingreift. Ihre Ausgangsgröße ist die Stellgröße.
- **Reglerausgangsgröße** u_R Die Eingangsgröße der Stelleinrichtung.

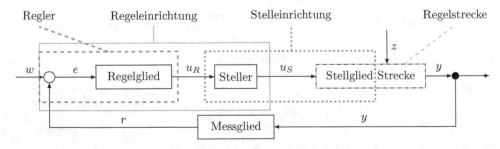

Abb. 6.4 Blockschaltbild eines geschlossenen Regelkreises nach DIN 19226

In Systemen mit analogen Größen ist die Veränderung durch Störungen kaum vorhersagbar. Daher werden bei diesen Systemen überwiegend rückgekoppelte Regler statt einfache Steuerungen eingesetzt. Im Gegensatz dazu verwendet man in Systemen mit binären oder digitalen Größen oft Steuerungen. Durch die binären Größen ist das Verhalten eindeutiger vorhersehbar.

Einfache Regler

Der Beginn der Regelungstechnik lässt sich nicht mehr genau bestimmen. Schon im Altertum wurden mechanische Regler für verschiedene Zwecke genutzt, so die Füllstandsregelung des Ktesibios aus Alexandria. Dieser hatte erkannt, dass eine Wasseruhr wesentlich genauer lief, wenn die Höhe der Wassersäule des Vorratsgefäßes gleich blieb. Dazu brachte er in diesem ein „Schwimmventil" an. Dieses bestand aus einem nach oben konisch auslaufenden Schwimmer, der sich in einer entsprechenden Aushöhlung bewegte, an deren oberen Ende der Zufluss lag. Stieg der Wasserstand, so verengte der Schwimmer den Zulauf, fiel der Wasserstand, wurde der Zulauf wieder erweitert.

Einer der ersten Regler mit großer wirtschaftlicher Relevanz war der 1788 von James Watt eingeführte, fliehkraftgeregelte Druckregler. Wie in Abb. 6.5 zu sehen, bestand dieser aus zwei Gewichten, die über bewegliche Arme an einer Welle befestigt waren. Durch die Drehung der Welle begannen sich die Gewichte durch Fliehkraft zu heben, wobei dies durch eine rückstellende Feder und/oder die Gewichtskraft begrenzt wurde. Diese Hebung verursachte über einen Hebelmechanimus das Schließen eines Dampfventils, sodass weniger Dampfdruck am Antrieb der Welle ankam, diese sich somit langsamer drehte, was wiederum dazu führte, dass sich die Gewichte senkten usw. bis sich ein Gleichgewicht eingestellt hatte. Somit konnte durch die Vorspannung der Feder (Führungsgröße) der Dampfdruck und damit die Drehzahl des Reglers und einer angeschlossenen Maschine eingestellt werden. Ein weiterer einfacher Regler ist der Füllstandsregler ohne Hilfsenergie (Abb. 6.6a). Bei diesem Regler befindet sich ein Schwimmer in einer Wanne für eine bestimmte Flüssigkeit. Der Schwimmer treibt auf der Flüssigkeit und somit ist die (vertikale) Position des Schwimmers abhängig vom Füllstand. Bei einem hohen Füllstand wird über den Schwimmer der Zufluss der Flüssigkeit limitiert oder ganz abgestellt. Läuft die Flüssigkeit ab, so sinkt der Füllstand und der Zufluss der Flüssigkeit wird wieder geöffnet. Der Füllstandsregler mit Hilfsenergie (Abb. 6.6b) arbeitet ähnlich: Am Schwimmer ist ein Schleifkontakt angebracht, der über einen Spannungsteiler die Spannungszufuhr eines motorgesteuerten Ventils regelt. Hier ergibt sich jedoch ein Problem: Ist der Wasserstand hoch genug oder zu hoch, drückt der Motor weiterhin mit voller Kraft das Ventil zu. Ein Abschaltung bei ausreichend hohem Wasserstand würde in einer komplexeren Schaltung resultieren. Stattdessen kann auch eine Recheneinheit als eingebettetes System zwischen Motor und Schleifkontakt geschaltet werden. Dies hat den zusätzlichen Vorteil, dass die Reaktion des Motors auf entsprechende Füllstände noch feiner geregelt werden könnte.

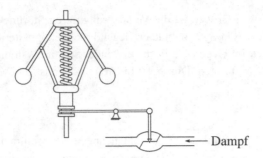

Abb. 6.5 Mechanischer Druckregler

a   b

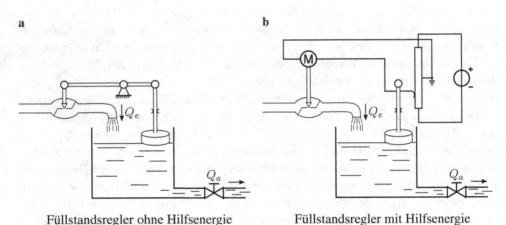

Füllstandsregler ohne Hilfsenergie   Füllstandsregler mit Hilfsenergie

Abb. 6.6 Einfache Füllstandsregler

6.2   Klassische Regelung

In der Praxis sind die zu regelnden Systeme oft deutlich komplexer, sei es durch die Anzahl der zu regelnden Parameter, sei es durch das komplexe Systemverhalten. Um eine sinnvolle Regelstrategie zu finden, muss daher in der klassischen Regelung zuerst ein mathematisches Modell dieser Systeme erstellt werden. Dieses dient einerseits dazu, das Verhalten des Systems mit mathematischen Methoden analysieren zu können, andererseits als Basis für den zu entwerfenden Regler. In der Praxis hat sich gezeigt, dass in den meisten Fällen das System als lineares, zeitinvariantes System beschrieben werden kann (vgl. Abschn. 5.2.5). Dies hat den Vorteil, dass standardisierte Linearregler, sogenannte *PID-Regler* (vgl. Abschn. 6.2.3) oder Untermengen davon, eingesetzt werden können. Dieser Reglertyp wird daher hier besonders betrachtet. Um das mathematische Modell eines Systems zu erlangen und zu untersuchen, wird es als Zusammenstellung von bekannten elementaren Systemgliedern betrachtet. Diese ergeben sich aus den Termen niedrigster Ordnung in der linearen Systemgleichung.

Ihr elementares Verhalten ist somit eindeutig anhand ihrer Systemgleichung festgelegt. Dies hat den Vorteil, dass alle relevanten Größen direkt aus den Gleichungen abgelesen werden können bzw. über grafische Darstellungen visualisiert werden können. Durch die mathematisch exakte Beschreibung können konkrete Aussagen hinsichtlich des Verhaltens und der Sicherheit bzw. Robustheit der geregelten Systeme getroffen werden. Mittels entsprechender Methoden können so auch dem Modell gemäß optimale Lösungen gefunden werden.

6.2.1 Zielparameterfestlegung

Bevor man einen Regler für ein System entwirft, sollte man sich darüber klar werden, welche Zielsetzung der Regler hat. Hierfür ist eine grobe Kenntnis des Systems notwendig, allerdings nicht unbedingt ein komplettes Modell. Dazu haben sich einige formale „Gütekriterien" herausgebildet, die im Folgenden anhand des Beispieles der Lenkregelung des autonomen Gabelstaplers näher betrachtet werden (vgl. Abb. 6.4). Dafür wird für das Fahrgestell des Fahrzeuges eine sogenannte *Ackermann-Kinematik* (eine lenkbare Vorderachse und eine starre Hinterachse, was einem normalen Auto entspricht) angenommen.

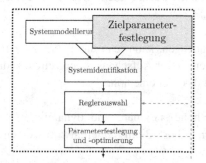

Das offensichtliche Ziel ist es, dass das Fahrzeug dahin fährt, wo man hin möchte, dass also der tatsächliche Lenkwinkel mit dem gewünschten übereinstimmt. Dies wird bezeichnet als

- **Stationäre Regelgüte (Genauigkeit)** Die Regelgröße $y(t)$ soll der Führungsgröße $w(t)$ asymptotisch folgen. Die verbleibende Regeldifferenz ist
$e(\infty) = \lim_{t\to\infty} e(t) = \lim_{t\to\infty} (w(t) - y(t))$ (respektive $e(\infty) = \lim_{t\to\infty} (w(t) - r(t))$, falls eine Messeinrichtung mit berücksichtigt wird) und beschreibt die Führungsgenauigkeit. Wenn $e(\infty) = 0$, so ist das System *stationär genau*.

Beim Fahren auf einer Straße ist die Fahrbahn begrenzt, das Fahrzeug bewegt sich jedoch weiter und man möchte nicht auf die falsche Spur geraten. Daher sollte der gewünschte Lenkeinschlag möglichst schnell erreicht werden. Die hier gewünschte

- **Dynamische Regelgüte (Schnelligkeit)** Beschreibt die Zeit, welche die Regelgröße benötigt um auf Änderungen der Führungsgröße zu reagieren.

Möglicherweise hat die Lenkung Spiel, oder die Straße ist sehr uneben, sodass der gewünschte Lenkwinkel nicht genau erreicht werden kann. In diesem Fall kann man sich auch mit einem Lenkwinkel zufrieden geben, der minimal vom tatsächlich gewünschten abweicht und muss dementsprechend öfter nachkorrigieren. Man hat also einen bestimmten

- **Toleranzbereich** Vom Anwender tolerierte Abweichung vom Sollwert im Beharrungszustand.

Es kann auch passieren, dass das Fahrzeug kurz ausbricht (Glätte, enge Kurve etc.). In dem Fall ist es das Ziel, es möglichst wieder zu stabilisieren und zu verhindern, dass es sich aufschaukelt und evtl. überschlägt. Gewünscht ist, wie bei den meisten Reglern

- **Stabilität** Wird negativ beeinflusst, wenn der Regler des geschlossenen Regelkreises nicht schnell genug auf Änderungen reagiert oder kein der Änderung entgegensteuerndes Stellsignal erzeugen kann. Wird das System instabil, so zerstört die Rückkopplung das System. (Vgl. Abb. 6.8).

Um dem obigen Fall vorzubeugen, kann man das Fahrzeug z. B. langsamer fahren, oder andere Maßnahmen zum Schutz vor Aufschaukeln ergreifen, sodass man im Fall der Fälle noch Reserven hat. Hier ist das Ziel eine hohe

- **Robustheit** Wird eine hohe stationäre und dynamische Regelgüte sowie Stabilität erreicht, so ist das System robust. Beim Reglerentwurf werden zur Vereinfachung Näherungsmodelle verwendet.

Eine präzise Ist-Wert-Erfassung, ein schneller Ist-Soll-Wert-Vergleicher, schnelle Korrekturen und ein kleiner Toleranzbereich bilden die Grundlagen für einen guten Regler. Somit wird eine hohe dynamische und stationäre Regelgüte benötigt, um trotz Modellunsicherheiten und unvorhersehbaren Störungen stabil und robust zu arbeiten. Mit den folgenden Kenngrößen lässt sich die dynamische Regelgüte beschreiben (vgl. Abb. 6.7).

- **Anregelzeit** T_{An} Minimale Zeitspanne, um vom Toleranzbereich eines Beharrungszustands erstmalig in einen anderen zu gelangen.
- **Ausregelzeit** T_{Aus} Zeitspanne, um vom Toleranzbereich eines Beharrungszustands endgültig in einen anderen zu gelangen.
- **Überschwingweite** $X_{\ddot{U}}$ Ausschläge der Regelgröße $y(t)$ über den neu einzunehmenden Beharrungszustand.

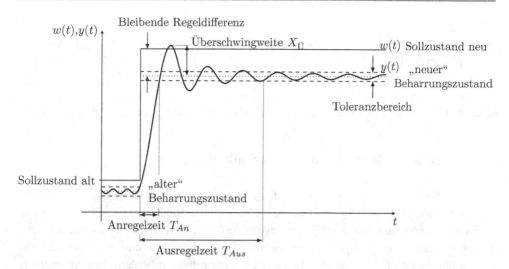

Abb. 6.7 Verschiedene Messgrößen beim Sprung der Sollwertvorgabe

- **Regelfläche** I_R Summe aller Teilflächen zwischen $y(t)$ und dem Beharrungszustand $y(\infty)$ eines Übergangs infolge eines Stör- oder Führungssprungs. Sie wird für optimale Regelung als Basis für Integralkriterien zum Reglerentwurf benötigt. (Optimierungsproblem)

Die oben genannte *Stabilität* stellt eines der wichtigsten Ziele der Regelungstechnik und oftmals ein Problem beim Reglerentwurf dar. Daher soll im Folgenden dieser Begriff präzisiert werden:

- **Asymptotische Stabilität** Ein lineares System ist asymptotisch stabil, wenn es nach einer zeitlich begrenzten Anregung wieder in seinen Ursprungszustand zurückkehrt.
- **Instabilität** Ein lineares System ist instabil, wenn $|e(\infty)| = \infty$, wenn es also nach einer Anregung nicht begrenzt bleibt.
- **Grenzstabilität** Ein lineares System ist grenzstabil, wenn es nach einer zeitlich begrenzten Anregung nicht wieder in seinen Ursprungszustand zurückkehrt, aber begrenzt bleibt.
- **BIBO-Stabilität** Für jeden Zeitpunkt t gilt: Bounded Input $|x(t)| \leq N < \infty \Rightarrow$ Bounded Output $|y(t)| \leq M < \infty$. Diese Stabilitätsdefinition bezeichnet man als *BIBO-Stabilität* (*B*ounded *I*nput *B*ounded *O*utput). Ein lineares, zeitinvariantes Übertragungssystem ist **BIBO-stabil**, wenn es auch **asymptotisch stabil** ist, vgl. Abb. 6.8. (Die Umkehrung gilt nicht immer!)

Sofern nicht explizit erwähnt, wird im Folgenden bei der Verwendung des Begriffs *Stabilität* bzw. *stabil* von BIBO-Stabilität ausgegangen.

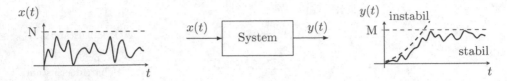

Abb. 6.8 BIBO-Stabilität im Zeitbereich: Ausgangssignal eines stabilen und instabilen Systems

6.2.2 Grafische Darstellung und Modellbildung

Nachdem die Zielparameter des Systems festgelegt sind, muss vor dem eigentlichen Reglerentwurf das vorhandene System (die Regelstrecke) ohne Regler auf diese Parameter hin untersucht werden, um den eigentlichen Regelbedarf zu ermitteln. Betrachtet man z. B. die in Abb. 6.7 gegebene Sprungantwort eines Systems, so sieht man, dass es eine bleibende Regeldifferenz gibt. Das System ist also nicht stationär genau. Außerdem schwingt es über, was oft unerwünscht ist. Weiterhin ist die Ausregelzeit gegenüber der Anregelzeit recht groß usw. Durch den Vergleich der so gewonnenen Erkenntnisse mit den Zielvorgaben kann man nun bestimmen, welche Eigenschaften der Regler haben muss. Wie diese Erkenntnisse gewonnen werden, soll im Folgenden Abschnitt eingeführt werden.

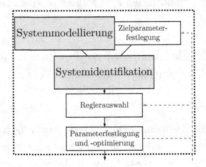

Systemmodellierung und -identifikation

Unter dem Begriff der *Modellbildung* versteht man das Überführen der Eigenschaften eines realen (oder imaginären) Systems in eine abstrakte Darstellung. In der Praxis bedeutet dies meist das Aufstellen eines mathematischen Gleichungssystems, das die relevanten Eigenschaften des Systems, wie z. B. sein physikalisches Verhalten, beschreibt. Mittels dieser Gleichungen können im Folgenden formal Rückschlüsse auf das Verhalten des Systems in bestimmten Situationen gezogen werden. Dieser Prozess wird als *Identifikation* bezeichnet.

Neben dem Nutzen der reinen mathematischen Gleichungen haben sich jedoch auch grafische Darstellungsmethoden etabliert. Diese bieten oft einen intuitiven Ansatz bzw. ermöglichen schnelle Rückschlüsse auf das Systemverhalten.

Im Folgenden werden einige der wichtigen Darstellungsmethoden näher vorgestellt.

Blockschaltbilder

Komplexere dynamische Systeme lassen sich sehr anschaulich durch Blockschaltbilder darstellen. Hierbei werden mehrere einzelne Übertragungsfunktionen seriell, parallel und rückgekoppelt zu komplexeren Systemen verschaltet. Dazu werden diese Übertragungsfunktionen in diskreten Blöcken dargestellt.

Dies ermöglicht es, aus den vorhandenen Übertragungsfunktionen einzelner Teilglieder eines komplexen Systems mittels standardisierter Methoden die Gesamtübertragungsfunktion zu bestimmen und diese auch dynamisch an Systemänderungen anzupassen. Dabei gilt: Das, was „im Block steht" kann eine grafische oder mathematische Darstellung der repräsentierten Übertragungsfunktion sein. Wenn nicht anders ersichtlich, wird diese mit dem eingehenden Signal multipliziert. Hierbei ist zu beachten, dass die Darstellung oftmals im Bildbereich (Laplace-Bereich) stattfindet. Dies vereinfacht in vielen Fällen die Rechnung. Zu erkennen ist dies daran, dass veränderliche Größen mit Großbuchstaben dargestellt werden und durch das Vorkommen des „Laplace-s" (vgl. Abschn. 5.4.2).

Zur Analyse dieser Modelle lassen sich die Serienschaltung, Parallelschaltung und Rückkopplung wie folgt berechnen (zerlegen). Für zwei in Serie geschaltete (Übertragungs-)Funktionen G_1 und G_2, abgebildet in Abb. 6.9, gelten die Zusammenhänge

$$G_1 = \frac{X_{a1}}{X_{e1}}, G_2 = \frac{X_{a2}}{X_{e2}}$$

Hieraus lässt sich sehr einfach die Gesamtübertragung berechnen:

$$X_a(s) = X_{a2} = G_2 \cdot X_{e2} = G_2 \cdot X_{a1} \quad X_{a1} = G_1 \cdot X_{e1} = G_1 \cdot X_e(s) \quad (6.1)$$

$$X_a(s) = G_1 \cdot G_2 \cdot X_e(s) \quad (6.2)$$

Die Übertragungsfunktion der in Serie geschalteten Teilsysteme G_1 und G_2 ist demnach das Produkt der beiden Einzelfunktionen: $G = G_1 \cdot G_2$

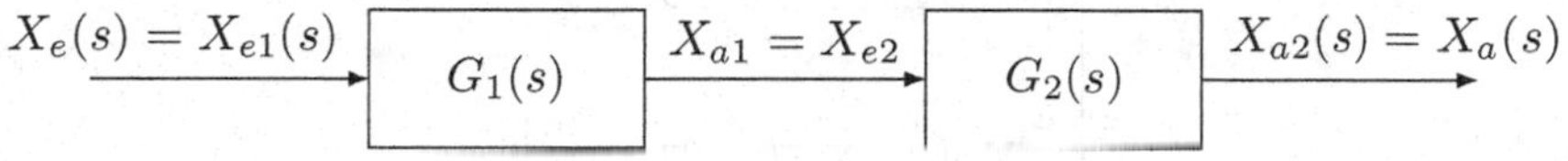

Abb. 6.9 Serienschaltung von zwei Übertragungsblöcken

Verallgemeinert gilt für hintereinander geschaltete Funktionen G_i:

$$G = \prod_i G_i \qquad (6.3)$$

In Abb. 6.10 ist eine Parallelschaltung abgebildet. Bei der Parallelschaltung sind die Eingangssignale für beide Teilsysteme gleich, die Ausgangssignale addieren sich:

$$X_e(s) = X_{e1} = X_{e2}, X_a(s) = X_{a1} + X_{a2} \qquad (6.4)$$

Setzt man in diese Gleichungen die Übertragungsfunktionen G_1 und G_2 ein, so ergibt sich für die Parallelschaltung, dass sich die Übertragungsfunktionen addieren:

$$X_a(s) = G_1 \cdot X_{e1} + G_2 \cdot X_{e2} = (G_1 + G_2) \cdot X_e \qquad (6.5)$$

$$\Rightarrow G = \frac{X_a}{X_e} = G_1 + G_2 \qquad (6.6)$$

Auch diese Gleichung lässt sich für die Parallelschaltung mehrerer Teilfunktionen G_i verallgemeinern:

$$G = \sum_i G_i \qquad (6.7)$$

Als dritte Grundschaltung soll die Rückkopplung (Abb. 6.11) betrachtet werden. Diese spielt in der Regelungstechnik eine große Rolle.

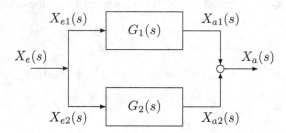

Abb. 6.10 Parallelschaltung von zwei Übertragungsblöcken

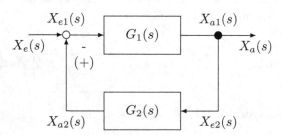

Abb. 6.11 Rückkopplung von zwei Übertragungsblöcken

$$X_a = X_{a1} = G_1 \cdot X_{e1} \Rightarrow X_{e1} = \frac{1}{G_1} X_a \tag{6.8}$$

$$X_{a2} = G_2 \cdot X_a \tag{6.9}$$

$$X_{e1} = X_e \pm X_{a2} \overset{\text{mit Abb. 6.8 u. Abb. 6.9}}{\Longrightarrow} X_e = \left(\frac{1}{G_1} \pm G_2 \right) X_a \tag{6.10}$$

Für die Übertragungsfunktion der Gesamtschaltung ergibt sich:

$$G = \frac{G_1}{1 \pm G_1 \cdot G_2} \tag{6.11}$$

Mittels dieser grundlegenden Regeln lassen sich auch komplexe Blockschaltbilder zusammenfassen. Dies soll nun anhand einiger Beispiele beschrieben werden.

Ein Operationsverstärker ist ein Differenzverstärker mit extrem großer Verstärkung, d. h. eine minimale Differenz zwischen U_1 und U_2 führt bereits zur maximalen Ausgangsspannung (U_s).

Aufgrund des extrem großen Eingangswiderstands können die Eingangsströme gegen Null betrachtet werden. Um das Blockschaltbild dieses Systems ermitteln zu können, muss zuerst dessen Übertragungsfunktion bestimmt werden. Aus dieser kann ein Zusammenhang zwischen Eingangs- und Ausgangsgröße ermittelt werden, der dann in ein Blockschaltbild umgesetzt wird. Bei der Betrachtung der Beschaltung in Abb. 6.12a ergibt sich, dass ohne Bauelement in der Rückführung die Funktion $G_2 = 1$ ist. Somit ist die Übertragungsfunktion des OVs selbst gleich $G_1 = A$. Es ergibt sich das Blockschaltbild in Abb. 6.12b. Zur Analyse dieser Schaltung wird weiterhin A als sehr groß angenommen. Wie aus Formel 6.11 bekannt, lautet die Übertragungsfunktion des rückgekoppelten Gesamtsystems

$$G = \frac{A}{1 + A \cdot 1} = \frac{1}{1 + \frac{1}{A}} \approx 1 \tag{6.12}$$

das bedeutet, dass $U_2 = U_1$. Somit realisiert die Schaltung die elektrische Trennung von zwei Teilschaltungen.

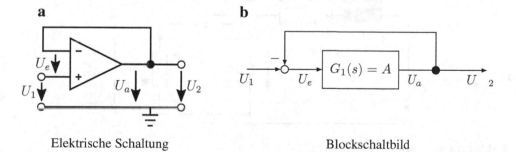

Elektrische Schaltung   Blockschaltbild

Abb. 6.12 Operationsverstärkerschaltung und dazugehöriges Blockschaltbild

Tiefpassfilter 2. Ordnung

Berechnet werden soll beispielhaft der Tiefpassfilter von Abb. 6.13. Anders als das entsprechende Beispiel aus Abschn. 3.5.1 handelt es sich, wegen der zwei Energiespeicher Kondensator und Spule, um einen Tiefpass zweiter Ordnung. Mittels Knoten- und Maschengleichungen erhält man (im Zeitbereich):

$$u_a(t) = u_e(t) - u_L(t) - u_{R_1}(t)$$
$$u_L(t) = L\dot{i}_L(t)$$
$$u_{R_1}(t) = i_L(t) \cdot R_1$$
$$i_L(t) = i_C + i_{R2} = \frac{u_a(t)}{R_2} + C \cdot \dot{u}_a(t)$$

Daraus folgt:

$$u_a(t) = u_e(t) - L \cdot \frac{d}{dt}\left(\frac{u_a(t)}{R_2} + C \cdot \dot{u}_a(t)\right) - \left(\frac{u_a(t)}{R_2} + C \cdot \dot{u}_a(t)\right) \cdot R_1$$

Es hat sich als sinnvoll zur Erstellung des Blockschaltbildes erwiesen, die Differentialgleichung nach der höchsten Ableitung umzustellen. Da R_2 und C konstant sind, ergibt sich:

$$\ddot{u}_a(t) = \frac{1}{LC}\left[u_e(t) - \dot{u}_a(t)\left(\frac{R_1 R_2 C + L}{R_2}\right) - u_a(t) \cdot \frac{R_1 + R_2}{R_2}\right]$$

Nun empfiehlt es sich, zuerst die Ableitungen von u_a einzuzeichnen (siehe Abb. 6.14). Danach wird ersichtlich, dass die gesamte Schaltung mit $\frac{1}{LC}$ multipliziert wird, um gleich $\ddot{u}_a$ zu sein (Abb. 6.15). Der Rest der Gleichung ist eine Addition von u_e, $\dot{u}_a$ und u_a mit jeweiligem Vorfaktor (Abb. 6.16). Die Berechnung der Gesamtübertragungsfunktion (siehe Abb. 6.17) erfolgt im Bildbereich (bzw. Laplace-Bereich, siehe Abschn. 5.4.2). Daraus folgt, dass Integration zur Multiplikation mit $\frac{1}{s}$ und Differentiation zur Multiplikation mit s wird.

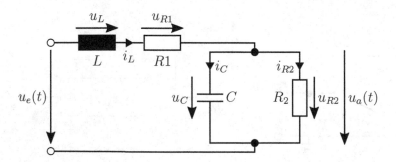

Abb. 6.13 Schaltung eines Tiefpassfilters

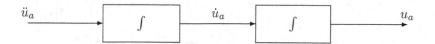

Abb. 6.14 Zusammenhang u_a, $\dot{u}_a$ und $\ddot{u}_a$

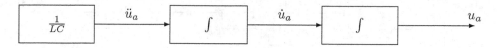

Abb. 6.15 Zusammenhang u_a, $\dot{u}_a$ und $\ddot{u}_a$ mit Vorfaktor

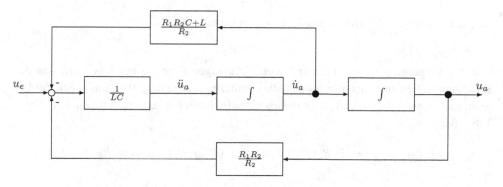

Abb. 6.16 Blockschaltbild der Tiefpassschaltung im Zeitbereich

$$G_1 = \frac{1}{LC \cdot s}$$

$$G_2 = \frac{G_1}{1 + \frac{R_1 R_2 C + L}{R_2} \cdot G_1} = \frac{R_2}{LC R_2 s + R_1 R_2 C + L}$$

$$G_3 = G_2 \cdot \frac{1}{s} = \frac{R_2}{LC R_2 s + R_1 R_2 C + L} \cdot \frac{1}{s} = \frac{R_2}{LC R_2 s^2 + (R_1 R_2 C + L)s}$$

$$G_{ges} = \frac{U_a(s)}{U_e(s)} = \frac{1}{\frac{1}{G_3} + \frac{R_1 + R_2}{R_2}} = \frac{R_2}{LC R_2 s^2 + (R_1 R_2 C + L)s + R_1 + R_2}$$

(vgl. Formel 6.11)

⇒ Laplace-Transformierte der DGL des RLC-Netzwerks:

$$(LC R_2 s^2 + (R_1 R_2 C + L)s + R_1 + R_2)U_a(s) = R_2 U_e(s)$$

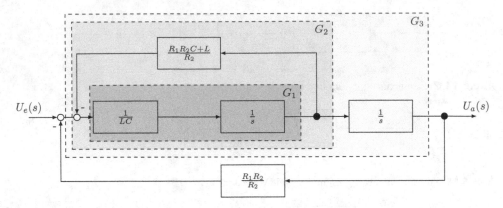

Abb. 6.17 Blockschaltbild der Tiefpassschaltung im Bildbereich

Um das Vorgehen zu überprüfen und wieder Aussagen über das zeitliche Verhalten der Schaltung treffen zu können, muss man die erhaltene Übertragungsfunktion in den Zeitbereich rücktransformieren und erhält dann als Zeitfunktion (siehe Transformationsregeln in Tab. 5.5):

$$LCR_2 \cdot \ddot{u}_a(t) + (R_1 R_2 C + L) \cdot \dot{u}_a(t) + (R_1 + R_2) \cdot u_a(t) = R_2 \cdot u_e(t)$$

Einmassenschwinger

Die Methodik der Blockschaltbilder kann natürlich nicht nur auf elektrische, sondern auf beliebige Systeme angewandt werden. Im Folgenden wird ein Einmassenschwinger (Abb. 6.18) betrachtet. Der Einmassenschwinger mit Körper der Masse m ist an einer Feder F und einem Dämpfer D aufgehängt. m wird durch die Kraft $F(t)$ um den Weg x

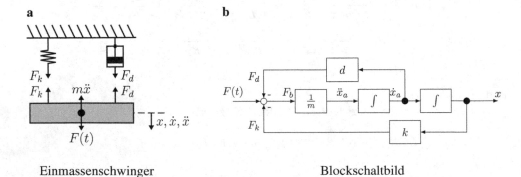

Einmassenschwinger   Blockschaltbild

Abb. 6.18 Skizze des Einmassenschwingers und dazugehöriges Blockschaltbild

ausgelenkt, $F(t)$ wirken die Federkraft F_k und die Dämpfung F_d entgegen. Geregelt werden soll die Auslenkung x der Masse. Führungsgröße ist die Kraft F(t).

$$F_b = F(t) - F_k - F_d = m \cdot \ddot{x} \tag{6.13}$$

Feder- und Dämpferkräfte ergeben sich dann aus:

$$F_k = k \cdot x \tag{6.14}$$

$$F_d = d \cdot \dot{x} \tag{6.15}$$

Nach Einsetzen und Umstellen nach der höchsten Ableitung der Regelgröße ergibt sich:

$$\ddot{x} = \frac{1}{m} \left(F(t) - k \cdot x - d \cdot \dot{x} \right) \tag{6.16}$$

Das resultierende Blockdiagramm ist in Abb. 6.18 rechts dargestellt, die Laplace-Transformation in Abb. 6.19. Die Gesamtübertragungsfunktion ergibt sich durch Zusammenrechnen der Teilübertragungsfunktionen:

$$G_1 = \frac{1}{m \cdot s} \tag{6.17}$$

$$G_2 = \frac{G_1}{1 + d \cdot G_1} = \frac{1}{m \cdot s + d} \tag{6.18}$$

$$G_3 = G_2 \cdot \frac{1}{s} = \frac{1}{m \cdot s + d} \cdot \frac{1}{s} = \frac{1}{m \cdot s^2 + d \cdot s} \tag{6.19}$$

$$G_{ges} = \frac{G_3}{1 + G_3 k} = \frac{1}{\frac{1}{G_3} + k} = \frac{1}{ms^2 + ds + k} = \frac{X(s)}{F(s)} = \frac{X_a(s)}{X_e(s)} \tag{6.20}$$

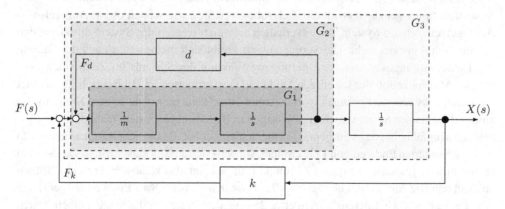

Abb. 6.19 Laplace-Transformiertes Blockschaltbild des Einmassenschwingers

Durch Auflösen der Gleichung nach $X_e(s)$ ergibt sich:

$$(ms^2 + ds + k) \cdot X_a(s) = ms^2 \cdot X_a(s) + ds \cdot X_a(s) + k \cdot X_a(s) = X_e(s) \qquad (6.21)$$

Rücktransformation in den Zeitbereich:

$$m \cdot \ddot{x}(t) + d \cdot \dot{x}(t) + k \cdot x(t) = F(t) \qquad (6.22)$$

6.2.3 Identifikation

Das oben vorgestellte Blockschaltbild ist ein gutes Werkzeug, um Zusammenhänge in einem System zu verdeutlichen und die mathematische Berechnung zu vereinfachen. Insofern dient es der Modellbildung.

Um jedoch einen Regler für ein System entwerfen zu können, müssen aus einem Modell noch Aussagen über das Verhalten und die Eigenschaften des Systems gewonnen werden. Erst danach ist überhaupt ersichtlich, was der Regler genau bewirken muss. Um beispielsweise die Geschwindigkeit des Reglers bestimmen zu können, muss man Wissen bzgl. der Systemdynamik und eventueller Totzeiten haben.

Das zur Erlangung dieser Erkenntnisse genutzte Vorgehen wird als *Identifikation* bezeichnet. Im Folgenden sollen nun einige hierfür verwendete Methoden vorgestellt werden.

Sprungantwort

Ein grundlegendes Mittel der Systembeschreibung und -analyse ist die Sprungantwort. Hierbei wird ein System mit einem Sprung der Führungsgröße von 0 auf 1 (meistens Minimalausschlag bis Maximalausschlag) angeregt und dann betrachtet, wie die Ausgangsgröße darauf regiert. Anhand dieser, im Zeitbereich stattfindenden, Analyse ist sofort ersichtlich, ob das System stationär genau ist (wird die Zielgröße erreicht?), wie schnell es ist (Anregel- und Ausregelzeit), ob das System Totzeitverhalten aufweist (reagiert das System direkt auf den Sprung?) und einiges mehr. Die Sprungantwort ergibt sich mathematisch aus der Faltung des Einheitssprunges σ_t mit der Übertragungsfunktion des Systems im Zeitbereich bzw. aus der Multiplikation der jeweiligen Laplace-Transformierten im Bildbereich. Betrachtet man beispielsweise die Sprungantwort in Abb. 6.20, so kann man ohne weitere Kenntnis des zugrundeliegenden Systems mehrere Aussagen treffen. Zum einen sieht man, dass das System schwingfähig ist, da es ausgeprägte Überschwinger hat. Es ist nicht stationär genau, da es den geforderten Endwert von 1 nie erreicht, sondern sich auf 0,8 einschwingt. Das System reagiert direkt (es ändert sich zum Zeitpunkt t=0), scheint also keine nennenswerte Totzeit zu besitzen. Die Anregelzeit beträgt etwa 2,5 s (wenn man von 0,8 als Endwert ausgeht), die Ausregelzeit, je nach Toleranzbereich etwa 25 s. Weiterhin scheint das System einem festen Endwert $< \infty$ zuzustreben, ist also stabil. Somit wurden bereits wichtige Erkenntnisse über das System gewonnen.

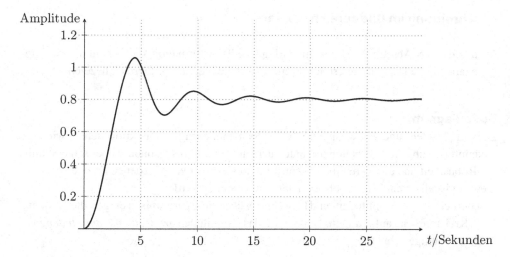

Abb. 6.20 Beispiel einer Sprungantwort

Frequenzebene

Wie in Kap. 5 gezeigt, ermöglicht die Beschreibung eines Systems im Frequenz- oder Bildbereich nicht nur einfachere Berechnungen der Übertragungsfunktion, sondern auch eine zusätzliche Sicht auf das Systemverhalten. Die Fourier-Transformierte eines Signals x(t), gegeben durch (vgl. Abschn. 5.4.1):

$$X(j\omega) \equiv \mathrm{FT}\{x(t)\} = \int_{-\infty}^{\infty} x(t) \cdot e^{-j\cdot\omega t} dt, \qquad (6.23)$$

legt das Amplituden- und Phasenspektrum über Polardarstellung

$$X(j\omega) = |X(j\omega)| \cdot e^{j\cdot\varphi(\omega)} \qquad (6.24)$$

fest:

$$|X(j\omega)| = \sqrt{R(\omega)^2 + I(\omega)^2} \qquad \text{Amplitudenspektrum}$$

$$\varphi(\omega) = \arctan\left(\frac{I(\omega)}{R(\omega)}\right) \qquad \text{Phasenspektrum.}$$

Mittels der so gewonnenen Verläufe von Amplitude und Phase einer Übertragungsfunktion im Frequenzbereich können direkt Aussagen über das Verhalten des Systems getroffen werden. In der Praxis hat sich die Darstellung mittels der Fourier-Transformierten allerdings für die Berechnung von Polen und Nullstellen im Phasengang als unpraktisch erwiesen, da eine absolute Integrierbarkeit der genutzten Testsignale nicht immer gegeben ist. Daher wird in der Regelungstechnik i. d. R. die Laplace-Transformierte gewählt, die aufgrund der komplexen Frequenz *s* hier weniger problematisch ist.

Beschreibung im Bildbereich (Laplace)

Mittels der aus Abschn. 5.4.2 bekannten Laplace-Transformation kann ebenfalls eine frequenzabhängige Darstellung erreicht werden, welche hier als *Bildbereich* bezeichnet wird.

Bodediagramm

Die Amplituden- und Phasenspektren einer Systemübertragungsfunktion liefern wichtige Erkenntnisse über das Verhalten des untersuchten Systems, insbesondere über seine Stabilität, Robustheit und das Verhalten gegenüber Anregung mit verschiedenen Frequenzen. Um dies zu visualisieren, kann das Bode-Diagramm benutzt werden.

Hierbei werden Amplituden- und Phasengang über die logarithmisch eingeteilte Frequenz bzw. Kreisfrequenz aufgetragen. Dabei wird das Amplitudenspektrum als *Amplitudengang* in Dezibel umgerechnet:

$$|X(j\omega)| \; \hat{=} \; 20 \cdot \log\left(|X(j\omega)|\right) \, [\text{dB}]. \tag{6.25}$$

Hierbei entspricht $j\omega$ der komplexen Frequenz s (der Dämpfungsterm σ entfällt in dieser Darstellung). Durch die logarithmisch aufgetragene Frequenz und den umgerechneten Amplitudengang lassen sich weite Bereiche des Übertragungsverhaltens übersichtlich darstellen.

Man kann sich dabei den Wert von Amplituden- und Phasengang als Systemantwort auf eine Anregung mit einer Sinusschwingung der entsprechenden Frequenz vorstellen. Dabei sieht man im Amplitudengang die (kreis-)frequenzabhängige Verstärkung des Eingangssignals und im Phasengang die Phasenverschiebung gegenüber dem Eingangssignal.

Als Beispiel wird das Bode-Diagramm eines Hochpassfilters (Abb. 6.21) betrachtet.

Man sieht am Amplitudengang deutlich, dass Signale mit Frequenzen ab $100 \frac{1}{s}$ mit einer Verstärkung von 0 dB (entspricht Faktor 1) durchgelassen werden, während die darunterliegenden Frequenzen unterdrückt werden. Dies entspricht einem Hochpass 1. Ordnung mit der Grenzfrequenz $f_g = 15{,}9\,\text{Hz}$. Die Kreisfrequenz wird dabei zur Unterscheidung nicht in *Hertz*, sondern in $\frac{1}{s}$ angegeben.

Am Phasengang ist zu erkennen, dass die Phasenverschiebung gegenüber dem Ursprungssignal mit steigender Frequenz abnimmt. Weiterhin lassen sich recht schnell Stabilitätsabschätzungen anhand des Bode-Diagramms machen. Dazu gilt als Faustregel:

- Wenn beim Durchschreiten der 0 dB-Linie des Amplitudengangs die Phasenverschiebung betragsmäßig $< 180°$ ist, ist das System stabil.

In der Praxis bedeutet das meist, dass die Phase bei 0 dB größer $-180°$ sein muss.

Bleibt der Amplitudengang immer unter 0 dB, oder der Phasengang immer über $-180°$, so ist das System ebenfalls stabil.

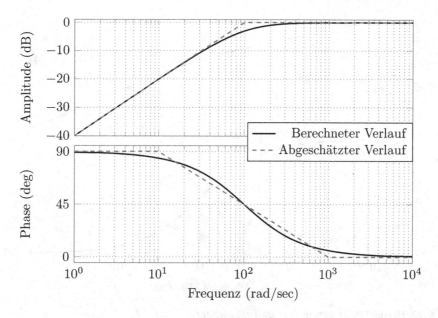

Abb. 6.21 Beispiel: Bodediagramm eines Hochpassfilters

Da beim Hochpassfilter kein expliziter Durchgang durch 0 dB stattfindet, dieser Wert jedoch erreicht wird, müsste ab $100 \frac{1}{s}$ die Phase immer $> -180°$ sein, was gegeben ist. Somit ist dieses System stabil.

Dies ist anhand von folgendem, abstraktem System besser sichtbar. Gegeben ist die Übertragungsfunktion im Frequenzbereich:

$$X(j\omega) = \frac{1}{j\omega \cdot (1 + j\omega)} = \frac{1}{j\omega - \omega^2}$$

$$= -\frac{1}{1 + \omega^2} - j\frac{1}{\omega \cdot (1 + \omega^2)},$$

$$|X(j\omega)| = 20 \cdot \log\left(|X(j\omega)|\right) [\text{dB}]$$

$$\varphi(j\omega) = \arctan\left(\frac{1}{\omega}\right)$$

Das resultierende Bodediagramm ist in Abb. 6.22 zu sehen.

Bei der Durchtrittsfrequenz ($\omega = 10^0 \frac{1}{s} = 1\frac{1}{s}$) ist die Phase bei $-135°$. Somit ist das System stabil.

Hier kann zusätzlich eine Information über die *Phasenreserve* gegeben werden: Diese beträgt $|-180° - (-135°)| = 45°$.

Die Phasenreserve gilt als ein Kriterium für die Robustheit eines Systems gegenüber äußeren Einflüssen.

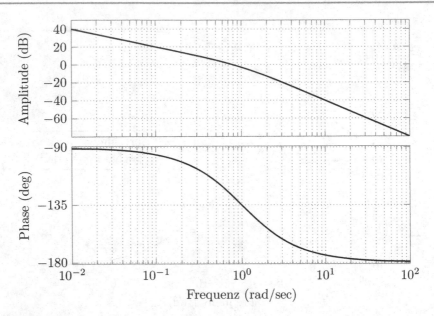

Abb. 6.22 Beispiel Bodediagramm eines Tiefpassfilters

Als Daumenregel kann man sagen, dass ein System mit einer Phasenreserve von $>= 30°$ hinreichend robust ist. Alternativ kann hierfür auch die *Amplitudenreserve* genutzt werden. Diese berechnet sich aus dem Abstand des Amplitudenganges von der 0dB-Linie bei einer Phasenverschiebung von $-180°$.

Ortskurve

Wird der Frequenzgang $G(j\omega)$ als Kurve in der komplexen Ebene in Abhängigkeit der Kreisfrequenz ω dargestellt, spricht man von der *Ortskurve* oder dem *Nyquist-Diagramm* eines Systems.

Die Ortskurve ist eine äquivalente Darstellung des Bode-Diagramms. Während beim Bode-Diagramm das Frequenzverhalten eines Systems hervorgehoben wird, ist diese Information in der Ortskurve komprimierter dargestellt. Sie hat dafür einige Vorteile bei der Betrachtung der Systemstabilität insbesondere bei komplexeren Systemen. Auch hier werden der Amplitudengang $AG(j\omega) = |G(j\omega)|$ und der Phasengang $\varphi(j\omega) = \arg(G(j\omega))$ betrachtet. Anders als im Bodediagramm werden diese jedoch nicht getrennt, sondern als Übertragungsfunktion in der komplexen Ebene eingezeichnet (siehe Abb. 6.23).

Wichtige Punkte sind dabei die Verstärkung bei $\omega = 0$ (Startpunkt der Kurve), bei $\omega = \infty$ und bei der *Grenzfrequenz*. Dies ist die Frequenz, bei der der Amplitudengang auf $\frac{1}{\sqrt{2}}$ seines Wertes (entspricht -3dB) zurückgegangen ist.

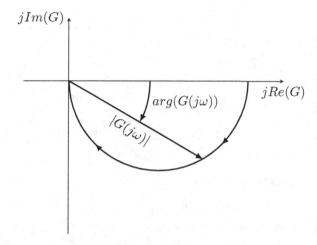

Abb. 6.23 Ortskurve eines Systems erster Ordnung

Betrachtet man das System mit der Übertragungsfunktion

$$G(j\omega) = \frac{1}{j\omega \cdot (1 + j\omega)}$$

so liegt der Startpunkt der Kurve bei

$$|G(j\omega = 0)| \to +\infty,$$

und der Endpunkt bei

$$|G(j\omega \to +\infty)| \to 0,$$

Somit verläuft die Kurve entlang

$$\arg(G(j\omega)) : -90° \to -180°$$

(vgl. Abb. 6.24). Ein einfaches Mittel zur Stabilitätsbetrachtung bietet die Ortskurve mit dem *kritischen Punkt*. Dieser Punkt bei −1 auf der reellen Achse stellt eine Phasenverschiebung um (−)180° bei einer Verstärkung von 1 (0dB) dar. Entsprechend dem Stabilitätskriterium im Bode-Diagramm kann also vereinfacht gesagt werden, dass das System stabil ist, wenn die Kurve den Punkt −1 nicht „umläuft", sie also rechts von ihm vorbeiführt (vgl. Abb. 6.25). Diese Regel wird als *vereinfachtes Nyquist-Kriterium* bezeichnet.

Pol-Nullstellen-Schema
Eine weitere relevante Darstellungsform ist das Pol-Nullstellen-Schema. Hierbei werden die Pol- und Nullstellen einer Übertragungsfunktion im Bildbereich in der komplexen Ebene aufgetragen, wie in Abb. 6.26 zu sehen ist. Dieses Verfahren ermöglicht eine schnelle Bestimmung der Stabilität eines Regelkreises. Erweitert man dieses Diagramm zur sogenannten *Wurzelortskurve (WOK),* so kann hiermit einerseits das Auftreten von Schwingungen leicht

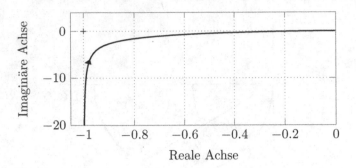

Abb. 6.24 Ortskurve eines Beispielsystems

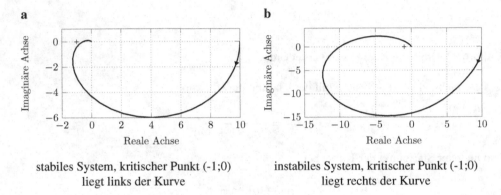

stabiles System, kritischer Punkt (-1;0)   instabiles System, kritischer Punkt (-1;0)
liegt links der Kurve   liegt rechts der Kurve

Abb. 6.25 Ortskurven eines stabilen und instabilen Systems

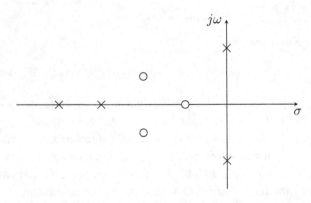

Abb. 6.26 Charakterisierung eines linearen Systems durch Lage der Polstellen (x) und Nullstellen (o)

untersucht werden, andererseits kann es zur Bestimmung der Regelungsparameter eingesetzt werden. Dies würde jedoch den Rahmen dieses Kapitels sprengen, weshalb hier bei Interesse auf die Fachliteratur (z. B. [FK13]) verwiesen sein soll. Das Pol-Nullstellen-Diagramm baut sich, wie der Name vermuten lässt, aus den Pol- und Nullstellen einer Übertragungsfunktion auf:

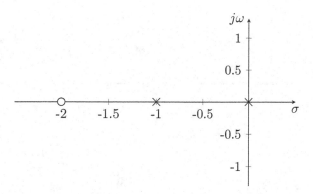

Abb. 6.27 Pol-Nullstellen Beispiel

Polstellen von Signalen liegen dann vor, wenn ihre Amplitudendichte im Frequenzbereich unendlich hohe Werte annimmt. Sie werden durch die Nullstellen des Nennerterms ihrer Übertragungsfunktionen festgelegt. Im Diagramm werden sie durch Kreuze dargestellt.

Nullstellen von Signalen bzw. ihren Funktionen werden im Frequenzbereich durch die Nullstellen des entsprechenden Zählerterms definiert. Sie werden im Diagramm als Kreise markiert.

Zum Aufspannen der komplexen Ebene werden die Bestandteile der Laplace-Variablen $s = \sigma + j\omega$ genutzt. Als Beispiel wird die folgende Funktion untersucht (siehe Abb. 6.27):

$$G(s) = \frac{s+2}{s^2+s}$$

mit $p_1 = 0$, $p_2 = -1$ und $n_1 = -2$. Das Pol-Nullstellen-Diagramm bietet eine einfache und schnelle Möglichkeit, genaue Aussagen über die Stabilität eines Systems zu treffen:

- **Asymptotische Stabilität**: Ein lineares System ist asymptotisch stabil, wenn für die Pole p_i gilt: Re $p_i < 0$ für $i = 1, 2, \ldots, n$. (Abb. 6.28a)
- **Instabilität**: Ein lineares System ist instabil, wenn mindestens ein Pol in der rechten s-Halbebene liegt (Abb. 6.28d) oder wenn mindestens ein mehrfacher Pol auf der Imaginärachse vorhanden ist. (Mehrfacher Pol bedeutet, dass sowohl Realteil, als auch Imaginärteil mehrerer Pole gleich sind, Abb. 6.28c)
- **Grenzstabilität**: Ein lineares System ist grenzstabil, wenn kein Pol in der rechten s-Halbebene liegt und keine mehrfachen Pole, aber mindestens ein einfacher Pol, auf der Imaginärachse vorkommen.(Abb. 6.28b)
- Ein lineares, zeitinvariantes Übertragungssystem ist genau dann **BIBO-stabil**, wenn es auch **asymptotisch stabil** ist.

Eine Übersicht über das Schwingverhalten eines Systems abhängig von der Lage seiner Pole bietet Abb. 6.29.

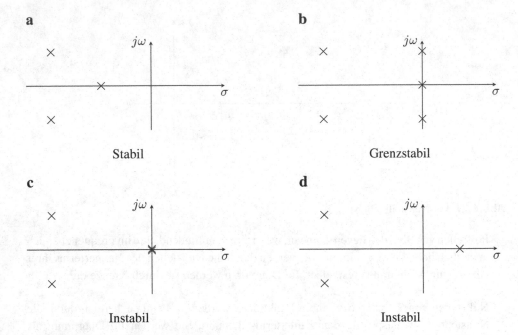

a

Stabil

b

Grenzstabil

c

Instabil

d

Instabil

Abb. 6.28 Stabilität in Bildbereich

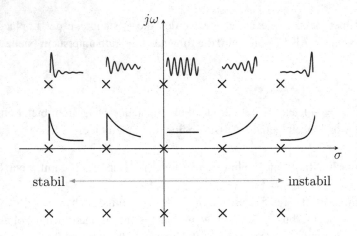

stabil   instabil

Abb. 6.29 Übersicht der Pole (Kreuze) in der komplexen Ebene. Pole bestimmen den Verlauf der Systemantwort

Systemanalyse für den Tiefpassfilter

Die vorgestellten Werkzeuge und Methoden der Modellbildung und Identifikation sollen nun an einem Beispiel zusammengefasst werden. Hierzu dient erneut der Tiefpassfilter, dessen Blockschaltbild schon in Abschn. 6.2.2 aufgestellt wurde. Somit ist auch dessen

Gesamtübertragungsfunktion bekannt. Im Laplace-Bereich lautet sie:

$$(LCR_2s^2 + (R_1R_2C + L)s + R_1 + R_2)U_a(s) = R_2U_e(s) \tag{6.26}$$

Es handelt es sich um ein System zweiter Ordnung (s^2, entspricht zweiter Ableitung im Zeitbereich). Wie später erläutert wird, sind solche Systeme prinzipiell schwingfähig (siehe Abschn. 6.2.3). Es bietet sich daher an, die Gleichung in die charakteristische Form für Systeme zweiter Ordnung zu bringen

$$G = \frac{K}{1 + 2DTs + T^2s^2}$$

mit K: Verstärkung, T: Zeitkonstante und D: Dämpfung. Für den Tiefpass lautet die Gleichung also:

$$G_{ges} = \frac{U_a}{U_e} = \frac{1}{LC} \cdot \frac{1}{s^2 + \frac{R_1R_2C+L}{LCR_2}s + \frac{R_1+R_2}{LCR_2}} = \frac{\frac{R_2}{R_1+R_2}}{\frac{LCR_2}{R_1+R_2}s^2 + \frac{R1R_2C+L}{R_1+R_2}s + 1}$$

Daraus lassen sich mittels Parametervergleich direkt einige Größen des Systems ablesen. So kann aus der Zeitkonstante die Kreisfrequenz des ungedämpften Systems bestimmt werden zu:

$$\frac{1}{T} = \omega_0 = \sqrt{\frac{R_1 + R_2}{LCR_2}}$$

dies entspricht der Frequenz, mit der das System ohne weitere Anregung schwingen würde, wenn es nicht gedämpft wäre. Somit ist der Wert der Dämpfung interessant. Diese berechnet sich zu:

$$D = \frac{1}{2}\frac{R_1R_2C + L}{\sqrt{LCR_2(R_1 + R_2)}}$$

Der Dämpfungsterm ist bei schwingfähigen Systemen sehr wichtig, da an diesem das Schwingverhalten des Systems direkt abgelesen werden kann. Man unterscheidet hier drei Fälle:

Kriechfall Bei einer Dämpfung von $D \geq 1$ nähert sich das System ohne Schwingung langsam dem Endwert an. Ein Spezialfall ist der *aperiodische Grenzfall* mit einer Dämpfung von $D = 1$, bei dem das System gerade noch nicht schwingt.

Schwingfall Bei einer Dämpfung von $0 \leq D < 1$ ist das System schwingfähig, wobei der Fall $D = 0$ als *grenzstabil* bezeichnet wird, da hier da System weder aufschwingt, noch die Schwingung abklingt.

Instabilität Bei einer Dämpfung von $D < 0$ schwingt das System auf und ist daher instabil.

Tab. 6.1 Beispielwerte des Tiefpassfilters für verschiedene Dämpfungen

Parameter	G_1	G_2	G_3
R_1	1	1	1
R_2	1	1	10
C	0,1	1	1
L	1	1	2
Dämpfung	> 1	0,707	0,405

Zur Veranschaulichung kann man sich ein Pendel vorstellen, das einmal ganz ausgelenkt und dann losgelassen wird: Im luftleeren Raum ohne Reibung an der Aufhängung würde es immer mit der gleichen Frequenz f weiter schwingen. Die Kreisfrequenz entspricht $\omega = 2\pi f$.

In der realen Welt wird das Pendel durch die Luftreibung und die Reibung an der Aufhängung gedämpft, also in der Amplitude über die Zeit verringert, bis es nicht mehr schwingt. Diese Verringerung entspricht der Dämpfung.

Bei einer Dämpfung von $D >= 1$ würde das Pendel so stark gedämpft, dass es kein einziges Mal überschwingen würde, sondern sich nur von der maximalen Auslenkung direkt in den Ruhepunkt bewegen.

Bei einer Dämpfung von $0 < D < 1$ würde das Pendel zwar schwingen, aber die Schwingung würde immer kleiner und schließlich aufhören.

Bei einer Dämpfung von $D = 0$ würde das Pendel einfach ewig mit gleicher Amplitude weiter schwingen.

Bei einer Dämpfung von $D < 0$ würde das Pendel sich immer weiter aufschaukeln, schlimmstenfalls bis zur Zerstörung. Dies könnte z. B. dadurch passieren, dass jemand es immer weiter anschiebt.

Für den Tiefpassfilter werden daher im Folgenden beispielhaft drei Fälle betrachtet, die in Tab. 6.1 gezeigt sind.

Hier werden nun die oben vorgestellten Methoden genutzt, um das System genauer zu identifizieren. Dazu wird zuerst die Sprungantwort betrachtet (Abb. 6.30). Aus dieser lassen sich mehrere Aussagen treffen. Das erste System (G_1) hat keine Überschwingung, wie bei einer Dämpfung von $D > 1$ zu erwarten ist. Die beiden anderen Systeme haben mit Dämpfungen < 1 Überschwinger. Die Sprungantworten beiden Systeme G_1 und G_2 haben den gleichen Endwert, aber keines der Systeme ist stationär genau. Es lässt sich folgern, dass R_1 und R_2 den Endwert beeinflussen. Als nächstes wird die Ortskurve untersucht. Zur Bestimmung der Ortskurve (Abb. 6.31) müssen der Startpunkt, der Endpunkt und der Winkelverlauf bekannt sein:

$$\omega : 0 \to +\infty$$
$$|G(j\omega)| : \frac{R_2}{R_1 + R_2} \to 0.$$
$$\arg(G(j\omega)) : 0° \to -180°.$$

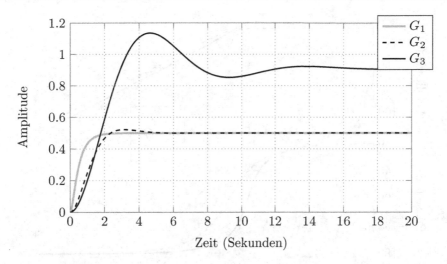

Abb. 6.30 Sprungantwort des Tiefpassfilters im Zeitbereich

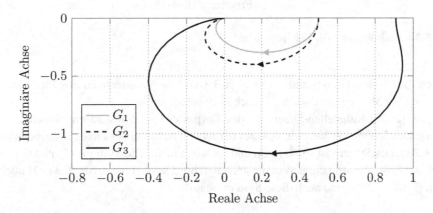

Abb. 6.31 Ortskurven des Tiefpassfilters

Da alle Ortskurven weit rechts des kritischen Punktes bei -1 verlaufen, sind alle Systeme stabil, wie auch aus der Sprungantwort zu ersehen ist.

Schließlich wird das Bodediagramm des Tiefpassfilters betrachtet.

$$|G(j\omega)| = 20 \cdot \log\left(|G(j\omega)|\right) [\text{dB}].$$

Aus diesem (Abb. 6.32) ist u. a. folgendes ersichtlich: Das System G_3 hat die größte Schwingung bei der Knickfrequenz w_0, da dessen Dämpfung mit < 1 die kleinste ist. Das System G_1 hat keine Schwingung aufgrund einer Dämpfung von > 1. Auch hier ist die Stabilität aller Systeme gut sichtbar, da die Systeme G_1 und G_2 gar nicht erst an die 0dB-Linie heran

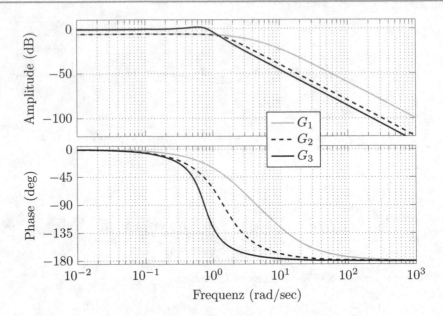

Abb. 6.32 Bodediagramm des Tiefpassfilters

reichen. Bei System G_3 ist beim (zweiten) 0dB-Durchgang immer noch eine Phasenreserve von weit über 30° gegeben, sodass es auch noch robust ist.

Auch das Pol-Nullstellen-Diagramm des Tiefpasses liefert uns Informationen über das System. Das System G_1 hat zwei Pole auf der reellen Achse in der linken Halbebene (siehe Abb. 6.33). Das System ist somit stabil und schwingt nicht. Die Systeme G_2 und G_3 haben imaginäre Pole, also sind diese Systeme schwingfähig. Da alle Pole auf der linken Halbebene liegen (Realteil< 0), sind auch diese Systeme stabil.

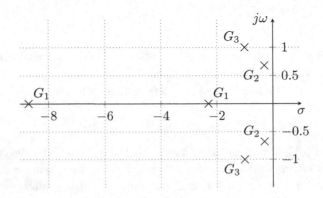

Abb. 6.33 Pol-Nullstellen des Tiefpassfilters

Elementare Systemglieder

Bei der Erstellung von Blockschaltbildern wurde bereits implizit eines der grundlegenden Verfahren der klassischen Regelungstechnik angewendet: Das Aufteilen eines komplexen Gesamtsystems in einzelne Glieder bekannter Wirkung.

Dieses Vorgehen spielt in der Modellbildung und Identifikation insbesondere daher eine Rolle, als es die Möglichkeit schafft, Systemeigenschaften auch ohne komplizierte Rechnungen und zusätzliche Visualisierungen schnell abschätzen zu können. Dies basiert auf der Tatsache, dass die Eigenschaften der standardisierten Einzelglieder bereits bekannt sind. Da diese Wirkungen sich im Gesamtsystem entsprechend des Blockschaltbildes überlagern, kann so von den Einzelgliedern oft auf das Gesamtsystem geschlossen werden.

Auch die eigentlichen Regler werden als Kombination solcher Einzelglieder betrachtet (siehe Abschn. 6.2.4). Natürlich können die Einzelglieder beliebige Funktionen abbilden, allerdings betrachtet man im klassischen Reglerentwurf nur einige standardisierte *Elementarglieder* und zusammengesetzte Standardglieder. Im Folgenden werden nun einige der wichtigen Elementarglieder und einige zusammengesetzte Standardglieder vorgestellt, wobei deren Eigenschaften für den Reglerentwurf hervorgehoben werden.

Proportionalglied (P-Glied)

P-Glieder sind Verzögerungsglieder mit proportionalem Verhalten. Das heißt, dass nach einer Änderung des Eingangs x_e der Ausgang x_a einem neuen Beharrungswert zu strebt. Auch wenn reine P-Glieder nicht in der Realität vorkommen, so können doch einige reale Komponenten hinreichend genau als ein solches beschrieben werden. Hebel, Spannungsteiler (siehe Abb. 6.35 und vgl. Abschn. 3.2.1), Verstärker (siehe Abschn. 4.9) und Getriebe (siehe Abschn. 9.4) sind solche Beispiele für P-Glieder. Die Übertragungsfunktion eines P-Gliedes berechnet sich aus $x_a(t) = K_P \cdot x_e(t) \circ\!\!-\!\!\bullet K_P \cdot X_e(s)$ zu

$$G(s) = \frac{X_a(s)}{X_e(s)} = K_P \tag{6.27}$$

Als Regler eingesetzt ergibt sich also: $u(t) = K_P \cdot e(t)$, Beim P-Glied ist $G(j\omega) = K$. Daher gilt für den Amplituden- und Phasengang im Bode-Diagramm (vgl. Abb. 6.34):

$$|G(j\omega)| = K,$$

$$\varphi(\omega) = 0$$

Eigenschaften des P-Gliedes:

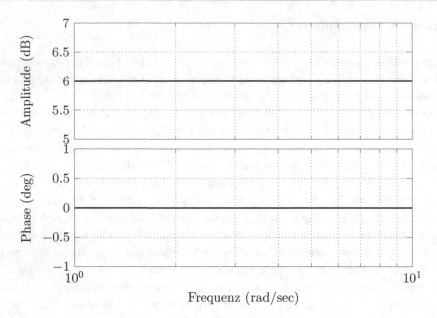

Abb. 6.34 Bode-Diagramm eines P-Gliedes ($K = 2$)

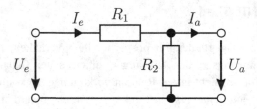

Abb. 6.35 Elektrische Implementierung eines P-Glieds

- P-Glieder sind nicht aus sich heraus schwingfähig.
- P-Glieder sind nicht stationär genau, als Regler eingesetzt hinterlassen sie also eine *bleibende Regeldifferenz*.
- Für $K < \infty$ sind P-Glieder stabil, können aber im Verbund mit anderen Gliedern zur Instabilität führen.
- Als Regler reagieren P-Glieder sehr schnell auf eine Veränderung der Regelgröße.

Totzeit-Verhalten

Beim Totzeitverhalten (oder Totzeitglied) handelt es sich um eine Verzögerung des Signals. Dies ist daran zu erkennen, dass ein System auf eine Änderung des Eingangs nicht direkt reagiert, sondern bis zur Reaktion eine gewisse Zeit verstreicht. Totzeitverhalten tritt beispielsweise bei den meisten Transportaufgaben auf (Förderband, wie in Abb. 6.37 dargestellt, oder Rohrleitung), beim Getriebespiel zwischen Zahnrädern oder in Form der Zeit der Sensordatenerfassung und -verarbeitung. Mathematisch bedeutet Totzeitverhalten, dass das Eingangssignal x_e mit der Totzeit T_t verspätet am Ausgang x_a des Systems auftritt. Somit berechnet sich die Übertragungsfunktion aus $x_a(t) = x_e(t - T_t) \circ\!\!-\!\!\bullet X_a(s) = e^{-T_t \cdot s} \cdot X_e(s)$ zu

$$G(s) = e^{-T_t \cdot s} \tag{6.28}$$

Der Amplitudengang des Totzeitgliedes ist $|G(jw)| = 1 \,\widehat{=}\, 0\,dB$ (vgl. Abb. 6.36). Der Phasengang des Totzeitgliedes ist $\varphi(\omega) = -\omega \cdot T_t$.
Eigenschaften des Totzeitgliedes:

- Totzeitglieder sind nicht aus sich heraus schwingfähig, können dies aber im Verbund mit anderen Glieder bewirken.
- Reine Totzeitglieder sind stationär genau.
- Die Stabilität von Totzeitgliedern ist von der vorherigen Verstärkung abhängig. Durch die mit der Frequenz steigende Phasenverschiebung (siehe Phasengang des Bode-Diagramms) tendieren sie jedoch zu instabilem Verhalten und bewirken dies oft im Verbund mit anderen Gliedern.
- Totzeit ist meist unerwünschtes Verhalten und daher mit Reglern nicht kompensierbar im Gegensatz zu den Gliedern mit reinem P-, I- oder D-Verhalten. Deshalb werden Totzeitglieder auch kaum als Regler eingesetzt.

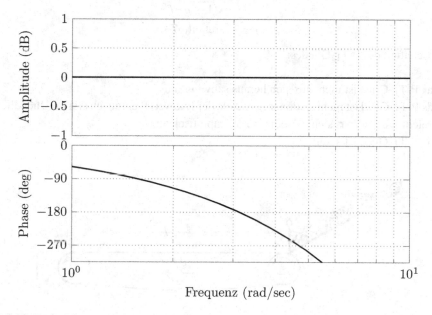

Abb. 6.36 Bode-Diagramm eines Totzeit-Gliedes ($K = 1$, $T = 1$)

P-T$_1$-Glied

Ein P-Verhalten mit Verzögerung 1. Ordnung wird als P-T_1 bezeichnet.

Ein ideales P-Glied ohne Verzögerung ist in der Praxis nicht möglich, da bei einem Eingangssprung eine unendlich starke Verstärkung nötig wäre, um dem Sprung zu folgen. Durch die proportionale Rückkopplung eines I-Gliedes entsteht das P-T$_1$-Glied. Diese Kombination ist sehr häufig in der Praxis zu finden, z.B. beim Aufladen eines Kondensators über einen Widerstand (RC-Glied, siehe Abb. 6.39, vgl. Abschn. 3.5). Der Ausgang eines P-T$_1$-Gliedes nähert sich im Allgemeinen ohne Überschwingen mit einer e-Funktion an den Beharrungswert an:

$$x_a = K \left(1 - e^{-\frac{t}{T}} \right) \sigma(t)$$

Hierbei steht $\sigma(t)$ für die Sprungfunktion (siehe Abschn. 5.2.4). Nach dem 3- bis 5-fachen der Zeitkonstanten T hat das P-T$_1$-Glied 95 % bzw. 99 % des Beharrungswertes erreicht. Die Parameter K und T können z.B. aus der Sprungantwort im Zeitbereich bestimmt werden.

Die zugehörige Gleichung im Zeitbereich lautet: $T \cdot \dot{y}(t) + y(t) = K \cdot u(t)$. Daraus ergibt sich die Übertragungsfunktion:

$$G(s) = \frac{K}{1 + T \cdot s} \tag{6.29}$$

Für den Amplituden- und Phasengang im Bode-Diagramm (vgl. Abb. 6.38) ergibt sich somit:

$$|G(j\omega)| = \frac{K}{\sqrt{1 + \omega^2 T^2}}, \tag{6.30}$$

$$\varphi(\omega) = -\arctan(\omega T). \tag{6.31}$$

Eigenschaften des P-T$_1$-Gliedes:

- Das P-T$_1$-Glied ist nicht aus sich heraus schwingfähig.
- Das P-T$_1$-Glied ist nicht stationär genau, da der Endwert theoretisch erst im Unendlichen erreicht wird, nähert sich diesem aber asymptotisch an.
- Das P-T$_1$-Glied ist stabil.

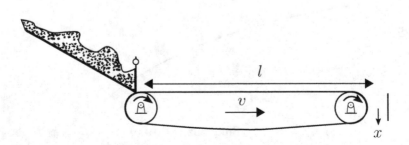

Abb. 6.37 Beispiel: Förderband mit der Totzeit $T_t = l/v$

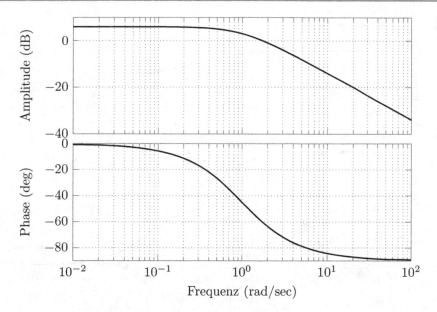

Abb. 6.38 Bode-Diagramm eines P-T$_1$-Gliedes ($K = 2$, $T = 1$)

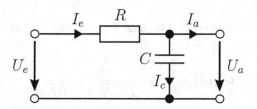

Abb. 6.39 Elektrische Implementierung eines P-T$_1$-Glieds

P-T$_2$-Glied

Ein P-Verhalten mit Verzögerung 2. Ordnung wird als *P-T$_2$* bezeichnet. Der wesentliche Unterschied zu P-T$_1$-Gliedern liegt in der Schwingfähigkeit solcher Systeme. Typische Beispiele für ein P-T$_2$-Verhalten sind RLC-Kreise (siehe Abb. 6.41, vgl. Abschn. 3.6) und Feder-Masse-Schwinger (siehe Abschn. 6.2.2). Je nach Dämpfung kann ein aperiodisches Verhalten wie beim P-T$_1$-Glied, eine periodische Schwingung oder sogar ein instabiles Verhalten auftreten. Das häufigste Verhalten ist jedoch ein leichtes Überschwingen oder Einschwingen auf einen stabilen Endwert.

Die Funktionalbeziehung lautet: $T^2 \ddot{y}(t) + 2DT \dot{y}(t) + y(t) = K u(t)$. Die Übertragungsfunktion ergibt sich zu:

$$G(s) = \frac{K}{1 + 2DTs + T^2 s^2}. \tag{6.32}$$

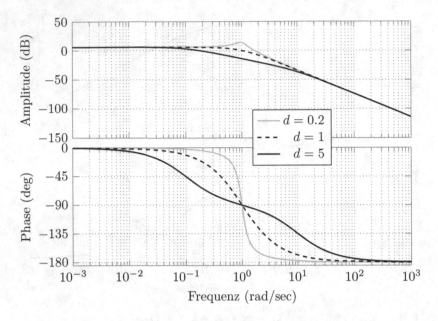

Abb. 6.40 Bode-Diagramm eines P-T$_2$-Gliedes ($K = 2$, $T = 1$, $D = 0{,}2$; 1; 5)

mit D als Dämpfungskonstante (vgl. Abschn. 6.2.3). Für den Amplituden- und Phasengang im Bode-Diagramm (vgl. Abb. 6.40) gilt also:

$$|G(j\omega)| = \frac{K}{\sqrt{(1 - T^2\omega^2)^2 + (2DT\omega)^2}}, \qquad (6.33)$$

$$\varphi(\omega) = -\arctan\left(\frac{2DT\omega}{1 - T^2\omega^2}\right) \qquad (6.34)$$

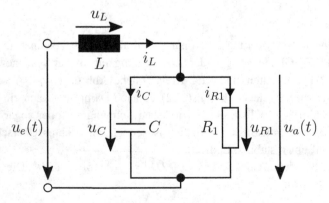

Abb. 6.41 Elektrische Implementierung eines P-T$_2$-Glieds

Die Eigenschaften des P-T_2-Gliedes sind abhängig von seiner Dämpfung. Eine *Dämpfung* beschreibt in der Physik die Umwandlung der Energie einer Bewegung, einer Schwingung oder einer Welle in eine andere Energieform (vgl. Abschn. 6.2.3).

Die charakteristische Gleichung lautet:

$$T^2 s^2 + 2DTs + 1 = 0.$$

Die Pole liegen bei:

$$s_{1,2} = \frac{-2DT \pm \sqrt{4D^2 T^2 - 4T^2}}{2T^2},$$
$$= \frac{1}{T}\left(-D \pm \sqrt{D^2 - 1}\right),$$
$$= -\omega_0 D \pm \omega_0 \sqrt{D^2 - 1},$$

mit D: *Dämpfung* und $\omega_0 = \frac{1}{T}$: *Eigenfrequenz* des ungedämpften Systems ($D = 0$).

Daraus ergeben sich entsprechend der unterschiedlichen Polstellen auch unterschiedliche Eigenschaften.

Für $D > 1$ ergeben sich zwei verschiedene negative reelle Pole (vgl. Abb. 6.42)

$$s_1 = -\omega_0 D - \omega_0 \sqrt{D^2 - 1}, \qquad s_2 = -\omega_0 D + \omega_0 \sqrt{D^2 - 1}.$$

In diesem Fall lässt sich das P-T_2-Element als Reihenschaltung zweier P-T_1-Elemente auffassen. Es ist somit

- nicht schwingfähig
- nicht stationär genau
- stabil.

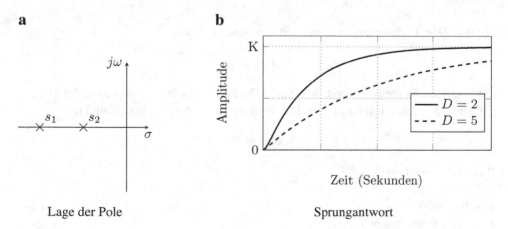

a

$j\omega$

s_1 $\quad$ s_2

σ

Lage der Pole

b

K

Amplitude

D = 2
D = 5

0

Zeit (Sekunden)

Sprungantwort

Abb. 6.42 Pol-Nullstellen-Diagramm und Sprungantwort eines P-T_2-Gliedes bei einer Dämpfung von $D > 1$

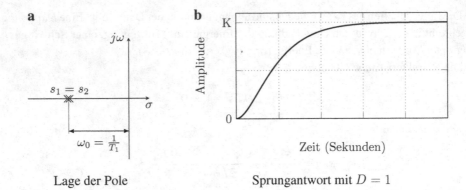

Abb. 6.43 Lage der Pole und Sprungantwort eines P-T$_2$-Gliedes mit $D = 1$

Für $D = 1$ tritt ein zweifacher Pol auf (vgl. Abb. 6.43): $s_{1,2} = -\omega_0 D$. Der Nenner der Übertragungsfunktion wird zum Binom und man erhält:

$$G(s) = \frac{K}{(1 + Ts)^2}.$$

Aufgrund des Doppelpols entsteht in der Sprungantwort ein linearer Term:

$$h(t) = K \left(1 - e^{-\frac{t}{T}} - \frac{t}{T} e^{-\frac{t}{T}} \right).$$

Das System ist somit

- nicht schwingfähig
- nicht (unbedingt) stationär genau
- stabil.

Für $0 < D < 1$ erhält man ein konjugiert komplexes Polpaar

$$s_{1,2} = -\omega_0 D \pm j\omega_0 \sqrt{1 - D^2}$$

mit negativem Realteil $\omega_0 D$ (vgl. Abb. 6.44). Die Pole liegen in der linken Seite der s-Ebene auf einem Kreis mit dem Radius ω_0. Der Winkel θ ist ein Maß für die Dämpfung:

$$\cos \theta = D.$$

Das System wird also

- schwingfähig
- nicht stationär genau
- stabil.

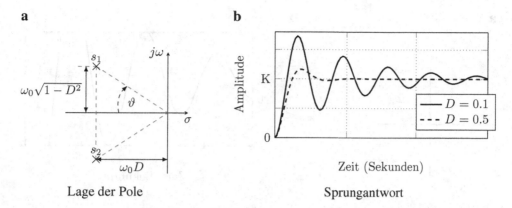

Abb. 6.44 Lage der Pole und Sprungantwort eines P-T$_2$-Gliedes mit der Dämpfung $0 < D < 1$

Für $D = 0$ ist das System ungedämpft und hat die Pole

$$s_{1,2} = \pm j\omega_0$$

(vgl. Abb. 6.45). Als Grenzfall eines stabilen P-T$_2$-Gliedes gilt der Fall $D = 0$. Hierbei liegen die konjugiert komplexen Pole auf der Ordinate der s-Ebene. Man erhält für die Dämpfung $D = 0$ eine harmonische Schwingung. Das System ist folglich

- schwingfähig
- nicht stationär genau
- grenzstabil.

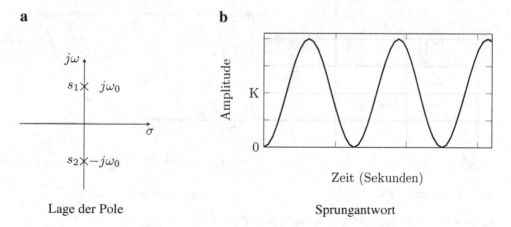

Abb. 6.45 Lage der Pole und Sprungantwort eines P-T$_2$-Gliedes mit $D = 0$

a   **b**

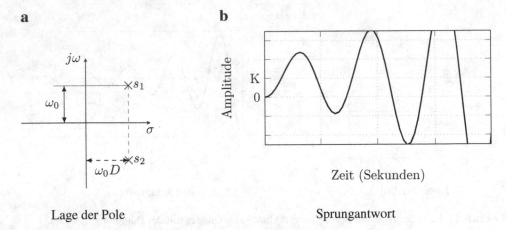

Lage der Pole   Sprungantwort

Abb. 6.46 Lage der Pole und Sprungantwort eines P-T$_2$-Gliedes mit der Dämpfung $-1 < D < 0$

Für $D < 0$ wird das System instabil, es schwingt sich auf (vgl. Abb. 6.46). Es hat folgende Eigenschaften:

- schwingfähig (für $-1 < D < 0$, darunter nicht mehr, vgl. Abb. 6.47)
- nicht stationär genau
- instabil.

a   **b**

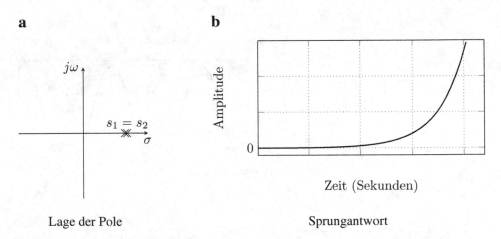

Lage der Pole   Sprungantwort

Abb. 6.47 Lage der Pole und Sprungantwort eines P-T$_2$-Gliedes mit $D \leq -1$

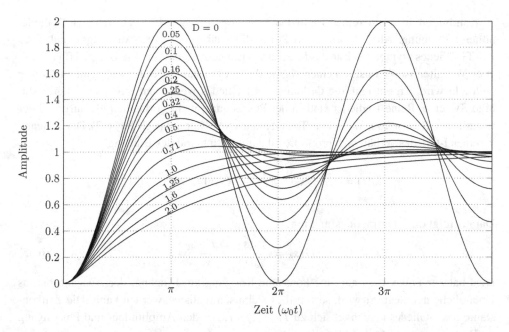

Abb. 6.48 Sprungantwort $h(t)$ eines schwingfähigen Systems 2. Ordnung für verschiedene Dämpfungen D

Zusammenfassend lässt sich zur Dämpfung des P-T_2-Gliedes sagen, dass für die Pole von $G(s) = \frac{K}{T^2 s^2 + 2DTs + 1}$ $s_{1,2} = \frac{1}{T}\left(-D \pm \sqrt{D^2 - 1}\right)$ gilt:

- Für $D > 1$ negative reelle Pole $\Rightarrow$ aperiodischer Fall (Kriechfall)
- Für $D = 1$ doppelte Polstelle $\Rightarrow$ aperiodischer Grenzfall
- Für $D < 1$ konjugiert komplexe Pole $\Rightarrow$ gedämpfte Schwingung
- Für $D = 0$ rein imaginäre Pole $\Rightarrow$ ungedämpfte Schwingung
- Für $D < 0$ positiver Realteil $\Rightarrow$ aufklingende Schwingung

Auch die Anregel- und Ausregelzeit sind abhängig von der Dämpfung: Je größer die Dämpfung D ist, umso langsamer erreicht $h(t)$ erstmals den Endwert, andererseits ist die Ausregelzeit geringer (vgl. Abb. 6.48).

Integralglied (I-Glied)

I-Glieder sind Verzögerungsglieder mit integrierendem Verhalten. Systeme mit integrierendem Verhalten entstehen meistens durch Energiespeicher (z. B. Spannung an einem Kondensator durch konstanten Strom oder Kraft einer Feder durch konstante Geschwindigkeit des Federendes), was allerdings dazu führt, dass auch diese in der Praxis meist mit einer Verzögerung behaftet sind. Auch Spindelantriebe, die eine Drehung in eine Positionsänderung umsetzen, haben I-Verhalten, wie in Abb. 6.50 gezeigt wird).

Kombiniert man ein reines I-Glied mit Verzögerungsgliedern, entstehen I-T-Glieder höherer Ordnung. Ähnlich wie beim P-T$_1$-Glied nähert sich das Ausgangssignal eines I-P-T$_1$-Gliedes asymptotisch an das Integral des Eingangssignals an. Ein Beispiel für ein solches Verhalten ist die Position einer Masse, die mit konstanter Kraft gegen einen Dämpfer gedrückt wird. Erhöht man die Ordnung des I-Gliedes weiter, entstehen schwingungsfähige Systeme. Reine I-Glieder sind in der Praxis quasi nicht vorhanden, da aufgrund der technischen Realisierung meist eine Totzeit mit ins Spiel kommt (vgl. Tab. 6.2). Der Ausgang x_a eines I-Gliedes verhält sich proportional zum Zeitintegral des Eingangs x_e:

$$x_a(t) = K_I \int_0^t x_e(\tau) d\tau \circ\!\!-\!\!\bullet s X_a(s) = K_I \cdot X_e(s)$$

Daraus folgt die Übertragungsfunktion:

$$G(s) = \frac{X_a(s)}{X_e(s)} = \frac{K_I}{s} \tag{6.35}$$

Dies hat zur Folge, dass auf eine konstante Erregung am Eingang, der Ausgang bis ins Unendliche aufintegriert wird, soweit dies technisch realisiert werden kann. Die Zeitkonstante des I-Gliedes berechnet sich zu $T_I = 1/K_I$. Für den Amplituden- und Phasengang im Bode-Diagramm (vgl. Abb. 6.49) gilt:

$$|G(j\omega)| = \frac{K}{\omega},$$

$$\varphi(\omega) = -\frac{\pi}{2}.$$

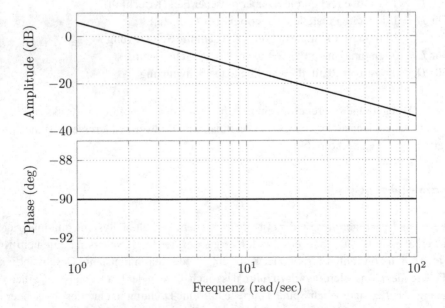

Abb. 6.49 Bode-Diagramm eines I-Gliedes ($K = 2$)

Tab. 6.2 Beispielwerte des Tiefpassfilters für verschiedene Dämpfungen

Übertragungsfunktion	I-Glied	I/P-T_1-Glied	I/P-T_2-Glied
$G(s)$	$\dfrac{K_I}{s}$	$\dfrac{K_I}{s(Ts+1)}$	$\dfrac{K_I}{s(s^2T^2+2DTs+1)}$
$h(t)$			

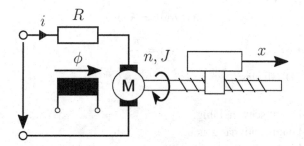

Abb. 6.50 Beispiel: Wegstrecke eines linearen Spindelantriebs

Eigenschaften des I-Gliedes:

- I-Glieder sind einzeln nicht schwingfähig, mehrere schon.
- I-Glieder sind im offenen Regelkreis nicht stationär genau, rückgekoppelt schon. *Nur wenn ein System auch I-Verhalten enthält, ist es stationär genau.*
- I-Glieder sind aus sich heraus instabil bzw. grenzstabil und können als Teil der Strecke oder des Reglers Instabilitäten des Systems verursachen.
- Der I-Regler benötigt um die Integrierzeit T_I *länger* für den Regelvorgang.

Differentialglied (D-Glied)

D-Glieder sind Verzögerungsglieder mit differenzierendem Verhalten. Das heißt, dass sich der Ausgang x_a eines Systems proportional zur zeitlichen Ableitung des Eingangs x_e verhält.

Reine D-Glieder sind in der Praxis aufgrund der Trägheit technischer Systeme nicht möglich. Ein minimaler Sprung am Eingang würde eine unendliche Ausgangsgröße bedeuten. Ein typisches Beispiel ist das Einschalten eines Kondensators (vgl. Abschn. 3.5): Bei einem idealen Kondensator ohne Innenwiderstand würde der Kondensator quasi in Nullzeit geladen und ein unendlich hoher Strom würde fließen. Durch den real vorhandenen Innenwiderstand ergibt sich ein abklingender Verlauf des Stroms (proportional zur Spannung am Widerstand). Bei realen D-Gliedern ist daher die Übertragungsfunktion eines P-T_1-

Gliedes im Nenner enthalten. Dies führt zu dem beobachtbaren verzögerten Anstieg und dem langsamen Ausklingen. Dennoch ist das reine D-Glied als Abstraktion ein wichtiges Elementarglied.

Aus $x_a(t) = K_D \cdot x_e(t) \circ\!\!-\!\!\bullet X_a(s) = K_D \cdot s X_e(s)$ ergibt sich die Übertragungsfunktion:

$$G(s) = \frac{X_a(s)}{X_e(s)} = K_D \cdot s \tag{6.36}$$

Für den Amplituden- und Phasengang im Bode-Diagramm (vgl. Abb. 6.51) gilt:

$$|G(j\omega)| = K\omega,$$

$$\varphi(\omega) = \frac{\pi}{2}.$$

Eigenschaften des D-Gliedes:

- D-Glieder sind nicht schwingfähig.
- D-Glieder sind nicht stationär genau.
- D-Glieder sind stabil.
- D-Glieder tragen stark zur Dynamik eines Systems bei.
- Ideale D-Glieder sind einzeln nicht realisierbar. Oft werden sie jedoch durch Näherungsfunktionen approximiert.

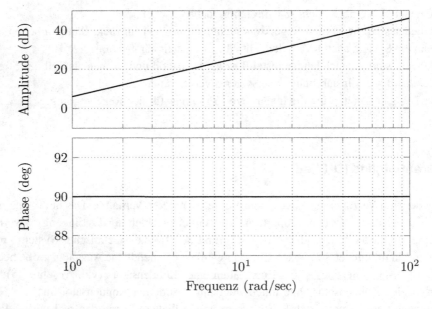

Abb. 6.51 Bode-Diagramm eines D-Gliedes ($K = 2$)

PI-Glied

Das PI-Glied ist ein zusammengesetztes Glied, das hauptsächlich als Regler Anwendung findet. Gleichzeitig stellt es eine real vorkommende Variante des I-Gliedes dar. Als Regler verwendet, versucht es, durch die Kombination von P- und I-Regler, die Nachteile der beiden Einzelregler zu kompensieren (P-Regler: nicht stationär genau, I-Regler: langsam). Aus dem zeitliche Verhalten:

$$x_a(t) = K_P \cdot \left(e(t) + \frac{1}{T_I} \int_0^t x_e(\tau)d\tau \right)$$

ergibt sich die Übertragungsfunktion:

$$G_{PI}(s) = K_P \frac{1 + T_I s}{T_I s}.$$

Für den Amplituden- und Phasengang im Bode-Diagramm (vgl. Abb. 6.52) gilt:

$$|G(j\omega)| = K_P \cdot \sqrt{1 + \frac{1}{T_I^2 \omega^2}},$$

$$\varphi(\omega) = -\arctan\left(\frac{1}{T_I \omega}\right).$$

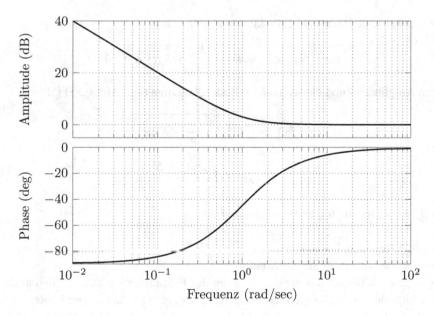

Abb. 6.52 Bode-Diagramm eines PI-Gliedes ($K_P = T_I = 1$)

Durch diese Zusammenführung entsteht ein Regler mit folgenden Eigenschaften:

- Der PI-Regler ist stationär genau.
- Er ist relativ schnell.
- Er ist mit nur zwei einstellbaren Parametern (K_P und T_I) verhältnismäßig einfach zu berechnen.
- Er neigt für das exakte Erreichen der Führungsgröße zu Schwingungen.

Der PI-Regler ist einer der am häufigsten verwendeten linearen Regler.

PID-Glied

Das PID-Glied spielt insbesondere als Regler eine besondere Rolle. Der PID-Regler vereint die wesentlichen Elementarregler (P-, I-, und D-Glied). Man kann ihn auch als allgemeinen Fall der linearen Standardregler sehen, da er alle einstellbaren Parameter vorhält. So wäre ein PI-Regler beispielsweise ein PID-Regler mit $K_D = 0$. So betrachtet ist der PID-Regler der Standardregler in fast 90 % der industriellen Anwendungen. Aus dem zeitlichen Verhalten

$$y(t) = K_P x_d(t) + K_I \int_0^t x_d(t)dt + K_D \cdot \dot{x}_d(t) \circ\!\!-\!\!\bullet X_a(s) = K_P X_e(s) + \frac{K_I}{s} X_e(s) + K_D \cdot s X_e(s)$$

ergibt sich für seine Übertragungsfunktion im Bildbereich:

$$G_{PID}(s) = K_P + \frac{K_I}{s} + K_D \cdot s.$$

Für den Amplituden- und Phasengang im Bode-Diagramm (vgl. Abb. 6.53) gilt:

$$|G(j\omega)| = \sqrt{K_P^2 + (\frac{K_I}{\omega} + K_D\omega)^2},$$

$$\varphi(\omega) = -\arctan\left(\frac{K_D\omega + \frac{K_I}{\omega}}{K_P}\right).$$

Der PID Regler hat die folgenden Eigenschaften:

- Der PID-Regler ist stationär genau.
- Er ist schnell (durch P- und D- Anteil).
- Er neigt ebenfalls für das exakte erreichen der Führungsgröße zu Schwingungen, die allerdings durch den D-Anteil leichter gedämpft werden können, als im PI-Regler.

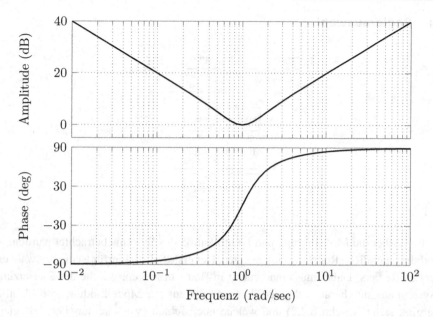

Abb. 6.53 Bode-Diagramm eines PID-Gliedes ($K_P = K_I = K_D = 1$)

Abschließend soll nochmals eine kurze Übersicht über die bisher vorgestellten Systemglieder folgen. Diese Übersicht erhebt bei weitem keinen Anspruch auf Vollständigkeit, deckt aber einen wichtigen Teil der in der Regelungstechnik vorkommenden Modelle ab. Vergleichend ist hier neben der Übertragungsfunktion im Bildbereich auch deren Entsprechung im Zeitbereich dargestellt.

System	Übertragungsfunktion $G(s)$	Sprungantwort
P	K_P	$K_P \cdot \sigma(t)$
T_t	$K_P \cdot e^{-sT_t}$	$\sigma(t - T_t)$
$P - T_1$	$\frac{K_P}{1+sT_1}$	$K_P \cdot \left(1 - e^{-\frac{t}{T_1}}\right) \cdot \sigma(t)$
$P - T_2$ $(0 < D < 1)$	$\frac{K_P}{1+2\cdot D\cdot sT_0+(sT_0)^2}$	$K_P \left(1 - e^{-D\omega_0 t}\left[\cos\left(\sqrt{1-D^2}\omega_0 t\right)\right.\right.$ $\left.\left.+\frac{D}{\sqrt{1-D^2}}\sin\left(\sqrt{1-D^2}\omega_0 t\right)\right]\right) \cdot \sigma(t)$ $\text{mit } \omega_0 = \frac{1}{T_0}$
I	$\frac{1}{sT_I}$	$K_I \cdot t \cdot \sigma(t) = \frac{t}{T_I} \cdot \sigma(t)$ $\text{mit } T_I = \frac{1}{K_I} \text{ als Integrierzeit}$
D	$sT_V \text{ mit } T_V = K_D$	$K_D \cdot \delta(t)$
PI	$K_P\frac{1+T_I s}{T_I s}$	$(K_P + \frac{t}{T_I}) \cdot \sigma(t)$
PID	$K_P + \frac{K_I}{s} + K_D s$	$(K_P + t \cdot K_I) \cdot \sigma(t) + K_D \cdot \delta(t)$

6.2.4 Reglerauswahl

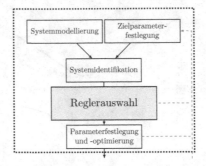

Nachdem bisher die Modellierung und Identifikation des Systems betrachtet wurden, wird nun auf die eigentliche Regelung eingegangen. Der erste Schritt hierfür ist die Auswahl eines passenden Reglers. Dabei muss man zuerst in Betracht ziehen, welche der Zielsetzungen das System aus sich heraus schon erfüllt (was sich aus der Modellbildung und Identifikation ergibt, siehe Abschn. 6.2.2) und welche noch fehlen (was sich aus den festgelegten Zielparametern ergibt, siehe Abschn. 6.2.1). Um diese zu erreichen, werden, zumindest bei einfachen linearen Reglern, die bekannten Eigenschaften der Standardglieder ausgenutzt. Diese werden dementsprechend dem System hinzugefügt um das gewünschte Verhalten zu erreichen (siehe Abb. 6.54). Dabei ist zu beachten, dass dieses Vorgehen nicht nur die Eigenschaften der neuen Glieder ergänzt, sondern möglicherweise auch durch Überlagerung von „alten" und „neuen" Gliedern das bisherige Verhalten ändern kann. Dies ist teilweise gewünscht (man will ja unpassende Eigenschaften des Systems eliminieren), kann aber auch zu Problemen führen (z. B. das neue System ist zwar stationär genau, aber anders als das alte, schwingfähig.) Daher ist eine erneute Evaluierung des Gesamtsystems mittels der oben vorgestellten Methoden unerlässlich.

Um die Eigenschaften möglicher Regler besser einschätzen zu können, werden nun einige hier exemplarisch verglichen.

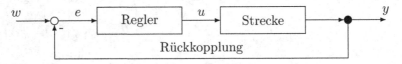

Abb. 6.54 Einfacher Regelkreis

Auswahl eines PI-Reglers zur Regelung einer P-T$_1$-Strecke

Beispielhaft soll nun die Auswahl eines Reglers für eine P-T$_1$-Strecke durchgeführt werden:

Sie *Modellbildung* beschränkt sich auf das Finden der Übertragungsfunktion der Strecke, welche der Definition nach ein P-T$_1$-Glied ist:

$$G_S(s) = \frac{K_{Sys}}{1 + sT_1}$$

Identifikation: Über das P-T$_1$-Glied ist bekannt, dass es aus sich heraus nicht stationär genau ist, da kein I-Anteil vorhanden ist. Die Verstärkung ist konstant, die Phasenverschiebung strebt mit zunehmender Kreisfrequenz gegen $-90°$.

Reglerauswahl Um die stationäre Genauigkeit des Gesamtsystems zu gewährleisten, muss der Regler einen I-Anteil haben (da nur ein I-Anteil für stationäre Genauigkeit sorgen kann). Da ein reiner I-Regler allerdings sehr langsam ist und durch die Phasenverschiebung um $-90°$ die Stabilität weiter gefährdet, wird ein PI-Regler präferiert. Dieser ist nicht nur schneller, sondern kann mittels der proportionalen Verstärkung auch die Stabilitätsgrenze verschieben. Sollte er sich nicht als ausreichend erweisen, kann ein D-Anteil ergänzt werden.

Übertragungsfunktion des PI-Reglers:

$$G_R(s) = \frac{K_P(1 + sT_n)}{sT_n}$$

Daraus ergibt sich mit Gl. 6.11 die Übertragungsfunktion des rückgekoppelten Gesamtsystems:

$$G_w(s) = \frac{G_S(s) \cdot G_R(s)}{1 + G_S(s) \cdot G_R(s)} = \frac{1}{\frac{(1+sT_1)sT_n}{K_P K_{Sys}(1+sT_n)} + 1}$$

oder durch Umformung:

$$G_w(s) = \frac{K_P K_{Sys}(1 + sT_n)}{(1 + sT_1)sT_n + K_P K_{Sys}(1 + sT_n)}$$

Diese recht umfangreiche Formel lässt sich mit einem Trick vereinfachen: Bei der Betrachtung der Parameter fällt auf, dass hier zwei verschiedene Totzeiten vorkommen. Da Totzeiten generell eher unerwünscht sind und die Totzeit des Reglers zu den einstellbaren Parametern gehört, kann diese gleich der Streckentotzeit gewählt werden:

Regelparameter $T_n = T_1$:

$$G_w(s) = \frac{K_P K_{Sys}(1 + sT_1)}{(1 + sT_1)(K_P K_{Sys} + sT_1)} = \frac{K_P K_{Sys}}{K_P K_{Sys} + sT_1}$$

Das so entstandene System sollte nun nochmal überprüft werden, um sicherzustellen, dass die angestrebten Ziele auch erreicht werden:

Stationäres Verhalten:

$$\lim_{t \to \infty} y(t) = \lim_{s \to 0} s \cdot W(s) \cdot G_w(s)$$

$$= G_w(0) \cdot \lim_{s \to 0} s \cdot W(s)$$

$$= 1 \cdot \lim_{t \to \infty} w(t)$$

$$= w_0$$

Daraus ergibt sich die Regeldifferenz zu (vgl. Abschn. 6.2.1):

$$e(\infty) = w_0 - y(\infty) = 0$$

Damit ist das System stationär genau. Um Aussagen über die Stabilität des Systems treffen zu können, müssen konkrete Werte für die Strecke vorliegen. Der Einfachheit halber wird für das Beispiel von $K_{sys} = 1$ und $T_1 = 1s$ ausgegangen. (Achtung: Durch das Vorkommen von „Sekunde" und dem „s" aus der Laplace-Transformation ist Vorsicht beim Rechnen geboten! Üblicherweise werden daher solche Einheiten während der Rechnung ignoriert.)

Es ergibt sich also die Übertragungsfunktion des Gesamtsystems zu:

$$G_w(s) = \frac{K_P}{K_P + s}$$

Für eine Stabilitätsbetrachtung mit Pol-Nullstellen-Schema errechnet man Pole und Nullstellen von s.

Polstellen: s: $p_1 = -K_P$; es gibt keine Nullstellen.

Solange also gilt $K_P >= 0$ ist das System stabil.

Um nun einen geeigneten Wert für K_P zu finden, müssen weitere Erwägungen getroffen werden, welche im nächsten Abschnitt zur Parameterfestlegung vorgestellt werden.

6.2.5 Parameterfestlegung

Ist ein Regler gefunden, der die bestehenden Zielsetzungen zu erfüllen scheint, so gilt es, diesen auf das konkrete System abzustimmen. Dazu müssen die Parameter des Reglers derart eingestellt werden, dass die ursprünglichen Zielsetzungen möglichst erfüllt werden. Im Normalfall bedeutet dies, dass der Regler stabil und stationär genau sein soll und möglichst schnell mit möglichst wenig Überschwingung auf Änderungen der Eingangsgröße reagiert. Dabei soll er dennoch eine hohe Robustheit gegenüber Störungen aufweisen.

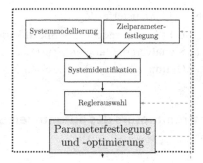

Um dieses Ziel zu erreichen wird, wie im vorhergehenden Beispiel zur Reglerauswahl gezeigt, das Gesamtsystem inklusive Regler mathematisch auf seine Eigenschaften untersucht.

Das bedeutet, dass die Gesamtübertragungsfunktion des geschlossenen Regelkreises inklusive Regler in Abhängigkeit der noch undefinierten Reglerparameter aufgestellt wird. Daraus werden berechnet:

- Pol- und Nullstellen für Stabilitätsbetrachtungen,
- Sprungantwort für Überschwingungen und Geschwindigkeit,
- Phasenreserve und/oder Amplitudenreserve (Bode-Diagramm/Ortskurve) für die Robustheit.

Anhand der so gefundenen Formeln lassen sich Abhängigkeiten der Zielparameter von den Reglerparametern (K_I, K_P, T_D, etc.) erkennen. Mittels entsprechender mathematischer Methoden werden diese an die Anforderungen angepasst.

Übersicht zum Vorgehen beim klassischen Reglerentwurf

Nachdem nun der klassische, modellgestützte Entwurf linearer Regler betrachtet wurde, folgt hier eine kurze Zusammenfassung des vorgestellten Vorgehens:

1. Festlegung der Zielparameter
2. Modellierung der Strecke (math. Beschreibung technischer Prozesse)
   - Eingangs-Ausgangsbeziehungen sowie Zustandsdarstellungen für Teilsysteme + Verknüpfungsregel
   - Theorie und Algorithmen zur experimentellen Ermittlung von Systemmodellen und deren Parametern
   - Theorie und Algorithmen zur Modellvereinfachung
3. Analyse/Identifikation (Erfassen der Systemeigenschaften)
   - Stabilität des geschlossenen Regelkreises einschließlich Robustheitsbetrachtung
   - Verhalten des Regelkreises bzgl. Dynamik, stationärer Genauigkeit, Störunterdrückung und Robustheit gegenüber Parameterschwankungen

4. Synthese (Reglerauswahl und Parameterfestlegung)
   - Entwurfsmethoden zur Erfüllung vorgegebener Spezifikationen
   - Entwurfsmethoden zur Signalverarbeitung und Zustandsschätzung
   - Entwurfsmethoden zur Optimierung von Regelkreisen

Regelung eines Gleichstrommotors des autonomen Gabelstaplers mit Differentialantrieb

In diesem Beispiel wird eine Geschwindigkeitsregelung für den autonomen Gabelstapler entwickelt, wobei wir von einem differenziellen Antriebsmechanismus mittels Gleichstrommotoren (siehe Abschn. 9.3.1) ausgehen. Somit ist die Regelgröße die Drehgeschwindigkeit besagter Motoren. Das System soll natürlich stabil und stationär genau arbeiten. Dabei sollen Überschwinger möglichst vermieden oder klein gehalten werden. Als Stellgröße steht uns die Ankerspannung der Motoren zur Verfügung (siehe Abb. 6.55). Damit stehen bereits die Zielparameter des Systems fest. Zuerst muss nun die Übertragungsfunktion der Motoren aufgestellt werden, damit der Regler passend ausgelegt werden kann. Dies entspricht der Modellbildung und Identifikation des Systems. Dazu bedienen wir uns des elektrischen Modells, das in Abschn. 9.3.1 vorgestellt wird. Zur Regelung der Gleichstrommotoren steht uns nur die Ankerspannung zur Verfügung. Über sie können wir den Ankerstrom und somit das Antriebsmoment M_A beeinflussen, welches mit Gl. 9.3 beschrieben wird. Dieses wiederum beeinflusst die Drehgeschwindigkeit. Es ergibt sich die allgemeine Übertragungsfunktion in Gl. 6.37.

$$G(s) = \frac{\omega(s)}{u_A(s)} \tag{6.37}$$

Es handelt sich beim Gleichstrommotor um ein LTI-System (vgl. Abschn. 5.2.5), da alle Differentialgleichungen linear sind. Daher kann die Laplace-Transformation angewandt werden. Um eine geschlossene Übertragungsfunktion aufzustellen, werden also die benötigten elektrischen Gleichungen des Gleichstrommotors vom Zeitbereich in den Laplace-Bildbereich überführt.

Die Transformation von 9.6 mit lösen nach i_A ergibt Gl. 6.38.

$$i_A = \frac{\dfrac{1}{R_A}}{1 + \dfrac{L_A}{R_A} \cdot s} \cdot (u_A(s) - u_{ind}(s)) \tag{6.38}$$

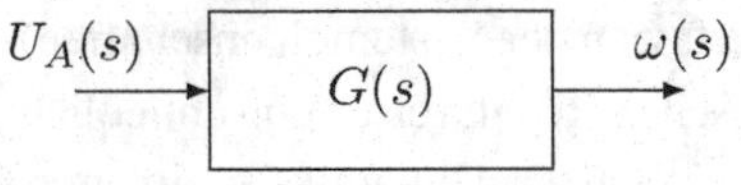

$$U_A(s) \longrightarrow \boxed{\quad G(s) \quad} \xrightarrow{\ \omega(s)\ }$$

Abb. 6.55 Blackbox des Gleichstrommotors

Die Transformation von 9.9 mit Lösen nach ω ergibt Gl. 6.39.

$$\omega(s) = \frac{1}{J \cdot s} \cdot M_B(s).$$ (6.39)

Aus Gl. 9.3 und 9.4 ergeben sich weiterhin

$$M_A(s) = K_F \cdot i_A(s)$$ (6.40)

und

$$u_{ind}(s) = K_F \cdot \omega(s)$$ (6.41)

Aus diesen Zusammenhängen lässt sich nun das Blockschaltbild in Abb. 6.56 zusammensetzen. Dabei ergibt sich $u_R = u_A - u_{ind}$ als die Regeldifferenz.

Das Lastmoment M_B kann nicht in der Rechnung verwendet werden, da es als Störgröße zum Zeitpunkt der Rechnung noch unbekannt ist und sich nicht als Konstante nutzen lässt. Somit wird diese Störung als $M_L = 0$ angenommen und es ergibt sich:

$$\omega(s) = \frac{1}{J \cdot s} \cdot M_A(s)$$ (6.42)

Um nun die Übertragungsfunktion zusammenzufassen, werden die obigen Gleichungen zusammengeführt:

$$
\begin{aligned}
u_R(s) = u_A(s) - u_{ind}(s) &= u_A(s) - \omega(s) \cdot K_F \\
&= u_A(s) - \frac{M_A(s)}{J \cdot s} \cdot K_F \\
&= u_A(s) - \frac{i_A(s) \cdot K_F}{J \cdot s} \cdot K_F \\
&= u_A(s) - \frac{K_F^2}{J \cdot s} \cdot \frac{\dfrac{1}{R_A}}{1 + \dfrac{L_A}{R_A} \cdot s} \cdot u_R(s)
\end{aligned}
$$ (6.43)

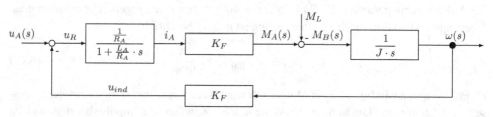

Abb. 6.56 Blockschaltbild des Gleichstrommotors

Durch weiteres Umstellen ergibt sich

$$u_R(s) = \cfrac{u_A(s)}{1 + \cfrac{K_F^2}{J \cdot s} \cdot \cfrac{R_A}{1 + \cfrac{L_A}{R_A} \cdot s}} \tag{6.44}$$

Durch Einsetzen der Formel 6.41 erhält man

$$u_A(s) \cdot \left[1 - \cfrac{1}{1 + \cfrac{K_F^2}{J \cdot s} \cdot \cfrac{R_A}{1 + \frac{L_A}{R_A} \cdot s}} \right] = u_{ind}(s) = K_F \cdot \omega(s) \tag{6.45}$$

Somit ergibt sich die Übertragungsfunktion zu

$$G(s) = \frac{\omega(s)}{u_A(s)} = \cfrac{\frac{K_F}{R_A}}{J \cdot s \cdot \left(1 + \frac{L_A}{R_A} \cdot s\right) + \frac{K_F^2}{R_A}} \tag{6.46}$$

$$\Longleftrightarrow G(s) = \cfrac{K_F}{L_A \cdot J \cdot s^2 + R_A \cdot J \cdot s + K_F^2} = \cfrac{\frac{K_F}{L_A \cdot J}}{s^2 + \frac{R_A}{L_A} \cdot s + \frac{K_F^2}{L_A \cdot J}}$$

Diese Übertragungsfunktion wird nun genutzt, um die Eigenschaften der Strecke zu bestimmen. Dazu werden die Polstellen in Gl. 6.47 berechnet.

$$s_{1,2} = -\frac{R_A}{2 \cdot L_A} \pm \sqrt{\left(\frac{R_A}{2 \cdot L_A}\right)^2 - \frac{K_F^2}{L_A \cdot J}} \Longrightarrow G_S(s) := \cfrac{\frac{K_F}{L_A \cdot J}}{(s - s_1) \cdot (s - s_2)} \tag{6.47}$$

Die in diesem Beispiel eingesetzten Gleichstrommotoren liefern eine maximale Ankerspannung von 24 V. Geregelt werden sie von einem Mikrocontroller (siehe Abschn. 10.4), welcher zwei 12-Bit-PWM-Einheiten (siehe Abschn. 7.7.3) besitzt. Somit ist es möglich, die Ankerspannung von 0 V bis 24 V in $2^{12} = 4096$ Schritten zu regeln. Die proportionale Übertragungsfunktion für diese Übersetzung ist in 6.48 beschrieben.

$$G_{PWM}(s) = P_{PWM} = \frac{24}{4096} \tag{6.48}$$

Die Winkelgeschwindigkeit ω der Motorwelle wird durch einen integrierten Encoder gemessen, welcher für jede Umdrehung der Welle in zwei Kanälen 512 Impulse erzeugt, welche eine 90° Phasenverschiebung zueinander haben. Somit werden 2048 Schrittwerte für eine

Umdrehung erzeugt. Die Anzahl der Wellenumdrehungen pro Sekunde wird mit n beschrieben. Das Verhältnis zwischen Encoderauflösung und Motorumdrehungen wird mit Gl. 6.49 berechnet.

$$n = \tfrac{1}{s} \longleftrightarrow 2048 \frac{\text{encoder step values}}{s} \longleftrightarrow \omega = \tfrac{2 \cdot \Pi}{s} \qquad (6.49)$$

Die vom Encoder erzeugten Werte werden über die Platine zum Decoder des Mikrocontrollers gesendet. Hierdurch entsteht eine proportionale Verzögerung zwischen der Messung am Motor ω und Auswertung am Mikrocontroller enc. Der Controller hat einen Takt von etwa $1\,ms$, daher liegt die Angabe von ω in kHz nahe. Die Übertragungsfunktion ist in Gl. 6.51 beschrieben.

$$enc = \frac{2048}{2 \cdot \Pi} \cdot \omega. \qquad (6.50)$$

$$G_{enc}(s) = P_{enc} = \frac{2048}{2 \cdot \Pi} \cdot 10^{-3} \qquad (6.51)$$

Da das Gesamtsystem zwei Polstellen hat, kann es zwar stationär genau werden, muss es aber nicht. Daher sollte der Regler I-Verhalten aufweisen.

Die Geschwindigkeit der Fortbewegung sollte möglichst konstant bleiben, allerdings scheint von den Geschwindigkeitsanforderungen ein PI-Regler ausreichend.

Die Übertragungsfunktion des PI-Reglers (Gl. 6.52) ist abhängig vom Proportionalitätsfaktor K_C sowie der Zeitkonstante für die Integration T_I.

$$G_{PI}(s) = K_C \cdot \frac{T_I \cdot s + 1}{T_I \cdot s}, \qquad (6.52)$$

Mit diesem Wissen kann das Blockschaltbild der Regelung in Abb. 6.57 abgeleitet werden. enc_{des} ist die gewünschte Anzahl an Encoderwerten pro Takt als Systemeingabe und enc_{mes} ist der Ausgangswert, welcher die Anzahl der Encoderwerte in Relation zu der Winkelgeschwindigkeit ω der Motorwelle beschreibt. x_d ist die Regeldifferenz und u_{PWM} ist der PWM-Wert am Reglerausgang. Die Parameter K_C und T_I lassen sich mit Hilfe eines Bode-Diagramms bestimmen. Hierzu werden die Proportionaleinheiten P_{PWM} und P_{enc}

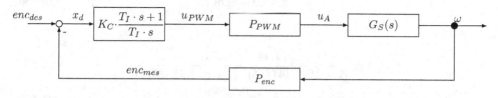

Abb. 6.57 Blockschaltbild des geschlossenen Regelkreises mit PI-Regler und Gleichstrommotor

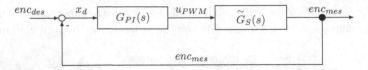

Abb. 6.58 Blockschaltbild des geschlossenen Regelkreises mit negativem Feedback

zu $\widetilde{G}_S(s)$ zusammengefasst. Das modifizierte Blockschaltbild ist in Abb. 6.58 zu sehen. Die Systemausgabe entspricht nun der Wellendrehung in Encodermessungen pro Takt. Die angepasste Regelstrecke wird mit Gl. 6.53 beschrieben. Aus dieser Gleichung lässt sich die Open-Loop-Gleichung 6.54 und endgültige Closed-Loop-Gleichung 6.55 herleiten.

$$\widetilde{G}_S(s) = \frac{P_{PWM} \cdot P_{enc} \cdot \frac{K_F}{L_A \cdot J}}{(s - s_1) \cdot (s - s_2)} \tag{6.53}$$

$$F_o(s) = G_{PI}(s) \cdot \widetilde{G}_S(s) = K_C \cdot \frac{T_I \cdot s + 1}{T_I \cdot s} \cdot \frac{P_{PWM} \cdot P_{enc} \cdot \frac{K_F}{L_A \cdot J}}{(s - s_1) \cdot (s - s_2)} \tag{6.54}$$

$$G_{tot} = \frac{enc_{mes}(s)}{enc_{des}(s)} = \frac{F_o(s)}{1 + F_o(s)} \tag{6.55}$$

Um die Parameter für den PI-Regler zu bestimmen, werden die Polstellen mit Gl. 6.47 berechnet. Die elektrischen und mechanischen Parameter der genutzten Gleichstrommotoren werden aus den Datenblättern entnommen (siehe Gl. 6.56) und in die Gl. 6.53 eingesetzt. Hieraus entsteht Gl. 6.57.

$$L_A = 19 \cdot 10^{-6} \text{ H} \tag{6.56a}$$

$$R_A = 0,06 \, \Omega \tag{6.56b}$$

$$K_F = 1,1 \, \frac{\text{Vs}}{\text{rad}} \tag{6.56c}$$

$$J = 0,04 \text{ kgm}^2 \tag{6.56d}$$

$$\widetilde{G}_S(s) \approx \frac{1.447.368,421}{(s + 2528,141516) \cdot (s + 629,7532212)} \tag{6.57a}$$

$$\approx \frac{0,90909}{(0,000395547 \cdot s + 1) \cdot (0,001587924 \cdot s + 1)} \tag{6.57b}$$

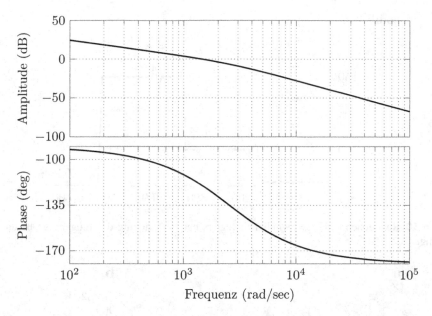

Abb. 6.59 Bode-Diagramm des offenen Regelkreises. Für $K_C \approx 2,9$ lässt sich ein Steigungswinkel von $\approx 60°$ ablesen

Für eine ausreichend hohe Regelgeschwindigkeit wird T_I nun so gewählt, dass die dominierende Zeitkonstante (im Nenner) kompensiert werden kann. In diesem Beispiel wird $T_I \approx 0,001587924$ verwendet und somit entsteht Gl. 6.58.

$$F_o(s) \approx K_C \cdot \frac{0,001587924 \cdot s + 1}{0,001587924 \cdot s} \cdot \frac{0,90909}{(0,000395547 \cdot s + 1) \cdot (0,001587924 \cdot s + 1)} \tag{6.58a}$$

$$\approx \frac{572,5 \cdot K_C}{0,000395547 \cdot s^2 + s} \tag{6.58b}$$

Um zur angemessenen Regelgeschwindigkeit auch eine hohe Stabilität zu erreichen, wird K_C so gewählt, dass der Phasenrand $\phi_R \approx 60°$ (Distanz der Phase $F_o(j\omega)$ zu $-180°$ am Nulldurchgang) entspricht. Die Auswertung des Bode-Diagramms in Abb. 6.59 der Steuerungsübertragungsfunktion ergibt $K_C \approx 2,9$. Eine Kurve des so geregelten Systems unter sich ändernder Last und Geschwindigkeit ist in Abb. 6.60 abgebildet.

Regelung eines Inversen Pendels

Das inverse Pendel ist ein Stab, welcher mit einem frei bewegbaren Scharniergelenk auf einem Wagen befestigt ist. Der Wagen bewegt sich auf einer Geraden und soll durch

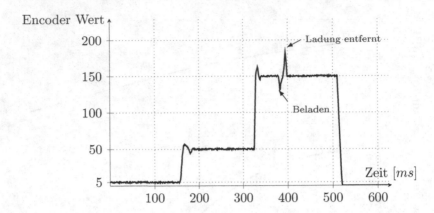

Abb. 6.60 Reaktionen des Geschwindigkeitsreglers bei Veränderung der Eingangsgröße und bei Störungen

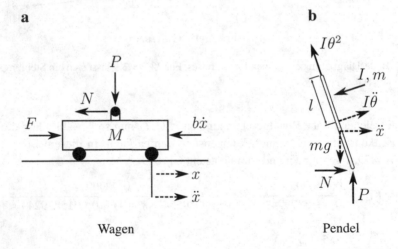

Abb. 6.61 Kräfte und Zustände des inversen Pendels

seine Bewegung den Stab aufrichten und ausbalancieren. Für dieses Beispiel wird ein vereinfachtes Modell mit einem eindimensionalen, linearen Antrieb verwendet (siehe auch Abschn. 6.3). Die Bezeichner in Abb. 6.61 beschreiben folgende Größen:

M = Masse des Wagens, m = Masse des Stabes, l = Länge des Stabes, b = Reibung des Wagens auf dem Untergrund, N = horizontale Kräfte zwischen Wagen und Stab, P = vertikale Kräfte zwischen Wagen und Stab, I = Trägheitsmoment des Stabes, θ = Winkel zwischen Stab und Senkrechten, x = Position des Wagens, $\dot{x}$ = Geschwindigkeit des Wagens und $\ddot{x}$ = Beschleunigung des Wagens.

Um die Kräftebilanz des Wagens mathematisch zu beschreiben, werden die Trägheitskräfte $M\ddot{x}$ des Wagens, die Reibungskräfte $b\dot{x}$ und die durch den Stab horizontal aufgebrachte Kraft N der Antriebskraft F des Wagens gleichgesetzt.

$$F = M\ddot{x} + b\dot{x} + N \tag{6.59}$$

Setzt man die horizontale Kraft N gleich den Kräften, die auf den Stab wirken, so ergibt sich Gl. 6.60. In dieser Gleichung beschreibt der Cosinus-Term die Massenträgheit des Stabes gegenüber der Winkelbeschleunigung und der Sinus-Term die Zentripetalkraft des Stabes.

$$N = m\ddot{x} + ml\ddot{\theta}\cos\theta - ml\dot{\theta}^2\sin\theta \tag{6.60}$$

Durch das Einsetzen von Gl. 6.60 in Gl. 6.59 entsteht die erste Bewegungsgleichung 6.61.

$$F = (M + m)\ddot{x} + b\dot{x} + ml\ddot{\theta}\cos\theta - ml\dot{\theta}^2\sin\theta \tag{6.61}$$

Um die zweite Bewegungsgleichung zu erhalten, werden alle senkrecht auf den Stab wirkenden Kräfte aufsummiert.

$$P\sin\theta + N\cos\theta - mg\sin\theta = ml\ddot{\theta} + m\ddot{x}\cos\theta \tag{6.62}$$

Um die (unbekannten) horizontalen und vertikalen Kräfte zwischen Wagen und Stab (P,N) zu ersetzen, wird eine Momentenbilanz aufgestellt.

$$- Pl\sin\theta - Nl\cos\theta = I\ddot{\theta} \tag{6.63}$$

Kombiniert man beide Gleichungen, so erhält man die zweite Bewegungsgleichung 6.64.

$$(I + ml^2)\ddot{\theta} + mgl\sin\theta = -ml\ddot{x}\cos\theta \tag{6.64}$$

Um die zwei Bewegungsgleichungen mit formalen Methoden der Regelungstechnik analysieren zu können, werden die Gleichungen um die senkrechte Lage ($\theta = \pi = Arbeitspunkt$) des Stabes linearisiert.

Bei diesem Vorgehen wird unter der Annahme, dass sich der Stab nur geringfügig aus der senkrechten Lage herausbewegt, die nichtlineare Kurve um diesen Punkt herum mit einer linearen angenähert. Somit ergibt sich $\theta = \pi + \phi$. Daraus wiederum ergeben sich die folgenden Vereinfachungen 6.65.

$$\cos\theta = -1 \tag{6.65a}$$

$$\sin\theta = -\phi \tag{6.65b}$$

$$\dot{\theta}^2 = 0 \tag{6.65c}$$

$$(I + ml^2)\ddot{\phi} - mgl\phi = ml\ddot{x} \tag{6.65d}$$

$$(M + m)\ddot{x} + b\dot{x} - ml\ddot{\phi} = u \tag{6.65e}$$

Mit der Laplace-Transformation ergeben sich die Gl. 6.66 und 6.67. Dabei werden die Anfangswerte zu 0 angenommen.

$$(I + ml^2)\Phi(s)s^2 - mglx\Phi(s) = mlX(s)s^2 \qquad (6.66)$$

$$(M + m)X(s)s^2 + bX(s)s - ml\Phi(s)s^2 = U(s) \qquad (6.67)$$

Um einen Zusammenhang zwischen der Stellgröße F und Ausgangsgröße I zu erhalten, wird Gl. 6.66 nach $X(s)$ aufgelöst (Gl. 6.68) und in Gl. 6.67 eingesetzt. Daraus ergibt sich Gl. 6.69.

$$X(s) = \left[\frac{(I + ml^2)}{ml} - \frac{g}{s^2}\right]\Phi(s) \qquad (6.68)$$

$$(M + m)\left[\frac{(I + ml^2)}{ml} - \frac{g}{s^2}\right]\Phi(s)s^2 + b\left[\frac{(I + ml^2)}{ml} - \frac{g}{s^2}\right]\Phi(s)s - ml\Phi(s)s^2 = U(s) \qquad (6.69)$$

Nach einer Umformung erhält man die Übertragungsfunktion 6.70 mit $q = (M + m)(I + ml^2) - (ml)^2$.

$$G_{Sys}(s) = \frac{\Phi(s)}{U(s)} = \frac{\frac{ml}{q}s}{s^3 + \frac{b(I+ml^2)}{q}s^2 - \frac{(M+m)mgl}{q}s - \frac{bmgl}{q}} \qquad (6.70)$$

Die senkrechte Position des Pendels ist eine instabile Ruhelage, da jede noch so kleine Störung das Pendel umkippen lässt. Um das Pendel dennoch in der Senkrechten stabilisieren zu können, wird ein Regler benötigt. Der Regler muss der Störgröße schnellstmöglich entgegen wirken und es darf keine Regeldifferenz bestehen bleiben, da sonst der Wagen als Ausgleich bis ins Unendliche zu beschleunigen versuchen wird. Daher wird ein PID-Regler zur Stabilisierung ausgewählt.

Um die Parameter K_P, K_I und K_D des Reglers bestimmen zu können, muss zunächst die Übertragungsfunktion des geschlossenen Regelkreises aufgestellt werden. Mit Hilfe der Formel für das Führungsgrößenverhalten kann die Übertragungsfunktion 6.71 aufgestellt werden. Die Parameter für die Übertragungsfunktion werden für dieses Beispiel wie folgt angenommen:

$M = 2kg$, $m = 0,5\,kg$, $l = 0,3\,m$, $i = m \cdot L^2 = 0,045\,kgm^2$, $b = 0,1\frac{N}{ms}$ sowie $g = 9,8\frac{m}{s^2}$.

Um Gleichungen einfacher lösen zu können, werden Übertragungsfunktionen durch einen Zählerterm $NUM(s)$ (engl. Zähler = numerator) und einen Nennerterm $DEN(s)$ (engl. Nenner = denominator) beschrieben und erst im letzten Schritt durch die entsprechenden Funktionen ersetzt:

$$G_R(s) = \frac{K_D \cdot s^2 + K_P \cdot s + K_I}{s} = \frac{p}{s} \tag{6.71a}$$

$$G_0(s) = G_R(s) \cdot G_{Sys}(s) = \frac{NUM_R(s)}{DEN_R(s)} \cdot \frac{NUM_{Sys}(s)}{DEN_{Sys}(s)} \tag{6.71b}$$

$$G_{Ges}(s) = \frac{G_0(s)}{1 + G_0(s)} = \frac{NUM_R(s) \cdot NUM_{Sys}(s)}{DEN_R(s) \cdot DEN_{Sys}(s) + NUM_R(s) \cdot NUM_{Sys}(s)} \tag{6.71c}$$

$$= \frac{p \cdot (\frac{ml}{q}s)}{\left(s^3 + \frac{b(I+ml^2)}{q}s^2 - \frac{(M+m)mgl}{q}s - \frac{bmgl}{q}\right) \cdot s + p \cdot (\frac{ml}{q}s)} \tag{6.71d}$$

$$= \frac{(K_D \cdot s^2 + K_P \cdot s + K_I) \cdot 0{,}741s}{(s^3 + 0{,}044s^2 - 18{,}15s - 0{,}726) \cdot s + (K_D \cdot s^2 + K_P \cdot s + K_I) \cdot 0{,}741s} \tag{6.71e}$$

$$= \frac{0{,}7407s^3 + 0{,}7407s^2 + 0{,}7407s}{s^4 + 0{,}7852s^3 - 17{,}41s^2 + 0{,}01481s} \tag{6.71f}$$

Durch Rücktransformation in den Zeitbereich kann die Impulsantwort des geschlossenen Regelkreises berechnet werden. Im Beispiel des inversen Pendels bedeutet die Impulsantwort die Reaktion auf einen kurzen Stoß (Dirac-Impuls) auf den Wagen. Durch den Stoß wird das Pendel aus seiner Ruhelage gebracht. Um die Parameter des Reglers zu bestimmen, wird zunächst die Impulsantwort berechnet für $K_P = K_I = K_D = 1$. Durch Einsetzen dieser Reglerparameter in Gl. 6.71e erhält man die Übertragungsfunktion in Gl. 6.71f. In Abb. 6.62a ist das noch instabile Verhalten des Systems zu erkennen. Da das linearisierte System untersucht wird, steigt der Winkel zwischen der Senkrechten und dem Pendel bis ins Unendliche an. Nun wird der Proportionalanteil des Reglers K_P soweit erhöht bis sich eine abklingende Schwingung um die senkrechte Stellung einstellt. In Abb. 6.62b ist die Schwingung für $K_P = 500$ dargestellt. Nachdem der Wert für K_P festgelegt wurde, erhöht man den differenziellen Anteil K_D, bis aus der abklingenden Schwingung ein einzelner Überschwinger wird. Um schneller den stationären Endwert zu erreichen wird K_I leicht erhöht. In Abb. 6.62c ist die Impulsantwort des eingestellten Reglers dargestellt. Der Impuls scheint aus dem Unendlichen zu kommen, da für den Regler ein idealer D-Anteil angenommen wird.

Eine weitere Möglichkeit zur Reglerparametereinstellung, ist das Frequenzgangsentwurfsverfahren. Hierbei wird wie schon im vorherigen Beispiel das Bode-Diagramm eingesetzt. Erneut soll eine Phasenreserve ϕ_R von ca. 60° bestehen bleiben, um gegen Störungen robust zu sein. Dieses Verfahren eignet sich vor allem dazu, die Stabilitätsgrenze bzw. Robustheitsgrenze des Systems auszuloten.

In Abb. 6.63 ist das Bodediagramm für $K_P = K_I = K_D = 1$ dargestellt. Bei der Durchtrittskreisfrequenz von $\omega_0 = 0{,}4\,rad/sec$ ist keine Phasenreserve vorhanden. Der geschlossene Regelkreis ist instabil. Erweitert man den Zählerterm des Reglers um die Reglerverstärkung K_R, kann der Verlauf des Amplitudengangs nach oben oder unten geschoben werden. Der Phasengang bleibt davon unberührt. Erhöht man die Verstärkung im Beispiel

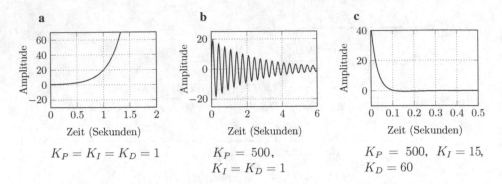

Abb. 6.62 Impulsantwort des Systems mit den verschiedenen Reglerparametern

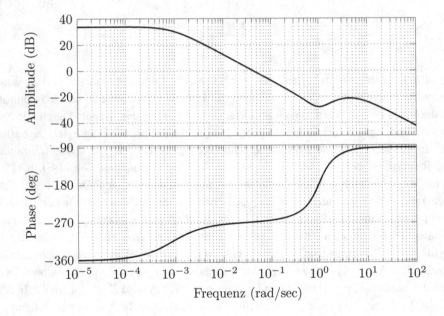

Abb. 6.63 Bode-Diagramm mit Reglerparametern $K_P = K_I = K_D = 1$

des inversen Pendels, wandert die Durchtrittsfrequenz weiter nach rechts. Liegt die Durchtrittsfrequenz über $0,5\,rad/sec$ ist der Regelkreis stabil. Dies entspricht einer Verstärkung von ca. 40.

6.2.6 Heuristisches Verfahren nach Ziegler-Nichols

Neben der klassischen Vorgehensweise beim Reglerentwurf haben sich in den vergangenen Jahrzehnten verschiedene empirische Verfahren herausgebildet. Diese bieten insbesondere

Tab. 6.3 Reglerparameter für Schwingungsversuche

Regler	K_P	T_N	T_D
P	$0,5K_u$	–	–
PI	$0,45K_u$	$0,85T_u$	–
PID	$0,6K_u$	$0,5T_u$	$0,12T_u$

bei relativ simplen Strecken oder sehr losen Anforderungen an die Regelung eine große Zeit- und Aufwandsersparnis. Das Verfahren nach Ziegler und Nichols bietet eine solche einfache und schnelle Methode, um einen in vielen Fällen ausreichenden Regler zu entwerfen. Streng genommen handelt es sich um zwei Verfahren, basierend auf Schwingungsversuch oder Sprungantwortmessung. Bei diesem Verfahren ist ein gutes Störverhalten das Entwurfsziel. Hierfür soll der Regelkreis mit einer Dämpfung von $\vartheta \approx 0,2$ nach etwa drei Perioden einschwingen. Pro Periode soll die Amplitude auf $\frac{1}{4}$ des vorherigen Wertes sinken.

Methode 1: Schwingungsversuch Beim Schwingungsversuch wird die unbekannte Strecke mit einem P-Regler ergänzt, dessen Verstärkung schrittweise erhöht wird, bis die Schwingung der Regelgröße in eine Dauerschwingung übergeht (siehe Abb. 6.64). Eine Dauerschwingung ist ein kritischer und somit instabiler (bzw. grenzstabiler) Zustand, ermöglicht es aber, die eingestellte Reglerverstärkung K_u (auch: kritische Verstärkung) und Periodendauer der Dauerschwingung T_u zu bestimmen. Aus diesen Größen können mit einer standardisierten Umrechnungstabelle, wie Tab. 6.3 die finalen Reglerparameter für die verschiedenen möglichen Regler berechnet werden. Dieses Verfahren hat den Vorteil, dass kein explizites Streckenmodell benötigt wird, also ein potentieller Regler direkt an ein unbekanntes System angebracht werden kann. Dafür kann es nur angewendet werden, wenn das System selbst immer stabil ist, oder eine Instabilität bzw. der Betrieb im Grenzbereich nicht zu dessen Beschädigung/Zerstörung führen kann. Auch ist es durchaus möglich, dass der gefundene Regler die Systemspezifikationen nicht erfüllen kann, oder dass ein solcher Regler technisch nicht realisierbar ist.

Methode 2: Sprungantwortmessung Bei dieser Methode wird ausgenutzt, dass sich ein Großteil der üblicherweise zu regelnden Strecken hinreichend genau als P-T_1-Glied mit zusätzlicher Totzeit oder als P-T_2-Glied modellieren lässt. Dies wird als Voraussetzung für die zu regelnde Strecke angenommen.

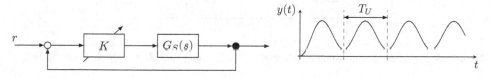

Abb. 6.64 Schwingungsversuch zur Parameterbestimmung nach Ziegler-Nichols-Methode 1

Tab. 6.4 Reglerparameter für Sprungantwortmessung

Regler	K_P	T_N	T_D
P	$1/a$	–	–
PI	$0,9/a$	$3,33T_L$	–
PID	$1,2/a$	$2T_L$	$0,5T_L$

Um einen passenden Regler zu finden, werden aus der Sprungantwort der Strecke die Streckenverstärkung, Verzugszeit und Ausgleichszeit ermittelt. Die Reglerparameter können dann wieder mittels Tab. 6.4 berechnet werden, wobei hier die Verzögerungszeit T_L und der Faktor a aus dem Sprungantwortdiagramm (siehe Abb. 6.65) der Strecke verwendet werden.

Oftmals findet sich auch die Variante, den Parameter a standardmäßig auf 1 zu setzen.

Auch hier kann es sein, dass ein gefundener Regler technisch nicht realisierbar ist, oder die Zielbedingungen nicht ausreichend erfüllt. Je nach Anwendungsfall haben sich auch andere Verfahren, wie das nach Chien/Hrones/Reswick, etabliert, die hier jedoch nicht näher erläutert werden sollen. Nähere Informationen dazu finden sich beispielsweise in [Lit13]

Beispiel eines PID-Reglers mit Ziegler-Nichols-Verfahren

Hier soll beispielhaft die Anwendung des Verfahrens nach Ziegler und Nichols anhand der Sprungantwort eines unbekannten Systems dargestellt werden. Die Übertragungsfunktion des Systems lautet:

$$G(s) = \frac{20}{(s+2)(s+5)} \tag{6.72}$$

Mittels Laplace-Rücktransformation erhält man die in Abb. 6.66 dargestellte Sprungantwort.

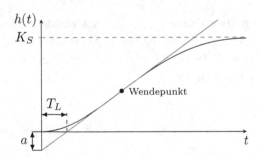

Abb. 6.65 Sprungantwortmessung zur Parameter-bestimmung nach Ziegler-Nichols-Methode 2

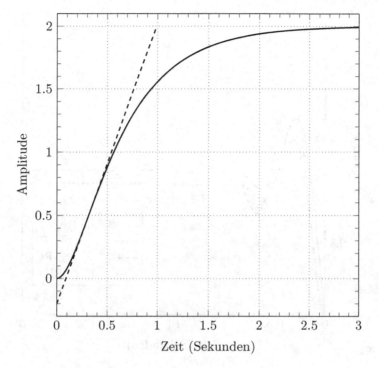

Abb. 6.66 Sprungantwort des Beispielsystems aus Gl. 6.72

Aus dieser Sprungantwort erhält man entsprechend Methode 2:

$$K_s = 2$$

$$a = 0,2$$

$$T_L = 0,1$$

Das geregelte System soll am Ende stationär genau sein und möglichst schnell ausregeln. Aus der Tab. 6.4 ergeben sich also folgende möglichen Regler:

$$G_P(s) = 5,$$

$$G_{PI}(s) = 4,5 \left(1 + \frac{1}{0,3s}\right),$$

$$G_{PID}(s) = 6 \left(1 + \frac{1}{0,2s} + 0,05s\right).$$

In Abb. 6.67 sind die entsprechenden Sprungantworten des derart geregelten Systems (gemäß Gl. 6.11) abgebildet. Es fällt auf, dass der P-Regler eine bleibende Regeldifferenz hinterlässt, womit er die Anforderung der stationären Genauigkeit nicht erfüllt. Der PI-Regler ist

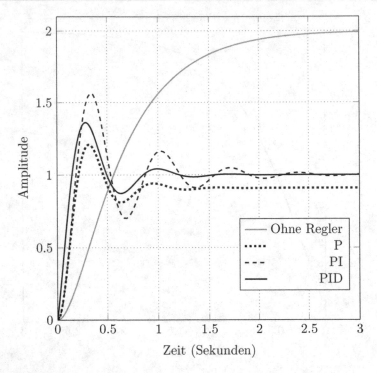

Abb. 6.67 Sprungantwort des geregelten Beispielsystems mit Rückkopplung

zwar stationär genau, hat aber eine höhere Anregel- und Ausregelzeit als der PID-Regler, sowie eine höhere Überschwingweite. Daher wäre der PID-Regler die beste Wahl für dieses System.

Drehzahlregelung eines Gleichstrommotors nach dem Ziegler-Nichols-Verfahren

Als weiteres Beispiel soll die Regelung eines Gleichstrommotors dienen, wie schon in Abschn. 6.2.5. Es gilt, die Ausgangsdrehzahl zu regeln. Das System sollte am Ende stabil laufen, möglichst wenige Schwankungen mit möglichst geringer Amplitude haben und möglichst schnell auf Änderungen der Führungsgröße reagieren. Da die Drehzahl proportional zur anliegenden Spannung ist, dient diese als Eingangsgröße.

Es soll erneut das Sprungantwortverfahren verwendet werden. Nun bieten sich zwei Möglichkeiten: Man kann analog zum Beispiel in Abschn. 6.2.5 zuerst ein mathematisches Modell des Motors und der Last aufstellen und mittels diesem die Übertragungsfunktion und Sprungantwort des Systems berechnen. Alternativ kann man aber auch einen Sprung der Eingangsgröße des realen Systems erzeugen und an diesem die „echte"

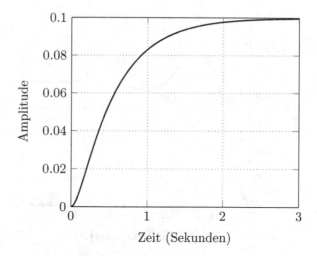

Abb. 6.68 Sprungantwort eines ungeregelten Gleichstrommotors

Sprungantwort messen. Für das vorliegende System ist die Sprungantwort in Abb. 6.68 zu sehen. Um sinnvolle Aussagen über die Systemeigenschaften treffen zu können, müssen die Zielparameter in konkrete Zahlenwerte umgewandelt werden. In unserem Fall bedeutet dies, dass die Ausregelzeit $T_{Aus} < 2$ s sein, die Überschwingweite $X_{\ddot{u}} < 5\,\%$ des Sprunges bleiben und die stationäre Regeldifferenz $e(\infty) < 1\,\%$ der Amplitude liegen sollte.

Aus der Sprungantwort erhält man die Werte des ungeregelten Systems:

- Die ungeregelte Ausregelzeit: 3 s,
- Den ungeregelten Endwert: $0,1$
- Die Überschwingweite: $0\,\%$.

Somit muss der Regler die Regeldifferenz verringern und das System merklich beschleunigen, darf dabei aber keine großen Überschwinger erzeugen.

Da keine stationäre Genauigkeit gefordert ist, könnte hier ein P-Regler genügen, der die Ausregelzeit signifikant verkürzen sollte und gleichzeitig kein weiteres Überschwingen verursacht. Sollte dieser nicht den Anforderungen genügen, ist ein PID-Reglern zu empfehlen, der ebenfalls eine hohe Geschwindigkeit und dazu noch stationäre Genauigkeit bietet, allerdings Überschwingen ermöglicht.

Ein reiner PI-Regler scheint aufgrund der zu erwartenden Verzögerung durch das I-Glied als nicht ratsam. Zunächst wird es mit einem P-Regler versucht. Da der maximale Exponent im Nenner der Übertragungsfunktion der Strecke gleich 2 ist, kann sie als P-T_2-Strecke betrachtet und daher das Verfahren nach Ziegler-Nichols (Methode 1) zur Parameterauswahl genutzt werden. Daraus ergibt sich mittels Tab. 6.4 eine Verstärkung von $K_P = 100$. Aus der Sprungantwort des mit diesem Regler versehene Systems (Abb. 6.69) ist ersichtlich,

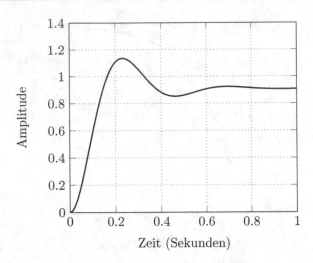

Abb. 6.69 Sprungantwort eines Gleichstrommotors mit P-Regler

dass es noch eine stationäre Regeldifferenz gibt, die größer als die geforderte von <1 % ist. Die Ausregelzeit ist mit <1s dafür sehr gut. Allerdings ist die Überschwingweite mit ca. 18 % eindeutig zu hoch. Da eine weitere Erhöhung der Verstärkung zwar die Regeldifferenz senken, aber die Überschwingweite erhöhen würde, zeigt sich dieser Regler als ungeeignet. Daher wird im Folgenden der PID-Regler betrachtet.

Nach der Ziegler-Nichols-Methode ergeben sich für den PID-Regler $K_P = 120$, $K_I = 600$ und $K_D = 6$. Wie aus der Sprungantwort (Abb. 6.70) des so entstandenen Systems ersichtlich ist, hat dieses System eine Überschwingweite von mehr als 5 %, dies ist auf den großen Wert von K_I zurückzuführen.

Verringert man diesen Wert also experimentell auf 200, ergibt sich die in Abb. 6.71 gezeigte Sprungantwort. Die Überschwingweite ist deutlich geringer, zusätzlich wurde die Ausregelzeit weiter verkürzt. Allerdings ist die Überschwingweite immer noch knapp über den geforderten 5 %.

Anstelle einer weiteren Verringerung von K_I, kann nun auch K_D erhöht werden. Dies wirkt ebenfalls dem Überschwingen entgegen, beschleunigt aber die Ausregelzeit zusätzlich.

Steigert man K_D bis 10, so erhält man folgende Werte des PID-Reglers

$$K_P = 120$$
$$K_I = 200$$
$$K_D = 10$$

Wie aus der nun resultierenden Sprungantwort (Abb. 6.72) ersichtlich ist, übertrifft dieser Regler sogar alle gestellten Anforderungen und kann für das System verwendet werden.

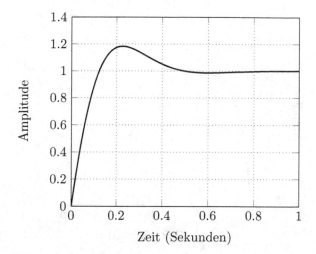

Abb. 6.70 Sprungantwort eines Gleichstrommotors mit PID-Regler

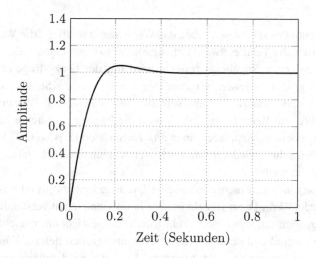

Abb. 6.71 Sprungantwort eines Gleichstrommotors mit PID-Regler, angepasster I-Anteil

6.3 Fuzzy-Regelung

Neben der klassischen Regelung hat sich die *Fuzzy-Regelung* (oder auch unscharfe Regelung) als intuitiver Regelungsansatz hervorgetan.

Die Grundidee der Fuzzy-Regelung lässt sich am Beispiel der Wassertemperaturregelung
mittels eines Kalt- und Warmwasserhahns verdeutlichen. Auch ohne Modell der Strecke
(Druck des Wassers, Durchflussgeschwindigkeit, Öffnung des Ventils, …) und den daraus
analysierten Regelparametern können wir beispielsweise die gefühlte Temperatur so einstellen, dass sie uns als angenehm erscheint. Wenn das Wasser zu warm ist, dann öffnen wir

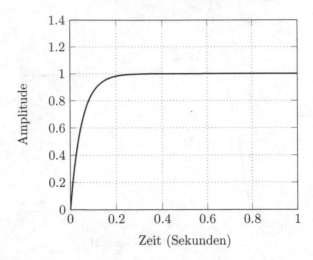

Abb. 6.72 Sprungantwort eines Gleichstrommotors mit PID-Regler, angepasster I- und D-Anteil

das Kaltwasserventil etwas bzw. schließen das Warmwasserventil. Ist die Wassertemperatur viel zu heiß, werden die Ventile etwas stärker geöffnet bzw. geschlossen.

Die hier beschriebene Regelungsstrategie wird mit der Fuzzy-Regelung formalisiert. Wie im Beispiel gezeigt, müssen wir zunächst den über einen Sensor aufgenommenen Temperaturwert in eine unscharfe Repräsentation umformen (z. B. Wasser zu warm, viel zu heiß). Mit Hilfe von *Wenn-Dann-Regeln* wird die Regelungsstrategie beschrieben. Als Schlussfolgerung erhalten wir wieder einen unscharfen Wert (z. B. Ventil etwas schließen), der in einem letzten Schritt wieder in einen scharfen Ausgangswert, die tatsächliche Stellung des Ventils, umgesetzt wird.

Fuzzy-Regelungen haben mehrere Vorteile: Die Regelung aufgrund unscharfer Eingabewerte und mittels Wenn-Dann-Regeln ist sehr intuitiv und leicht verständlich. Außerdem sind die resultierenden Regler meistens sehr robust, da sie nicht auf rauschfreie Eingangsgrößen angewiesen sind und dennoch stetige Ausgangsgrößen liefern. Weiterhin sind die Systeme einfach erweiterbar, ohne das komplette Modell neu aufstellen zu müssen. Da kein Modell benötigt wird, eignet sich die Fuzzy-Regelung für Strecken, für die sich kein, oder nur unter hohem Aufwand, ein mathematisches Modell herleiten lässt (z. B. nichtlineare Systeme).

Auf der anderen Seite kann bei komplexen Systemen das korrekte Aufstellen der Wenn-Dann-Regeln und insbesondere der optimalen Wertebereiche der unten vorgestellten Fuzzy-Mengen eine sehr zeitaufwändige und fehleranfällige Aufgabe werden. Insbesondere bei Systemen, die mit hoher, wiederkehrender Präzision arbeiten, kann dies problematisch sein.

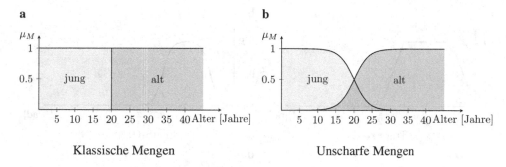

Abb. 6.73 Klassische Mengen und unscharfe Mengen mit kontinuierlichen Übergängen

Grundlagen der Fuzzy-Set-Theorie

Die Fuzzy-Regelung basiert auf der *Fuzzy-Set*-Theorie. Im Gegensatz zur klassischen Mengentheorie, bei der ein Element zu einer oder nicht zu einer Menge gehört (Abb. 6.73a), werden bei Fuzzy-Mengen kontinuierliche Übergänge definiert (Abb. 6.73b). Eine Person von z. B. 20 Jahren ist (zu einem gewissen Grad) sowohl zur Menge *jung* als auch zur Menge *alt* zugehörig. Hierzu wird die charakteristische Funktion $\mu_M(x) \in [0,1]$ einer Fuzzy-Menge M eingeführt, die auch als Zugehörigkeitsfunktion mit kontinuierlichen Zugehörigkeitswerten bezeichnet wird.

Eine *Fuzzy-Menge* M mit $M = \{(x, \mu_M(x)) : x \in X, \mu_M(x) \in [0,1]\}$ ordnet jedem Element x der Grundmenge X einen Zugehörigkeitsgrad $\mu_M(x)$ zu. Eine gewöhnliche, scharfe Menge ist somit ein Spezialfall der unscharfen Mengen. Oft verwendete Zugehörigkeitsfunktionen sind in Abb. 6.74 dargestellt.

Der Zugehörigkeitsgrad stellt kein Wahrscheinlichkeitsmaß dar, denn im Allgemeinen gilt:

$$\sum_{x \in X} \mu_M(x) \neq 1 \tag{6.73}$$

Zur *Fuzzifizierung,* also der Zuordnung zu den spezifischen Fuzzy-Mengen, ist allgemein ein scharfer Eingangswert gegeben. Dieser Wert wird auf seine Zugehörigkeit zu den Fuzzy-Mengen übertragen. Das Beispiel in Abb. 6.75 verdeutlicht dies. Gegeben seien zwei Personen im Alter von 15 und 30 Jahren:

$$\mu_{\text{alt}}(15) = 0 \quad \mu_{\text{jung}}(15) = \frac{2}{3}$$

$$\mu_{\text{alt}}(30) = 1 \quad \mu_{\text{jung}}(30) = \frac{1}{3}$$

Übersetzt in unscharfe Aussagen bedeutet dies, ein 15-Jähriger ist definitiv nicht alt, aber nicht mehr unbedingt jung; Ein 30-Jähriger kann unter Umständen noch als jung gelten. Der Parameter „Alter" ist ein Beispiel für eine *linguistische Variable*. Diese dienen dazu,

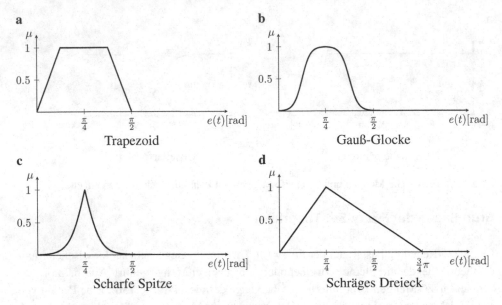

Abb. 6.74 Beispiele für Zugehörigkeitsfunktionen

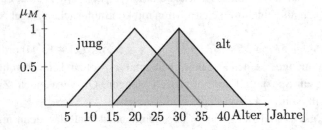

Abb. 6.75 Beispiel zur Fuzzifizierung

Expertenwissen in natürlicher Sprache wiederzugeben. Jede linguistische Variable beinhaltet eine Menge von *linguistischen Termen,* also unscharfen Werten, die die linguistischen Variablen annehmen können. Diese Terme stellen wiederum Fuzzy-Mengen dar. In diesem Beispiel beinhaltet also die linguistische Variable „Alter" die linguistischen Terme „jung" und „alt".

Im Beispiel der Temperaturregelung würde die linguistische Variable „Temperatur" die linguistischen Terme „sehr kalt", „kalt", „warm", „heiß" und „sehr heiß" enthalten, wie in Abb. 6.76 dargestellt ist. Oft werden diese aus Darstellungsgründen in numerische Größen (hier: 0–4) überführt.

Die Festlegung der semantischen Bedeutung erfolgt durch die Wahl der entsprechenden Zugehörigkeitsfunktion. Diese wird subjektiv vom Experten modelliert. Durch linguistische Operatoren (UND, ODER, NICHT) können linguistische Variablen zu linguistischen Ausdrücken kombiniert werden. Bei der Fuzzifizierung werden für jede linguistische Variable die scharfen Eingangswerte in den Zugehörigkeitsraum der beteiligten

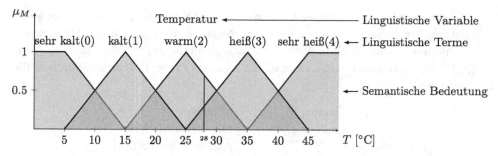

Abb. 6.76 Linguistische Variablen

linguistischen Terme transformiert. Bei n Termen entsteht der n-dimensionale *Sympathievektor* $s(x) = (\mu_1(x), \mu_2(x), \ldots, \mu_n(x))$. Dies ist auch in Abb. 6.76 zu sehen. So gilt für eine Temperatur von 28°:

$$\mu_{warm}(28°) = 0{,}7$$
$$\mu_{hei\beta}(28°) = 0{,}3$$

Es ergibt sich somit der Sympathievektor:

$$s(28°) = (0;\ 0;\ 0{,}7;\ 0{,}3;\ 0)$$

Für jeden linguistischen Term A_i wird eine Fuzzy-Menge S_i in der Form eines Einzelelementes gebildet, das einen Peak an der Stelle des scharfen Eingangswertes u mit der Zugehörigkeitsfunktion $\mu_{A_i}(u)$ als Höhe besitzt:

$$\mu_{A_i}(u) = \begin{cases} \mu_{A_i}(u) & ,\ x = u \\ 0 & ,\ x \neq u \end{cases} \tag{6.74}$$

Analog zu unscharfen Mengen gibt es auch unscharfe Logik. So kann man zu einer Verabredung um 17 Uhr erst eine Minute später ankommen oder bereits zehn Minuten früher da sein. Je größer die Differenz zwischen dem Zeitpunkt des tatsächlichen Eintreffens und der verabredeten Uhrzeit ist, desto weniger wahr (Zugehörigkeitsfunktion) ist die Aussage, man sei pünktlich.

Die Fuzzy-Logik legt, ähnlich wie die Boolesche Logik für Mengen mit binärer Zugehörigkeitsfunktion, Axiome und Operatoren zur Manipulation der Fuzzy-Mengen fest. Unscharfe Wahrheitswertfunktionen sollen eingeschränkt auf die Extremwerte 0 und 1 mit den klassischen binären Wahrheitswertfunktionen übereinstimmen. Es gelten folgende Axiome:

(T1) $t(\alpha, \beta) = t(\beta, \alpha)$ Kommutativität

(T2) $t(t(\alpha, \beta), \gamma) = t(\alpha, t(\beta, \gamma))$ Assoziativität

(T3) $\beta < \gamma \Rightarrow t(\alpha, \beta) < t(\alpha, \gamma)$ Monotonie

(T4) $t(\alpha, 1) = \alpha$

für alle α, β, γ in $[0, 1]$. Komplement, Durchschnitt und Vereinigung bei unscharfen Mengen entsprechen in der Booleschen Logik der Negation, Konjunktion und Disjunktion. Die Konjunktion wird mit Hilfe der *t-Norm* (trianguläre Norm) definiert. Eine Funktion $t : [0, 1]^2 \to [0, 1]$ heißt t-Norm, wenn sie die Axiome (T1) bis (T4) erfüllt. Beispiele für t-Normen sind:

$$t(\alpha, \beta) = \min(\alpha, \beta) \qquad \text{Minimum}$$
$$t(\alpha, \beta) = \max(\alpha + \beta - 1, 0) \; \text{Lukasiewicz-t-Norm}$$
$$t(\alpha, \beta) = \alpha \cdot \beta \qquad\qquad \text{Algebraisches Produkt}$$

Die Konjunktion ist durch $(\mu_1 \cap \mu_2)(x) = t(\mu_1(x), \mu_2(x))$ bestimmt.

Die *s-Norm* oder *t-CoNorm* beschreibt die Disjunktion. Zwischen t-Normen und t-CoNormen besteht in Analogie zu den DeMorganschen Gesetzen der Booleschen Logik ein dualer Zusammenhang. Jede t-Norm t induziert eine t-CoNorm s mittels $s(\alpha, \beta) = 1 - t$ $(1 - \alpha, 1 - \beta)$. Umgekehrt erhält man aus einer t-CoNorm s durch $t(\alpha, \beta) = 1 - s(1 - \alpha, 1 - \beta)$ die entsprechende t-Norm t zurück. Beispiele für t-Normen und die dazugehörigen duale t-CoNormen sind in Tab. 6.5 zu sehen.

Um mit Hilfe der s-Norm die Durchschnittsbildung zu bestimmen, wird diese wie folgt verwendet: $(\mu_1 \cup \mu_2)(x) = s(\mu_1(x), \mu_2(x))$. Das Komplement kann durch $\mu^C(x) = 1 - \mu(x)$ berechnet werden. Die grafische Lösung ist in Abb. 6.77 dargestellt.

Ein Vergleich zwischen den klassischen und unscharfen Wahrheitswertfunktionen ist in Tab. 6.6 zu sehen.

Tab. 6.5 Beispiele für t-Normen und t-CoNormen

t-Norm:	duale t-CoNorm:
Minimum: $\min(\alpha, \beta)$	Maximum: $s(\alpha, \beta) = \max(\alpha, \beta)$
Lukasiewicz-t-Norm: $\max(0, \alpha + \beta - 1)$	Lukasiewicz-t-Conorm: $\min(1, \alpha + \beta)$
Algebraisches Produkt: $\alpha\beta$	Algebraische Summe: $1 - (1 - \alpha)(1 - \beta) = \alpha + \beta - \alpha\beta$

Tab. 6.6 Klassische und unscharfe Wahrheitswertfunktionen

	Klassisch	Unscharf
Durchschnitt	$x \in M_1 \cap M_2 \Leftrightarrow x \in M_1 \wedge x \in M_2$	$(\mu_1 \cap \mu_2)(x) = t(\mu_1(x), \mu_2(x))$
Vereinigung	$x \in M_1 \cup M_2 \Leftrightarrow x \in M_1 \vee x \in M_2$	$(\mu_1 \cup \mu_2)(x) = s(\mu_1(x), \mu_2(x))$
Komplement	$x \in \overline{M} \Leftrightarrow \neg(x \in M)$	$\mu^C(x) = 1 - \mu(x)$

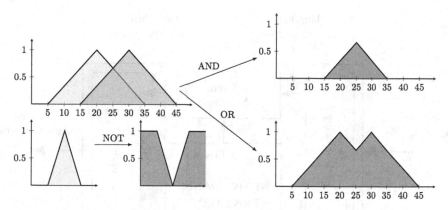

Abb. 6.77 Durchschnitt, Vereinigung und Komplement

Der Durchschnitt und die Vereinigung arbeiten immer auf den selben Grundmengen. Um Fuzzy-Mengen verschiedener Grundmengen zu vereinigen, wird das kartesische Produkt eingeführt.

Seien $A_1, A_2, \ldots, A_n$ Fuzzy-Mengen über den Grundmengen $X_1, X_2, \ldots, X_n$. Dann ist das kartesische Produkt (Fuzzy-Relation):

$A_1 \times A_2 \times \ldots \times A_n$ aus $X_1 \times X_2 \times \ldots \times X_n$ mit

$\mu_{A_1 \times A_2 \times \ldots \times A_n}(x_1, x_2, \ldots, x_n) = t(\mu_{A_1}(x_1), \mu_{A_2}(x_2), \ldots, \mu_{A_n}(x_n))$

Wie in unserem einführenden Beispiel gezeigt, verwendet die Fuzzy-Regelung Wenn-Dann-Regeln. Ausgehend von einer unscharfen Zustandsbeschreibung *(Prämisse)* werden durch die Wenn-Dann-Regeln *(Implikation)* unscharfe Schlussfolgerungen *(Konklusion)* generiert. Diese Abbildung wird auch als *Fuzzy-Inferenz* bezeichnet. Dabei ist die Implikation als Fuzzy-Relation $\mu_R(x, y)$, $(x, y) \in X \times Y$ und die Prämisse als Fuzzy-Menge $\mu_P(x)$, $x \in X$ gegeben. Die Konklusion ist wiederum eine Fuzzy-Menge $\mu_{res}(y)$, $y \in Y$.

Die Konklusion wird mit Hilfe der t-Norm und der s-Norm bestimmt:

$$\mu_{res}(y) = s_{x \in X}\{t(\mu_P(x), \mu_R(x, y))\} \tag{6.75}$$

Setzt man das oft verwendete Minimum für die t-Norm und das Maximum für die s-Norm ein, so kann die Konklusion wie folgt bestimmt werden:

$$\mu_{res}(y) = \max_{x \in X}\{\min(\mu_P(x), \mu_R(x, y))\} \tag{6.76}$$

Aufbau eines Fuzzy-Reglers

Formal stellt die Fuzzyregelung eine statische, nichtlineare Abbildung von Eingangsgrößen $u_i \in U_i$ auf Ausgangsgrößen $y_i \in Y_i$ dar. Die Ein- und Ausgangsgrößen sind wie bei der

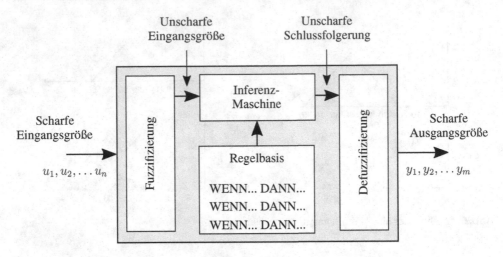

Abb. 6.78 Komponenten der Fuzzy-Regelung

klassischen Regelung exakte/scharfe Werte. Die Berechnung der Regelgröße ist in die drei folgende Schritte unterteilt (Abb. 6.78): 1. Fuzzifizierung, 2. Fuzzy-Inferenz, 3. Defuzzifizierung.

Zunächst wird der scharfe Eingangswert in eine unscharfe Fuzzy-Größe umgewandelt. Dieser unscharfe Wert dient als Prämisse für die Inferenz. Unter Verwendung der WENN-DANN-Regeln wird die unscharfe Konklusion bestimmt. Der letzte Schritt stellt die *Defuzzifizierung* dar, in dem aus der unscharfen Konklusion ein scharfer Regelwert berechnet wird. Die Fuzzy-Regelung unterscheidet sich von der scharfen Regelung nur durch den Austausch des Reglers (und der Differenzbildung) (Abb. 6.79).

Am Beispiel des inversen Pendels (Abb. 6.80, siehe auch Abschn. 6.2.5) werden nun die 3 Schritte näher erklärt.

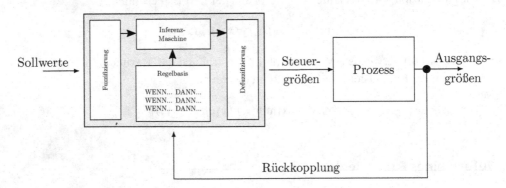

Abb. 6.79 Regelprozess unter Verwendung eines Fuzzy-Reglers

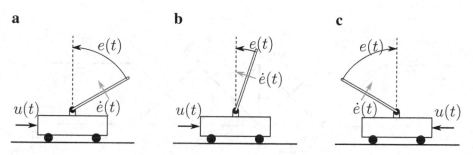

Abb. 6.80 Inverses Pendel

Zur Beschreibung des Zustands des Stabes werden die Winkelabweichung von der Nullstellung $e(t)$ [rad] und die Winkelgeschwindigkeit $\dot{e}(t)$ [rad/sec] gewählt. Als Regelgröße soll die Kraft $u(t)$ [N], die auf den Wagen wirkt, um den Stab in die Nullstellung zu bringen oder ihn dort zu halten, bestimmt werden.

Die oben erwähnten Zustandsindikatoren bieten sich hier als linguistische Variablen an: die Abweichungen von der Nullstellung und die Winkelgeschwindigkeit. Passende linguistische Terme zur linguistischen Variablen „Winkelgeschwindigkeit" sind z. B. *gering, groß, sehr groß*. Meist werden statt der umgangssprachlichen Bezeichnungen Standardbelegungen für linguistische Terme verwendet wie negativ-groß (-2), negativ-klein (-1), …, positiv-groß ($+2$) (siehe Abb. 6.81).

Das eigentliche Regelverhalten wird in den WENN-DANN-Regeln beschrieben. Passende Regeln für das System in Abb. 6.81 wären z. B.:

- WENN $e(t) = 0$ UND $\dot{e}(t) = 0$ DANN $u(t) = 0$
- WENN $e(t) = 0$ UND $\dot{e}(t) = |1$ DANN $u(t) = -1$

Die vollständigen Regeln sind in Tab. 6.7 dargestellt. Die entsprechende Zugehörigkeit, wie sie in Abb. 6.81 als dicke Balken dargestellt ist, wäre:

$$e(t) = 0$$

und

$$\dot{e}(t) = \frac{\pi}{8} - \frac{\pi}{32} = \frac{3}{32}\pi \approx 0{,}294$$

Im Allgemeinen sind alle Regeln aktiv, die in ihren WENN-Regeln linguistische Terme verwenden, deren Zugehörigkeiten zu den scharfen Eingangswerten größer Null sind.

Die Sicherheit, mit der eine Regel zutrifft, ist über die Relation der beteiligten linguistischen Terme definiert. Für eine Regel der Form WENN $U_1 = A_1$ UND …UND

a

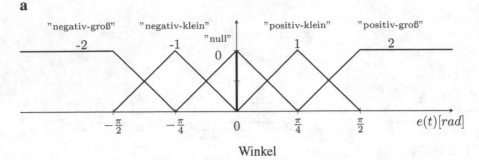

Winkel

b

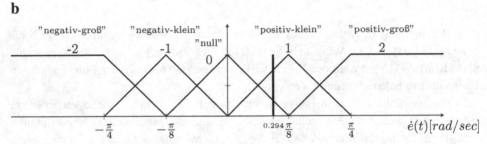

Winkelgeschwindigkeit

c

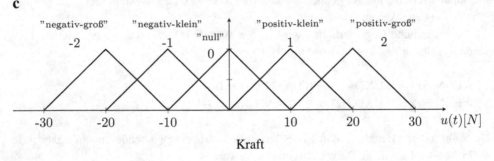

Kraft

Abb. 6.81 Linguistische Variablen am Beispiel des inversen Pendels:
(**a**) Winkel, (**b**) Winkelgeschwindigkeit und (**c**) Kraft

$U_n = A_n$ DANN $Y = B$ ist der Grad des Zutreffens der Regel bei gegebenen Eingangsvektor $u' = (u'_1, \ldots, u'_n)$

$$\mu_{A_1 \times \ldots \times A_n}(u'_1, \ldots, u'_n) = \mu_{\text{premise}}(u'_1, \ldots, u'_n)$$
$$= t(\mu_{A_1}(u'_1), \ldots, \mu_{A_n}(u'_n))$$

Am Beispiel des inversen Pendels gilt also folgendes:
Sei $e(t) = \frac{\pi}{8}$ und $\dot{e}(t) = \frac{\pi}{8} - \frac{\pi}{32} \approx 0{,}294$ die Zustandsbeschreibung des Stabes, dann ergibt sich unter Verwendung der oben angegebenen Zugehörigkeitsfunktionen:
$\mu_{\text{null}}(e(t)) = 0{,}5$ und $\mu_{\text{pos-klein}}(\dot{e}(t)) = 0{,}75$ (Abb. 6.81).

Tab. 6.7 WENN-DANN-Regeln des Inversen Pendels entsprechend Abb. 6.81

Kraft u		Winkelgeschwindigkeit $\dot{e}$				
		-2	-1	0	1	2
Winkel e	-2	2	2	2	1	0
	-1	2	2	1	0	-1
	0	2	1	0	-1	-2
	1	1	0	-1	-2	-2
	2	0	-1	-2	-2	-2

Wird das Minimum als t-Norm eingesetzt, so berechnet sich für die Prämisse der Grad des Zutreffens der Regel WENN Fehler = null und Geschw = pos-kl als

$$\mu_{\text{premise}}(u') = \min\{0{,}5, 0{,}75\} = 0{,}5.$$

Als Ergebnis einer Regel j ergibt sich eine resultierende Fuzzy-Menge B_j mit

$$\mu_{res_j}(y) = t(\mu_{\text{premise}_j}(u'_1, \ldots, u'_n), \mu_B(y)).$$

Setzt man das Minimum als t-Norm ein ergibt sich

$$\mu_{res_j}(y) = \min\{\mu_{\text{premise}_j}(u'_1, \ldots, u'_n), \mu_B(y)\}.$$

Bildlich gesprochen wird die Ausgangs-Fuzzy-Menge auf Höhe des Erfüllungsgrades der Regel gekappt. Im nächsten Schritt wird eine ODER Verknüpfung (mit Hilfe der s-Norm) aller Konklusionen der aktiven Regeln durchgeführt, wie in Abb. 6.82 dargestellt.

$$\mu_{res}(y) = s(\mu_{res_1}(y), \ldots, \mu_{res_j}(y)) \overset{\text{z.B.}}{=} \max\{\mu_{res_1}(y), \ldots, \mu_{res_j}(y)\}$$

Aus dieser resultierenden Fuzzy-Menge wird mit Hilfe der Defuzzifizierung eine scharfe Stellgröße erzeugt (Abb. 6.83). Hierfür eignen sich unterschiedliche Defuzzifizierungsverfahren. Die Maximum-Methode liefert beispielsweise den Wert mit der größten Zugehörigkeit zurück.

$$y_0 := \max\{\mu_{res}(y) | y \in Y\} \tag{6.77}$$

Sind mehrere Maxima $y_1, \ldots, y_m$ vorhanden, kann die Maximum-Methode wie folgt erweitert werden:

- Links-Max-Methode: $y_0 := \min\{y_1, \ldots, y_m\}$
- Rechts-Max-Methode: $y_0 := \max\{y_1, \ldots, y_m\}$
- Mittelwert-Max-Methode: $y_0 := \sum_{i=1, \ldots, m} \frac{y_i}{m}$

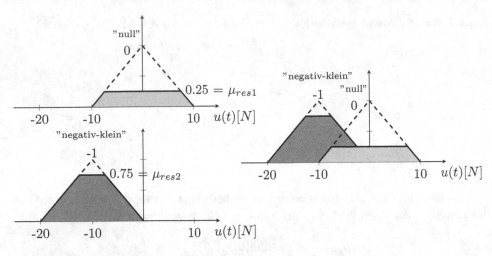

Abb. 6.82 Vereinigung der Konklusionen zweier aktiver Regeln

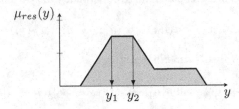

Abb. 6.83 Defuzzifizierung

Einen weiteren Defuzzifizierungsansatz stellt die Schwerpunkt-Methode dar. Hierbei wird die zum Schwerpunkt der resultierenden Fuzzy-Menge gehörende Regelgröße zurückgeliefert (Abb. 6.84).

$$y_0 = \frac{\int_y y \cdot \mu_{ref}(y)dy}{\int_y \mu_{ref}(y)dy}$$

Der Nachteil dieses Verfahrens ist der hohe Rechenaufwand für die numerische Integration. Um dies zu umgehen, kann eine einfach zu berechnende Näherung verwendet werden (Abb. 6.85). Seien y_i die Abszissenwerte der Schwerpunkte der Konklusionsmengen.

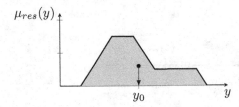

Abb. 6.84 Defuzzifizierung: Schwerpunktmethode

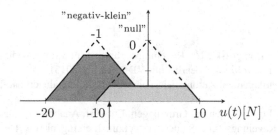

Abb. 6.85 Defuzzifizierung: Näherung

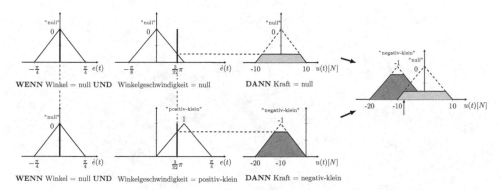

Abb. 6.86 Grafische Veranschaulichung der Fuzzy-Regelung am Beispiel des inversen Pendels

Da die Zugehörigkeitsfunktionen oft Dreiecks- oder Trapezfunktionen sind, lassen sich diese Werte einfach berechnen. Diese Abszissenwerte der Schwerpunkte werden gewichtet mit dem Zugehörigkeitsgrad aufaddiert. Die Stellgröße ergibt sich somit durch

$$y_0 = \frac{\sum y_i \, \mu_{\text{premise}_i}}{\sum \mu_{\text{premise}_i}}$$

Der gesamte Defuzzifizierungsprozess ist anschaulich in Abb. 6.86 dargestellt.

Zusammenfassend lässt sich der Aufbau eines Fuzzy-Reglers in folgenden Schritten beschreiben:

- Bestimme für die scharfen Eingangsgrößen linguistische Variablen, Terme und deren Zugehörigkeitsfunktionen.
- Wandle die scharfen Werte in Fuzzy-Größen um.
- Stelle einen Satz von WENN-DANN-Regeln auf, die die Aspekte des Regelungsproblems gut beschreiben.
- Wähle die WENN-DANN-REGELN aus, die aufgrund Ihrer Prämissen aktiv sind und bestimme eine Menge unscharfer Stellgrößen.
- Fasse diese unscharfen Stellgrößen zusammen und wandle sie in scharfe Ausgangswerte um.

Literatur

[FK13] Föllinger, O., Konigorski, U.: Regelungstechnik: Einführung in die Methoden und ihre Anwendung 11., völlig neu bearb. aufl. VDE, Berlin (2013)

[Lit13] Litz, L.: Grundlagen der Automatisierungstechnik 2., aktualisierte aufl. Oldenbourg, München (2013)

[Mic12] Michels, K.: Fuzzy-Regelung: Grundlagen, Entwurf, Analyse. Springer, Berlin (2012)

[Trö15] Tröster, F.: Regelungs- und Steuerungstechnik fuer Ingenieure. De Gruyter, Oldenburg (2015)

Teil III
Systemkomponenten Eingebetteter Systeme

Signalverarbeitungsprozess **7**

Zusammenfassung

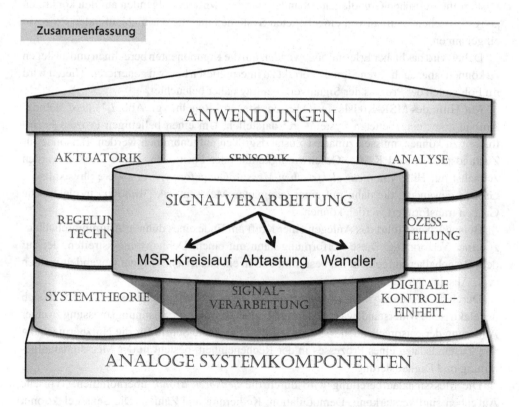

In diesem Kapitel wird die Wandlung zwischen analogen und digitalen Signalen (A/D bzw. D/A Wandlung) betrachtet. Der MSR-Kreislauf wird eingeführt, um die Arbeitsschritte der einzelnen Systemkomponenten zu verknüpfen. Danach werden

© Springer Fachmedien Wiesbaden GmbH, ein Teil von Springer Nature 2019   205
K. Berns et al., *Technische Grundlagen Eingebetteter Systeme*,
https://doi.org/10.1007/978-3-658-26516-8_7

die drei Phasen der A/D-Wandlung mit Anti-Aliasing-Filter, S&H-Verstärker und dem eigentlichen Wandler beschrieben. Die Auslegung der dazugehörigen Parameter basiert auf dem Abtasttheorem, das auch bei der Auslegung von Kommunikationskanälen (vgl. Abschn. 11.4.1) eine Rolle spielt. Anschließend wird die D/A-Wandlung mit den dazugehörigen Schaltungen vorgestellt, die ebenfalls in drei Schritten erfolgt. Somit können analoge (Sensor-)Signale in digitale Rechenwerte umgewandelt und digitale Steuerwerte in analoge Größen zurückgeführt werden, um z. B. Aktuatoren anzusprechen.

7.1   Der MSR-Kreislauf

Eingebettete Systeme sind heute mitunter sehr komplex und bestehen aus einer Vielzahl von Komponenten. Nachdem in den bisherigen Kapiteln vor allem die elektrischen und System-theoretischen Grundlagen behandelt wurden, wird im Folgenden auf den konkreten „physikalischen" Aufbau von eingebetteten Systemen und die darin ablaufenden Prozesse eingegangen.

Dabei wird das bisher Erlernte angewendet, um die Komponenten berechnen und auslegen zu können, aber auch deren Signale korrekt zu interpretieren bzw. zu generieren. Hierzu wird im Folgenden der Prozess der Signalverarbeitung näher beleuchtet.

Mit Hilfe des MSR-Kreislaufes (Messen, Steuern, Regeln, vgl. Abb. 7.1) lässt sich der Aufbau eines eingebetteten Systems gut darstellen. Um einen beliebigen Prozess beeinflussen zu können, müssen zunächst Zustandsgrößen aufgenommen werden. Beispiele für Zustandsgrößen sind Kräfte, Geschwindigkeiten oder Positionen. Diese Größen werden zunächst mit Hilfe von *nicht-elektrischen Messgrößenumformern* in andere physikalische Größen gewandelt, die dann mit einer geeigneten Messsensorik *(Wandler)* in elektrische Größen transformiert werden können.

Beispielsweise führt das Anlegen einer Kraft am Ende eines dünnen Aluminiumbalkens zu einer Verformung. Diese Verformung kann mit einem Dehnungsmessstreifen, der auf dem Biegebalken aufgeklebt ist, bestimmt und in ein elektrisches Signal gewandelt werden (vgl. Abschn. 8.6.1 und 8.6.2).

Durch die Stauchung oder Streckung des Materials im Dehnungsmessstreifen ändert sich der elektrische Widerstand, was wiederum bei einer Strom- bzw. Spannungsmessung zu einer Änderung der entsprechenden Messgröße führt. Der letzte Schritt für die Nutzbarmachung von Zustandsdaten eines Prozesses in der Recheneinheit, besteht in der Messsignalaufbereitung und Digitalisierung.

Die Messsignalaufbereitung wird durch die *Sensorelektronik* übernommen. Typische Aufgaben sind Verstärkung, Demodulation, Kodierung und Zählen. Die Sensorelektronik kann entweder den Zustandswert bereits als digitale Größe ausgeben oder zur finalen Bearbeitung mit Hilfe eines eingebetteten Rechners vorbereiten. Diese Umsetzung wird als *A/D-Wandlung* (auch *ADC, Analog/Digital Conversion*) bezeichnet. Der eingebettete Rechner, der beispielsweise ein Mikrocontroller oder ein digitaler Signalprozessor (DSP) sein kann (vgl. Kap. 10), verarbeitet jetzt die digitalen Daten in Algorithmen wie Reglern oder Filtern.

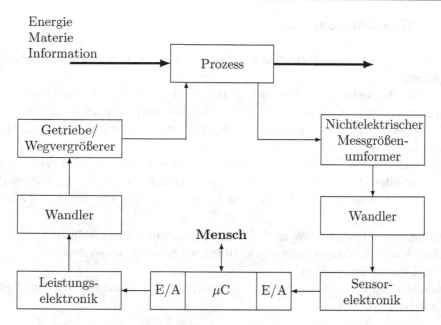

Abb. 7.1 Geschlossener MSR-Wirkungsablauf

Ein Operator kann über eine Mensch-Maschine-Schnittstelle den MSR-Kreislauf beein-flussen, indem beispielsweise neue Systemparameter eingegeben werden. Da die Aktuatorik, die eine Änderung des Prozesses vornehmen soll, analoge elektrische Spannungen oder Ströme verarbeitet, müssen die im Digitalrechner bestimmten Steuergrößen zunächst gewandelt werden. Diese Wandlung wird als *D/A-Wandlung* (entsprechend auch *DAC*) bezeichnet. Um die analogen Steuersignale auf den Arbeitsbereich der Aktuatorik abzubilden, werden diese mittels der *Leistungselektronik* angepasst. Diese elektrischen Größen werden mit Hilfe einer Wandlung in mechanische Größen umgesetzt und anschließend mittels Getriebe oder *Wegvergrößerer* an die Umgebungsvorgaben angepasst.

Betrachtet man einen Gleichstrommotor, so wird er über Strom bzw. Spannung gesteuert und generiert am Ausgang der Welle ein bestimmtes Drehmoment bzw. eine bestimmte Winkelgeschwindigkeit (vgl. Abschn. 9.3.1). Der Aktuator kann so einen Gelenkarm bewegen. Dadurch wird der Geschwindigkeitsprozess, in dem der Aktuator eingebunden ist, gestört.

Die so vom Aktuator generierte Aktion bzw. deren Auswirkung wird wieder mit Sensoren festgestellt/gemessen.

Die genannten Elemente bilden erst im Zusammenhang das „eingebettete System". Im Folgenden werden sie genauer erläutert.

7.2   Signalverarbeitung

Wie oben gezeigt, besteht ein Großteil des MSR-Zyklus in der Aufnahme und Verarbeitung von Signalen.

Zur Signalverarbeitung müssen zunächst analoge Signale in digitale Größen gewandelt, dann im eingebetteten Rechner verarbeitet und schließlich mit Hilfe eines Rückführungsprozesses in (meist analoge) Ausgangsgrößen überführt werden. Hierzu sind unterschiedliche Schritte notwendig:

Zunächst wird das sensorische Eingangssignal durch eine Abtastung in ein digitales Signal überführt. Die Abtastung dient dazu, den wesentlichen Informationsgehalt des Eingangssignals vollständig zu digitalisieren. Sie besteht aus drei Phasen (siehe Abb. 7.2 links):

- Zuerst wird mit einem analogen Tiefpass ein Anti-Aliasing-Filter realisiert.
- Danach wird die Zeitquantisierung mit Hilfe eines Sample&Hold-Verstärkers (S&H-Verstärker) realisiert.
- Abschließend wird mittels Amplitudenquantisierung aus dem analogen Wert eine digitale Größe erzeugt.

Der Rückführungsprozess hat die Aufgabe, einen digitalen Wert in ein analoges Ausgangssignal zu wandeln. Hierzu werden ebenfalls drei Phasen durchlaufen: Die eigentliche Rückführung, also die Wandlung des digitalen Signals in eine analoge Größe, eine S&H-Schaltung, die zur Reduktion von Fehlern der D/A-Wandlung (Glitches) und zur Verbesserung des Amplitudenfrequenzgangs bei der Datenrekonstruktion verwendet wird. Am Ausgang des S&H-Verstärkers entsteht eine Treppenspannung, die im letzten Schritt über einen Filter geglättet wird.

Unter der Annahme, dass der im eingebetteten Rechner agierende Systemalgorithmus keine Veränderung des Eingangssignals vornimmt und dieses direkt wieder zurückführt, müsste in einem idealen System das Ausgangssignal dem Eingangssignal entsprechen. Dies

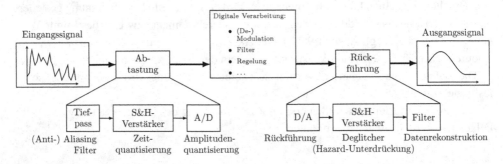

Abb. 7.2 Grundaufbau zur digitalen Verarbeitung analoger Signale

ist aufgrund von Abtast-, Quantisierungs- und Übersteuerungsfehlern in der Praxis nicht gegeben.

Im Folgenden werden nun die oben genannten Schritte näher untersucht. Weitere Informationen finden sich u. a. in [Mec95, Mey14b, vG14].

7.3 Abtastung

Wie oben gezeigt, muss ein analoges Signal, um es digital verarbeiten zu können, zunächst in Zeit und Wert diskretisiert werden, wie in Abb. 7.3 dargestellt ist. Dadurch wird aus dem kontinuierlichen Signal $s(t)$ die zeit- und wertdiskrete Folge $\{s(nT)\}$ mit $n = 0, \pm 1, \pm 2, \dots$ Vereinfachung: $T = 1 \longrightarrow \{s(n)\}$ wobei $T = 1/f$ (Abtastperiode).

Aus praktischen Gründen geht man dabei meistens von endlichen Folgen aus:

$$\{s(n)\}_a^b = \{s(a), \dots, s(b)\}, \text{ d. h. } s(n) = 0 \text{ für } \begin{cases} n < a \\ n > b \end{cases} \tag{7.1}$$

Die eigentliche Abtastung ist in Abb. 7.4 dargestellt.

Aus dem zeitkontinuierlichen Signal $s_1(t)$ wird in der Abtasteinheit mittels des Abtastsignals $s_2(t)$ das abgetastete Signal $s_3(t)$ erzeugt. Formal stellt diese Abtasteinheit eine Faltung von $s_1(t)$ und $s_2(t)$ dar.

7.3.1 Abtasttheorem

Beim aufgenommenen analogen Signal interessieren uns i. d. R. nur bestimmte Frequenzanteile. Da z. B. das menschliche Ohr nur Frequenzen bis 20 kHz wahrnehmen kann, würde es keinen Gewinn für eine Tonaufnahme bringen, merklich höhere Frequenzen zu verarbeiten. Auf der anderen Seite sind reale Sensoren gar nicht in der Lage, beliebig hohe Signalfrequen-

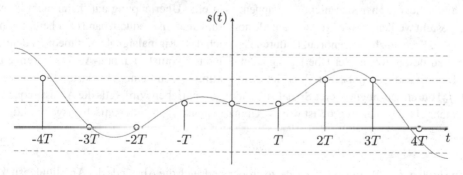

Abb. 7.3 Kontinuierliches und diskretisiertes Signal

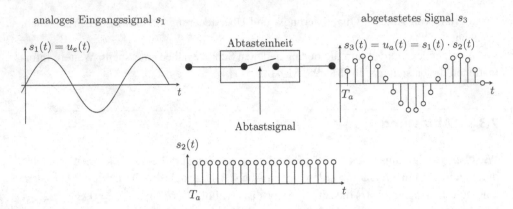

Abb. 7.4 Grafische Darstellung einer Abtastung

zen aufzunehmen, wie im Folgenden ausgeführt wird. Daher ist es ratsam, bandbegrenzte
Signale zu betrachten, also Signale, deren Frequenzen innerhalb eines festen Bereiches liegen. In Abb. 7.5 sind den Funktionen im Zeitbereich deren Fourier-Transformierter gegen-
übergestellt. Da das Eingangssignal nach der Vorgabe bandbegrenzt ist, existieren in der
Funktion $S_1(f)$ nur Spektralanteile bis zur Grenzfrequenz f_g. Das Spektrum des Abtastsignals mit der Periode $T_a = 1/f_a$ beinhaltet nur Frequenzen, die ein Vielfaches von f_a
darstellen. Die Spektralanteile $S_3(f)$ des abgetasteten Signals lassen sich durch eine Faltung von $S_1(f)$ und $S_2(f)$ bestimmen. Dabei überlappen sich die um die Vielfachen von f_a
liegenden Frequenzen nicht. Aus dem kontinuierlichen, bandbegrenzten Signal $s(t)$ wird im
Frequenzbereich durch Abtastung ein unendlich breites, in f_a periodisches Spektrum. Die
Seitenbänder sinken bei realen Rechteckabtastimpulsen ab. Allgemein ist jetzt die Frage zu
klären, wie f_a in Bezug auf f_g gewählt werden kann, sodass das kontinuierliche bandbegrenzte Originalsignal eindeutig rekonstruiert werden kann.

In Abb. 7.6 ist ein Beispiel angegeben, in dem Abtastfrequenz f_a und Grenzfrequenz
f_g so gewählt wurden, dass die periodisch wiederkehrenden Spektralanteile dicht neben-
einander liegen, aber sich nicht überlappen. Tritt eine Überlappung auf, kann nicht mehr
festgestellt werden, ob die Frequenzanteile noch zum unteren Frequenzband oder bereits zum
höheren Frequenzband gehören. Dadurch lässt sich das Originalsignal nicht mehr eindeutig
rekonstruieren. Aus dieser Überlegung leitet sich das Nyquist-Shannon-Abtasttheorem ab.

Das Abtasttheorem besagt, dass eine Zeitfunktion $s(t)$ mit einem Spektrum im Intervall
$[0, f_g]$ durch sein abgetastetes Signal vollständig beschrieben wird, falls die Abtastfrequenz
f_a mehr als zweimal so groß ist wie die Grenzfrequenz f_g. Mathematisch ausgedrückt:

$$f_a > 2 \cdot f_g \tag{7.2}$$

Je größer f_a in Bezug auf f_g ist, desto größer sind auch die Abstände der Amplitudenspek-
tren. Da eine hohe Abtastfrequenz technisch aufwändiger als eine niedrige ist, liegt es also

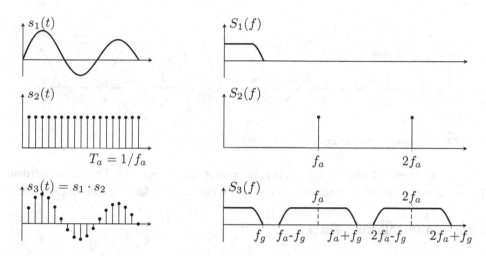

Abb. 7.5 Zeitverlauf und Spektren der Signale

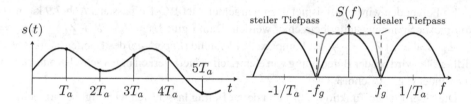

Abb. 7.6 Zeitbereich und Frequenzspektrum

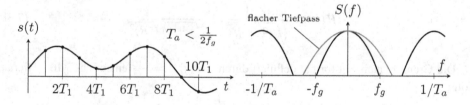

Abb. 7.7 Ausreichend schnelle Abtastung

im Interesse des Entwicklers, das Signal auf die nötigen Frequenzen zu begrenzen. Hierfür werden Tiefpassfilter eingesetzt. Bei hohen Abtastfrequenzen reicht ein einfacher Tiefpassfilter aus, um nicht überlappende Spektren zu erhalten. Um die Abtastfrequenz in Bezug zur Grenzfrequenz möglich gering zu halten, wäre ein idealer Tiefpass, dessen Flanken sehr steil abfallen, notwendig (vgl. Abb. 7.6 und 7.7). Man beachte, dass dies für das beidseitige Spektrum gilt, also für positive, wie negative Frequenzanteile. Ist die Abtastfrequenz zu niedrig, überlappen sich die Ausgangsspektren so, dass das Originalsignal nicht mehr

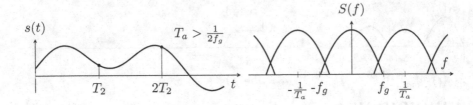

Abb. 7.8 Zu langsame Abtastung führt zu Aliasing

rekonstruiert werden kann. Diesen Effekt nennt man Aliasing (vgl. Abb. 7.8). Daher werden Tiefpässe, mit denen dies zu verhindern versucht wird, als *Anti-Aliasing Filter* bezeichnet.

7.3.2 (Anti-)Aliasing-Filter

Anti-Aliasing-Filter (AA-Filtern) sind analoge Tiefpässe, welche entweder passiv als RLC-Netzwerke (vgl. Abschn. 3.5.1) oder aktiv mit zusätzlichen Operationsverstärkern arbeiten.

Im Folgenden wird ein Beispiel dazu betrachtet. Der RC-Tiefpass aus Abb. 7.9 kann als komplexer Spannungsteiler betrachtet werden. Damit gilt: $U_e = I_e \cdot (R + \underline{Z}_C)$ und $U_a = I_e \cdot \underline{Z}_C$. Dabei ist $\underline{Z}_C = \frac{1}{j\omega C}$ der komplexe Widerstand *(Impedanz)* des Kondensators. Diese Hilfsgröße wird bei der Berechnung von elektrischen Netzwerken mit Wechselstromanteilen verwendet (vgl. Abschn. 3.4.4).

Die Übertragungsfunktion $H(\omega)$ und deren Betrag lassen sich wie folgt bestimmen:

$$H(\omega) = \frac{U_a}{U_e} = \frac{\underline{Z}_C}{\underline{Z}_C + R} = \frac{1}{1 + j\omega C R} \tag{7.3a}$$

$$|H(\omega)| = \frac{|\underline{Z}_C|}{\sqrt{\underline{Z}_C^2 + R^2}} = \frac{1}{\sqrt{1 + (\omega C R)^2}} \tag{7.3b}$$

Die Grenzfrequenz ist formal definiert durch: $|H(f_c)| = \frac{1}{\sqrt{2}}$(entspricht 3 dB). Hieraus folgt:

$$f_c = \frac{1}{2\pi R C} \tag{7.4}$$

Mithilfe dieser Formel lassen sich die Tiefpassparameter R und C bestimmen.

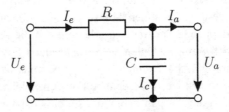

Abb. 7.9 Passiver RC-Tiefpass

Beispiel Rechteckimpuls

Um die Verwendung und den Sinn des vorgeschalteten Tiefpassfilters noch einmal zu verdeutlichen, dient folgendes Beispiel: Das rechteckförmige Spannungssignal $s(t)$ soll abgetastet werden. Dabei gilt

$$s(t) = \begin{cases} 5\,\mathrm{V} & 0 \leq t \leq 1s \\ 0\,\mathrm{V} & sonst. \end{cases}$$

Durch Fourier-Transformation erhält man im Frequenzbereich:

$$S(f) = \frac{5 sinc(\pi f)}{\sqrt{2\pi}}$$

Das Problem: Diese Funktion ist für $-\infty \leq f \leq \infty$ definiert. Es gibt also keine natürliche Maximalfrequenz. Jede Abtastung wird daher diverse Überlappungen ergeben, aus denen kein eindeutiges Signal mehr zurückgeführt werden kann. Die Lösung besteht darin, dass selbst eine Grenzfrequenz definiert wird, jenseits derer das Signal mittels des Tiefpasses, der hier als Anti-Aliasing-Filter dient, im Frequenzbereich abgeschnitten wird.

Diese Frequenz kann in der Realität durch das gewählte Abtastglied aufgrund des Abtasttheorems vorgegeben sein, oder sich einfach daraus ergeben, dass höhere Frequenzanteile für diese Anwendung nicht relevant sind. Hierunter fallen zum Beispiel auch überlagerte Rauschanteile und Ähnliches. Da das Signal nun künstlich bandbegrenzt wurde, kann mit der Abtastung fortgefahren werden.

7.4 S&H-Verstärker

Die meisten A/D-Wandler brauchen eine gewisse Zeit, um den abgetasteten Wert in ein digitales Signal umzuwandeln. Daher ist es notwendig, den analogen Spannungswert während der Wandlungszeit konstant zu halten. Dies wird mit Hilfe einer S&H-Schaltung durchgeführt, wie sie in Abb. 7.10 gezeigt wird. Der Schalter (der z. B. durch einen MOSFET realisiert werden kann) ist mit dem eigentlichen Wandler synchronisiert. Vor der Wandlung wird er geschlossen, sodass sich der Kondensator C_1 auf die anliegende Spannung auflädt. Während der Wandlung wird der Schalter geöffnet, sodass der weitere Signalverlauf U_e am Eingang den Prozess nicht beeinflusst.

Die Eingangs- und Ausgangsseite sind durch Operationsverstärker elektrisch entkoppelt, so dass hier keine Ladung abfließen kann. Dabei sind die OVs als nichtinvertierende Verstärker mit einer Verstärkung von 1 geschaltet. Auf diese Weise haben sie einen theoretisch unendlich hohen Eingangswiderstand. Der linke OV dient so dazu, das Eingangssignal möglichst nicht zu beeinflussen. Durch den zweiten Operationsverstärker wird die Entladung des Kondensators minimiert, sodass die anliegende Spannung über den Wandlungszeitraum annähernd konstant bleibt.

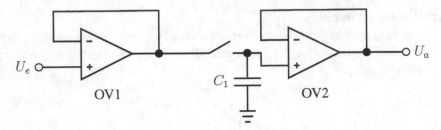

Abb. 7.10 Operationsverstärker zum Entkoppeln des S&H-Verstärkers

Durch dieses Halten des Spannungswertes ergibt sich allerdings für die Abtastung das Problem, dass die Abtastperiode nicht kleiner sein darf, als die zur Wandlung benötigte Haltedauer, da sonst ein neuer Eingangswert den noch in der Wandlung befindlichen alten Wert „überschreiben" und somit das Ergebnis der Wandlung verfälschen würde. Daher wird diese Zeitquantisierung so bestimmt, dass eine maximale Abtastung, die durch die Wandlergeschwindigkeit vorgegeben ist, erreicht wird. Nur so ist eine fehlerfreie Abtastung laut dem Abtasttheorem möglich. Damit ergibt sich für die Abtastrate:

- **Max. Abtastrate** Bestimmt durch Wandlergeschwindigkeit
- **Min. Abtastrate** Bestimmt durch Abtasttheorem

7.5   A/D-Wandler

Der A/D-Wandler überführt die analogen Eingangsgrößen in digitale Ausgangsgrößen, die anschließend von einem Digitalrechner bearbeitet werden. Abhängig von den Anforderungen und den Wandlereigenschaften werden unterschiedliche A/D-Wandler in der Praxis eingesetzt.

Generell wird dabei der anliegende Spannungswert als Bruchteil einer zur Verfügung gestellten Referenzspannung dargestellt. Hätte beispielsweise ein A/D-Wandler mit einer Auflösung von 8 Bit eine Referenzspannung von $U_{Ref} = 5\,\mathrm{V}$, so würde die abgetastete Spannung von $U_e = 3{,}3\,\mathrm{V}$ zur Bitfolge 10101001 gewandelt. Dies entspricht umgekehrt $\frac{169}{256} \cdot 5\,\mathrm{V} = 3{,}30078\,\mathrm{V}$. Hieran wird sichtbar, dass sowohl die Auflösung (z. B. bei $n = 8$ Bit eine Auflösung von $2^n = 256$ Schritten), als auch die Höhe der Referenzspannung die Genauigkeit des Wandlers beeinflussen. Diese beträgt näherungsweise

$$p_{min} = \frac{U_{Ref}}{2^n}$$

Es wird zwischen direkten und indirekten Wandlern unterschieden. Im Gegensatz zu indirekten Wandler benötigen direkte Wandler keine Zwischengröße. Im Folgenden sind einige wichtige Wandler exemplarisch beschrieben. Beispiele für direkte Wandler sind

Parallelwandler, Wägeverfahren und Prioritätsencoder. Beispiele für indirekte Wandler sind
Multi-Slope-, Charge-Ballancing- und Delta-Sigma-Wandler.

7.5.1 Wägeverfahren

Das Wägeverfahren (auch *Successive Approximation Converter* genannt) gehört zur Klasse
der direkten Wandler. Es vergleicht die Eingangsgrößen schrittweise mit bestimmten Refe-
renzgrößen. Im gezeigten Beispiel wird eine 3-Bit A/D-Wandlung durchgeführt. Zunächst
wird die Eingangsspannung mit der Hälfte der Referenzspannung (maximal vorkommen-
der Spannungswert) verglichen. Ist die Eingangsspannung größer, wird anschließend mit
dreiviertel der Referenzspannung verglichen. Ist dieser Wert kleiner, wird wiederum das
Intervall halbiert, d. h. es wird geprüft, ob die Eingangsspannung mehr als fünffachtel der
Referenzspannung entspricht. Abb. 7.11 beschreibt das Vorgehen bei weiteren Vergleichs-
ergebnissen. In jeder Vergleichsebene wird dadurch ein Bit neu bestimmt, wobei mit der
Bestimmung oder der Berechnung des höchstwertigen Bits (Most Significant Bit, MSB)
begonnen wird. Der Aufbau eines A/D-Wandlers mit Wägeverfahren ist in Abb. 7.12 zu
sehen.

Hierbei wird mit Hilfe eines D/A-Wandlers die jeweilige Vergleichsspannung erzeugt, die
mittels eines Operationsverstärkers als Komparator verglichen wird. Das Vergleichsergebnis
im Iterationsregister bestimmt das entsprechende Bit im Ausgaberegister. Diese schrittweise
Bestimmung des digitalen Wortes ist zeitabhängig von der gewünschten Auflösung. Je höher
die Auflösung, desto länger dauert die Umsetzung. Die Sukzessive Approximation kann nur
eingesetzt werden, wenn die Eingangsspannung sich während des Wandlungsvorganges
maximal um $\frac{1}{2}$ LSB ändert. Daher ist in der Regel ein Sample&Hold-Glied nötig. Auch ist
das Verfahren anfällig für Aliasing, weswegen oftmals ein Tiefpassfilter nötig ist. Pro Bit

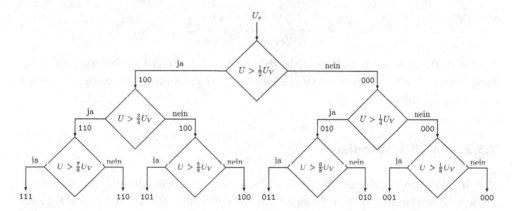

Abb. 7.11 Flussdiagramm für den Ablauf des Wägeverfahrens

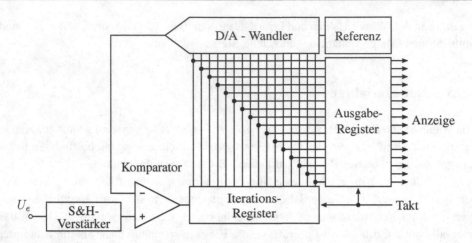

Abb. 7.12 Aufbau eines A/D-Wandlers mit Wägeverfahren

wird eine Taktperiode benötigt, da pro Bit ein Vergleich durchgeführt wird. Normalerweise wird zusätzlich noch ein Start- und ein Stopptakt benötigt. Die Wandlungszeit T_c ergibt sich dann zu:

$$T_c = \frac{1}{f_{Takt}}(n + 2)$$ (7.5)

mit der Bitbreite n.

Die Höhe der Taktfrequenz hängt hauptsächlich vom Einschwingverhalten des Komparators ab. Auch die Genauigkeit wird durch ihn beeinflusst. Er muss eine große Verstärkung aufweisen, da er am Ausgang in der Regel einen Pegel von 5 V liefern muss und die Eingangsspannungsdifferenz minimal $\frac{1}{2}$ LSB sein darf. Die benötigte Verstärkung ist dann:

$$V = \frac{5\,\text{V}}{0{,}5 U_{LSB}} = \frac{5\,\text{V}}{0{,}5 U_{FS}} 2^n$$ (7.6)

Bei einem 16-Bit-Wandler und einem Messbereich von 2 V beträgt die erforderliche Verstärkung bereits über 10^5. Diese Werte und gleichzeitig ein gutes Einschwingverhalten weisen nur wenige Komparatoren auf.

7.5.2 Parallele Wandler

Um die Wandlungszeit deutlich zu verkürzen, werden parallele A/D-Wandler eingesetzt. Diese sind beispielsweise für Videoanwendungen notwendig. Möchte man eine n-Bit Auflösung eines digitalen Wortes erzeugen, so sind 2^{n-1} analoge Vergleicher notwendig. Beispielsweise wären dies bei einem 16-Bit Wort 65535 benötigte Vergleicher. Über eine

Spannungsquelle und Widerstände werden die einzelnen Referenzspannungen erzeugt. Ähnlich wie bei einem Fieberthermometer steigt die Anzahl der aktiven Komparatoren mit steigender analoger Spannung von unten nach oben. In der nachgeschalteten Elektronik wird zunächst mit jedem Takt eine Momentaufnahme des Zustands der Komparatoren genommen und gespeichert. Im anschließenden Encoder wird der höchstwertige Komparator binär kodiert. Bei parallelen Wandlern (engl.: *flash converters*) wird die zu messende Spannung gleichzeitig mit mehreren Referenzspannungen verglichen. Dazu wird der gültige Messbereich in 2^n Intervalle, wobei n die Genauigkeit in Bits angibt, unterteilt und die Eingangsspannung mit jedem dieser Intervalle verglichen. Die $2^n - 1$ Vergleichsergebnisse werden von einem Prioritätsdekodierer in einen Binärwert umgewandelt.

Der in Abb. 7.13(a) gezeigte Aufbau führt dazu, dass der Messwert immer nach unten abgerundet wird. Gemäß der Spannungsteilerregel (vgl. Formel 3.5) ergibt sich am unteren Widerstand eine Spannung von $U_{R1} = \frac{1}{8}U_{Ref}$, am darüberliegenden Widerstand $U_{R2} = \frac{2}{8}U_{Ref}$ usw. Eine Eingangsspannung $U_e = 2,95\,\text{V}$ bei einem 3 Bit-Parallelwandler mit einem Messbereich von 0 bis 8 V würde somit dem Wert 2 (entspricht $2 \cdot \frac{8\,\text{V}}{2^3} = 2\,\text{V}$) zugeordnet, anstatt dem erwarteten Wert 3. Um dies zu vermeiden, werden die Widerstände wie in Abb. 7.13(b) angepasst. Die Spannung $U_e = 2,95\,\text{V}$ im Beispiel würde jetzt dem Wert 3 zugeordnet, jedoch würden auch Spannungen, die größer als 7,5 V sind, abgerundet.

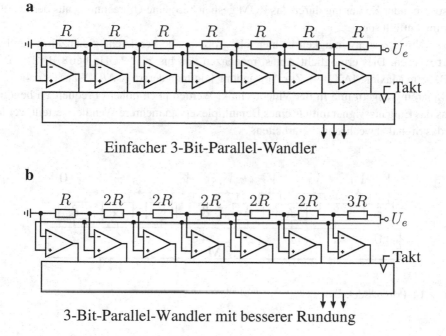

a

Einfacher 3-Bit-Parallel-Wandler

b

3-Bit-Parallel-Wandler mit besserer Rundung

Abb. 7.13 Beispielschaltungen für Parallel-Wandler

Um diesen Fall zu erkennen, müsste noch ein weiterer Vergleicher eingebaut werden, der den Überlauf anzeigt.

7.5.3 Prioritätsdekodierer

Ein Prioritätsdekodierer (engl.: *Priority Decoder*) gibt den n-Bit Index des höchstwertigen der 2^n Eingangsbits, das den Wert 1 hat, aus. Im Falle von Parallelwandlern spricht man auch von „Thermometerdekodierern", da die Höhe der Säule der Einsen die gemessene Spannung angibt.

Eine vereinfachte Darstellung der Nutzung ist in Abb. 7.14 zu sehen. Prioritätsdekodierer können genutzt werden, um eine parallele Wandlung auszuwerten.

V_i ist jeweils das Ergebnis des i-ten Vergleichers. Durch die Und-Gatter wird erreicht, dass jeweils nur der Eingang des ROMs aktiv ist, der am Übergang der Einser-Säule zur Nuller-Säule liegt. Wird z. B. die Spannung $U_e = 3{,}3\,$V gewandelt, haben V_0, V_1 und V_2 den Wert 1, alle anderen den Wert 0; dadurch ist nur der Eingang 3 des ROMs aktiv. An Adresse i ist jeweils die Zahl i in binärer Darstellung gespeichert; der ROM selbst enthält keinen Dekodierer, die gespeicherten Datenworte werden direkt über die Eingänge angesprochen.

Dieser Ansatz ist auch gut geeignet, um das Messergebnis in einer anderen Darstellung auszugeben, z. B. in Gray-Kodierung oder als BCD-Zahlen. Dazu werden die Werte in entsprechender Kodierung durch das ROM gespeichert; eine Umrechnung aus der Dualkodierung entfällt somit.

Die Umsetzgeschwindigkeit ist hier sehr groß, da alle Vergleiche gleichzeitig durchgeführt werden. Dies ermöglicht Abtastfrequenzen von bis zu 2,2 GHz bei 8 Bit Präzision (z. B. beim Maxim MAX109). Zur Anwendung kommen derartige A/D-Wandler daher z. B. in Radarempfängern und in der Videotechnik. Werden noch höhere Frequenzen benötigt, muss das Eingangssignal mittels eines Demultiplexers an mehrere Wandler verteilt werden, die das Signal abwechselnd verarbeiten.

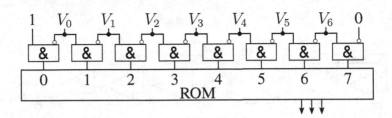

Abb. 7.14 Prioritätsdekodierer

Parallele Wandler haben jedoch zwei große Nachteile:

- Ihre Größe, d. h. die Anzahl der Komponenten, wächst exponentiell mit der Genauigkeit. Zudem führt die große Zahl an Vergleichern zu einer hohen Eingangskapazität, so dass ein hochwertiger Verstärker vorgeschaltet werden muss.
- Die Widerstände zur Abstufung der Referenzspannung müssen sehr präzise hergestellt werden, sowohl relativ zueinander als auch relativ zum Gesamtwiderstand.

Aus diesen Gründen werden Parallelwandler meist nur bis 8 Bit Präzision angeboten, seltener auch bis 10 Bit. Höhere Genauigkeiten sind nicht kommerziell herstellbar.

7.5.4 Dual-Slope-Verfahren

Eine weitere Klasse von A/D-Wandlern sind die integrierenden Wandler. Im Gegensatz zu den o. g. direkten Verfahren werden bei integrierenden A/D-Wandlern Spannungen schrittweise auf- bzw. abintegriert, um die Eingangsspannung anzunähern. Die Anzahl der Zeitschritte bestimmt den digitalen Wert. Ein Beispiel dafür stellt das Dual-Slope-Verfahren dar, für das eine Schaltung in Abb. 7.15 dargestellt ist. Das Dual-Slope-Verfahren ist in drei Phasen unterteilt. In der ersten Phase wird ein Reset des Wandlers durchgeführt, d. h. der Kondensator entleert und der digitale Zähler auf Null zurückgesetzt (durch das Schließen von S_2 entlädt sich der Kondensator C_1). Die eigentliche Messung, auch Messzyklus genannt, findet in den verbleibenden Phasen statt.

In der zweiten Phase wird über eine feste Zeit T_2 (N Taktimpulse) die zu wandelnde Eingangsspannung U_e mit einem Operationsverstärker aufintegriert, so dass die Spannung $U_1(T_2)$ hinter dem Integrierer proportional zur Eingangsspannung U_e ist. (Vgl. Abschn. 4.10.3)

$$U_1(T_2) = \frac{1}{RC} \int_{t_1}^{t_2} U_e dt = U_e \frac{t_2 - t_1}{RC} \tag{7.7}$$

Nach Beendigung dieser Aufwärtsintegration wird schrittweise mit einer Referenzspannung U_{ref} abintegriert, bis am Komparator 0 V oder eine Spannung, die entgegengesetzt der Eingangsspannung ist, anliegt. Die Anzahl n der hierfür notwendigen Taktimpulse ist proportional zur Eingangsspannung, d. h. der Ausgang am Zähler stellt gerade das digitale Wort dar. Formal lässt sich der Vorgang wie folgt beschreiben:

a

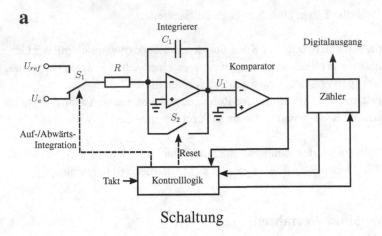

Schaltung

b

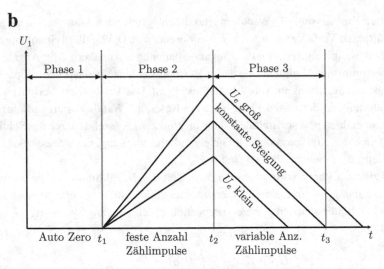

Zeitverlauf einer Messung

Abb. 7.15 Beispiel für das Dual-Slope-Verfahren

Es wird wiederholt mit der Referenzspannung U_{ref} abwärts integriert, bis $U_1 = U_{(T3)} = 0\,\text{V}$ erreicht. Da dies abhängig von $U_1(T_2)$ unterschiedlich lange dauert, ist die Anzahl n der benötigten Taktimpulse variabel:

$$U_1(T_3) = U_1(T_2) - \frac{1}{RC} \int_{t_2}^{t_3} U_{ref}\, dt \qquad (7.8)$$

Für $U_1(T_3) = 0$ und $T_3 = t_3 - t_2$ gilt:

$$U_e \frac{T_2}{RC} = U_{ref} \frac{T_3}{RC} \qquad (7.9)$$

Setzt man nun:

$$U_e = \frac{T_3}{T_2} U_{ref} = U_{ref} \frac{nT}{NT} = \frac{U_{ref}}{N} n \quad (\text{T = Periodendauer des Zählers}) \qquad (7.10)$$

So ergibt sich:

$$U_e \sim n \qquad (7.11)$$

In Abb. 7.15 wird der Verlauf der Spannung U_1 während zweier Beispielmessungen dargestellt. In Beispiel 1 wird eine höhere Spannung gewandelt, daher ist der Verlauf der Kurve im ersten Abschnitt (von 0 bis t_1) steiler als in Beispiel 2. Die Verläufe im zweiten Abschnitt (t_1 bis $t_1 + t_2$ in Beispiel 1 bzw. $t_1 + t_2'$ in Beispiel 2) sind parallel zu einander, da die Referenzspannung mit der abintegriert wird, in beiden Fällen gleich ist.

Eine Besonderheit von Dual-Slope-Wandlern ist, dass Störfrequenzen (z. B. 50 Hz/60 Hz durch das Stromnetz) komplett ausgefiltert werden, wenn eine solche Frequenz ein Vielfaches des Kehrwerts der Integrationszeit t_1 beträgt. Beispielsweise beträgt die Integrationszeit eines Wandlers $t_1 = 100$ ms, dann wird theoretisch jede Frequenz, die ein Vielfaches von $\frac{1}{t_1} = 10$ Hz beträgt, gefiltert. In der Praxis sind dieser Filterung Grenzen gesetzt, unter anderem auch weil Störfrequenzen nicht perfekt sind und Schwankungen unterliegen.

Dual-Slope-Wandler besitzen eine relativ hohe Genauigkeit und sind relativ robust, da sich Fehler durch Fertigungstoleranzen oder Temperaturdrifts durch die Auf- und Abintegration teilweise wieder aufheben. Trotzdem sind präzise Komponenten erforderlich, vor allem im Integrierer. Durch die Robustheit wird nur eine relativ geringe Abstimmung zwischen den Komponenten benötigt, die zudem unabhängig von der Auflösung ist. Dies ermöglicht eine kostengünstige Produktion.

Nachteilig sind die relativ lange Umsetzungszeit und der begrenzte Auflösungsbereich, da die Dauer des Messvorgangs exponentiell mit der Genauigkeit wächst und zudem noch von der Eingangsspannung abhängig ist. So erreicht z. B. der TC510 der Firma Mikrochip Technology Inc. nur eine Abtastrate von 4 bis 10 Werten pro Sekunde. Die architekturbedingte maximale Wandlungsfrequenz liegt bei wenigen Kilohertz (z. B. 3 kHz bei 14 Bit: Texas Instruments ICL7135).

Kommerzielle Wandler mit dem Dual-Slope-Verfahren sind bis zu einer Genauigkeit von 17 Bit verfügbar (z. B. Microchip Technology Inc. TC510).

7.5.5 Multi-Slope-Wandler

Da das Ende der Abintegrationsphase synchron zu einem Takt erfolgt, wird in Dual-Slope-Wandlern in der Regel zu lange abintegriert, so dass danach eine negative Spannung U_0 hinter dem Integrierer anliegt. Um die Präzision des Wandlers zu erhöhen, kann diese Restspannung verstärkt und wieder aufintegriert werden. Abb. 7.16 zeigt einen beispielhaften Verlauf der Spannung U_0 während einer Messung. Die Verstärkung der Restspannung nach der ersten Wandlung wird aus Gründen der Übersichtlichkeit nicht gezeigt.

Eine Spannung wird mit einer Präzision von 10 Bit gewandelt, dies ergibt die 10 hochwertigen Bits. Der Rest wird um den Faktor 2^5 verstärkt und aufintegriert. Da hier wieder ein Rest bleibt, kann dieser wieder um den Faktor 2^5 verstärkt und abintegriert werden. Das Ergebnis dieser Messung berechnet sich wie folgt:

$$(Ergebnis_1 \cdot 2^{10}) - (Ergebnis_2 \cdot 2^5) + (Ergebnis_3 \cdot 2^0) \qquad (7.12)$$

Dies ergibt eine Präzision von 20 Bit, vorausgesetzt dass der Verstärker hochwertig genug ist, um das Ergebnis nicht zu verfälschen. Ein weiterer Vorteil ist, dass eine Messung statt $2^{20} \approx 1.000.000$ Schritten nur $2^{10} + 2^5 + 2^5 \approx 1100$ benötigt, der Vorgang also fast um den Faktor 1000 beschleunigt wird.

7.5.6 Charge-Balancing-Verfahren

Das Charge-Balancing-Verfahren (C/B-Verfahren) gehört zu den Spannungs-Frequenz-Umsetzern (U/F-Wandler). Bei diesen Verfahren wird die analoge Spannung in eine Impulsfolge mit konstanter Spannung transformiert. Dieses Zwischensignal kann direkt über einen digitalen Eingang in die Auswerteelektronik eingelesen werden. Der analoge Spannungswert kann auf unterschiedliche Weise kodiert werden. Bei dem C/B-Verfahren wird die Information in der Frequenz der Impulsfolge kodiert, wie in Abb. 7.17 zu sehen ist. Ein Integrierer wird solange mit der Eingangsspannung U_e aufgeladen *(Charge),* bis ein Schwellwert

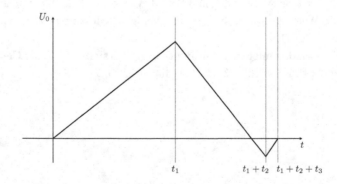

Abb. 7.16 Verlauf einer Multi-Slope-Wandlung

a

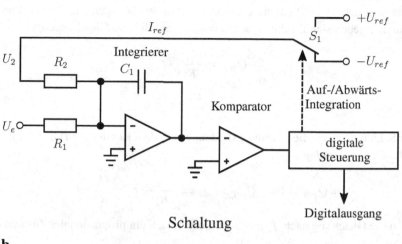

Schaltung

b

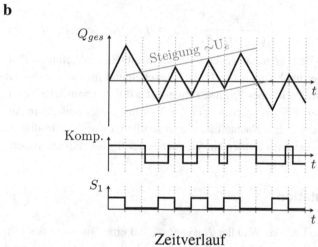

Zeitverlauf

Abb. 7.17 Beispiel für das Charge-Balancing-Verfahren

am Komparator überschritten wird. Dieser löst einen Impuls am Ausgang aus und legt für eine feste Zeitspanne t_s eine negative Referenzspannung $-U_{ref}$ an den Integrierer. Wird der Schwellwert wieder unterschritten beginnt das Aufladen erneut. Je höher die zu messende Spannung ist, umso schneller wird wieder die Schwelle am Komparator erreicht (hohe Spannung $\Rightarrow$ hohe Frequenz). Entscheidend für die Spannung am Ausgang des Integrierers sind die Ladungen Q_{ges} auf dem Kondensator:

$$Q_{ges} = U \cdot C = Q_e + Q_{ref} = \int_{t_1}^{t_2} \left(\frac{U_e}{R_1} + \frac{U_{ref}}{R_2} \right) dt \qquad (7.13)$$

Da die Ausgangsfrequenz $f = 1/T$ der Schaltung sehr viel höher ist als die Signalfrequenz (Überabtastung), kann die Spannung für einen Zyklus als konstant angenommen werden.

Dadurch ergeben sich für die beiden Teilladungen folgende Gleichungen:

$$Q_{ref} = \frac{U_{ref}}{R_2} \cdot t_s \tag{7.14}$$

$$Q_e = \frac{U_e}{R_1} \cdot T \tag{7.15}$$

Ziel der Schaltung ist es, die Spannung (Ladungen auf dem Kondensator) im Mittel auf Null auszugleichen *(Balancing)*:

$$Q_{ges} = 0 \Rightarrow Q_{ref} = Q_e \Rightarrow \frac{U_{ref}}{R_2} \cdot t_s = \frac{U_e}{R_1} \cdot T \tag{7.16}$$

Löst man die Gleichung nach $f = 1/T$ auf, ergibt sich ein proportionaler Zusammenhang von U_e zu f:

$$f = \frac{R_2}{U_{ref} \cdot t_s \cdot R_1} \cdot U_e \Rightarrow f \sim U_e \tag{7.17}$$

Das Charge-Balancing-Verfahren hat gegenüber den Multi-Slope-Verfahren den Vorteil, dass die Wandlungsdauer unabhängig von U_e ist. Entscheidend für das Ergebnis der Messung ist nicht die Genauigkeit eines Zyklus, sondern die durchschnittliche Zeit mehrerer Zyklen. Ein Vorteil gegenüber der schrittweiser Annäherung ist der einfachere Aufbau mit nur einer Referenzspannung. Ein Nachteil ist die wesentlich aufwändigere digitale Schaltungselektronik, da die einzelnen Zyklen ein Vielfaches der Signalfrequenz haben.

7.5.7 Delta-Modulation

Beim Delta-Wandler kodiert das Wandler-Ausgangssignal eine Differenz des Eingangssignals zwischen zwei Abtastzeitpunkten. Je steiler die Flanke des Eingangssignals, desto mehr Ausgangsimpulse werden mit dem entsprechenden Vorzeichen ausgegeben. Bei Gleichspannung ergibt sich ein stetiger Wechsel von Einsen und Nullen. Die grundlegende Idee ist, dass das zu wandelnde Signal meist eine hohe Datenredundanz aufweist. D. h., dass benachbarte Abtastwerte nur geringfügig voneinander abweichen. Dies hat den Vorteil, dass eine Datenreduktion möglich ist, was für höhere Abtastraten (z. B. bei Audio und Video) wichtig ist. Eine mögliche Realisierung wird in Abb. 7.18 gezeigt.

Redundante Signalanteile (= Signalanteile, welche sich über den wahrscheinlichen Signalverlauf rekonstruieren lassen) werden durch einen Prädikator (Vorhersagewert) bestimmt und nicht quantifiziert. Lediglich der verbleibende Signalanteil (Differenz zwischen Momentanwert und Vorhersagewert) muss kodiert werden. Der Vorhersagewert ist im einfachsten Fall der durch den letzten Abtastwert bestimmte Signalwert. Aus der Differenz ergibt sich eine 1-Bit-Kodierung der Differenz von U_e und U_i. Es ist nur ein

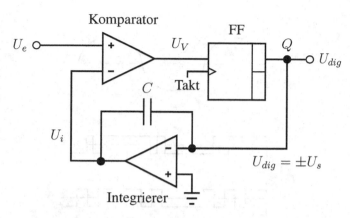

Abb. 7.18 Beispielschaltung für das Delta-Modulations-Verfahren

„größer/kleiner" – Vergleich der beiden Werte notwendig (Komparator). In der Auswertungslogik werden die positiven Impulse aufaddiert und die negativen Werte subtrahiert. Der Zählerstand ist proportional zur Eingangsspannung. Dadurch ergibt sich ein Treppenverlauf mit einer maximalen Stufenhöhe von Eins. Durch die maximale Stufenhöhe von Eins ergibt sich eine maximal zulässige Anstiegsgeschwindigkeit des Eingangssignals. Eine kleine analoge Stufenhöhe folgt dem Eingangssignal nur langsam. Ist die Stufe zu klein, können Steigungsüberlastungen (Overload, Noise) auftreten. Wählt man die Stufen zu groß, steigt das Quantisierungsrauschen.

Delta-Sigma-Wandler

Der Delta-Sigma-Wandler basiert auf dem Prinzip der Delta-Modulation. Liegt eine konstante Eingangsspannung vor, ergibt sich am Ausgang eine abwechselnde Folge negativer und positiver Impulse, mit dem Mittelwert Null. Vergrößert sich die Spannung, so ergibt sich am Ausgang eine Folge positiver Impulse, wird sie geringer, erhält man negative Impulse. Dies ist in Abb. 7.19 dargestellt.

Zur Wandlung eines absoluten Wertes reicht das nicht aus. Deshalb enthält der Delta-Sigma-Modulator einen weiteren Integrierer zum Integrieren der Eingangsspannung.

Der Differenzverstärker integriert die Differenz zwischen der Eingangsspannung U_e und der Referenzspannung U_{ref}, die durch den Ausgangswert des D-Flip-Flops festgelegt ist. Das Ergebnis wird durch den Nullkomparator mit Ground verglichen, der entweder logisch 1 oder 0 in das Flip-Flop gibt. Wie beim Delta-Modulator ist das Flip-Flop getaktet und man erhält eine unipolare Impulsfolge logischer Werte. Diese bestimmen die Referenzspannung entweder zu $-U_{ref}$, wenn der der Ausgang 0 ist oder zu $+U_{ref}$, wenn der Ausgang 1 ist. Des Weiteren werden die logischen Impulse mit einer Offset-Spannung zu einer bipolaren Impulsfolge U_2 umgewandelt. Ist U_e Null, erhält man am Ausgang eine Folge abwechselnder negativer und positiver Impulse mit dem Mittelwert Null. Eine positive

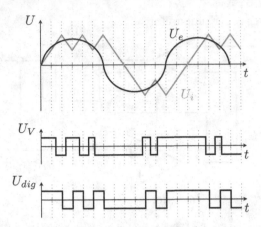

Abb. 7.19 Zeitverlauf einer Delta-Modulation eines Sinus-ähnlichen Signals

Eingangsspannung ruft eine Folge positiver Impulse am Ausgang hervor, eine negative somit eine Folge negativer Impulse. Damit ist der Mittelwert der Ausgangssignale proportional zur Eingangsspannung. Dieser Mittelwert kann durch nachfolgende digitale Filter erhalten werden.

Als Beispiel wird ein Delta-Sigma-Wandler mit einer Referenzspannung von 2,5 V angenommen, die Eingangsspannung sei $U_e = 1$ V, dann ergeben sich für die ersten acht Schritte die in der Tab. 7.1 dargestellten Werte. Als Ergebnis erhält man die Folge 10111011, also sind sechs der acht Werte 1. D. h., der Eingangswert entspricht $\frac{6}{8}$ bzw. 75 % des vollen Eingangsbereiches. Der Eingangsbereich geht von $-U_{ref}$ bis $+U_{ref}$. Die Eingangsspannung ist somit 3,5 V über der Untergrenze und entspricht somit $\frac{3,5}{5} = 70$ % des Eingangsbereiches. Je länger gewandelt, desto mehr Bits werden ausgewertet, und das Ergebnis nähert sich den 70 % an. Außerdem erkennen entsprechende digitale Filter den Trend der Bitfolge schneller, als das hier angewandte Zählen der Bits.

Tab. 7.1 Delta-Sigma-Wandler mit $U_{Ref} = 2,5$ V und Eingangsspannung von 1 V

Schritt	U_{ref} in V	Differenz $U_e - U_{ref}$ in V	Integrierer in V	Vergleicher
1	0	1	1	1
2	2,5	−1,5	−0,5	0
3	−2,5	3,5	3	1
4	2,5	−1,5	1,5	1
5	2,5	−1,5	0	1
6	2,5	−1,5	−1,5	0
7	−2,5	3,5	2	1
8	2,5	−1,5	0,5	1

Prinzipiell ist der Delta-Sigma-Wandler ein 1-Bit-Wandler. Durch diese geringe Auflösung entsteht ein sehr hohes Quantisierungsrauschen. Normalerweise beträgt für einen Wandler das Signal-Rausch-Verhältnis im Abhängigkeit von der Anzahl der Bits n:

$$SNR = (6,02 \cdot n + 1,76)dB \qquad (7.18)$$

Und ergibt sich dadurch bei einem 1-Bit-Wandler zu 7,78 dB. Beim Delta-Sigma-Wandler wird jedoch eine starke Überabtastung verwendet, dadurch ist sein Einsatz auf den Kilohertzbereich beschränkt. Durch die Überabtastung um den Faktor M berechnet sich der Signal-Rausch-Abstand zu:

$$SNR = [6,02 \cdot n + 1,76 + 10 \log M]dB \qquad (7.19)$$

Ist $M = 2$, so erhöht sich der Signal-Rausch-Abstand also um 3 dB. Allerdings reicht die Überabtastung alleine nicht aus um den Signal-Rausch-Abstand genügend zu verbessern. Da solch hohe Takte nicht ohne Weiteres möglich sind, kann M nicht so weit erhöht werden. Außerdem macht sich bei hohen Frequenzen der Takt-Jitter dann immer stärker bemerkbar.

Zur weiteren Verbesserung des Signal-Rausch-Abstandes wird in der Regel noch Noise-Shaping eingesetzt, also eine Formung des Rauschsignals. Durch analoge Filterung wird der eigentlich ausgeglichene Verlauf der Rauschspannung über die Frequenz mit steigender Frequenz angehoben. Dadurch wird der größte Teil des Quantisierungsrauschens in einen Frequenzbereich verlagert, der sowieso nicht gewandelt wird. Das Delta-Sigma-Verfahren kann auch zur Digital-Analog-Wandlung eingesetzt werden (siehe Abschn. 7.7.4).

Der CS5510A ist z. B. ein A/D-Wandler der Firma Cirrus Logic. Hierbei handelt es sich um einen CMOS-Wandler der auf dem Delta-Sigma-Verfahren basiert. Er ist darauf ausgelegt niederfrequente Signale mit einer 16 Bit Auflösung zu wandeln und dabei einen Durchsatz von bis zu 4000 Samples pro Sekunde zu erreichen. Der Takt wird dabei extern zugeführt. Der integrierte Tiefpassfilter ermöglicht Grenzfrequenzen zwischen 0,1 Hz und 10 Hz.

7.6 Rückführungsprozess

Um in einem eingebetteten System die Aktuatorik ansprechen zu können, ist es im Allgemeinen notwendig, die berechneten digitalen Ausgangsgrößen in analoge elektrische Größen umzuwandeln. Dieser Prozess wird als Rückführungsprozess bezeichnet.

Der Rückführungsprozess gliedert sich in drei Phasen: die eigentliche D/A-Wandlung, die Abtastung des Analogwertes am Ausgang des D/A-Wandlers und das Festhalten des Wandlers über eine Taktperiode mittels S&H-Verstärker sowie die Glättung des Ausgangssignals mittels eines Tiefpassfilters (vgl. Abb. 7.20).

Rückführung   Deglitcher   Datenrekonstruktion
(Hazard-Unterdrückung)

Abb. 7.20 Rückführung: D/A-Wandler, S&H-Verstärker und Filter

7.7 D/A-Wandlung

7.7.1 Parallele Umsetzer

Zunächst wird die eigentliche D/A-Wandlung betrachtet. Prinzipiell wird hier der Prozess der A/D-Wandlung umgekehrt: Aus einer digitalen Bitfolge wird ein analoges Signal generiert. Daher sind auch die eingesetzten Verfahren oft vergleichbar.

Parallele D/A-Wandler führen eine synchrone Umsetzung des digitalen Codes in Analogwerte durch. Eine mögliche Schaltung ist in Abb. 7.21 gezeigt. Die einzelnen Bits im Ausgangregister schalten die Referenzspannung U_{ref} auf die Bewertungswiderstände am Eingang eines Addierers. Dabei entsprechen die Verhältnisse der Teilströme/Spannungen der binären Darstellung. Die Teilströme/Spannungen werden am Eingang des Operationsverstärkers S aufaddiert und gegebenenfalls für die Anwendung verstärkt (Addiererschaltung). Der Ausgang U_a ist proportional zum binären Wort ($b_{n-1}; b_{n-2}; \ldots; b_1; b_0$) am Eingang.

$$I_S = b_{n-1} \cdot \frac{U_{ref}}{R} + b_{n-2} \cdot \frac{U_{ref}}{2R} + \ldots + b_0 \cdot \frac{U_{ref}}{2^{n-1}R} = \frac{U_{ref}}{2^{n-1}R} \sum_{i=0}^{n-1} b_i 2^i$$

$$U_a = I_S \cdot R_F = \frac{U_{ref} \cdot R_F}{2^{n-1}R} \sum_{i=0}^{n-1} b_i 2^i$$

a   b

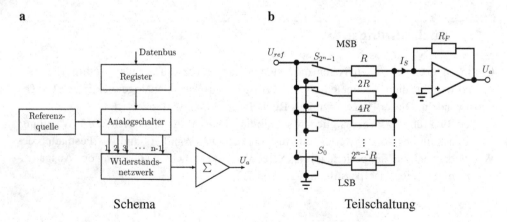

Schema   Teilschaltung

Abb. 7.21 Beispielschaltung für die Parallele Umsetzung eines D/A-Wandlers

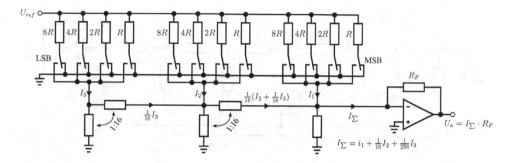

Abb. 7.22 Beispielschaltung für einen 12-Bit Parallelumsetzer

Die parallele Umwandlung ist nur dann direkt möglich, wenn die Genauigkeit der Widerstände (die notwendigen Widerstände halbieren sich für die entsprechenden Teilströme/ Spannungen des nächst höheren Bits) gewährleistet werden kann. Beispielsweise ergeben sich für einen 16-Bit Wandler Widerstandstoleranzen für das Most Significant Bit (MSB) von 0,0015 %. Um diese Anforderung zu ermöglichen, muss vor allem auch das Driftverhalten bei Temperaturschwankungen aller Widerstände gleich sein. Des Weiteren muss berücksichtigt werden, dass die Schalter ebenfalls einen Widerstand aufweisen, der zu fehlerhaften Wandlerergebnissen führen kann. Heutige IC-Technologien ermöglichen akzeptable Widerstandsverhältnisse von 20:1. Dadurch sind maximal 4–5 Bit Auflösung bei dieser Art der Wandlung fehlerfrei generierbar. Um auch größere Auflösungen wandeln zu können, werden mehrere Parallelwandler zusammengeschaltet. So kann z. B. ein 12-Bit-Wandler aus 3 Blöcken von jeweils 4-Bit-Wandlern aufgebaut werden. Die Blöcke werden jeweils über Stromteilerwiderstände im Verhältnis 16:1 gekoppelt. Die Teilströme werden wiederum mit Hilfe eines Operationsverstärkers aufsummiert, wie in Abb. 7.22 gezeigt.

7.7.2 R-2-R-Kettenleiter

Der R-2-R-Kettenleiter (siehe Abb. 7.23) benötigt als Alternative zum Parallelwandler nur zwei verschiedene Widerstandswerte. Dies hat den Vorteil, dass diese beiden Widerstände mit sehr kleinen Toleranzen hergestellt werden können. Die beiden Widerstandswerte haben das Verhältnis von 2:1. Durch das Superpositionsprinzip bei linearen Systemen können die einzelnen Kreise bzw. Quellen getrennt betrachtet werden. Geht man beim R-2-R-Kettenleiter davon aus, dass die Widerstände und Schalter ideal (linear) sind, kann jeder Schalter getrennt betrachtet werden, wie in Abb. 7.24 dargestellt ist.

Der Operationsverstärker ist als invertierender Verstärker beschaltet, daher kann der negative Eingang als virtuelle Masse betrachtet werden. Mit dieser Vereinfachung hat man 3 Widerstände mit nur einem Widerstandswert 2R. Mit Hilfe der Spannungsteiler-Regel ergibt sich für die Spannung im Punkt A:

$$U_A = U_{ref}/3 = I \cdot 2R \Rightarrow I = \frac{U_{ref}}{3 \cdot 2R} \tag{7.20}$$

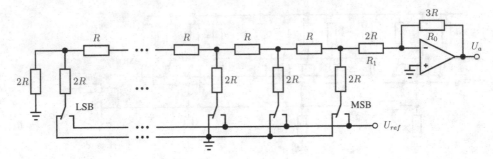

Abb. 7.23 Beispielschaltung für einen R-2-R-Kettenleiter

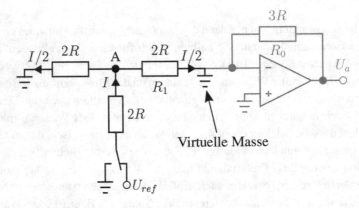

Abb. 7.24 Beispielschaltung einer R-2-R-Schaltung mit nur einem Bit

Da der Eingang des Operationsverstärkers als ideal angesehen werden kann, gilt $I_{R_0} = I_{R_1}$. Durch die virtuelle Masse gilt für die Ausgangsspannung am Operationsverstärker:

$$U_a = U_{R_0} = I \cdot 3R.$$

Ersetzt man I durch Gl. 7.20 ergibt sich der Zusammenhang von Referenzspannung zu Ausgangsspannung wie folgt:

$$U_a = U_{ref}/2.$$

Im nächsten Schritt wird die Schaltung um einen zweiten Schalter erweitert (vgl. Abb. 7.25). Die Widerstände werden so erweitert, dass aus der Sicht des ersten Schalters die Widerstände gleich bleiben. Sei nur das Bit n-2 eingeschaltet, dann ergeben sich für den Widerstand zwischen B und Referenzquelle 2R und für den Widerstand zwischen B und virtueller Masse 2R. Fasst man die drei Widerstände um A zu einem zusammen, ergibt sich wieder die Schaltung aus der oberen Abbildung mit der Spannung im Punkt B:

$$U_B = U_{ref}/3.$$

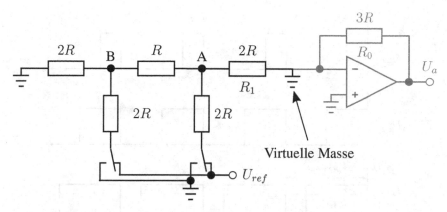

Abb. 7.25 Beispielschaltung einer R-2-R-Schaltung mit zwei Bit

Fasst man die Widerstände R_1 und R_2 zusammen ergibt sich für die Spannung am Punkt A:

$$U_A = U_B/2 = U_{ref}/6$$

Da die Verstärkung am Operationsverstärker gleich geblieben ist, ergibt sich das Verhältnis

$$U_a = U_{ref}/4$$

Dieses Vorgehen lässt sich für alle weiteren Bits anwenden.

7.7.3   Pulsweiten-Modulation (PWM)

Eine Möglichkeit, ein Analogsignal zu generieren, ist die Pulsweiten-Modulation (PWM). Dieses PWM-Signal ist ein Signal konstanter Frequenz, dessen *Takt-Pause-Verhältnis* je nach zu erzeugender Spannung geändert wird. D. h., je länger in jeder Periode das Signal auf „1" bzw. „high" liegt, desto größer die (gemittelte) ausgegebene Spannung (siehe Abb. 7.26). In einer elektrischen Schaltung (z. B. Mikrocontoller oder DSP) wird ein PWM-Signal am digitalen Ausgang erzeugt. Dem digitalen Ausgang wird ein Tiefpass nachgeschaltet, der das PWM-Signal zu einer analogen durchschnittlichen Spannung $U_{aus} = U_{ref} \cdot t_{ein}/t_{Periode}$ glättet. Möchte man also bei einem Signalpegel von $U_{ref} = 5$ V und einer festen Periode von $t_{Periode} = 1$ s eine Spannung von $U_{aus} = 2$ V generieren, so muss der Ausgang innerhalb der Periode für

$$t_{ein} = \frac{U_{uus}}{U_{ref}} \cdot t_{Periode} = \frac{2}{5} \cdot 1\,\mathrm{s} = 0{,}4\,\mathrm{s}$$

auf logisch 1 geschaltet werden, danach auf logisch 0.

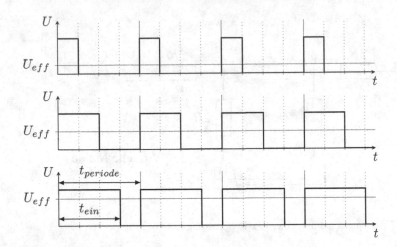

Abb. 7.26 Zeitverlauf verschiedener PWM-Signale

Das PWM-Signal kann auch direkt z. B. an einen Motortreiber übergeben werden (vgl. 9.2).

In der Praxis ist die Auflösung des Takt-Pause-Verhältnisses oft nicht kontinuierlich, sondern entsprechend der Auflösung des digitalen Eingangswertes quantisiert. So kann z. B. ein 8-Bit-Signal auch nur 256 verschiedene Ausgabespannungen der PWM annehmen.

7.7.4 Delta-Sigma-Umsetzer

Der Delta-Sigma-Umsetzer funktioniert nach einem ähnlichen Prinzip wie beim gleichnamigen A/D-Wandler (siehe Abschn. 7.5.7). Er erzeugt einen Bitstrom, die Glättung erfolgt mit Hilfe eines Tiefpasses. Den Delta-Sigma-Umsetzer kennzeichnen das kontinuierliche Differenzieren (Delta) und Integrieren (Sigma), woher auch die Bezeichnung stammt. Grundsätzlich genügt dem Komparator die Betrachtung des MSB. Als Beispiel soll ein 4-Bit-Umsetzer

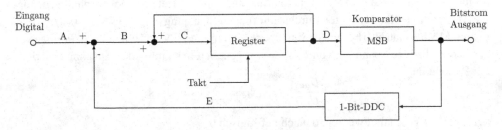

Abb. 7.27 Beispielschaltung eines Delta-Sigma-Umsetzers

Tab. 7.2 Delta-Sigma-Wandlung des Wertes -4 bei $U_{ref} = \pm 7\,\text{V}$

	Schritt 1	Schritt 2	Schritt 3	Schritt 4
A(n)	-4	-4	-4	-4
B(n)	0	-11	3	3
C(n)	0	-11	-8	-5
D(n)	0	0	-11	-8
E(n)	-7	7	-7	-7
Bits	0	1	0	0
$\overline{U}(2)$	-7	0	$-2{,}3$	$-3{,}5$

dienen. Dieser ist in Abb. 7.27 abgebildet. Als Beispielwerte sind -4 als umzusetzende Zahl und $U_{ref} = \pm 7\,\text{V}$ gewählt.

Im ersten Schritt (vgl. Tab. 7.2) werden alle Werte initialisiert. Im zweiten Schritt werden die Additionen ausgewertet. man beachte jedoch die Zeitverzögerung von einem Takt im Register, wodurch der Wert an der Stelle D noch 0 ist. Folglich ist

$$C(2) = B(2) + D(2) = B(2) + C(1) = -11 + 0.$$

Es ergibt sich ein gemittelter Ausgangswert von

$$\overline{U} = \frac{E(1) + E(2)}{2} = 0.$$

Im dritten Schritt kommen erstmals alle Effekte zum Tragen, sodass

$$B(3) = A(3) - E(2) = 3; \quad C(3) = B(3) + D(3) = 3 - 11 = -8;$$

$$D(3) = C(2) = -11 \quad \text{Bits}(3) = D(3) \geq 0? = 0$$

$$\text{und schließlich} \quad \overline{U}(3) = \frac{\sum_{n=1}^{3} E(n)}{n} = -2,\overline{3}$$

Entsprechend nähert sich der Wert mit weiteren Schritten dem Ziel-Endwert an.

7.8 Deglitcher

Am Ausgang des D/A-Wandlers kann es beim Wechsel des Digitalwertes zu Hazards kommen. D. h. wenn mehrere Bits gleichzeitig kippen, können Zwischenwerte entstehen, die zu Spannungsspitzen oder -einbrüchen führen können (siehe Abb. 7.28). Diese Störungen werden durch einen oft vorhandenen Ausgangsverstärker noch verstärkt. Durch den Einsatz eines (weiteren) S&H-Verstärkers können diese Fehler vermieden werden. Der

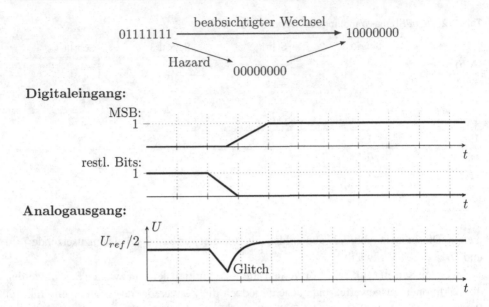

Abb. 7.28 Fehlerhafter Flankenwechsel eines Digitalsignals

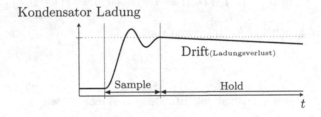

Abb. 7.29 Zeitliche Darstellung eines Sample- und Hold-Schrittes

S&H-Verstärker hält den letzten stabilen Wert solange aufrecht, bis ein neuer stabiler Zustand im nächsten Takt erreicht wird. Durch dieses Festhalten ergibt sich ein wertdiskretes aber zeitkontinuierliches Signal (siehe Abb. 7.29). Dieser Schritt entfällt im Falle der Pulsweitenmodulation, da hier bereits stabile, zeitkontinuierliche Signale generiert werden.

7.9   Filter im Rückführungsprozess

Am Ausgang des S&H-Verstärkers entsteht ein treppenartiger Verlauf der Spannung. Diese Treppenstufen enthalten sehr hochfrequente Anteile. Mit der Hilfe eines Tiefpass-Filters kann diese Treppenspannung geglättet werden (siehe Abb. 7.30) Werden die digitalisierten Werte ohne digitale Manipulation (z. B. Filter, Regler ...) wieder zu einem analogen Signal

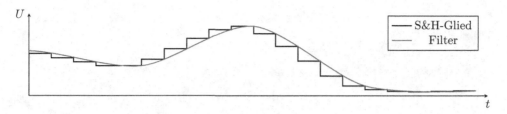

Abb. 7.30 Glättung einer Treppenspannung am Ausgang der D/A-Wandlung

rekonstruiert, sollten die beiden analogen Signale theoretisch identisch sein. Praktisch ist dies durch begrenzte Genauigkeit der oben vorgestellten Bauteile nicht vollständig möglich. Die daraus folgenden Informationsverluste sollten bei der Wahl der eingesetzten Bauteile und Verfahren berücksichtigt werden.

Literatur

[Mec95]   Mechelke, G.: Einführung in die Analog- und Digitaltechnik, 4. Aufl. Stam, Köln (1995)

[Mey14b] Meyer, M.: Signalverarbeitung: Analoge und digitale Signale, Systeme und Filter, 7., verb. Aufl. Springer Fachmedien Wiesbaden, Wiesbaden (2014)

[vG14]   von Grünigen, D.C.: Digitale Signalverarbeitung, 5., neu bearb. Aufl. Fachbuchverl. Leipzig im Carl-Hanser-Verl., München (2014)

Sensordatenverarbeitung

8

Zusammenfassung

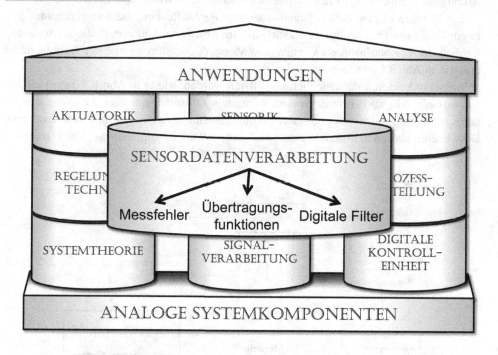

In diesem Kapitel werden die Grundlagen der Erfassung äußerer Stimuli in eingebetteten Systemen mittels Sensoren vermittelt. Zuerst werden mögliche Messfehler kategorisiert und die hierzu verwendete mathematische Darstellung erläutert. Insbesondere werden die Fehler zwischen dem abstrakten Sensormodell und dem realen Sensor betrachtet.

© Springer Fachmedien Wiesbaden GmbH, ein Teil von Springer Nature 2019
K. Berns et al., *Technische Grundlagen Eingebetteter Systeme*,
https://doi.org/10.1007/978-3-658-26516-8_8

Danach werden digitale Filter als effiziente Möglichkeit der Signalverarbeitung auf der Recheneinheit vorgestellt. Schließlich werden die Besonderheiten verschiedener spezifischer Sensorsysteme diskutiert.

8.1   Der Begriff Sensorik

Nachdem im vorhergehenden Kapitel allgemein der Prozess der Signalverarbeitung und die dabei genutzten Mittel vorgestellt wurden, werden nun die Aufnahme von Signalen mittels Sensoren und deren Verarbeitung näher betrachtet.

Der Begriff Sensor stammt vom lateinischen Wort *sensus* und kann mit *Sinn* übersetzt werden. Ein Sensor beschreibt eine Einrichtung zum Feststellen, Fühlen bzw. Empfinden von physikalischen und chemischen Größen. Im Allgemeinen ist ein Sensor eine Einheit, die ein Signal oder einen Stimulus empfängt und darauf reagiert. Bei einem physikalischen Sensor ist die Ausgabe ein elektrisches Signal wie Spannung, Strom oder Ladung. Durch Amplitude, Frequenz oder Phase können unterschiedliche Werte repräsentiert werden.

Ein *Stimulus* ist eine Größe, Eigenschaft oder Beschaffenheit, die wahrgenommen und in ein elektrisches Signal umgewandelt wird. Im MSR-Kreislauf nimmt die Sensorik den Bereich der Datenaufnahme zwischen dem Messgrößenumformer und der Recheneinheit ein, wie in Abb. 8.1 zu sehen ist.

Sensoren können unterschiedlich klassifiziert werden, wie es in Abb. 8.3 dargestellt ist: *Extrinsische* oder auch *externe Sensoren* ermitteln Informationen über die Prozessumgebung, *intrinsische* oder *interne Sensoren* bestimmen hingegen den internen Systemzustand. Desweiteren können Sensoren in aktive und passive Wandler aufgeteilt werden. Ein *aktiver*

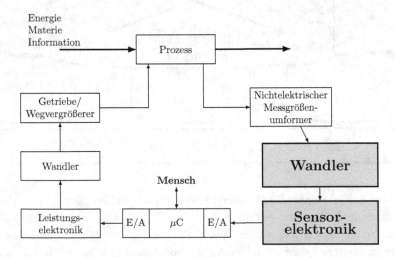

Abb. 8.1 Sensordatenverarbeitung im MSR-Kreislauf

Wandler variiert ein angelegtes elektrisches Signal, wenn der Stimulus sich verändert. Ein *passiver Wandler* erzeugt direkt ein elektrisches Signal bei Veränderung des Stimulus. Am Beispiel der Temperaturmessung lässt sich dies verdeutlichen: Ein passiver Wandler hierfür wäre eine Thermoelement (Peltier-/Seebeck-Element), da die gesamt Energie aus der Temperaturdifferenz stammt. Ein aktiver Wandler wäre ein temperaturabhängiger Widerstand (z. B. PT100), da eine extern anliegende Spannung nur temperaturabhängig variiert wird. Vorsicht ist geboten beim Begriff des aktiven/passiven Sensors. Hiermit kann je nach Kontext der o. g. Wandler gemeint sein, oder die Messgrößenerzeugung. Im letzteren Fall ginge es darum, ob nur passiv eingehende Stimuli gemessen werden (z. B. bei einem Helligkeitssensor, der nur das vorhandene Umgebungslicht misst), oder die Änderung eines aktiv eingebrachten Messsignals (z. B. die Lichtschranke, bei der die Helligkeitsänderung eines vom Sensor ausgesandten Laserstrahls gemessen wird).

Für Anwendungen im Bereich der eingebetteten Systeme wird nicht nur ein physikalischer Sensor verbaut, sondern vielmehr ein Sensor mit entsprechender Sensorelektronik. Die Sensorelektronik übernimmt beispielsweise direkte Filteraufgaben, extrahiert komplexere Informationen, digitalisiert und skaliert. Um dies bei der Klassifikation zu berücksichtigen, werden Sensorsysteme auch über die verschiedenen Integrationsstufen unterschieden, wie in Abb. 8.2 dargestellt ist.

Der *Elementarsensor* nimmt dabei eine Messgröße auf und wandelt diese direkt in ein elektrisches Signal um. Der *integrierte Sensor* beinhaltet zusätzlich eine Einheit zur Signalaufbereitung, wie beispielsweise Verstärkung, Filterung, Linearisierung und Normierung. *Intelligente Sensoren* beinhalten darüber hinaus eine rechnergesteuerte Auswertung der eingehenden Signale. Oft werden bereits digitale Größen am Ausgang erzeugt, die direkt vom eingebetteten Rechnerknoten eingelesen werden können. Typische Ausgaben sind binäre Werte wie beispielsweise bei Lichtschranken und Näherungsschaltern, skalare Ausgaben wie die Winkelmessung durch Encoder, vektorielle Ausgaben wie die drei Kräfte und Drehmomente einer Kraftmessdose oder auch mustererkennende Ausgaben wie die Extraktion einer Person aus einem Videostrom. Weitere Sensoren und einen tieferen Einblick in die Sensorik bieten z. B. [Hün16, SRZ14] (Abb. 8.3).

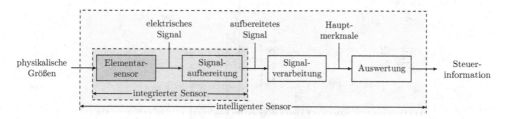

Abb. 8.2 Klassifikation von Sensoren über Integrationsstufen

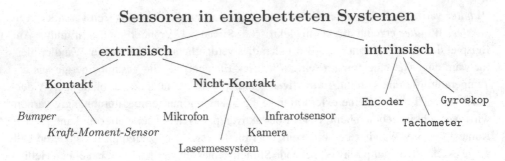

Abb. 8.3 Klassifikation oft verwendeter Sensoren in eingebetteten Systemen

8.2   Messfehler

Aufgrund der physikalischen Eigenschaften der Sensoren und den für das Messsystem manchmal ungünstigen Umweltbedingungen, entstehen Messfehler bzw. Sensorausfälle. In beiden Fällen ist es meist schwer, über den vom Sensor zurückgelieferten Messwert eine Aussage zu treffen, ob eine Fehlmessung vorliegt. Daher ist es notwendig, Verfahren zu entwickeln, um Messfehler zu bestimmen.

Allgemein unterscheidet man zwischen *systematischen Fehlern* und *zufälligen (statistischen) Fehlern*. Systematische Fehler werden durch den Sensor direkt verursacht, wie beispielsweise durch falsche Eichung. Sie lassen sich durch eine sorgfältige Untersuchung möglicher Fehlerquellen beseitigen. Zufällige Fehler hingegen werden durch nicht vorhersagbare Störungen verursacht. Sie können durch wiederholte Messungen derselben Situation beobachtet werden. Die Einzelmessungen weichen dabei voneinander ab und schwanken meist um einen Mittelwert. Dies ist beispielhaft in Abb. 8.4 und Tab. 8.1 dargestellt.

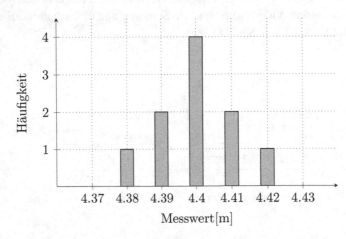

Abb. 8.4 Histogrammdarstellung mehrfacher Abstandsmessungen der gleichen Situation

Tab. 8.1 Ergebnisse mehrmaliger Abstandsmessungen

4,40 m	4,40 m	4,38 m	4,41 m	4,42 m
4,39 m	4,40 m	4,39 m	4,40 m	4,41 m

Der *arithmetische Mittelwert* (bester Schätzer) ist definiert als

$$\overline{x} = \frac{1}{N} \sum_{i=1}^{N} x_i \tag{8.1}$$

Um die Unsicherheit von Messungen angeben zu können, können zwei Formen gewählt werden:

Der *absolute Fehler* Δx_i einer Einzelmessung x_i ist gleich der Abweichung vom Mittelwert $\overline{x}$ aller N Messungen $\{x_n | n \in \{1, \ldots, N\}\}$

Der *relative Fehler* ist das Verhältnis von absolutem Fehler zum Messwert: $\frac{\Delta x_i}{x_i}$

Diese Größen sind allerdings nicht aussagekräftig, wenn es darum geht eine allgemeine Genauigkeit einer Messreihe oder eines Sensors anzugeben. Hier haben sich der durchschnittliche Fehler und die daraus resultierende Standardabweichung etabliert. Der *durchschnittliche Fehler* (korrigierte Stichprobenvarianz) der Einzelmessungen ist:

$$\sigma^2 = \frac{1}{N-1} \sum_{i=1}^{N} (\Delta x_i)^2 = \frac{1}{N-1} \sum_{i=1}^{N} (x_i - \overline{x})^2 \tag{8.2}$$

In der Formel steht der Faktor $N - 1$ und nicht N, da nur durch die Zahl der Vergleichsmessungen geteilt wird.

Daraus ergibt sich als *mittlerer Fehler* (empirische Standardabweichung)

$$\sigma_x = \sqrt{\frac{1}{N-1} \sum_{i=1}^{N} (x_i - \overline{x})^2} \tag{8.3}$$

und als Ergebnis einer Messung

$$x = (\overline{x} \pm \sigma_x) \text{ [Einheit]} \tag{8.4}$$

Oft findet man auch die Angabe bestimmter *Vertrauensbereiche (Konfidenzintervalle)*. Dies sind die Bereiche, in denen der Messwert bei angenommener Normalverteilung der Messreihe zu einer bestimmten Wahrscheinlichkeit liegt. Hierfür bestimmt man zunächst die *Unsicherheit* (auch: Standardabweichung der Mittelwerte) der Messreihe:

$$\sigma_{\overline{x}} = \sqrt{\frac{1}{N(N-1)} \sum_{i=1}^{N} (x_i - \overline{x})^2} = \frac{\Delta x}{\sqrt{N}} = \frac{\sigma}{\sqrt{N}} \tag{8.5}$$

Den Vertrauensbereich von Messungen kann man mit Hilfe einer Häufigkeitsverteilung H der Messwerte x bei einer Normalverteilung angeben. Bei großen N besagt die Vertrauensgrenze $\pm\sigma_{\overline{x}}$, dass ca. 68 % der Messwerte im Intervall $\pm\sigma_{\overline{x}}$ liegen. Wird eine Vertrauensgrenze von 95 % verlangt, so vergrößert sich das Intervall auf $2\cdot\sigma_{\overline{x}}$, bei 99 % auf etwa $3\cdot\sigma_{\overline{x}}$. Dies ist in Abb. 8.5 dargestellt.

8.2.1 Fehlerfortpflanzung

Wird eine abgeleitete Größe aus mehreren Messgrößen berechnet, so muss ebenfalls eine Messunsicherheit angegeben werden. Ist die zu berechnende Größe $y = f(x_1, x_2, \ldots, x_N)$ und Δx_i die Messunsicherheit der einzelnen Messgrößen, so ist die Messunsicherheit Δy der zu berechnenden Größe

$$y + \Delta y = f(x_1 + \Delta x_1, x_2 + \Delta x_2, \ldots, x_N + \Delta x_N)$$

$$\approx f(x_1, x_2, \ldots, x_N) + \sum_{i=1}^{N} \frac{\partial f}{\partial x_i}\Delta x_i$$

$$\Delta y = \sum_{i=1}^{N} \frac{\partial f}{\partial x_i}\Delta x_i \quad \text{für} \quad \Delta x << x_i \text{ (abgebrochene Taylorreihe)}$$

In obiger Gleichung stellen die partiellen Ableitungen Gewichtsfaktoren für die Fehlerfortpflanzung dar. Beispiele für die Fehlerfortpflanzung einer abgeleiteten Größe sind:

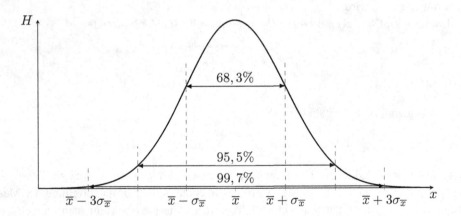

Abb. 8.5 Häufigkeit H für unendlich viele Messwerte x mit der Standardabweichung σ einer Gaußverteilten Messung

- Linearkombination

$$y = a_1 x_1 + a_2 x_2 + \ldots + a_n x_n \quad \Delta y = \sum_{i=1}^{n} a_i \, \Delta x_i \qquad (8.6)$$

- Kombiniert durch Multiplikation

$$y = a_1 x_1^{\alpha_1} + a_2 x_2^{\alpha_2} + \ldots + a_n x_n^{\alpha_n} \quad \Delta y = y \cdot \sum_{i=1}^{n} \alpha_i \frac{\Delta x_i}{x_i} \qquad (8.7)$$

Die derart ermittelten Fehlergrößen werden in Diagrammen üblicherweise als Fehlerbalken eingezeichnet (siehe Abb. 8.6).

Generell kann man folgende Faustregel für die Fehlerfortpflanzung verwenden:

- bei *Addition* und *Subtraktion* addieren sich die *absoluten* Fehler
- bei *Multiplikation* und *Division* addieren sich die *relativen* Fehler
- die Differenz zweier nahezu gleich großer Größen enthält einen großen relativen Fehler, daher ist es besser, die Differenz direkt zu messen
- Quadrierung verdoppelt, Quadratwurzel ziehen halbiert den relativen Fehler

Jede Messung mit Mittelwert $\bar{x}$ und Standardabweichung $\sigma_{\bar{x}}$ geht für große N in eine Gauß-verteilung über (vgl. Abb. 8.5):

$$f(x) = \frac{1}{\sigma_{\bar{x}} \sqrt{2\pi}} e^{-\frac{(x - \bar{x})^2}{2\sigma_{\bar{x}}^2}} \qquad (8.8)$$

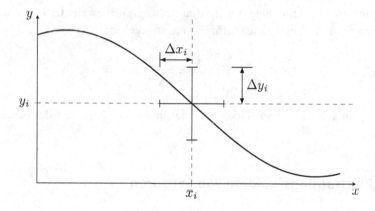

Abb. 8.6 Ermittelte Fehler werden als Fehlerbalken an den Messpunkten eingetragen

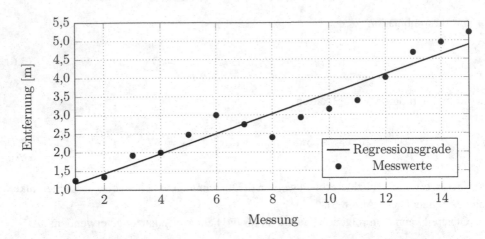

Abb. 8.7 Regressionsgerade einer störungsbehafteten Messung

Oft besteht zwischen zwei Größen x und y ein Zusammenhang wie beispielsweise zwischen den Größen Strom und Spannung an einem Widerstand. Eine besonders einfache Beziehung stellt die Linearität von x und y dar mit $y = m \cdot x + b$.

Bei diesem Zusammenhang können die Koeffizienten der Geradengleichung mittels *linearer Regression* bestimmt werden (siehe Abb. 8.7). Unter Verwendung der linearen Regression können die beiden Koeffizienten m und b bei einer fehlerbehafteten Messreihe von n Messwerten x_i und y_i wie folgt bestimmt werden:

$$m = \frac{\sum_{i=1}^{n} (x_i - \overline{x})(y_i - \overline{y})}{\sum_{i=1}^{n} (x_i - \overline{x})^2} \text{ und } b = \overline{y} - m\overline{x} \tag{8.9}$$

wobei $\overline{x}$ und $\overline{y}$ die Mittelwerte der Messwertreihen sind.

Zur quantitativen Bestimmung der linearen Abhängigkeit zweier Größen x und y wird häufig der empirische Korrelationskoeffizient r_{xy} angegeben:

$$r_{xy} = \frac{\sum_{i=1}^{n} (x_i - \overline{x})(y_i - \overline{y})}{\sqrt{\sum_{i=1}^{n} (x_i - \overline{x})^2 \sum_{i=1}^{n} (y_i - \overline{y})^2}} \tag{8.10}$$

Je näher r_{xy} an 1 liegt, um so stärker ist eine lineare Abhängigkeit der beiden Größen gegeben.

8.3 Übertragungsfunktion von Sensoren

Im Bereich der Sensorik können wir nicht unbedingt von einer linearen Abbildung des Eingangswertes auf den Ausgangswert ausgehen. Daher wird der Begriff der Übertragungsfunktion hier etwas weiter gefasst zu $y = f(x)$. Dabei wird unterschieden zwischen der

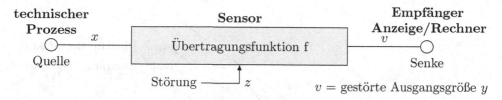

Abb. 8.8 Übertragungsfunktion eines Sensors

idealen Sensorübertragungsfunktion, die von einem perfekt gefertigten Sensor ohne äußere Störungen ausgeht und der *realen Sensorübertragungsfunktion,* die z. B. Fertigungstoleranzen, Abnutzung, Umgebungseinflüsse etc. berücksichtigt (vgl. Abb. 8.8).

Die Beziehung zwischen Stimulus und Ausgangssignal ist meist eindimensional und linear.

Für die lineare Übertragungsfunktion gilt: $y = a + b \cdot x$. Dabei wird die Steigung b auch als *Sensitivität* bezeichnet. Sie stellt ein Maß für die Unterscheidbarkeit der Ausgangswerte für kleine Unterschiede der entsprechenden Eingangswerte dar.

Weitere wichtige Übertragungsfunktionen von Sensoren sind z. B.:

- Logarithmische Übertragungsfunktion: $y = a + k \cdot \ln x$, k=konstant
- Exponentiale Übertragungsfunktion: $y = a \cdot e^{kx}$
- Polynomielle Übertragungsfunktionen: $y = a_0 \cdot x^0 + a_1 \cdot x^1 \ldots$

Die Sensitivität für nicht-lineare Übertragungsfunktionen ist für jeden Eingangswert x_i wie folgt definiert:

$$b = \frac{dy(x_i)}{dx} \tag{8.11}$$

Der dynamische Bereich eines Stimulus', der sensorisch erfasst wird, wird *Messbereich* eines Sensors (engl. Span oder Full Scale Input) genannt. Dieser beziffert den größten für einen Sensor zulässigen Stimuluswert. Größere Stimuli können den Sensor beschädigen.

Der *Ausgabebereich* (engl. *Full Scale Output*) eines Sensors ist das Intervall zwischen dem Ausgangssignal bei kleinstem und größtem angelegten (zulässigen) Stimulus.

Die *Genauigkeit* eines Sensors beschreibt die maximale Abweichung zwischen den idealen und den vom Sensor ausgegebenen Werten. Wie bei jeder Messung spricht man von systematischen und zufälligen Fehlern eines Sensors.

8.3.1 Eigenschaften von Sensorübertragungsfunktionen

Sei die ideale Übertragungsfunktion durch $y = f_{ideal}(x)$ bezeichnet und die reale Übertragungsfunktion durch $y' = f_{real}(x)$. Nimmt man die ideale Übertragungsfunktion, um vom Ergebnis y' auf den Stimulus abzubilden, so erhält man x' und $\delta = x - x'$ (vgl. Abb. 8.9).

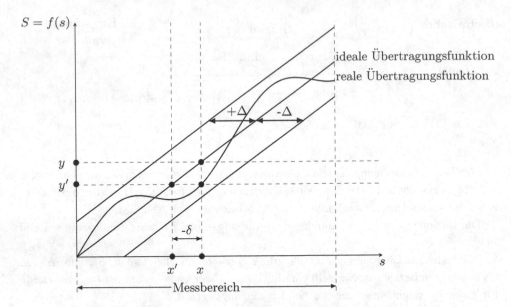

Abb. 8.9 Vergleich der realen und idealen Übertragungsfunktion eines Sensors

Sensoren weisen oft systematische Fehler auf. Dabei verschiebt sich die Sensorausgabe für jeden Stimulus um einen konstanten Wert. Dieser Fehler ist aber nicht unbedingt gleichmäßig über den Eingabebereich verteilt. Um dies zu vermeiden, werden Sensoren nach der Herstellung kalibriert (geeicht).

Die Verschiebung der Sensorausgabe kann für jeden hergestellten Sensor aufgrund vom Material unterschiedlich sein. Man bestimmt daher zur Kalibrierung die Steigung für jeden Sensor:

- es werden 2 Stimuli s_1 und s_2 angelegt
- der Sensor antwortet mit den zugehörigen Signalen S_1 und S_2
- Steigung für den Sensor wird bestimmt

Die so ermittelte Steigung zeigt das reale, möglicherweise von anderen Sensoren gleicher Bauart abweichende Verhalten des konkreten Sensors und kann zur Korrektur der gemessenen Werte genutzt werden. Daraus ergibt sich das Problem, dass die Steigung aufgrund von Messfehlern nicht mit der realen Steigung übereinstimmen wird (siehe Abb. 8.10). Im Folgenden werden einige mögliche Fehlerarten aufgeführt.

Ein *Hysteresefehler* ist die unterschiedliche Abweichung des Ausgangssignals eines Sensors für einen bestimmten Stimuluswert, je nachdem, aus welcher Richtung der Stimulus sich diesem Wert nähert. Eine Hysterese ist in Abb. 8.11 dargestellt.

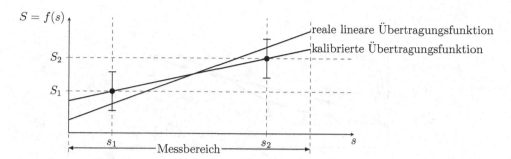

Abb. 8.10 Fehlerhafte Kalibrierung mit linearer Übertragungsfunktion unter Einfluss von Messfehlern

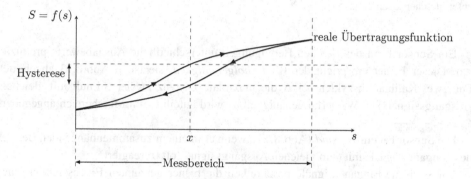

Abb. 8.11 Hysterese einer Übertragungsfunktion

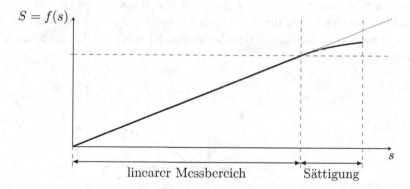

Abb. 8.12 Im Sättigungsbereich weicht die Sensorübertragungsfunktion vom vorherigen, linearen Verlauf ab

Fast jeder Sensor hat Arbeitsbereichsgrenzen und viele Sensoren haben eine lineare Übertragungsfunktion, aber ab einem bestimmten Stimuluswert wird nicht mehr die gewünschte Ausgabe erzeugt. In diesem Fall wird von einer *Sättigung* (siehe Abb. 8.12) gesprochen.

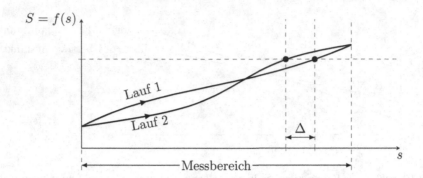

Abb. 8.13 Wiederholgenauigkeit eines Sensors, unterschiedliche Messwerte bei zwei Messungen unter gleichen Bedingungen

Ein Sensor kann bei gleichen Bedingungen unterschiedliche Ausgabewerte produzieren. Dieser Fehler entspricht der *Wiederholgenauigkeit,* sie ist in Abb. 8.13 abgebildet. Für zwei Kalibrationszyklen sei Δ die maximale Distanz zweier Stimuli mit gleichem Ausgangssignal. Die Wiederholgenauigkeit δ_r wird anteilig zum Messbereich angegeben: $\delta_r = \frac{\Delta}{\text{Messbereich}} \cdot 100.$

Ein Sensor hat ein *Totband* (Abb. 8.14), wenn er in einem zusammenhängenden Bereich des Eingangssignals mit dem gleichen Ausgangssignal (oft 0) reagiert.

Für statische Eingangssignale beschreiben die bisher genannten Eigenschaften einen Sensor vollständig. Wenn das Eingangssignal aber variiert, gelten diese nicht mehr. Grund dafür ist, dass der Sensor nicht immer direkt auf den Stimulus reagiert. Ein Sensor gibt daher nicht immer gleichzeitig zum Stimulus den zugehörigen Ausgabewert aus. Dies nennt man die *dynamischen Eigenschaften* eines Sensors (siehe Abb. 8.15). Der entstehende Fehler heißt *dynamischer Fehler.*

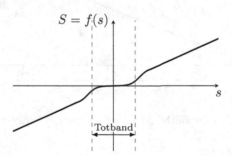

Abb. 8.14 Totband eines Sensors, nahezu keine Änderung des Messwertes innerhalb eines gewissen Stimulusbereiches

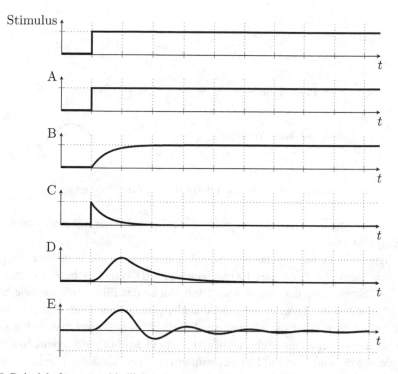

Abb. 8.15 Beispiele für unterschiedliches dynamisches Antwortverhalten von Sensoren auf Stimulation mit einem Einheitssprung

8.4 Digitale Verarbeitung

Die von elementaren Sensoren kommenden, analogen Signale werden zur weiteren Verarbeitung z. B. in einem Mikrocontroller in digitale Signale umgewandelt. Allerdings sind auch diese Signale oft noch fehlerbehaftet und müssen gefiltert werden. Im Folgenden werden die dazu verwendeten Methoden vorgestellt.

Obwohl analoge Filter nach wie vor z. B. im Hochfrequenzbereich eingesetzt werden, hat sich die Filterung der bereits digitalisierten Signale im Bereich der eingebetteten Systeme weitestgehend durchgesetzt. Dies liegt einerseits daran, dass keine zusätzlichen Bauelemente benötigt werden, die auch zusätzliche Störquellen sein können, zum anderen daran, dass diese Filter vergleichsweise einfach zur Laufzeit verändert und an die Umgebungsbedingungen angepasst werden können. Dazu werden diese digitalen Filter einfach auf Digitalrechnern programmiert. Es werden Signale als (wert- und zeit-) diskrete Zahlenfolgen verarbeitet. Digitale Filter haben ähnliche Eigenschaften wie analoge Filter. Dies bedeutet, der Übergang von Durchlass- zu Sperrbereich hängt maßgeblich von der Ordnung des Filters ab (siehe Abb. 8.16). Digitale Filter haben den Vorteil, dass der Grad des Filters nur durch

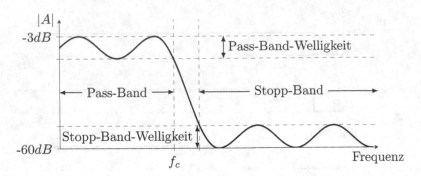

Abb. 8.16 Leistungskriterien von Filtern am Beispiel eines Amplitudengangs

die Rechenleistung des Prozessors begrenzt wird. Es sind Filter mit einer Ordnung größer Hundert realisierbar.

Da digitale Filter mit abgetasteten Signalen arbeiten, ist die maximale Frequenz des Filters zum einen durch die Geschwindigkeit des A/D-Wandlers begrenzt, zum anderen durch die Taktfrequenz des Filters. Die Taktfrequenz des Filters gibt an, wie häufig der Filter aufgerufen wird. Reduziert man die Abtastfrequenz, können Filter für „sehr langsame" Signale aufgebaut werden, die mit analogen Filtern nur sehr schwer realisierbar sind.

Die Berechnung eines Filterschrittes benötigt sehr viele Multiplikationen und Additionen. Daher werden digitale Filter auf Mikrocontrollern (μC) oder meist auf digitalen Signalprozessoren (DSP) implementiert. Letztere haben die Möglichkeit, Multiplikation und Addition in einem Schritt auszuführen. Es gibt jedoch auch die Möglichkeit, Filter direkt in Hardware (FPGA, ASIC, ...) aufzubauen. Dabei spielt die Präzision des Taktgenerators (Quarz) eine entscheidende Rolle für die Qualität des Filters.

Bei Signalen mit relativ großen und sehr kleinen Frequenzen muss ein Kompromiss gefunden werden. Zum einen bestimmt die höchste Frequenz die Abtastrate, zum anderen muss die Messdauer so lange gewählt werden, dass mindestens eine Periode der langsamsten Frequenz aufgenommen wird.

8.4.1 FIR-Filter

FIR-Filter (engl.: *finite impulse response filter*) berechnen den gefilterten Wert aus einer endlichen Anzahl an Werten der Eingangsfolge $x(k)$. Die Anzahl der berücksichtigten Werte gibt die Ordnung des Filters an. Je höher die Ordnung eines FIR-Filters, desto steiler kann die Flanke werden. Eine beispielhafte Schaltung eines FIR-Filters ist in Abb. 8.17 abgebildet. Die Differenzengleichung eines solchen Filters lautet:

$$y(k) = \sum_{m=0}^{N} a(m) \cdot x_{k-m} \tag{8.12}$$

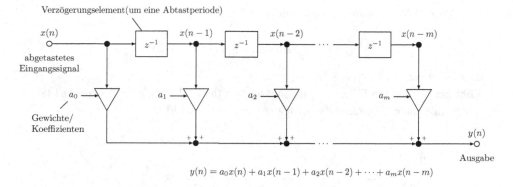

$$y(n) = a_0 x(n) + a_1 x(n-1) + a_2 x(n-2) + \cdots + a_m x(n-m)$$

Abb. 8.17 Grundschaltung eines FIR-Filters

Ein Vorteil der FIR-Filter ist, dass sie wegen ihrer endlichen Impulsantwort nie instabil werden können. Ein weiterer Vorteil ist, dass sie eine konstante Gruppenlaufzeit haben. Die Gruppenlaufzeit beschreibt den Unterschied der Zeiten, die verschiedene Frequenzen benötigen, um den Filter zu durchlaufen. Durch eine konstante Gruppenlaufzeit werden Signale nicht verzerrt. Ein Nachteil von FIR-Filtern ist die hohe Anzahl an benötigten Gewichten, um gute Filtereigenschaften zu erreichen. Bandpass und Bandsperre sind beispielsweise mit einer Ordnung kleiner 10 nicht sinnvoll realisierbar und benötigen daher als FIR-Filter viele Ressourcen.

Der bekannteste FIR-Filter ist der Mittelwertbilder (vgl. Abb. 8.18). Er summiert die letzten N-Werte auf und dividiert durch die Anzahl der Werte und wirkt so als Tiefpass.

Als mathematische Folge betrachtet erhält man hierfür:

$$y(n) = \frac{1}{N} \cdot \sum_{k=0}^{N-1} x(n-k)$$

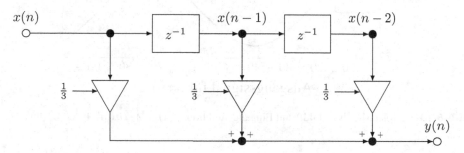

Abb. 8.18 Mittelwertbilder mit $N = 3$ Koeffizienten

Für den Fall $N = 3$ wäre die Funktion also:

$$y(n) = \frac{1}{3} \cdot (x(n) + x(n-1) + x(n-2))$$

Der Filter entspräche Abb. 8.18.

Gibt man auf diesen Filter das Eingangssignal $x(n) = 2 \cdot cos(n) + \frac{1}{5} \cdot cos(8n)$ (siehe Abb. 8.19(a)), dann entspräche das Ausgangssignal Abb. 8.19(b).

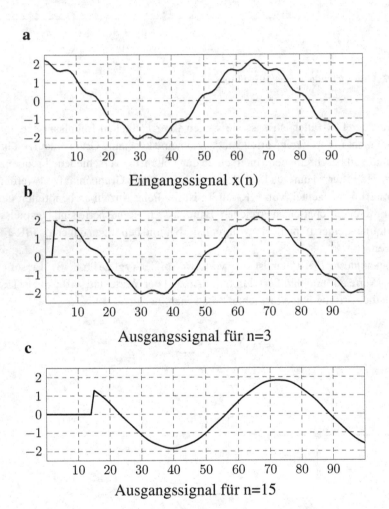

Abb. 8.19 Beispiel Mittelwertbilder mit Eingangsfunktion: $x(n) = 2 \cdot cos(n) + \frac{1}{5} \cdot cos(8n)$

Man sieht, dass der höherfrequente Signalanteil bereits gedämpft ist, allerdings nur wenig. Würde man den Filter stattdessen mit n = 15 erstellen, so sähe das Ausgangssignal aus, wie in Abb. 8.19(c). Hier ist der hochfrequente Signalanteil praktisch nicht mehr sichtbar. Allerdings tritt hier klar das Problem zu Tage, dass digitale Filter einige Zeit brauchen, um sich auf das Signal „einzuschwingen". Diese Zeit wird als *Einschwingphase* bezeichnet. Ein ähnliches Phänomen tritt am Ende des Vorganges auf: Da der Filter auch nach dem Ende des Signals noch n Schritte lang Werte berechnet, klingt hier das Signal langsam ab, was konsequenterweise als *Abklingphase* bezeichnet wird.

8.4.2 IIR-Filter

Dadurch, dass bei einem IIR-Filter durch die Rückkopplung alle bisherigen Werte der Eingangsfolge ins Ergebnis eingehen, ist der Filter fünf- bis zehnmal effektiver als ein FIR-Filter mit vergleichbarer Ordnung. Dies macht sich besonders bemerkbar, wenn die Anzahl der Koeffizienten durch die Hardware beschränkt ist. Durch die niedrigere Ordnung ist die Laufzeit der Signalanteile durch den Filter geringer. IIR-Filter (engl.: *infinite impulse response filter*) haben eine unendliche Impulsantwort. Durch die Rückkopplung der Ausgangsfolge klingt die Impulsantwort theoretisch erst nach unendlicher Zeit ab. Bei falscher Wahl der Filter-Parameter kann sich der Filter sogar aufschwingen und instabil werden. Die Ordnung eines IIR-Filters wird durch den rekursiven (M) und nicht rekursiven (N) Teil bestimmt. Dabei legt der höhere Grad die Ordnung des Filters fest. Ein Beispiel eines IIR-Filters ist in Abb. 8.20 abgebildet. Die Differenzengleichung lautet allgemein:

$$y(k) = \sum_{i=0}^{N} b(i) \cdot x_{k-i} + \sum_{j=1}^{M} a(j) \cdot y_{k-j} \qquad (8.13)$$

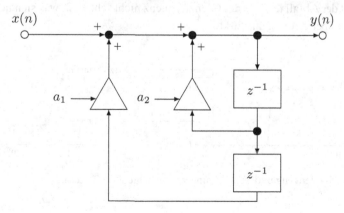

Abb. 8.20 Beispiel eines IIR-Filters

Für das System in Abb. 8.20 ergibt sich also:

$$y(k) = x(k) + a_1 y(k-1) + a_2 y(k-2)$$

Durch die Abhängigkeit von früheren Ausgabewerten ist es hier leicht vorstellbar, dass durch die falsche Wahl von a_1 oder a_2 ein aufklingendes und instabiles Verhalten entstehen kann.

Ein Nachteil ist, dass die Gruppenlaufzeit durch die Rekursion nicht mehr konstant ist. Durch die unterschiedlichen Gruppenlaufzeiten brauchen einzelne Frequenzanteile länger, um den Filter zu durchlaufen. Die Folge ist ein verzerrtes Signal am Ausgang. IIR-Filter sind daher z. B. in der Audiotechnik nur schwer einsetzbar.

Beispiele digitaler Filter

Der Entwurf von Filtern, insbesondere höherer Ordnung, weist eine derartige Komplexität auf, dass er ohne Computerunterstützung quasi nicht mehr gestemmt werden kann. Allerdings spielen beim Filterentwurf die Zielsetzung und die Ressourcen eine große Rolle, weshalb sich hier verschiedene Entwurfsmethoden herauskristallisiert haben, von denen im Folgenden einige anhand ihrer priorisierten Kriterien vorgestellt werden sollen. Eine grafische Übersicht ist in Abb. 8.21 zu sehen.

Filterkriterien von Standardfiltern

Ein beliebtes Filtermodell ist der *Chebyshev*- oder *Tschebyscheff*-Filter. Dieser Filtertyp ist darauf ausgelegt, einen möglichst steilen Abfall des Frequenzganges jenseits der Grenzfrequenz zu erzielen. Sie weisen außerdem eine sehr gute Dämpfung im Sperrbereich auf. Dies wird mit einem nicht-monotonen, schwingenden Verlauf im Durchlassbereich erkauft. Zusätzlich haben diese Filter eine vergleichsweise lange Einschwingphase.

Bessel-Filter schwingen dagegen sehr sauber ein und haben eine nahezu lineare Übertragungsfunktion im Durchlassbereich, wodurch auch die Gruppenlaufzeit sehr konstant ist. Allerdings ist der Abfall jenseits der Grenzfrequenz nicht sehr steil, was sich negativ auf die Dämpfung im Sperrbereich auswirkt.

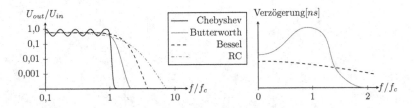

Abb. 8.21 Amplitudengang und Verzögerung von verschiedenen Filtern

Ein guter Kompromiss ist der *Butterworth*-Filter. Die Amplitude im Durchlassbereich ist sehr flach und er schwingt recht schnell ein. Seine Dämpfung liegt zwischen den anderen beiden Filtern. Der RC-Tiefpass (siehe Abschn. 3.5.1) stellt einen simplen Butterworth-Filter 1. Ordnung dar.

8.5   Interne (intrinsische) Sensoren

Wie einleitend beschrieben, dienen intrinsische Sensoren dazu, die internen Zustände eines Systems zu erfassen. Typische intrinsische Sensoren sind Positionssensoren, Geschwindigkeitssensoren, Beschleunigungssensoren, Gyroskope oder geomagnetische Sensoren, die beispielsweise als optische Encoder, magnetisch induktive Geber oder Potentiometer aufgebaut werden können. Extrinsische Sensoren sind beispielsweise Ultraschallsensoren oder Kamerasysteme. Einige wichtige Messprinzipien sollen im Folgenden exemplarisch an optischen Encodern und kapazitiven Beschleunigungssensoren vorgestellt werden.

8.5.1   Optische Encoder

Optische Encoder dienen der Messung von Distanzen und Geschwindigkeiten. Encoder werden insbesondere zur Messung der Bewegung von Achsen eingesetzt. Sie können als relativer oder absoluter Geber realisiert werden, sowie kontinuierlich oder inkrementell. Bei einer relativen, inkrementellen Messung werden zwei in einem bestimmten Abstand angeordnete Lichtquellen über einem Schwarz-Weiß-Gitter installiert. Das Schwarz-Weiß-Gitter bzw. der Sensor kann sich entweder linear oder rotatorisch bewegen. Die schwarzen, lichtundurchlässigen und weißen, lichtdurchlässigen Flächen haben dieselbe Breite. Auf der gegenüberliegenden Seite der beiden Lichtquellen befinden sich zwei Detektoren (beispielsweise Fotodioden), die einen Strom proportional zur gemessenen Lichtintensität liefern. Die Dopplung des Lichtquelle-Lichtdetektor-Paares dient der Richtungsbestimmung, wie unten erläutert. Durch die Bewegung des Schwarz-Weiß Gitters zwischen Lichtquelle und Detektor wird ein annähernd rechteckförmiges Signal generiert. Legt man einen bestimmten Helligkeitsschwellwert fest, über dem eine Eins und unter dem eine Null am Ausgang des Detektors zurückgeliefert werden soll, kann dies als digitales Signal verwendet werden. Die Anzahl der Übergänge von Null auf Eins bzw. von Eins auf Null ist proportional zur linearen bzw. rotatorischen Bewegung des Schwarz-Weiß-Gitters. Dies ist in Abb. 8.22 dargestellt.

Liegen die beiden Detektoren $nT + 0,25T$ auseinander, so kann man zusätzlich noch die Richtung der Bewegung feststellen. Abhängig von der Drehrichtung ergibt sich ein eindeutiger Zustandsübergang (1-2-3-4 oder 4-3-2-1, vgl. Tab. 8.2), wodurch die Richtung der Bewegung eindeutig bestimmt werden kann (siehe Abb. 8.23). Da bei Encodern direkt ein digitaler Zählwert zurückgeliefert wird, ist keine A/D-Wandlung notwendig.

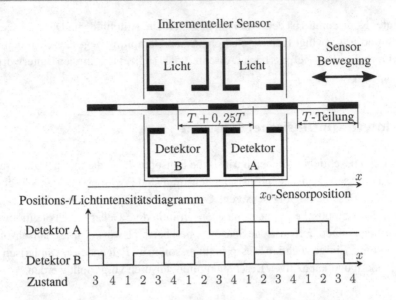

Abb. 8.22 Funktionsweise eines relativen, inkrementellen Positions-/Winkelsensors

Tab. 8.2 Zustände eines inkrementellen Positions-/Winkelencoders

Zustände:	1	2	3	4
Detektor A:	1	1	0	0
Detektor B:	0	1	1	0

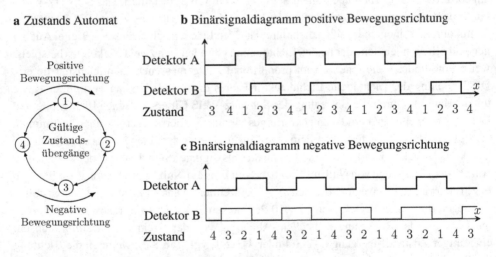

Abb. 8.23 Zustandsübergänge eines inkrementellen Positions-/Winkelencoders

8.5.2 Beschleunigungssensoren

Beschleunigungssensoren dienen neben der Messung von Beschleunigungen eines einge-betteten Systems auch als Grundlage zur Berechnung von dessen Lage und Position. Daher findet man sie in nahezu jedem mobilen Gerät. Dabei kommen verschiedene Technologien zum Einsatz. Beispiele mechanischer Beschleunigungssensoren sind piezoresistive Senso-ren (siehe Abb. 8.24), piezoelektrische Sensoren, Hall-Effekt Sensoren, thermische Senso-ren oder kapazitive Sensoren. Beispiele anderer Beschleunigungssensoren sind resonante Sensoren oder faseroptische Sensoren.

Im Folgenden wird ein kapazitiver Beschleunigungssensor vorgestellt, welcher in vielen eingebetteten Systemen (z. B. Smartphones) vorkommt und anhand dessen man gut die nicht-elektrische und elektrische Messgrößenumformung im MSR-Kreislauf erklären kann. Um eine Beschleunigung zu messen, wird die Grundgleichung der Mechanik (siehe Abb. 8.25) ausgenutzt, in der eine Beziehung zwischen Kraft, Beschleunigung und Masse beschrieben ist. Wird eine Masse an einem Federelement befestigt mit $F = k \cdot Z$ (k Federkonstante, Z Auslenkung), so lässt sich aus $F = m \cdot a$ die Beschleunigung berechnen zu

$$a = \frac{k \cdot Z}{m} \tag{8.14}$$

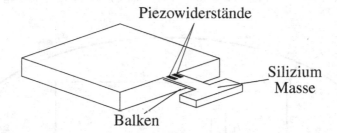

Abb. 8.24 Piezoresistiver Beschleunigungssensor

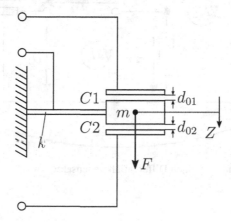

Abb. 8.25 Aufbau eines Differentialkondensators

Bettet man diese Masse, die durch zwei leitfähige Platten begrenzt wird, zwischen zwei weiteren Platten C_1 und C_2 ein, so entsteht ein Differentialkondensator, wie in Abb. 8.25 zu sehen. Die Platten mit Abstand d_0 laden sich solange auf, bis die Potentialdifferenz der beiden Platten gleich der angelegten Spannung U ist: Es herrscht ein annähernd homogenes Feld zwischen den Platten mit Feldstärke $E = \frac{U}{d_0} = \frac{\sigma}{\varepsilon_0}$, wobei $\sigma = \frac{Q}{A}$ die Ladungsdichte, A die Plattenfläche und ε_0 die elektrische Feldkonstante ist. Daraus ergibt sich die Kapazität des Kondensators zu

$$C = \frac{Q}{U} = \frac{Q \cdot \varepsilon_0}{\sigma \cdot d_0} = \frac{Q \cdot \varepsilon_0 \cdot A}{Q \cdot d_0} = \frac{\varepsilon_0 \cdot A}{d_0} \qquad (8.15)$$

Aus Gl. 8.15 wird ersichtlich, dass die Kapazität umgekehrt proportional zum Plattenabstand ist.

Nun wird der Differentialkondensator aus Abb. 8.26 betrachtet. Bei Auslenkung Z verändern sich die Plattenabstände d_{01} und d_{02} um $\pm\Delta d$. Daraus ergeben sich Änderungen der Kapazitäten C_1 und C_2. Durch die Beschleunigung der Masse ändern sich die Plattenabstände d_{01} und d_{02} um $\pm\Delta d$.

Da die Kapazität eines Kondensators vom Abstand und der Plattenfläche abhängt, ändern sich die Kapazitäten C_1 und C_2 gegenläufig. Um die Kapazitätsänderungen zu bestimmen und daraus indirekt die Bewegung der Masse berechnen zu können, eignet sich die in Abb. 8.26 dargestellte Brückenschaltung. Dabei ist U_m die Messspannung und U_s eine

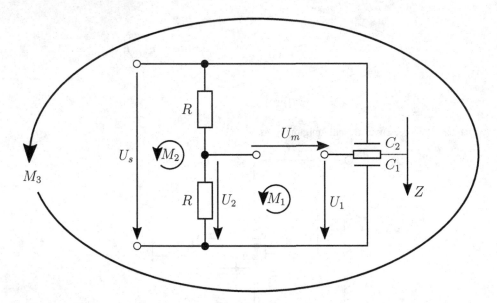

Abb. 8.26 Brückenschaltung für einen Differentialkondensator

Wechselspannung. Hier wird ausgenutzt, dass sich ein Kondensator bei einer angelegten Wechselspannung wie ein komplexer Widerstand verhält (vgl. Abschn. 3.4.4). Es ergibt sich die Formel: $Z_C = \frac{1}{j\omega C}$. Aus der Maschenregel und der Spannungsteilerregel folgt:

$$M_1 : U_m = U_1 - U_2; \quad M_2 : U_2 = U_s \frac{R}{R + R} = \frac{1}{2} U_s$$

$$M_3 : U_1 = U_s \frac{\frac{1}{j\omega C_2}}{\frac{1}{j\omega C_1} + \frac{1}{j\omega C_2}} = U_s \frac{C_1}{C_1 + C_2}$$

Mittels der in Gl. 8.15 gezeigten Abhängigkeit der Kapazität von der Auslenkung der Masse kann die Messspannung U_m nun in Abhängigkeit der Massenauslenkung wie folgt bestimmt werden:

$$U_m = U_1 - U_2 = U_s \left(\frac{C_1}{C_2 + C_1} - \frac{1}{2} \right) = \frac{U_s}{2} \left(2 \frac{C_1}{C_2 + C_1} - 1 \right) = \frac{U_s}{2} \left(\frac{-C_1 - C_2 + 2C_1}{C_2 + C_1} \right)$$

$$= \frac{U_s}{2} \left(\frac{C_1 - C_2}{C_2 + C_1} \right)$$

Durch das Einsetzen von $C_1 = \frac{\varepsilon_0 \cdot A}{d_0 + \Delta d}$ und $C_2 = \frac{\varepsilon_0 \cdot A}{d_0 - \Delta d}$ mit $d_{01} = d_0 + \Delta d$ und $d_{02} = d_0 - \Delta d$ in obiger Gleichung ergibt sich

$$U_m = -U_s \frac{\Delta d}{2d_0} \tag{8.17}$$

Wie oben dargestellt, lässt sich nun die Abstandsänderung zwischen den beiden Kondensatoren durch die Messspannung U_m, die Wechselspannung U_s und den initialen Abstand der Platten d_0 bestimmen. Aus der Abstandsänderung (Auslenkung der seismischen Masse) kann nun mittels Gl. 8.14 die Beschleunigung a bestimmt werden. Dazu wird $Z = \Delta d$ gesetzt. Es ergibt sich somit ein proportionaler Zusammenhang zwischen der gemessenen Spannung U_m und der Beschleunigung a.

Die im MSR-Kreislauf beschriebene nicht-elektrische Messgrößenumformung ist in diesem Beispiel die Bestimmung der Beschleunigung durch die Messung der Auslenkung der Masse. Da die Auslenkung der Masse proportional zur Kapazität des Kondensators ist, kann diese Auslenkung durch die Bestimmung von Spannungen beim Differentialkondensator bestimmt werden. Dies stellt den elektrischen Messgrößenumformer dar. Dieser Sensor lässt sich als mikromechanisches System aufbauen und ist somit sehr kostengünstig zu produzieren.

8.6 Externe (extrinsische) Sensoren

Viele eingebettete Systeme dienen der Erfassung von Eigenschaften der Umgebung, wie Temperatur oder Abstand. Am Beispiel des Gabelstaplers ist auch die Lokalisierung des Fahrzeugs innerhalb seines Arbeitsbereiches relevant. Hinzu kommen die Erkennung von Hindernissen, wie z. B. Personen. Hierfür sind solche Systeme mit extrinsischen Sensoren ausgestattet. Zu den extrinsischen Sensoren gehören u. a. Näherungs-, Abstands-, Positions-, taktile und visuelle Sensoren. In die Klasse der taktilen Sensoren gehören tastende, gleitende und Kraft-Momenten-Sensoren, Näherungssensoren unterteilen sich in induktive, kapazitive, optische und akustische Sensoren. Optische und akustische Sensoren sowie Radarsensoren sind Abstandssensoren, 3D-Sensoren, CCD und Photodioden sind visuelle Sensoren und bodenbasierte Funksysteme, natürliche/künstliche Landmarkenerfassung und (Differential) GPS sind Positionssensoren.

8.6.1 Dehnungsmessstreifen

Äußeren Kräften, die im Gleichgewicht sind (andernfalls Beschleunigung!) und auf einen festen Körper einwirken, führen zu Änderungen der Form und des Volumens dieses Körpers. Hören diese Kräfte auf, gehen die Form- und Volumenänderung vollständig zurück. Voraussetzung dafür ist, dass die Deformation eine bestimmte Grenze nicht überschreitet. Ein Körper mit dieser Eigenschaft verhält sich *elastisch*. Derartige Deformationen können genutzt werden, um über eine Widerstandsänderung die anliegende Kraft oder die resultierende Dehnung zu messen.

Kenngröße für die Beanspruchung von Festkörperteilchen ist die mechanische Spannung $S = \frac{F}{A}$. Die Kraft F zerlegt man zur einfacheren Berechnung in eine Normalkomponente F_n und eine Tangentialkomponente F_t (siehe Abb. 8.27):

- *Normalspannung* $\sigma = \frac{F_n}{A}$
- *Schubspannung* $\tau = \frac{F_t}{A}$ (Tangentialspannung)

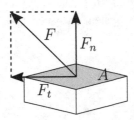

Abb. 8.27 Zerlegung einer anliegenden Kraft F in Normalkomponente F_n und Tangentialkomponente F_t

Voraussetzung ist, dass die Kräfte gleichmäßig über die Fläche A verteilt sind. Dies wird bei hinreichend kleiner Fläche als gegeben angenommen. Die Normalkraft F_n (bzw. die mechanische Normalspannung σ) verursacht eine Längenänderung Δl des Körpers (vgl. Abb. 8.28). Im elastischen Bereich ist diese Verlängerung Δl proportional zu F_n (bzw. σ): $\sigma \sim \frac{\Delta l}{l}$.

Die relative Längenänderung ist definiert als Dehnung $\varepsilon = \frac{\Delta l}{l}$ (Einheit meist $[\mu m/m]$). Daraus folgt das *Hookesche Gesetz für elastische Verformung: $\sigma = E \cdot \varepsilon$*.

Der Proportionalitätsfaktor E heißt *Elastizitätsmodul* (Werkstoffkonstante, Maßeinheit $[N/mm^2]$). Der elektrische Widerstand eines Drahtes ändert sich unter Einfluss einer Dehnung ε (vgl. Formel 2.4). Dieser Effekt wird von Dehnungsmessstreifen (DMS) ausgenutzt. Dabei spielen zwei Faktoren eine Rolle: Die Vergrößerung der Länge l des Drahtes auf die Länge $l + dl$ und die Verringerung des Durchmessers D um den Betrag dD (vgl. Abb. 8.29). Der Betrag des Verhältnisses der relativen Durchmesseränderung zur Dehnung ε wird als *Poissonzahl* oder *Querkontraktionszahl* $\mu = \frac{dD/D}{\varepsilon}$. Somit ergibt sich für den Widerstand des unbelasteten DMS:

$$R = \rho \frac{l}{A} = \rho \frac{4 \cdot l}{D^2 \pi}$$

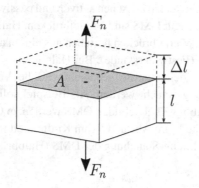

Abb. 8.28 Längenänderung eines Körpers im elastischen Bereich

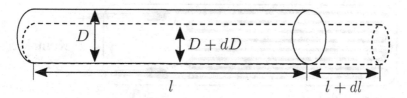

Abb. 8.29 Längen- und Durchmesseränderung eines Körpers im elastischen Bereich

Für den Widerstand des belasteten DMS:

$$R + dR = (\rho + d\rho)\frac{4 \cdot (l + dl)}{(D - dD)^2\pi}$$

Die Widerstandsänderung ist messbar, die Änderung der Einflussgrößen ist aber unbekannt. Daher hat sich hier eine andere Darstellung etabliert, die sich aus Umformung der Gleichung und Taylor-Reihenentwicklung für die relative Widerstandsänderung ergibt:

$$\frac{dR}{R} = k\frac{dl}{l} = k \cdot \varepsilon \tag{8.18}$$

Das heißt: Die Widerstandsänderung ist proportional zur Dehnung, der Proportionalitätsfaktor k (genannt *k-Faktor*) beschreibt die Empfindlichkeit des DMS und ist materialabhängig.

Industrieübliche DMS weisen einen k-Faktor von ungefähr 2 auf. Das Messgitter besteht meist aus mäanderförmig geätzter Konstantanfolie, um die Gesamtlänge und somit die Empfindlichkeit zu erhöhen. Widerstandsänderungen kommen durch Dehnung bzw. Stauchung in horizontaler Richtung zustande, die Querkontraktion (Dehnung/Stauchung in vertikaler Richtung) wird als vernachlässigbar angenommen. Ein Beispiel ist in Abb. 8.30 abgebildet. Um diese Änderungen wirksam messen zu können, werden, wie auch beim kapazitiven Beschleunigungssensor, *Widerstandsmessbrücken* verwendet. Widerstandsmessbrücken *(Wheatstone-Brücken)* unterscheiden zwischen aktiven und passiven Brückenzweigen. Typische Widerstandsmessbrücken für DMS sind Viertelbrücken, Halbbrücken und Vollbrücken wie in Abb. 8.31 dargestellt. Viertelbrücken bestehen aus einem aktiven Zweig (z. B. DMS) und drei passiven Zweigen (Festwiderstände). Bei Halbbrücken werden DMS so auf dem Material befestigt, dass R_1 gedehnt und R_2 gestaucht wird, bei Vollbrücken so, dass R_1 und R_4 gedehnt und R_2 und R_3 gestaucht werden. Als Beispiel sollen DMS am Biegebalken betrachtet werden, wie in Abb. 8.32 abgebildet. DMS werden an Ober- und Unterseite eines Biegebalkens (Breite b, Höhe h) im Abstand l vom Krafteinleitungspunkt angebracht. Dies führt zu wechselseitiger Dehnung-Stauchung der DMS (Halbbrücke).

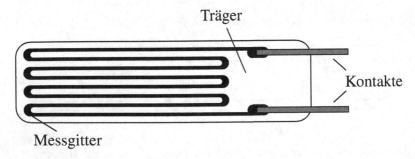

Abb. 8.30 Beispiel eines industriellen Dehnungsmessstreifens

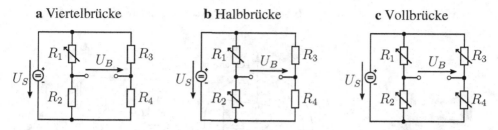

a Viertelbrücke   **b** Halbbrücke   **c** Vollbrücke

Abb. 8.31 Widerstandsmessbrücken für Dehnungsmessstreifen

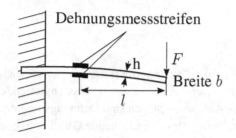

Abb. 8.32 Dehnungsmessstreifen am Biegebalken

Die Biegespannung an der Oberfläche des Balkens beträgt:

$$\sigma = \varepsilon \cdot E = \frac{M}{W} = \frac{F \cdot l}{W} \tag{8.19}$$

mit F: Messkraft, M: Drehmoment, W: Widerstandsmoment, E: Elastizitätsmodul. Das Widerstandsmoment beträgt:

$$W = \frac{b \cdot h^2}{6} \tag{8.20}$$

Somit ergibt sich die Dehnung des Biegebalkens am Ort l:

$$\varepsilon = \frac{l \cdot F}{W \cdot E}$$
$$= \frac{6 \cdot l \cdot F}{b \cdot h^2 \cdot E}$$

Setzt man die so bestimmte Dehnung in Gl. 8.18 ein, ergibt sich die Widerstandsänderung der jeweiligen DMS.

8.6.2 Kraft-Momenten-Sensoren

Kraftmessdosen dienen der Erfassung von Kräften und Momenten, wie sie z. B. zwischen Roboter und Werkstück auftreten. Sie bestehen aus einer Kombination mehrerer Kraftaufnehmer, wie z. B. Dehnungsmessstreifen oder Piezokristalle. Dabei hat sich als typische

a Foto   **b** Schematischer Aufbau einer Kraftmessdose

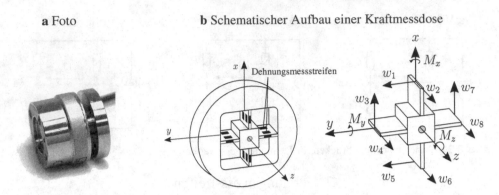

Abb. 8.33 Kraftmessdose

Form von Kraftmessdosen mit Dehnungsmessstreifen die „Speichenradform" herausge-bildet (siehe Abb. 8.33(b)). Der Ansatz ist dabei, dass angreifende Kräfte die Länge der elastischen Stege ändern. Auf diesen Stegen sind Dehnungsmessstreifen angebracht, deren Widerstand sich folglich ändert. Das so entstehende Gleichungssystem für die Dehnungen und die folglich anliegenden Kräfte in alle Raumrichtungen können mittels der *Entkopp-lungsmatrix* (Gl. 8.21) berechnet werden, wobei die Konstanten k_{ij} den Beitrag des DMS w_i an der Kraft bzw. dem Moment j angeben. Sie lautet:

Entkopplungsmatrix

$$
\begin{pmatrix} F_x \\ F_y \\ F_z \\ M_x \\ M_y \\ M_z \end{pmatrix} = \begin{pmatrix} 0 & 0 & k_{13} & 0 & 0 & 0 & k_{17} & 0 \\ k_{21} & 0 & 0 & 0 & 0 & k_{26} & 0 & 0 \\ 0 & k_{32} & 0 & k_{34} & 0 & k_{36} & 0 & k_{38} \\ 0 & 0 & 0 & k_{44} & 0 & 0 & 0 & k_{48} \\ 0 & k_{52} & 0 & 0 & 0 & k_{56} & 0 & 0 \\ k_{61} & 0 & k_{63} & 0 & k_{65} & 0 & k_{67} & 0 \end{pmatrix} \cdot \begin{pmatrix} w_1 \\ w_2 \\ w_3 \\ w_4 \\ w_5 \\ w_6 \\ w_7 \\ w_8 \end{pmatrix} \qquad (8.21)
$$

Mittels dieser Kraftmessdosen können beispielsweise Gewichte oder Drehmomente gemes-sen werden, wobei der Messbereich je nach konkretem Sensor zwischen 0,5 N und mehreren zehn MN liegen kann. Eingesetzt werden sie u. a. in Baggern und Roboterarmen zur Trag-lastmessung und in elektrischen Waagen.

Literatur

[Hün16] Hüning, F.: Sensoren und Sensorschnittstellen. De Gruyter Oldenbourg, Berlin (2016)
[SRZ14] Schrüfer, E., Reindl, L., Zagar, B.: Elektrische Messtechnik, 11., aktualisierte Aufl. Fach-buchverl. Leipzig im Carl-Hanser-Verl., München (2014)

Aktuatorik

Zusammenfassung

In diesem Kapitel werden verschiedene Aktuatoren vorgestellt, mit denen eingebettete Systeme ihre Umgebung physisch beeinflussen können. Neben den Elektromotoren, vertreten durch den Gleichstrommotor und den Schrittmotor, werden auch

© Springer Fachmedien Wiesbaden GmbH, ein Teil von Springer Nature 2019
K. Berns et al., *Technische Grundlagen Eingebetteter Systeme*,
https://doi.org/10.1007/978-3-658-26516-8_9

verschiedene Getriebetypen vorgestellt. Mit Getrieben können die Kräfte bzw. Momente und die (Dreh-)Geschwindigkeiten der Aktuatoren angepasst werden. Schließlich werden rheologische Flüssigkeiten, piezoelektrische Aktuatoren und verschiedene thermische Aktuatoren als alternative Aktuatoren eingeführt. Dazu wird jeweils neben den Grundlagen auch der Einsatz dieser Komponenten an Beispielen erläutert.

9.1   Komponenten der Aktuatorik

Die meisten reaktiven eingebetteten Systeme haben zum Ziel, ihren Zustand oder die Umgebung anhand der gemessenen Sensorwerte und den daraus gezogenen Schlüssen zu beeinflussen. Der Gabelstaplerroboter hat z. B. den Zweck, Gegenstände in seiner Umgebung aufzunehmen und zu einem gegebenen Ziel zu transportieren. Dabei muss er auch seine eigene Position verändern und Hindernissen ausweichen. Dazu muss aus dem vorher generierten, digitalen Steuersignal der Recheneinheit eine analoge, elektrische Stellgröße und schließlich eine mechanische Bewegung erzeugt werden (siehe Abb. 9.1). Dies passiert in drei Schritten. Zunächst wird das D/A gewandelte Signal verstärkt, um es an den Leistungsbereich der Aktuatorik anzupassen. Anschließend erfolgt die eigentliche Wandlung von elektrischer Leistung in mechanische Leistung. Beispielsweise wandelt ein Elektromotor angelegte Spannung und Strom in Drehzahl und Drehmoment an der Welle des Motors. Zur Anpassung der Geschwindigkeit bzw. des Drehmoments wird schließlich ein Getriebe oder Weggrößenumformer eingesetzt. Unterschiedliche Wirkprinzipien können genutzt werden, um die finale Wandlung in mechanische Größen zu ermöglichen. Der *Energiesteller (Leistungselektronik)* liefert eine an den angeschlossenen Wandler angepasste

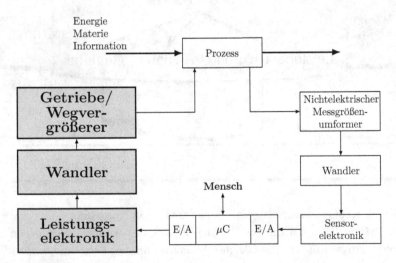

Abb. 9.1 Aktuatorik im MSR-Kreislauf

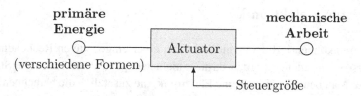

Abb. 9.2 Wirkprinzip von Aktuatoren

Leistungsverstärkung und Anpassung des Eingangssignals. Der *Energiewandler* ist für die Umsetzung elektrischer Größen in (meist) mechanische Größen (Bewegung, Druck, Temperatur…) zur Beeinflussung des Prozesses verantwortlich. Er wird auch verallgemeinert als *Aktuator* bezeichnet. Diese Aktuatoren können über ihre primäre Energieform klassifiziert werden (siehe Abb. 9.3), welche über eine elektrische Steuergröße beeinflusst wird. Diese kann z. B. elektrische Energie, Strömungsenergie, thermische Energie und chemische Energie sein (siehe Abb. 9.2). Die resultierenden mechanischen Größen sind Bewegung (linear, Rotation) und Kraft (linear, Drehmoment). Das *Getriebe* wandelt, überträgt und formt Bewegungen und Kräfte um (meist Stellwegvergrößerung).

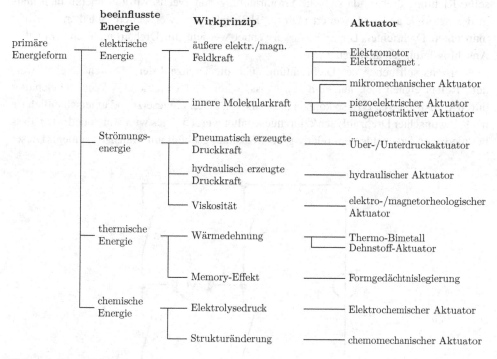

Abb. 9.3 Klassifikation von Aktuatoren

9.2   Leistungselektronik

Elektromotoren können i. d. R. nicht direkt von einer eingebetteten Recheneinheit (z. B. Mikroprozessor) angesteuert werden, da diese nicht genügend große Ströme für Standardmotoren liefern. Man benötigt hierfür eine Elektronik, die zusätzlich die berechneten digitalen Größen in analoge Größen wie Spannung und Strom umsetzt. Die am häufigsten verwendete Technik ist eine *H-Brücke* in Kombination mit einem Puls-Weiten-modulierten Signal (PWM) (siehe Abschn. 7.7.3). Die Bezeichnung „H-Brücke" stammt von der H-förmigen Anordnung der Elemente im Schaltplan, wie in Abb. 9.4 erkennbar.

Die mit $S1$ bis $S4$ bezeichneten Elemente stellen Schalter dar. Sie können z. B. durch Transistoren, Thyristoren oder Relais realisiert werden. Man benutzt diese H-förmige Anordnung, um den Motor umpolen und ausschalten zu können.

Sind die Schalter $S1$ und $S4$ geschlossen und die anderen geöffnet, so liegt eine Spannung am Motor an, die einen (technischen) Stromfluss von links nach rechts durch den Motor verursacht. Dieser Strom erzeugt das Drehmoment, welches wiederum den Motor zum Vorwärtslaufen bringt. Sind dagegen die Schalter $S2$ und $S3$ geschlossen und die anderen geöffnet, so läuft der Motor in umgekehrter Richtung. Das Umpolen ergibt allerdings nur bei Gleichstrom einen umgekehrten Drehsinn. Wechselstrommotoren würden in dieselbe Richtung drehen, da sich die Stromrichtung von Wechselstrom ohnehin mehrmals in der Sekunde ändert. Erweitert man die H-Brücke um zwei weitere Schalter, so erhält man einen Drehrichter. Dieser kann verwendet werden, um Drehstrommotoren mit drei Anschlussleitungen anzusteuern.

Meistens soll neben der Drehrichtung auch die Drehzahl der Motoren geregelt werden. Relais eignen sich nur zum Ein-/Ausschalten und Umpolen. Werden die Schalter durch Transistoren ersetzt, so können diese als Verstärker eingesetzt und unterschiedlich (je nach gewünschter Drehzahl) stark durchgeschaltet werden. Dies würde aber bedeuten, dass bei niedrigen Drehzahlen ein relativ großer Spannungsabfall am Transistor anliegt. Dieser

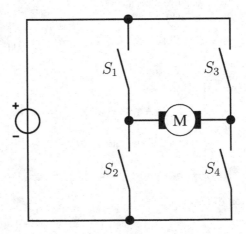

Abb. 9.4 H-Brückenschaltung

Spannungsabfall verursacht eine Verlustleistung:

$$P_L = U_{\text{Spannungsabfall}} \cdot I_{\text{Motor}} \tag{9.1}$$

Der Transistor wandelt diese Leistung in Wärme um. Die Verlustleistung kann sogar größer als die Nutzleistung werden. Eine energetisch bessere Methode stellt die Puls-Weiten-Modulation (PWM) dar. Hierbei wird durch periodisches Ein- und Ausschalten der Versorgungsspannung mit unterschiedlicher Einschaltdauer ein Spannungswert simuliert, der proportional zur analogen Eingangsgröße ist. Dadurch, dass die Transistoren entweder im ausgeschalteten Zustand stromlos sind oder im eingeschalteten Zustand der Spannungsabfall (nahezu) Null ist, ist die Verlustleistung ebenfalls (nahezu) Null. Die Spannung, die am Motor anliegt, lässt sich aus dem Puls-Weiten-Verhältnis (auch *Takt-Pause-Verhältnis*) berechnen:

$$U_{Motor} = U \cdot \frac{t_{ein}}{t_{Periode}} \tag{9.2}$$

Durch die Trägheit des Motors bzw. durch die Kapazitäten und Induktivitäten in seinem Aufbau wird das PWM-Eingangssignal soweit geglättet, dass der Motor mit einer (annähernd) konstanten Geschwindigkeit läuft, die entsprechend dem Takt-Pause-Verhältnis langsamer als die Maximalgeschwindigkeit ist.

9.3   Elektrische Antriebe

Elektromotoren stellen die bekannteste Form von Aktuatoren für eingebettete Systeme dar. Sie können in Linear- und rotatorische Antriebe unterschieden werden. Rotatorische Elektromotoren werden nochmals in Gleichstrommotoren, Wechselstrommotoren und Schrittmotoren unterteilt. Streng genommen würden auch piezoelektrische Antriebe in diese Kategorie fallen, aufgrund ihres andersartigen Funktionsprinzips werden sie jedoch extra behandelt.

Bei Elektromotoren wird die Tatsache ausgenutzt, dass ein von Strom durchflossener Leiter in einem Magnetfeld durch eine zum Strom proportionale Kraft abgelenkt wird. Dieser Kraftvektor ist sowohl senkrecht zum Stromvektor als auch zum Magnetfeldvektor. Es gilt $F = I(l \times B)$ wobei I der Stromvektor und B der Magnetfeldvektor und l die effektive (= sich im Magnetfeld befindliche) Länge des Leiters sind (vgl. Abb. 9.5). Weitere Informationen zu elektrischen Aktuatoren bietet z. B. [Hag15].

9.3.1   Gleichstrommotoren

Gleichstrommotoren (Direct Current, DC) bestehen im Wesentlichen aus dem Rotor (das sich drehende Element) und dem Stator (das feststehende Element). Teilkomponenten des Rotors sind Anker und Umschalter, beim Stator der Dauermagnet und die Bürsten (Alternativ zum Dauermagneten können auch hier extern angeregte Spulen als Elektromagneten verwendet werden). Gleichstrommotoren können bürstenlos oder bürstenbehaftet aufgebaut werden.

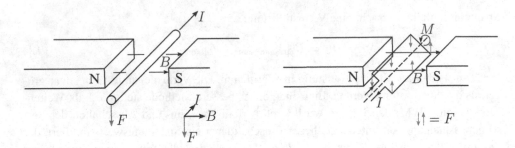

Abb. 9.5 Funktionsweise eines Elektromotors

In bürstenbehafteten Motoren wird der Rotor über Schleifkontakte (Bürsten) mechanisch kommutiert um ein Weiterdrehen zu ermöglichen. In bürstenlosen Motoren wird das äußere Magnetfeld elektronisch gesteuert weiter gedreht. Streng genommen handelt es sich also um Wechselstrommotoren, die jedoch mit Hilfe ihrer Steuerelektronik wie Gleichstrommotoren angesteuert werden können.

Gleichstrommotoren findet man beispielsweise bei Pkws in Fensterhebern oder Sitzverstellern. Auch in der Robotik finden sie für Gelenk-, oder Plattformantriebe Verwendung. Die Vorteile dieser Aktuatoren sind ihre einfache Integration in die Mechanik, die relativ gute Steuer- und Regelbarkeit, die einfache Energieversorgung und die sehr hohen Stellgeschwindigkeiten. Der Motor wird betrieben, indem durch einen Stromfluss am Anker ein magnetisches Feld aufgebaut wird, das dem Dauermagneten entgegengerichtet ist. Dadurch entsteht am Rotor ein Drehmoment. Um immer ein entgegengesetztes Magnetfeld zu erzeugen, wird der Ankerstrom phasenverschoben umgeschaltet. Zur Berechnung wird das Ersatzschaltbild aus Abb. 9.6 verwendet. Das Drehmoment M_A des Rotors bleibt dabei konstant und errechnet sich aus

$$M_A = K_T \cdot i_A \tag{9.3}$$

Dabei sind K_T die Drehmomentkonstante des Motors und i_A der Strom durch den Anker. Durch Rotation im magnetischen Feld wird eine Spannung u_{ind} am Anker induziert, die zur Winkelgeschwindigkeit ω proportional ist. Sie wird in Gl. 9.4 mit Hilfe des Magnetflusses Φ_F und der spezifischen Motorenkonstante c beschrieben. Da der Magnetfluss als konstant angenommen wird, vereinfacht sich die spezifische elektrische Motorenkonstante zu $K_E = c \cdot \Phi_F$.

$$u_{ind} = c \cdot \Phi_F \cdot \omega \Rightarrow u_{ind} = K_E \cdot \omega \tag{9.4}$$

Diese Spannung bezeichnet man als elektromagnetische Gegenspannung. Sie wirkt als Dämpfung des Motors. Da sie proportional zur Winkelgeschwindigkeit ist, steigt diese Dämpfung ebenfalls proportional zur Drehgeschwindigkeit. Diese Dämpfung ist also bei der Berechnung des Ankerstroms I_A zu berücksichtigen. K_E und K_T können üblicherweise in guter Näherung als gleich groß angenommen werden. Sie werden dann einfach als

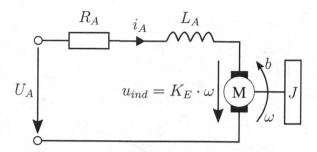

Abb. 9.6 Schematische Darstellung eines Gleichstrommotors

spezifische Motorenkonstante K_F bezeichnet. Allgemein gilt für die Nennspannung am Motor

$$U_A = U_R + u_{ind} = i_A \cdot R_A + K_F \cdot \omega = \frac{M_A \cdot R_A}{K_F} + K_F \cdot \omega \qquad (9.5)$$

Hierbei sind R_A der Widerstand des Ankers und U_R die Spannung, die am Anker angelegt wird. Die Differenz der beiden Spannung U_A und u_{ind} entspricht der Spannung am Widerstand R_A und der Induktivität L_A (siehe Gl. 9.6).

Zur Vereinfachung wird das Magnetfeld als konstant angenommen.

$$U_A - u_{ind} = R_A \cdot i_A + L_A \cdot \dot{i}_A \qquad (9.6)$$

Wie man nun leicht ablesen kann, sinkt das Drehmoment des Motors mit steigender Umdrehungsgeschwindigkeit und ist im Leerlauf (Leerlaufstrom I_0) am geringsten und beim Blockieren am höchsten ($M_{max} = K_F \cdot I_S$, mit I_S als Blockierstrom).

Sei die mechanische Leistung (Abgabeleistung) $P_{mech} = M_A \cdot \omega$ und die elektrische Leistung (Aufnahmeleistung) $P_{el} = U \cdot I$. Der maximale Wirkungsgrad des Motors ergibt sich zu $\eta = P_{mech}/P_{el}$. Die Drehzahl N des Motors bestimmt sich zu:

$$N = \frac{\omega}{2\pi} = \left(\frac{U_A}{K_F} - \frac{M_A \cdot R_A}{K_F^2} \right) \cdot \frac{1}{2\pi} \qquad (9.7)$$

Daraus ergibt sich die mechanische Leistungskurve:

$$P_{mech} = M_A \cdot \omega = \frac{R_A}{K_F^2} \cdot M_A^2 + \frac{U_A}{K_F} \cdot M_A \qquad (9.8)$$

Diese Zusammenhänge sind in Abb. 9.7 dargestellt. Da im Stillstand und bei maximaler Drehzahl keine mechanische Arbeit erbracht wird, ist der Wirkungsgrad η gleich Null. Allerdings liegt im Stillstand das maximale Drehmoment M_S an, was in Elektrofahrzeugen für eine hohe Anfangsbeschleunigung genutzt wird. Mit steigender Drehzahl nimmt das Drehmoment linear ab. Umgekehrt verhält sich die Beziehung vom Strom zum Drehmoment. Bei maximalem Drehmoment M_S, also im Stillstand, fließt auch der größte Strom I_S, da in diesem Fall der Motor quasi einen Kurzschluss darstellt. Zu beachten ist, dass die maximal

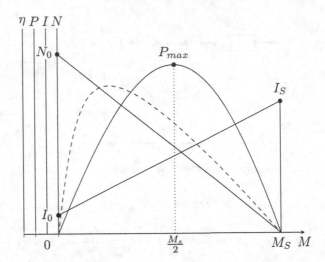

Abb. 9.7 Motorkenngrößen eines Elektromotors

erzeugte mechanische Leistung P_{max} bei einem höheren Drehmoment anliegt (ungefähr bei $\frac{M_S}{2}$), als der höchste Wirkungsgrad des Motors. Dies kann zur Optimierung in Hinblick auf Effizienz oder Leistung genutzt werden. Die Vorteile des Gleichstrommotors liegen im sehr guten Verhältnis zwischen Leistung und Gewicht, der linearen Drehmoment-Drehzahl-Kennlinie und dem im Vergleich zu anderen Motoren höheren Spitzendrehmoment. Im realen Betrieb muss neben dem vom Motor erzeugten Drehmoment auch das Gegenmoment der Last berücksichtigt werden. Das Drehmoment der Bewegung von Anker und Last wird in Gl. 9.9 beschrieben. M_B ist dabei die Differenz zwischen Antriebsmoment und Lastmoment und das Trägheitsmoment von Motor und Last wird mit J beschrieben.

$$M_B = J \cdot \dot{\omega} \tag{9.9}$$

Die wichtigsten Formeln zur Motorberechnung sind in Tab. 9.1 zusammengefasst.

Tab. 9.1 Kenngrößen von Gleichstrommotoren

Abgabeleistung	$P_{mech} = M_A \cdot \omega$
Aufnahmeleistung	$P_{el} = U_A \cdot I_A$
Maximaler Wirkungsgrad	$\eta = \dfrac{P_{mech}}{P_{el}}$
Leerlaufstrom	I_0
Blockierstrom	I_S
Leerlaufdrehzahl	$n_0 = \dfrac{\omega_{max}}{2\pi} = \dfrac{U_A}{K_F} \cdot \dfrac{1}{2\pi}$
Maximales Drehmoment	$M_S = K_F \cdot I_S$
Nennspannung	$U_N = U_A = U_R + u_{ind}$

9.3.2 Schrittmotoren (stepper motors)

Der Schrittmotor ist im Prinzip ein permanenterregter (mit Dauermagnet versehener) Wechselstrommotor mit einer hohen Anzahl von Polen. Anders als normale Wechselstrommotoren wird er jedoch nicht mit einer sinusförmigen Wechselspannung versorgt, sondern mit impulsförmigen binären Stromsignalen. Bei jedem Stromimpuls erfolgt durch Umschalten der Spulen eine Richtungsänderung des Magnetfeldes (siehe Abb. 9.8). Der Rotor ist als Permanentmagnet ausgelegt. Der Winkelschritt α, der bei jedem Umschalten zurückgelegt wird, errechnet sich aus der Anzahl der Phasen m und der Polpaarzahl p.

$$\alpha = \frac{360°}{2 \cdot p \cdot m} \tag{9.10}$$

Im Beispiel des Bildes haben wir 1 Polpaar des Rotors und zwei elektrische Phasen der Ansteuerung. Somit ergibt sich

$$\alpha = \frac{360°}{2 \cdot 1 \cdot 2} = 90°$$

Niederpolige Schrittmotoren führen relativ große Winkelschritte von beispielsweise $\alpha = 7,5°$ aus, während höherpolige Motoren auch Schrittweiten von $\alpha < 1°$ ermöglichen. Die erzielbare Winkelgeschwindigkeit ω hängt von der Frequenz f ab, mit der die Ansteuerungsimpulse an den Motor gesendet werden.

$$\omega = \frac{2\pi f}{2 \cdot p \cdot m} \tag{9.11}$$

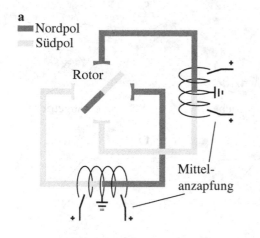

Schema   Schrittmotor für 3D-Drucker mit Getriebe

Abb. 9.8 Schrittmotoren

Dabei werden Schrittfrequenzen von bis zu 100 kHz verwendet. Schrittmotoren haben den Vorteil, dass keine weiteren Sensoren zur Bestimmung der Winkelposition der Motorwelle und kein Regler zur Positions- und Geschwindigkeitsregelung benötigt wird. Da jeder Impuls den Motor um einen bekannten Winkelbereich weiterdreht, müssen nur die notwendigen Impulse berechnet werden. Dies gilt solange, wie das äußere Lastmoment das Kippmoment des Motors nicht überschreitet. Ist dies der Fall, so führt dies zum Auslassen des Winkelschritts und es kommt zur dauerhaften Abweichungen zwischen Soll- und Istpositionen. Auch sind die erzeugten Kräfte im Vergleich zu anderen Elektromotoren vergleichsweise niedrig.

9.4 Getriebe

Die Drehzahlen von Motoren befinden sich je nach Ausführung in Bereichen von wenigen hundert Umdrehungen pro Minute bis zu einigen zehntausend, wobei i. d. R. bei hohen Drehgeschwindigkeiten das Drehmoment relativ niedrig ist. Um die Dreh- bzw. Lineargeschwindigkeiten sowie die Drehmomente bzw. Kräfte an die Anforderungen seitens der Anwendung anzupassen, werden Getriebe eingesetzt. Aus der Literatur sind unterschiedliche Getriebe bekannt. Beispiele hierfür sind Planetengetriebe (Abb. 9.9b), Schrauben- bzw. Spindelantriebe (Abb. 9.9d) oder Harmonic Drive (Abb. 9.11). Planetengetriebe sind aus mehreren Zahnrädern von unterschiedlicher Größe aufgebaut, die ineinander greifen, um so die Über- bzw. Untersetzung des Antriebs zu ermöglichen. Bei Stirnradgetrieben liegen die Antriebswellen parallel. Generell besteht ein linearer Zusammenhang zwischen zwei

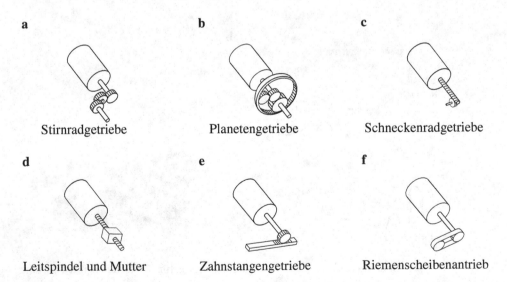

a	b	c
Stirnradgetriebe	Planetengetriebe	Schneckenradgetriebe
d	e	f
Leitspindel und Mutter	Zahnstangengetriebe	Riemenscheibenantrieb

Abb. 9.9 Verschiedene Getriebearten

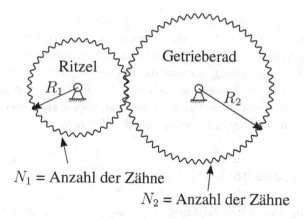

$$N_1 = \text{Anzahl der Zähne}$$

$$N_2 = \text{Anzahl der Zähne}$$

Abb. 9.10 Stirnradgetriebe

Abb. 9.11 Harmonic Drive

aneinanderliegenden Zahnrädern in einem Getriebe: Sei im Folgenden N_1 die Anzahl der Zähne des antreibenden Ritzels und N_2 die Anzahl der Zähne des angetriebenen Getrieberads (wie beispielsweise in Abb. 9.10 in einem Stirnradgetriebe), so lautet das Übersetzungsverhältnis $n = \frac{N_2}{N_1}$, auch als $N_2 : N_1$ geschrieben. Die Winkelgeschwindigkeit des angetriebenen Stirnrades ergibt sich zu $\omega_2 = \frac{\omega_1}{n}$. Das Ausgangsdrehmoment wird bestimmt durch $M_2 = n \cdot M_1$. Bei Kettenantrieben, Seilzügen oder Zahnriemenantrieben können die Übersetzung, das Drehmoment und die Winkelgeschwindigkeit fast analog berechnet werden. Im Unterschied zum Planetengetriebe laufen die beiden Ritzel nicht direkt aneinander, sondern sind durch o. g. Übertragungsmittel verbunden. Allerdings entstehen hierbei abhängig von der gewählten Übertragung höhere Reibungsverluste.

Bei Schrauben- und Spindelantrieben ist die erzeugte Kraft und Bewegungsgeschwindigkeit abhängig von der Steigung der Windung der Schraube bzw. Spindel. Bei dieser Antriebsform wird eine Drehbewegung in eine Linearbewegung umgeformt. Die Steigungskonstante p, auch Ganghöhe genannt, entspricht dem Übersetzungsverhältnis bei Stirnradgetrieben. Dabei ist p die Entfernung, die die Schraube bei einer Umdrehung zurücklegt.

Sei $v(t)$ die Lineargeschwindigkeit und ω die Winkelgeschwindigkeit, so ergibt sich:

$$v(t) = p \cdot \omega(t)$$

Harmonic Drives schließlich stellen eine hervorragende Möglichkeit dar, auf geringstem Raum eine große Übersetzung zu verwirklichen. Das Funktionsprinzip von Harmonic Drive besteht darin, dass eine elyptische Scheibe (Wave Generator) im Inneren eines flexiblen Zahnrades (Flex Spline) liegt, welches wiederum innerhalb eines festen Rings mit Innenverzahnung (Circular Spine) liegt. Dieser Flex Spline besitzt weniger Zähne als das umschließende Zahnrad (Circular Spline), wodurch die Übersetzung entsteht. Der Wirkungsgrad eines Motors mit Harmonic Drive ist im Vergleich zu anderen Getrieben besonders hoch und liegt zwischen 50 % und 80 %. Der Wirkungsgrad eines Systems mit Planetengetriebe kann durch Zahn- und Lagerreibungsverluste unter 30 % fallen.

9.5   Weitere Aktuatoren

Um Aktuatoren für kleine Stellkräfte bzw. -momente leicht und platzsparend aufzubauen, sind eine Vielzahl alternativer Wandler entwickelt worden. Insbesondere aus dem Bereich der Bionik sind hier viele biologisch inspirierte Technologien entstanden. Aufgrund ihrer oftmals geringen Stellkräfte, -momente oder Auslenkungen werden sie jedoch nur für spezielle Anwendungen eingesetzt.

9.5.1   Rheologische Flüssigkeiten

Rheologische Flüssigkeiten, die sowohl als *elektro-rheologisch (ERF)* als auch *magnetorheologisch (MRF)* vorkommen, können auch zum Aufbau von Aktuatoren eingesetzt werden. Das Grundprinzip ist, dass leichte Öle mit polarisierbaren/ferromagnetischen Partikeln (20–50 % des Volumens) abhängig von einem angelegten elektrischen/magnetischen Feld ihre Fließeigenschaften ändern. Im Allgemeinen nimmt der Fließwiderstand mit wachsender elektrischer/magnetischer Feldstärke zu, wobei die Reaktionszeiten nur wenige Millisekunden betragen. Nach dem Abschalten des Feldes werden wieder die ursprünglichen Eigenschaften angenommen.

Beim Scherungsprinzip (Abb. 9.12a) bewegen sich zwei entgegengesetzt gepolte Elektroden relativ zueinander. Abhängig vom elektrischen Feld E bewegt sich die freie Elektrode beim Angreifen einer Kraft F schneller oder langsamer. Beim Strömungsprinzip (Abb. 9.12b) sind beide Elektroden, die für die Beeinflussung des Fließwiderstandes eingesetzt werden, fest. Abhängig vom elektrischen Feld E wird die Fließgeschwindigkeit festgelegt.

Beim Quetschprinzip (Abb. 9.12c) bewegen sich die Elektroden aufeinander zu. Die Quetschströmung baut ein Druckpolster zwischen den Elektroden auf, das über ein elektrisches Feld beeinflusst wird. Hierdurch wird die vom Aktuator erzeugte Kraft gesteuert. Zwei Anwendungsbeispiele von ERF sind in Abb. 9.13 dargestellt. Im linken Bild (a) ist ein ERF-Ventil aufgebaut. Abhängig von der Hochspannung wird die Fließgeschwindigkeit der Flüssigkeit in dem Zylinder gesteuert. Dadurch wird im Prinzip die Öffnung eines Ventils simuliert. Beim ERF-Stoßdämpfer in Abb. 9.13b, der nach dem Scherungsprinzip

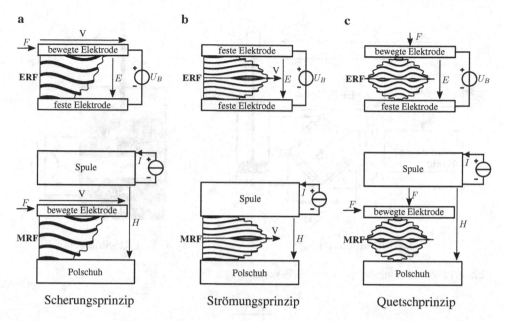

Abb. 9.12 Grundprinzipien von ERF/MRF

arbeitet, wird die Dämpfung des Kolbens im Zylinder durch die Steuerspannung angepasst. Je höher die Spannung, desto zähflüssiger die Flüssigkeit und umso größer die Dämpfung. Ein weiteres Beispiel stellt die in Abb. 9.14 dargestellte Elektrorheologische Scheibenkupplung dar. Sie besteht im Wesentlichen aus parallelen Platten (oder konzentrischen Zylindern), die am Ende der Wellen sitzen und von einer rheologischen Flüssigkeit umgeben sind. Dabei wird über Schleifringe eine (Hoch-)spannung an den Kupplungsscheiben angelegt. Mittels des dadurch generierten Feldes kann die Viskosität des ERF und damit der Kraftschluss zwischen den Kupplungsscheiben stufenlos und sehr genau gesteuert werden. Damit ist das übertragene Drehmoment, aber auch ein Übersetzungsverhältnis einstellbar. Allerdings kann diese Kupplung aufgrund der Basisviskosität des ERF nicht vollständig geöffnet werden, sodass immer ein Mindestmoment übertragen wird. Dieses Beispiel lässt sich auch auf eine Anwendung für rotierende Bremsscheiben übertragen.

9.5.2 Piezoelektrische Aktuatoren

Piezoaktuatoren (wie auch Piezosensoren) basieren auf dem piezoelektrischen Effekt, der den Zusammenhang einer auftretenden elektrischen Spannung mit der Verformung bestimmter Feststoffe herstellt. Beim Piezoaktuator bedeutet dies: Durch eine angelegte Hochspannung wird eine Verformung eines Kristalls erzeugt. Dadurch kann eine schnelle Umsetzung von elektrischer in mechanische Energie erfolgen, ohne dass bewegte Teile notwendig sind.

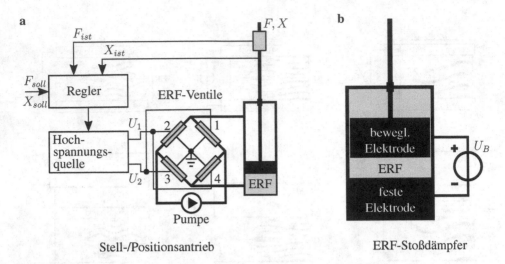

Abb. 9.13 Anwendungsbeispiele von ERF-Ventilen

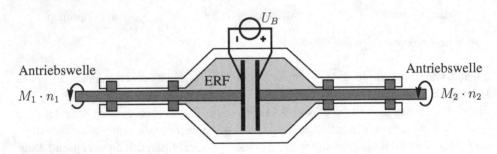

Abb. 9.14 Scheibenkupplung mittels ERF

Piezoelektrische Aktuatoren zeichnen sich durch sehr schnelle Reaktionszeiten und durch eine lange Lebensdauer aus. Aufgrund der sehr geringen Leckströme wird das elektrische Feld ohne Energiezufuhr aufrecht erhalten, wodurch ein energetisch günstiger Aktuator aufgebaut werden kann. Nachteilig sind die sehr geringen Auslenkungen des Aktuators, wobei diese allerdings sehr präzise einstellbar sind. Durch geeignete Kombination von einzelnen Piezo-Elementen können je nach Anwendung verschiedene Aktuatoren realisiert werden (vgl. Tab. 9.2). Oft werden sie auch als Teil eines komplexen Aktuatorsystems, wie dem in Abb. 9.15 dargestellten Linearpositionierer eingesetzt.

Hier wird zuerst mittels eines Elektromagneten der aus Piezoelementen aufgebaute Arbeitsschlitten als Ganzes grob positioniert (vgl. Abb. 9.15b). Danach wird diese Position fixiert, indem die quer zur Bewegungsrichtung angebrachten Piezoelemente angesteuert werden. Dabei dehnen sie sich aus und klemmen den Schlitten fest, wie in Abb. 9.15c zu sehen. Schließlich werden die längs der Bewegungsrichtung angebrachten Piezoelemente so weit angeregt, dass sich die gewünschte Feinposition einstellt (vgl. Abb. 9.15d).

Tab. 9.2 Bauformen piezoelektrischer Aktuatoren

	Stapel	Mit Getriebe	Streifen	Biegewandler	Biegescheibe
Typ. Stellwege	10..200 µm	≤ 2 mm	≤ 50 mm	≤ 1 mm	≤ 500 mm
Typ. Stellkraft	30.000 N	3000 N	1000 N	5 N	40 N
Typ. Betriebs-spannung	60..200 V 200..500 V 500..1000 V	0..200 V 200..500 V 500..1000 V	60..500 V	10..40 V	10..500 V

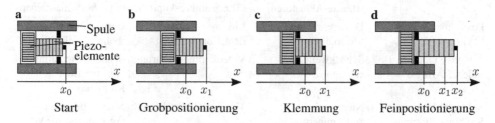

Start — Grobpositionierung — Klemmung — Feinpositionierung

Abb. 9.15 Hybridwandler aus Hubmagnet (Grobpositionierung) und Piezowandler (Feinpositionierung)

Ein ähnliches Verfahren weisen magnetostriktive Werkstoffe auf, die Längenänderungen abhängig von der Veränderung des magnetischen Felds vornehmen. Die Ausdehnungen liegen im Promillbereich (1,2 mm/m). Diese Elemente weisen eine hohe Stellgeschwindigkeit und sehr kurze Reaktionszeiten (ms-Bereich) auf. Etwa Dreiviertel der magnetischen Energie wird in mechanische umgeformt. Allerdings treten oft sehr hohe Verluste in den Leistungsverstärkern auf.

Im Vergleich zu Piezo-Kristallen ist der Effekt bei höheren Temperaturen (bis ca. 4000 °C) ausnutzbar, die Dehnungshysterese ist geringer und es gibt keine bewegte Elektrode. Jedoch treten auch im statischen Fall ohmsche Verluste durch Magnetisierungsströme auf. Ein zusätzliches technisches Problem ist, dass das Einkoppeln des magnetischen Feldes wegen niedriger Permeabilität der häufig genutzten Materialien, wie Terfenol-D, schwierig ist.

Ein möglicher Aktuator mit piezoelektrischen Komponenten ist der in Abb. 9.16 abgebildete *Inchworm-Motor*. Über 6 Phasen wird eine glatte Welle axial verschoben. Durch Festhalten eines Endes, dem Zusammenziehen bzw. Ausdehnen des Piezoelements und anschließendem Umgreifen wird die Welle schrittweise weitergereicht.

Mittlerweile werden Piezoaktuatoren in unterschiedlichen Anwendungen aus der Medizin, der Optik, der Feinwerktechnik und dem Maschinenbau eingesetzt. Beispiele hierfür

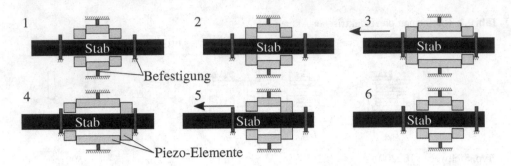

Abb. 9.16 Inchworm-Motor

Tab. 9.3 Anwendungen piezoelektrischer Aktuatoren

Optik	Medizin/Biologie	Feinwerktechnik	Maschinenbau
Laserabstimmsysteme	Blindenlesegeräte (Braille-Aktuatoren)	Mikromanipulatoren (Tunnelmikroskopie)	Feinstvorschub in Dreh-/ Fräsmaschinen
Positionierung von LWL	Dosiereinrichtungen, Mikrodüsen	Linear- /Rotationsmotoren	Unrunddrehen, -bohren, -schleifen
Adaptive Optik (z. B. Spiegel-Arrays)	Schockwellen- erzeugung	Videokopfnachführung	Schnelle Steuerung von Bremsen, Klemmungen
Spiegelablenkung, Strahlnachführung	Nierenstein- zertrümmerung	Tintenstrahldrucker	Nachstellung von Werkzeugen zur Ver- schleißkompensation
Röntgen- /Mikrolithografie	Ultraschall-Scanner	Tongeber (z. B. Telefon)	aktive Schwingungs- dämpfung
Autofokussysteme	Ultraschall-Schneide/- Reinigungsgeräte	Einspritzventile (KFZ)	

sind die Einspritzventile im Kfz-Bereich oder Elemente zur aktiven Schwingungsdämpfung. Weitere Beispiele sind in Tab. 9.3 aufgezählt.

9.5.3   Thermische Aktuatoren

Eine weitere Möglichkeit Aktuatoren aufzubauen, ist die Verwendung von Wärme als primärer Energie. Hierzu wird beispielsweise eine Heizspule durch das Steuersignal der Recheneinheit angesteuert, welche wiederum eine Zustandsänderung des Aktuators bewirkt.

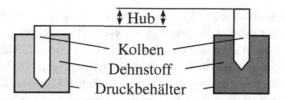

Abb. 9.17 Heben und Senken des Kolbens mittels Temperaturänderung des Dehnstoffes

Dehnstoffelemente

Dehnstoffelemente gehören zu dieser Klasse der thermischen Aktuatoren. Sie nutzen aus, dass das Volumen von Feststoffen sich mit zunehmender Temperatur erhöht. Der typische Aufbau ist wie folgt: In einem Kolben befindet sich ein mit Dehnstoff (z. B. Wachs) gefüllter Druckbehälter, wie in Abb. 9.17 zu sehen. Bei Erwärmung des Dehnstoffes erfolgt eine Volumenzunahme, die dazu führt, dass der Kolben sich nach oben bewegt. Durch eine Rückholfeder kann bei der Abkühlung des Systems der Kolben wieder in die Ausgangstellung geführt werden. Es gibt sowohl Dehnstoffelemente, die eine lineare Temperatur-Hub-Kennlinie (kleine und große Regel-Temperaturbereiche möglich, z. B. 150 °C/1500 °C) als auch eine nichtlineare aufweisen. Bei nichtlinearen Kennlinien bewegt sich der Hub innerhalb eines kleinen Temperaturbereichs (z. B. 1 °C...2 °C) sprunghaft. Anwendungsbeispiel für Dehnstoffelemente sind im Kfz-Bereich zu finden, wie die Kühl- und Ölkreislaufsteuerung.

Bimetalle

Bimetalle erweitern den Gedanken der Dehnstoffelemente. Hier werden zwei Metallstreifen mit unterschiedlichen Wärmeausdehnungskoeffizienten miteinander verbunden. Wird dieses Bimetall erwärmt, dehnt sich eine Seite stärker, als die andere, was insgesamt zu einer Verbiegung des Bimetallstreifens führt. Dadurch eignen sich Bimetalle z. B. als Temperaturanzeiger oder Überhitzungsabschalter, können jedoch nur vergleichsweise wenig Arbeit pro Volumeneinheit verrichten. Hinzu kommt, dass durch den Aufbau als Schichtverbundwerkstoff nur Biegeformänderungen möglich sind und auch der Formgebung enge Grenzen gesetzt sind. Die Formänderung geschieht dabei kontinuierlich mit der Temperaturänderung.

Formgedächtnislegierungen

Formgedächtnislegierungen (FGL) ändern ihre Form abhängig von einer festen Verformungstemperatur. Dabei unterscheidet man zwischen FGL mit einem einmaligen Memory-Effekt oder mit einem wiederholbaren Memory-Effekt (siehe Abb. 9.18). Beim einmaligen Memory-Effekt wird das Bauelement im Niedrigtemperaturzustand dauerhaft verformt. Bei einer Erwärmung über eine Schwelltemperatur nimmt das Bauelement die ursprüngliche Form wieder an. Typischerweise liegt der Temperaturbereich für die Umformung zwischen 100 °C und 200 °C. Bei der Umwandlung leistet das Material Arbeit und kann damit als Aktuator eingesetzt werden (siehe Abb. 9.19). Durch thermomechanische Vorbehandlung des Materials können im kalten und warmen Zustand unterschiedliche Formen eingenommen werden. Dies wird als wiederholbarer Memory-Effekt bezeichnet. Die Arbeit kann wiederum nur während des Aufwärmens verrichtet werden. Formgedächtnislegierungen sind Metalllegierungen, wie Nitinol (NiTi) oder auf Kupferbasis (z. B. CuZnTi) (vgl. Tab. 9.4). Inzwischen sind auch Polymerverbindungen mit ähnlichen Eigenschaften bekannt. Diese weisen eine kürzere Schaltzeit auf, sind jedoch wegen geringerer Rückstellkräfte nur bedingt als Aktuatoren einsetzbar.

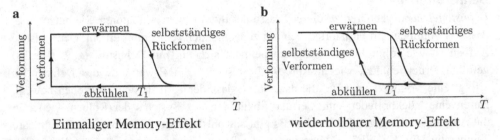

Abb. 9.18 Verformung von Formgedächtnislegierungen

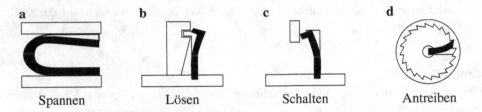

Abb. 9.19 Anwendungsmöglichkeiten von Formgedächtnislegierungen – Durch Erwärmen oder Abkühlen ändert sich die Form

Tab. 9.4 Eigenschaften üblicher Formgedächtnislegierungen

Eigenschaften	NiTi	CuZnTi
Bruchdehnung [%]	40…50	10…15
max. T_1 [°C]	90…150	120
max. Einmaleffekt [%]	6	4…5
max. wiederholbarer Effekt* [%]	4,5	0,5…1
Hysteresebreite [K]	15…25	10…20
Langzeitstabilität	Gut	Weniger gut

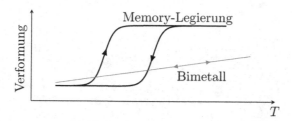

Abb. 9.20 Unterschied zwischen Formgedächtnislegie-rungen und Bimetallen

FGL dürfen nicht mit Bimetallen verwechselt werden. Letztere verfügen nicht über die ausgeprägte Hysterese von Formgedächtnislegierungen (siehe Abb. 9.20), sondern ändern ihre Form kontinuierlich mit der Temperatur. Außerdem können Bimetalle deutlich weniger Arbeit pro eingesetztem Volumen verrichten und sind in Formgebung und Freiheitsgraden eingeschränkter. Dafür sind sie jedoch deutlich günstiger. Somit sind Bimetalle besser für Aufgaben geeignet, die eine kontinuierliche Formänderung bei niedrigem Kraftaufwand erfordern, während Formgedächtnislegierungen in Anwendungen von Vorteil sind, in denen zwischen zwei dedizierten Zuständen gewechselt werden muss. Weitere Informationen zum Einsatz von Formgedächtnislegierungen bietet z. B. [GGJ+11].

Literatur

[GGJ+11]   Gümpel, P., Gläser, S., Jost, N., Mertmann, M., Seitz, N., Strittmatter, J.: Formgedächt-nislegierungen: Einsatzmöglichkeiten in Maschinenbau. Expert-Verlag Gmbh, Medizin-technik und Aktuatorik (2011)
[Hag15]   Hagl, R.: Elektrische Antriebstechnik, 2., neu bearb. Aufl. Fachbuchverlag Leipzig im Carl-Hanser-Verlag, München (2015)

Zusammenfassung

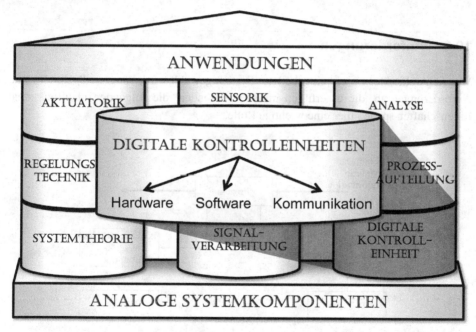

In diesem Kapitel werden verschiedene Architekturen für die Recheneinheit(en) eingebetteter Systeme vorgestellt. Basierend auf Anforderungen, wie Echtzeit, Robustheit und Energieverbrauch werden unterschiedliche verfügbare Einheiten verglichen. Der Mikrocontroller als eine der meistverwendeten Recheneinheiten und der FPGA als der Hauptvertreter von programmierbarer Hardware werden detaillierter betrachtet und deren Einbindung in die Umgebung an einem Schaltungsbeispiel vermittelt.

© Springer Fachmedien Wiesbaden GmbH, ein Teil von Springer Nature 2019
K. Berns et al., *Technische Grundlagen Eingebetteter Systeme*,
https://doi.org/10.1007/978-3-658-26516-8_10

10.1 Die Aufgabe der Recheneinheit

Die Recheneinheit bildet eine Hauptkomponente des eingebetteten Systems. Hier wird der eigentliche Algorithmus, der zur Umsetzung der Aufgabenstellung des Systems dient, ausgeführt. Auf die Entwicklung der ggf. benötigten Software bzw. der Hardwarebeschreibung soll in diesem Buch nicht eingegangen werden. Hierfür empfehlen sich beispielsweise [Mar08, GWUW16, HF01].

Die Recheneinheit nimmt die von den Sensoren kommenden Daten auf, interpretiert sie und steuert auf der Basis logischer Schlüsse (in verschiedenen Repräsentationen) die Aktuatoren an (siehe Abb. 10.1). Oft ist auch ein Teil der Sensordatenverarbeitung bzw. der Aktuatoransteuerung selbst noch in der Recheneinheit realisiert. Beispielsweise finden sich auf Mikrocontrollern oft A/D-Wandler und PWM-Generatoren.

Softwareprogrammierbare Systeme haben durch die Verbreitung von PCs und Smartphones eine hohe Alltagsrelevanz für die meisten Nutzer, allerdings gibt es auch davon abweichende Architekturen, die eine zunehmende Rolle spielen und deshalb hier eingeführt werden sollen.

10.2 Anforderungen

Welche Architektur für ein eingebettetes System gewählt wird, hängt maßgeblich von den Anforderungen ab, die es erfüllen muss. Insbesondere die folgenden nichtfunktionalen Eigenschaften spielen hier eine wichtige Rolle.

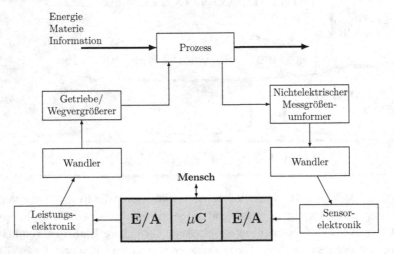

Abb. 10.1 Die Recheneinheit im MSR-Kreislauf (hier ein Mikrocontroller mit Ein-/Ausgabeports)

Echtzeitanforderungen: Eingebettete Systeme haben oft hohe Anforderungen an Ausführungsgeschwindigkeit und Echtzeit, dies gilt im Besonderen für sicherheitskritische Systeme. Auch die Kommunikation zwischen einzelnen Knoten muss meist echtzeitfähig und robust erfolgen. Spezialisierte und fest verdrahtete Architekturen sind dabei gegenüber generischen im Vorteil.

Gewicht, Baugröße, Energieverbrauch: Diese Anforderungen spielen vor allem bei mobilen bzw. autonomen Systemen eine große Rolle. Daher werden oft hochintegrierte Recheneinheiten eingesetzt.

Zuverlässigkeit, Wartbarkeit, Verfügbarkeit: Da eingebettete Systeme oft im industriellen Umfeld eingesetzt werden und nicht auf die direkte Interaktion der Recheneinheit mit Menschen ausgelegt sind, sind die Anforderungen an Zuverlässigkeit und Verfügbarkeit sehr hoch. Im Vergleich zu Consumer-Produkten ist es z. B. keine Option, ein Kraftwerk mehrmals am Tag neu zu starten, weil irgendwo ein Variablenüberlauf stattfindet.

Robustheit und EMV: In diesem Zusammenhang ist auch die *Robustheit* zu nennen, da eingebettete Systeme oft in Umgebungen eingesetzt werden, die Schmutz, Flüssigkeiten oder Erschütterungen ausgesetzt sind, denen sie standhalten müssen. Eine besondere Vorgabe ist hierbei die *Elektromagnetische Verträglichkeit (EMV)*. Sie beschreibt einerseits die Unempfindlichkeit des Systems für Störungen durch externe elektromagnetische Felder, andererseits aber auch, dass es selbst keine solchen ungewollt erzeugt.

Die genannten Anforderungen werden je nach System natürlich anders gewichtet. So braucht beispielsweise ein Funk-Bewegungsmelder keine leistungsstarke CPU, hat aber hohe Anforderungen an Energieeffizienz und Raumausnutzung. Ein Computerverbund zur Wettersimulation hingegen verfügt über eine ausreichende Energieversorgung und genug Platz, hat aber hohe Ansprüche an Geschwindigkeit und Verfügbarkeit.

10.3 Recheneinheiten – Typenüberblick

Welcher Algorithmus konkret ausgeführt wird, spielt für die Betrachtung des Hardwareaufbaus, die hier durchgeführt werden soll, keine Rolle, wohl aber für die Auswahl der Recheneinheit. Hier findet sich eine große Vielfalt von Typen, wie z. B. PCs, Industrie-PCs, Speicher-Programmierbare Steuerungen (SPS), Mikrocontroller/-prozessoren, Digitale Signalprozessoren (DSPs), Field-Programmable Gate-Arrays (FPGAs), Application-specific Integrated Circuits (ASICs), Application-specific instruction-set processors (ASIPs) uvm. Diese lassen sich anhand ihrer Konfigurierbarkeit (sind die Systeme fest-verdrahtet, teilverdrahtet oder selbst konfigurierbar), Verfügbarkeit (liegt das System als fertige Off-the-Shelf-Komponente vor oder ist es nur die Basis für eine Entwicklung) oder Anwendungsnähe (ist das System möglichst generisch, oder auf bestimmte Anwendungen zugeschnitten) sortieren, wie in Abb. 10.2 zu sehen.

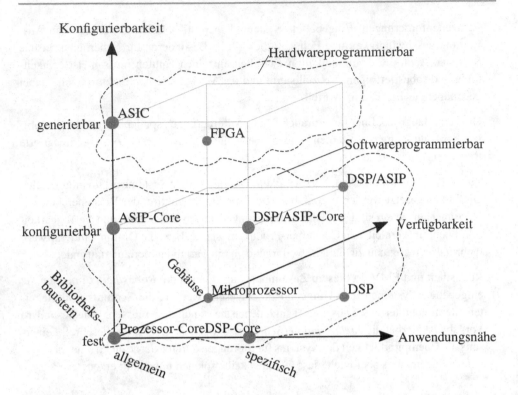

Abb. 10.2 Klassifikation verschiedener Hardware-Technologien

Weiterhin deckt die Auswahl ein weites Feld in Bezug auf die Mächtigkeit der Systeme ab. So kann eine Recheneinheit für einen Bewegungsmelder aus einem IC mit 4 Beinchen bestehen, während für moderne Smartphones mächtige ARM-Prozessoren verbaut werden.

Einige gängige Technologien sollen im Folgenden anhand ihrer Anwendung exemplarisch vorgestellt werden.

10.3.1 Generische, softwareprogrammierbare Recheneinheiten

In den meisten eingebetteten Systemen werden heutzutage softwarebasierte Recheneinheiten wie PCs, Industrie-PCs oder Mikrocontroller verwendet. Diese sind General-Purpose-Bausteine, können also per Software für eine Vielzahl verschiedener Anwendungen genutzt werden.

Sie haben eine fest verdrahtete Architektur, die auf festgelegten Prozessorkernen basiert. Durch ihre Generizität sind sie leicht austauschbar und sehr günstig, liefern jedoch in vielen Anwendungsfällen keine optimale Performance, da bestimmte Ressourcen nicht genutzt werden oder nicht zur Verfügung stehen. Der PC stellt dabei eine gute Basis zur Entwicklung dar. Als relativ leistungsstarker Rechner können stationäre oder in der Entwicklung befindliche Systeme zuverlässig mit ihm angesteuert werden. Auch Echtzeitfähigkeit kann durch entsprechende Betriebssysteme garantiert werden.

Allerdings ist der klassische PC recht empfindlich gegenüber Schmutz und Vibration und ein eher sperriges Bauteil. Trotz seiner internen Modularität ergeben sich durch die Architektur außerdem oft ungenutzte Ressourcen, die unnötig Platz oder Energie benötigen. So verfügen die meisten Hauptplatinen über mehr Busanschlüsse als benötigt werden und für viele Anwendungen wird keine Sound- oder Grafikkarte benötigt.

Eine Möglichkeit, dies zu umgehen, ist die Verwendung eines *Industrie-PC(I-PC)*. Dieser ist vom Aufbau noch etwas modularer als ein gewöhnlicher PC, sodass ein Teil der sonst fest verbauten Peripherie ausgetauscht und an die Anwendung angepasst werden kann. Außerdem ist er durch seine Bauart speziell gegen Erschütterungen und Verschmutzung geschützt, was ihn für den Einsatz in Industrieumgebungen prädestiniert. So werden viele Produktionsanlagen mit Industrie-PCs gesteuert, aber auch in Nutzfahrzeugen finden sie Verwendung.

In Abb. 10.3b und c sind verschiedene Bauformen für Industrie-PCs zu sehen. Das PC/104 Modul ist seit 1992 IEEE-Standard und existiert in mehreren hundert Ausführungen. Das Ziel dieses Standards ist es, ein kompaktes, genormtes Format für modulare, PC-basierte Systeme insbesondere für industrielle Anwendungen zu schaffen.

Für Anwendungen, die besondere Anforderungen an Platz, Energieverbrauch oder Gewicht haben, bieten sich PC-Systeme nicht an, da sie durch ihre hohe Generizität und den Fokus auf Interaktion mit Menschen recht umfangreich sind. Hier spielen derzeit Mikrocontroller ein wichtige Rolle. Diese sind ebenfalls General-Purpose-Einheiten, die jedoch neben dem Prozessor auch wichtige Peripherieelemente (z. B. Bus-Treiber, PWM-Units, D/A-Wandler, oft auch RAM und ROM etc.) in einem Chip vereinen.

Das bietet den Vorteil, dass diese Peripherieelemente optimal an den Prozessor angebunden sind. Das ganze System wird sehr klein und leicht und der Stromverbrauch wird reduziert. Durch die große Palette an erhältlichen Mikrocontrollern kann die Hardware bereits durch die Auswahl stark optimiert werden.

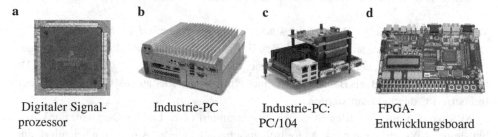

a	b	c	d
Digitaler Signalprozessor	Industrie-PC	Industrie-PC: PC/104	FPGA-Entwicklungsboard

Abb. 10.3 Verschiedene Recheneinheiten: **a** DSP (MC56F8357), **b** Industrie-PC im Gehäuse, **c** Industrie-PC-Stack (PC/104), **d** FPGA-Entwicklungsboard (Intel/Altera Cyclone IV)

In Abb. 10.6 ist ein solcher Mikrocontroller der ARM-Cortex-A53-Familie auf einem Raspberry Pi zu sehen. Generell haben Mikrocontroller-gesteuerte Systeme eine geringere Rechenleistung als PC-Systeme (wobei die Übergänge zunehmend verwischen) und oft einen eingeschränkten Befehlssatz. Im Abschn. 10.4 wird hierauf noch näher eingegangen. Mikrocontroller finden sich neben der Verwendung in Smartphones und Kleinstcomputern auch in Sensornetzwerken, Kfz-Steuerungen, Küchengeräten u. v. m.

Tiefergehende Informationen zu Aufbau und Anwendung von Prozessoren und Mikrocontrollern finden sich z. B. in [HF01, PH11, GWUW16].

10.3.2 Anwendungsoptimierte, softwareprogrammierbare Recheneinheiten

In vielen Anwendungsfällen werden bestimmte Algorithmen oder algorithmische Strukturen immer wieder verwendet. Hier bietet es sich an, auch die Hardware der ausführenden Recheneinheit entsprechend anzupassen und für diese Strukturen zu optimieren. Dadurch kann man gegenüber generischen Rechnern eine höhere Effizienz und/oder Performanz erreichen.

Digitale Signalprozessoren (*DSP*s) sind im Grunde genommen Mikrocontroller mit spezieller Peripherie und einem erweiterten Befehlssatz. Sie sind optimiert für Aufgaben in der Signalverarbeitung, wie digitale Filter oder andere Signalmanipulationen. Sie sind daher häufig im Audio- und Videobereich im Einsatz, dienen aber auch als Beschleuniger für die Kommunikation in verteilten Systemen. Dafür enthalten sie meist bereits eingebaute D/A- und A/D-Wandler, die direkt an den Prozessor angebunden sind. Ein wesentliches Element von DSPs ist das Vorhandensein mehrerer Rechenwerke, unter anderem eines *Multiply-Accumulate*-Rechenwerkes *(MAC)*. Dieses ermöglicht die zeitgleiche Ausführung von Addition und Multiplikation, wie sie für Faltungen und Fast-Fourier-Transformationen (FFTs) benötigt werden (siehe Abschn. 5.3 und 5.4.1), die insbesondere bei der Signalübertragung und -kodierung eine wichtige Rolle spielen. In Abb. 10.3a ist ein solcher DSP (MC56F8357) zu sehen. Weitere informationen zum Aufbau und der Entwicklung von DSPs finden sich in [Liu08].

Ein anderes spezielles Bauelement sind *Speicherprogrammierbare Steuerungen (SPS)*. Diese Recheneinheiten sind speziell für den Einsatz in zyklischen Produktionsanlagen ausgelegt. Es sind i. d. R. echtzeitfähige Systeme, die modular aufgebaut werden können. Die Realisierung kann z. B. als Bausteine auf einer Hutschiene, oder auch als Software in einem Industrie-PC durchgeführt werden.

SPS werden mit speziellen Sprachen programmiert (z. B. Ladder-Diagram, Funktionsbausteine, AWL etc.), die meist an logischen Schaltungen oder Automaten orientiert sind. Diese Programme werden in der SPS zyklisch nach festen Mustern abgearbeitet, was einerseits Echtzeitfähigkeit garantiert, andererseits auch den Entwicklungsaufwand senkt. Eine umfassende Übersicht über die Anwendung und Besonderheiten von SPS findet man in [WZ15].

10.3.3 Anwendungsspezifische, hardwareprogrammierbare Recheneinheiten

Reichen auch solche vorgefertigten, programmierbaren Bausteine für die Anforderungen an z. B. Energieeffizienz oder allgemeiner Performance nicht aus, so bietet sich die Verwendung von *Application-Specific Integrated Circuits* (*ASICs*) an. Diese sind speziell für eine Aufgabe gefertigte Chips, in denen der Algorithmus in Hardware realisiert ist. Sie sind optimiert bzgl. den aufgabenspezifischen Anforderungen auf Geschwindigkeit, Energieeffizienz, Baugröße und/oder Zuverlässigkeit, allerdings in der Regel auch sehr unflexibel.

Das Hauptproblem ist, dass Entwicklung und Fertigung in kleinen Stückzahlen sehr teuer und zeitaufwändig sind, weshalb ASICs sich nur lohnen, wenn man eine Massenfertigung plant. Daher finden sich auch viele ASICs als frei verkäufliche Standardteile bei den entsprechenden Händlern, hier spricht man dann von *Application-Specific Standard Products (ASSP)*.

So sind z. B. A/D-Wandler, USB-Schnittstellen, Step-Down-Spannungsquellen und Displaytreiber als einzelne ICs verfügbar. Dabei ist nach wie vor die spezifische Anwendung relevant und nicht z. B. die Größe oder Form der Komponenten (vgl. Abb. 10.4). So würde man den NE555, der je nach Beschaltung eine monostabile, astabile oder bistabile Kippstufe darstellt und auch für andere Anwendungen eingesetzt werden kann, nicht als ASSP bezeichnen.

10.3.4 Generische, hardwareprogrammierbare Recheneinheiten

Oft stellt sich das Problem, dass die allgemeinen Anforderungen, wie parallele Datenverarbeitung, Zeitoptimierung oder Echtzeit, eigentlich für einen ASIC sprechen würden, allerdings die Entwicklung eines solchen für die kleinen Stückzahlen nicht wirtschaftlich wäre. In diesen Fällen werden *Field-Programmable Gate-Arrays* (*FPGAs*) eingesetzt. Dieser Bereich der konfigurierbaren Hardware stellt eines der am schnellsten wachsenden Marktsegmente für eingebettete Systeme dar. Hierbei handelt es sich um spezielle ICs, die noch kein konkretes Verhalten eingeprägt haben. Das bedeutet, dass man die Hardware selbst „programmieren" kann. Im Gegensatz zu einem Mikrocontroller gibt man nicht per Software einer

Abb. 10.4 Verschiedene IC-Packages

Abb. 10.5 CPLD- Board (Intel/Altera MAX II)

festgelegten Hardware ihr Verhalten vor, sondern verändert die Hardware selbst. Dies bietet viele Optionen der Nutzung von paralleler Signalverarbeitung oder eigenen Befehlssätzen. Im Gegensatz zu ASICs können FPGAs mehrfach rekonfiguriert werden, was insbesondere bei der Entwicklung ein nicht zu unterschätzender Vorteil ist. Auch zur Entwicklung von ASICs werden FPGAs eingesetzt, da auf ihnen bereits das zeitliche Zusammenspiel der Komponenten des ASICs simuliert werden kann. Im Vergleich zum Mikrocontroller sind FPGAs allerdings recht teuer und etwas weniger performant im Sinne der Zykluszeit bei gleicher Fertigungstechnologie. Hinzu kommt der gesteigerte Entwicklungsaufwand. Näheres hierzu findet sich weiter unten im Abschn. 10.5. In Abb. 10.3d ist ein Entwicklungsboard für einen Intel/Altera Cyclone IV-FPGA zu sehen, auf dem bereits die benötigte Peripherie sowie diverse Ein- und Ausgabemöglichkeiten integriert sind. Eine günstigere Alternative sind *Complex-Programmable-Logic-Devices* (*CPLD*s). Ein solcher ist in Abb. 10.5 zu sehen.Diese sind ähnlich aufgebaut, wie FPGAs, jedoch üblicherweise mit deutlich eingeschränktem Funktionsumfang. Zum tieferen Einstieg in die Arbeit mit FPGAs empfehlen sich z. B. [GWUW16, Liu08].

10.4 Microcontroller

In diesem Abschnitt soll der grundlegende Aufbau und die Funktion softwareprogrammierbarer Recheneinheiten am Beispiel des Mikrocontrollers erläutert werden.

Softwareprogrammierbare Systeme machen nach wie vor den größten Teil der Produkte aus. Durch die Einführung von Smartphones haben einzelne Familien, wie z. B. die ARM-Prozessoren eine breite Bekanntheit erlangt. In Abb. 10.6 ist ein solcher Controller (BCM2837RIFBG mit ARM Cortex A53 Kernen) auf einem Raspberry Pi zu sehen. Auf diesem Single-Board-Computer erfüllt er die Aufgaben einer CPU. Der Raspberry Pi ist in der Prototypenentwicklung eingebetteter Systeme weit verbreitet, da er neben den Komponenten, die zum reinen Betrieb des Mikrocontrollers benötigt werden, auch

Abb. 10.6 Raspberry Pi 3 Model B mit einem ARM Cortex A53-basierten Controller

umfangreiche Peripherieelemente, wie Grafikdekoder, A/D-Wandler, USB-Treiber, WLAN und auch direkt nutzbare E/A-Ports zur Verfügung stellt.

Softwareprogrammierbare Systeme sind durch die Nutzung von PCs schon seit Jahrzehnten in Gebrauch, sodass eine breite Basis an Anwenderwissen und eine große Entwicklercommunity besteht.

Der Grundgedanke dieser Steuerungstechnologie ist es, eine Hardware zu erschaffen, die eine möglichst große Bandbreite an Algorithmen in einer akzeptablen Zeit ausführen kann. Dazu wird ein Prozessor eingesetzt, der die in Software vorliegenden Programme und Daten verarbeitet.

Prinzipiell besteht ein Prozessor aus einem *Steuerwerk,* das die Programmbefehle dekodiert und in entsprechende Berechnungen umsetzt, und einem *Rechenwerk,* das diese dann ausführt. Hierfür stehen weiterhin Register zur Zwischenspeicherung von Daten zur Verfügung, sowie eine Busanbindung, welche die Kommunikation mit dem Restsystem (Speicher, Ein-Ausgabe, sonst. Peripherie) ermöglicht (siehe Abb. 10.7). Da eingebettete Systeme meist für eine spezielle Funktion geschaffen werden, werden solche General-Purpose-Prozessoren um anwendungsspezifische Peripherie (Speicher, Kommunikationsschnittstellen, PWM-Generatoren etc.) erweitert (siehe Abb. 10.8). Sitzt diese Peripherie (teilweise) mit dem Prozessor auf einem Chip, spricht man von einem *Controller* bzw. *Mikrocontroller.* Die Datenbusbreite von Mikrocontrollern ist oft geringer als die von PCs: Während in PCs derzeit hauptsächlich 64-Bit Systeme eingesetzt werden, ist im Mikrocontrollermarkt das 32-Bit-System immer noch am weitesten verbreitet, aber auch beispielsweise 8-Bit-Systeme sind, gerade bei weniger umfangreichen Anwendungen, wie verteilten Sensoren, Servo- und LED-Treibern oder Heizsteuerungen, weiterhin beliebt.

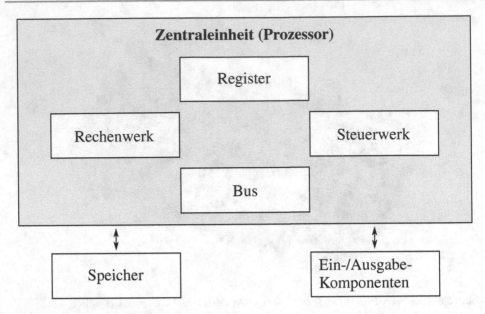

Abb. 10.7 Prozessorstruktur

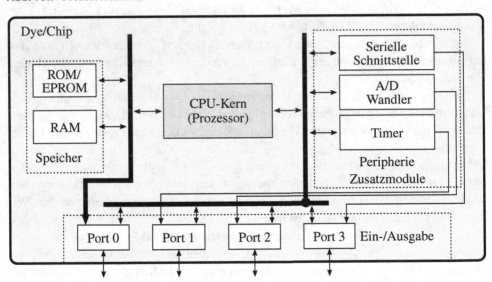

Abb. 10.8 Beispiel eines Mikrocontroller-Aufbaus, alle Peripherieelemente sitzen mit dem Prozessor auf einem Siliziumchip

In der Regel enthalten Mikrocontroller schon aufgabenspezifische Komponenten. Durch die Wahl der eingesetzten Peripherie können beispielsweise bestimmte Kommunikationsprotokolle bevorzugt werden, oder der Speicherplatz für verwendete Programme beschränkt sein. Auch der Aufbau des eigentlichen Prozessors und integrierte Look-Up-Tables für z. B. trigonometrische Funktionen prädestinieren einige Typen für bestimmte Aufgabenstellungen. Hinzu kommen die oben erwähnten Energiesparkonzepte, die je nach Anwendungsfall unterschiedlich ausgeprägt sind.

Um diese Vielfalt etwas überschaubarer zu machen, werden die Mikrocontroller meist in Familien geordnet, die bestimmte Subtypen haben. So legt z. B. die Familie *ATMega* eine allgemeine Prozessorfamilie der Firma Atmel/Microchip Technologies fest. Aus dieser kann man unter verschiedenen Speichergrößen auswählen (ATMega8/16/32/64/128 jeweils in KByte), dazu noch unterschiedliche Peripherie und Energiesparmodi (z. B. ATmega168P: 8-bit AVR Microcontroller, 16 KB Flash, 28/32-Pins, mit besonderen Energiesparfunktionen). Andere Möglichkeiten der Auswahl wären verschiedene Spannungsebenen oder maximale Taktraten.

Ein üblicher *Mikrocontroller-Chip* enthält serielle/parallele Schnittstelle(n), Feldbus-schnittstelle(n) (siehe Abschn. 11.6.2), Programm- und Datenspeicher, sowie A/D und D/A-Wandler (siehe Kap. 7). Kompakteste Mikrocontroller benötigen nicht einmal einen *externen Taktgeber,* sondern können für einfache Aufgaben intern einen Takt erzeugen. Andererseits sind sie aufgrund der integrierten Peripherie auch deutlich spezialisierter in der möglichen Anwendung. Meist sind sie daher durch äußere Beschaltung *erweiterungsfähig* um zusätzlichen Speicher, weitere E/A etc., wofür ein nach außen (d. h. an die Pins des Mikrocontroller) geführter Systembus verwendet wird. Sie verfügen zudem über internen Programmspeicher. In Massenproduktion ist häufig ein *Controller-Betriebssystem als ROM* integriert. Oft findet man auch Versionen mit integriertem *(E)EPROM* oder *Flash* für Anwendungsprogramme, da ansonsten der Programmspeicher extern angeschlossen werden müsste. Die Programmierung von Mikrocontrollern weicht von der Programmierung auf PCs in einigen Punkten etwas ab. So muss man die eingeschränkte Hardware des Mikrocontrollers berücksichtigen, was sich insbesondere im Adressierungsbereich und der Taktrate niederschlägt. Durch die kleinere Community für einzelne Controller ist auch die Auswahl an nutzbaren Libraries geringer.

Aufgrund der oft geringeren Performance und der Tatsache, dass man direkt mit der Hardware interagieren möchte, spielen im Bereich der eingebetteten Systeme eher Hardware-nahe Programmiersprachen eine herausragende Rolle. Neben den gebräuchlichsten, wie C/C++, werden daher in vielen Fällen auch (Teil-)Programme noch in Assembler geschrieben.

Ein Aspekt, der sich ebenfalls in der Programmierung niederschlägt, ist die häufige Verwendung von Interrupts. Diese speziellen Events werden meist durch Ereignisse von außen ausgelöst und bringen den Mikrocontroller dazu, die aktuelle Programmabarbeitung zu unterbrechen, alle relevanten Daten in den Speicher zu schieben und zur *Interruptroutine* zu springen. Diese dient dazu, auf das entsprechende Ereignis zu reagieren. Danach wird wieder zurück zum eigentlichen Programm gesprungen. Dies wird durch spezielle Interrupt-Controller ermöglicht, welche ein zusätzliches Peripherie-Element im Mikrocontroller bilden. Dadurch werden zwar schnelle Reaktionen auf äußere Einflüsse möglich, es ergeben sich jedoch Probleme mit der Echtzeitfähigkeit des eingebetteten Systems, was in Kap. 13

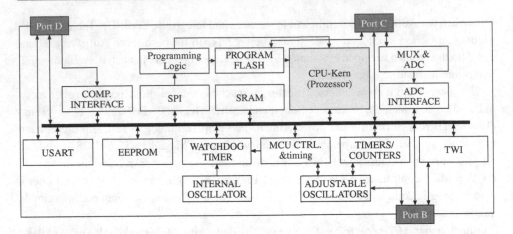

Abb. 10.9 Schematischer Aufbau eines ATmega8 der Firma Microchip Technologies Inc

näher erläutert wird. Ein Beispiel eines solchen Mikrocontrollers ist der in Abb. 10.9 gezeigte ATmega8. Im grau unterlegten Kasten ist die eigentliche CPU zu sehen. Auf dem Chip finden sich weiterhin feste Programmspeicher (Program Flash bzw. EEPROM) und interner RAM (SRAM). Als Taktgeber steht ein interner Oszillator (ADJUSTABLE OSCILLATOR) zur Verfügung, es können aber auch genauere externe Taktgeber angebunden werden. In diesem Zusammenhang ist auch der Watch-Dog-Timer (WDT) zu erwähnen, der bei einem „Hängen-bleiben" des Systems einen Reset auslöst. Zur Kommunikation mit der Außenwelt stehen verschiedene Protokolle zur Verfügung. Einerseits können die Außenpins des Mikrocontrollers als einfache I/O-Ports verwendet werden, andererseits stehen abstrakte Kommunikationscontroller, wie TWI, SPI und U(S)ART zur Verfügung. Auch eine PWM-Einheit (realisiert in TIMERS/COUNTERS) und ein A/D-Wandler (ADC) können als Schnittstelle mit der analogen Welt verwendet werden.

Bei der Entwicklung von Mikrocontrollern muss man evtl. darauf achten, dass der Weg des Programms vom Programmierer bis zur Ausführung etwas komplexer ist, als bei reinen PC-Systemen. In der Regel werden z. B. die Programme auf einem PC geschrieben und kompiliert und nicht direkt auf dem Mikrocontroller als Zielplattform. Da die Systemarchitektur der Entwicklungsplattform und der Zielplattform sich also unterscheidet, muss ein sogenannter *Cross-Compiler* zum Kompilieren verwendet werden, der das Programm in einen zur Zielplattform passenden Maschinencode umsetzt. Dies hat den Nachteil, dass das so entstandene Programm nicht auf dem PC lauffähig ist und somit auch hier nicht getestet werden kann. Für viele Mikrocontroller stehen zwar Simulatoren zur Verfügung, doch können diese nicht immer alle Eventualitäten der realen Hardware abbilden. Die Programme werden dann über ein Programmiergerät mit entsprechender Schnittstelle (JTAG o. ä.) auf den Mikrocontroller übertragen. Für das Testen auf dem echten System muss also, sofern der PC weiterhin der Visualisierung und Stimulation des Systems dienen soll, eine komplexe

Debugging-Toolchain zum Einsatz kommen, die nicht nur die schrittweise Abarbeitung des Mikrocontroller-Programms ermöglicht, sondern auch Zugriff auf dessen Hardware-Ressourcen erlaubt und eine Kommunikationsschnittstelle zum PC zur Verfügung stellt. Dies schafft zusätzliche Fehlerquellen, was die Fehlersuche erschwert.

10.4.1 Beschaltung

Unabhängig von der Wahl der tatsächlichen Recheneinheit muss diese am Ende auch in die Umgebung eingebunden werden. Daher soll hier beispielhaft auf die Beschaltung eines Mikrocontrollers mit einem Taster (Eingang) und einer LED (Ausgang) eingegangen werden, siehe Abb. 10.10. Die LED soll leuchten, wenn der entsprechende Ausgangspin auf ‚0', also das niedrige Spannungslevel geschaltet wird (üblicherweise GND). Der Taster soll das eigentlich auf VCC (‚1') liegende Signal am Eingangspin auf GND (‚0') ziehen. Dazu werden einige Informationen über die verwendeten Bauteile benötigt. Für dieses Beispiel wird angenommen, dass die externe Beschaltung und der Mikrocontroller selbst auf dem gleichen Spannungslevel von 5 V arbeiten und an der gleichen Masse hängen. Die Ausgangspins müssen in der Lage sein, den Strom zu *treiben* (d. h. die zu erwartende Stomstärke nicht nur physikalisch auszuhalten, sondern dabei auch die gewünschte Spannung zu halten), der durch die LED bzw. den Taster fließt.

Wie in Abb. 10.10 zu sehen, wurde am Mikrocontroller ein Pin als Ausgang und einer als Eingang definiert. Dies muss meist explizit per Software erfolgen. Intern sind die meisten frei nutzbaren Pins (oft als *General-Purpose-I/O-Pins* bezeichnet) so verschaltet, dass sie

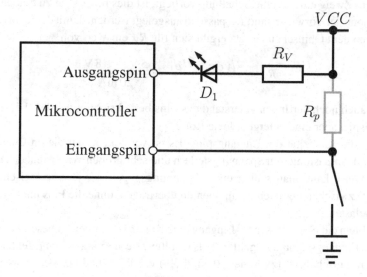

Abb. 10.10 Beschaltung von LED und Taster

(vereinfacht) drei Spannungszustände annehmen können: High, Floating und Low. Während High und Low den Spannungen VCC und GND entsprechen, ist der Zustand Floating von sich aus etwa zwischen den beiden angesiedelt, aber leicht von außen beeinflussbar, d. h., er passt sich der äußeren Beschaltung an. Dies kann hilfreich sein, um Werten von außenliegenden Elementen schnell zu folgen, erhöht aber auch die Störanfälligkeit gegenüber elektrischen Feldern in der Umgebung.

In diesem Fall ist dies besonders für den Eingangspin interessant. Wenn der Schalter geschlossen ist, soll dessen Pegel auf GND gezogen werden, was bedeutet, dass er bei geöffnetem Schalter selbst einen hohen Spannungspegel einstellen muss. Dies kann entweder durch eine Controller-interne Schaltung gelöst werden, oder, wie im Bild grau dargestellt, explizit durch einen externen „Pull-Up"-Widerstand R_P. Ist der Schalter offen, so fließt kein Strom, weshalb auch keine Spannung über den Widerstand abfällt. Somit ist das Spannungslevel des Pins gleich dem von VCC. Damit dies funktioniert, muss der Eingangswiderstand des Eingangspins groß genug sein, dass hier evtl. fließende Ströme vernachlässigt werden können.

Beim Schließen des Schalters wird ein Stromkreis zwischen VCC, dem Pin und GND geschlossen, wodurch die Spannung komplett über den Pull-Up-Widerstand abfällt und somit die Spannung des Pins auf GND liegt. Damit dadurch kein zu großer Strom fließt, muss dieser Widerstand recht groß sein (siehe Ohmsches Gesetz, Abschn. 2.6). Übliche Werte liegen um $10\,\mathrm{k\Omega}$. Der Strom durch den Eingangspin muss in dieser Schaltung durch den Mikrocontroller selbst begrenzt werden.

Um den Ausgangspin richtig zu beschalten, muss überprüft werden, ob der Mikrocontroller den Strom, der durch den Ausgangspin fließt, treiben kann. Dafür wird eine LED (D_1) mit einer Durchlassspannung von 1,8 V und einem Durchlassstrom von 20 mA angenommen. Da in diesem Zweig eine serielle Schaltung vorliegt, ist dies bereits der zu treibende Strom. Nun muss noch der Vorwiderstand R_V passend ausgelegt werden, damit der Spannungspegel stimmt. Nach dem Ohmschen Gesetz ergibt sich für R_V ein Wert von

$$R = \frac{U}{I} \rightarrow R_V = \frac{U_{VCC} - U_{D1}}{I_{D1}} = \frac{5\,\mathrm{V} - 1,8\,\mathrm{V}}{20\,\mathrm{mA}} = 160\,\Omega$$

Ggf. muss auch noch der Innenwiderstand des Pins berücksichtigt werden. Dieser spielt in diesem Beispiel aber eine untergeordnete Rolle.

Nicht so die Kapazität der Eingangspins. Es ist verlockend, an diesen Eingängen mit entsprechend dimensionierten Spannungsteilern und sehr großen Widerständen zu arbeiten. Auf diese Weise kann man sauber einen Spannungspegel (der ja eine logische ‚0' oder ‚1' darstellt) zwischen digitalen Komponenten übertragen, ohne die Pins mit einem großen Strom zu belasten.

Das Problem dabei ist, dass jeder Eingang eine Kapazität aufweist. Diese ist teils gewollt, um z. B. die Eingangssignale zu glätten, teils resultiert sie aus parasitären Effekten. Es bildet sich also im Umschaltfall (zwischen ‚0' und ‚1') ein RC-Glied aus dem vorgeschalteten

Widerstand und der Eingangskapazität. Wie in Abschn. 3.5 gezeigt wurde, dauert es eine Zeit lang, bis solche RC-Glieder aufgeladen sind, d. h. bis die gewünschte Spannung anliegt.

Da gerade bei Kommunikation zwischen Bauteilen eine möglichst schnelle Signalübermittlung gewünscht ist – also viele Signalflanken schnell hintereinander kommen – ist hier also ein großer Widerstand nachteilhaft.

In der Praxis muss dieser daher auf den konkreten Fall so angepasst werden, dass er groß genug ist, damit kein zu hoher Strom fließt, aber klein genug, dass er die Signalübermittlung nicht stört.

10.5   Field-Programmable-Gate-Array (FPGA)

Wie oben bereits erwähnt, steigt der Anteil von Recheneinheiten, die auf konfigurierbarer Hardware basieren, rasant. Hierbei handelt es sich nicht, wie bei z. B. Mikrocontrollern um eine feste Hardware, auf der verschiedene Softwareprogramme ausgeführt werden können, sondern die interne Verdrahtung und die Funktion der Hardware selbst wird so verändert, dass sie den Algorithmus ausführt.

Die wichtigsten Vertreter dieses Typs sind *FPGAs (Field-programmable-Gate-Arrays)*. Wie der Name nahelegt, bestehen sie aus einem zweidimensionalen Feld von Logikblöcken (LB), die durch ein programmierbares Netzwerk von Kommunikationsleitungen verbunden werden können. Intern bestehen die Logikblöcke wiederum aus Look-Up-Tables (LUT) zur Implementierung von Schaltnetzen und Flip-Flops, die je nach Funktion programmiert und verbunden werden können. Die konkreten Verschaltungen und internen Realisierungen weichen je nach Technologie und Hersteller voneinander ab. Zusätzlich sind oft bereits spezielle Funktionsblöcke, wie Multiplikatoren oder Speicher-Bausteine integriert. Der prinzipielle Aufbau ist in Abb. 10.11 zu sehen.

Über die Hardwarebeschreibung bzw. das Programm können die Verbindungen innerhalb der LBs und zwischen den LBs, sowie die LUTs eingestellt werden, wodurch sich ein Netzwerk von Hardwareelementen ausbildet, das die gewünschte Funktion erfüllt. Zur Platzersparnis und Effizienzsteigerung können auch die Multiplizier- und Speicherelemente eingebunden werden. Dies ermöglicht eine nahezu unbegrenzte Vielzahl an Anwendungen. So können FPGAs benutzt werden, um einzelne Algorithmen voll parallel auszuführen, aber auch programmierbare Mehrprozessorsysteme mit selbstdefiniertem Befehlssatz können auf FPGAs realisiert werden.

In diesem Zusammenhang spielen insbesondere sogenannte *IP-Cores (Intellectual Property)* eine wachsende Rolle. Dies sind einzelne, von Drittanbietern erstellte Programmmodule, die in das eigene Design eingebunden werden können, wie es auch beim „normalen" Hardwaredesign mit zugekauften ICs der Fall wäre.

Diese IP-Cores können hochoptimierte Algorithmen für bestimmte Aufgaben (insb. Kommunikation) enthalten, oder proprietäre Protokolle realisieren, die nicht offengelegt

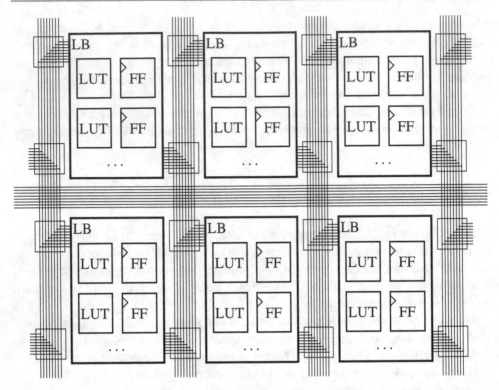

Abb. 10.11 Prinzipieller Aufbau eines FPGAs

werden sollen. Oft verwendet werden vorgefertigte *Soft-Cores,* also teilstandardisierte Mikroprozessoren/-controller, die auf dem FPGA instantiiert werden.

Neben der Entwicklung von ASICs werden FPGAs inzwischen auch in vielen Bereichen eingesetzt, die früher softwareprogrammierbaren Systemen vorbehalten waren. So spielen sie eine zunehmende Rolle bei der Echtzeit-Datenverarbeitung von z. B. Kommunikationsprotokollen, bei der Datenverschlüsselung und der Multimediadatenverarbeitung. Auch bei der Steuerung zeitkritischer Industrieanlagen nimmt ihre Bedeutung zu, da sie gegenüber anderen Systemen den Vorteil haben, rekonfigurierbar zu sein, sodass man auf technische Neuerungen mit einer Neukonfigurierung des FPGAs reagieren kann, ohne gleich Baugruppen austauschen zu müssen.

FPGAs haben gegenüber softwareprogrammierbaren Systemen den Nachteil, dass sie eine vergleichsweise geringe Taktrate haben. Daher können sie ihre Stärken bei Algorithmen mit wenig Parallelisierungspotential nicht ausspielen. Eine Methode, dies zu umgehen und das beste beider Technologien zu vereinen, sind hybride Systeme, bei denen auf dem Chip des FPGAs auch ein hartverdrahteter Mikroprozessor sitzt. Durch diese Kombination kann man die höhere Geschwindigkeit des Mikroprozessors nutzen, diesen aber durch selbstdefinierte Peripherie optimal an die Außenwelt anbinden. Der Nachteil liegt darin, dass hier

Tab. 10.1 Vergleich der vorgestellten Recheneinheiten gemäß den Anforderungen für eingebettete Systeme

	Echtzeit-anforderungen	Gewicht, Baugröße, Energieverbrauch	Zuverlässigkeit, Wartbarkeit, Verfügbarkeit	Robustheit, EMV
PC	−	−	+	−
I-PC	−	0	+	++
μC	0	++	0	+
DSP	+	+	+	+
SPS	+	0	+	++
ASIC	++	++	+	++
FPGA	++	+	+	+

auch für beide Teile des Systems Expertise vorhanden sein muss, was den Entwicklungsaufwand deutlich erhöht. Außerdem sind solche ICs derzeit noch recht teuer. Abschließend findet sich in Tab. 10.1 ein Überblick über die prinzipiellen Stärken und Schwächen der Architekturen.

Literatur

[GWUW16] Gehrke, W., Winzker, M., Urbanski, K., Woitowitz, R.: Digitaltechnik – Grundlagen, VHDL, FPGAs, Mikrocontroller, 7. Aufl. Springer Vieweg, Heidelberg (2016)

[HF01] Hamblen, J.O., Furman, M.D. : Rapid Prototyping of Digital Systems, 2. Aufl. Kluwer, Boston (2001)

[Liu08] Liu, D.: Embedded DSP Processor Design der Reihe Systems on Silicon, Bd. 2. Morgan Kaufmann, Burlington (2008)

[Mar08] Marwedel, P.: Eingebettete Systeme. Springer, Berlin, korrigierter nachdr. Aufl (2008)

[PH11] Patterson, D.A., Hennessy, J.L. : Rechnerorganisation und Rechnerentwurf – die Hardware/Software-Schnittstelle, 4. vollst. überarb. Aufl. Oldenbourg, München (2011)

[WZ15] Wellenreuther, G., Zastrow, D.: Automatisieren mit SPS – Theorie und Praxis, 6. korr. Aufl. Springer Vieweg, Wiesbaden (2015)

Kommunikation

Zusammenfassung

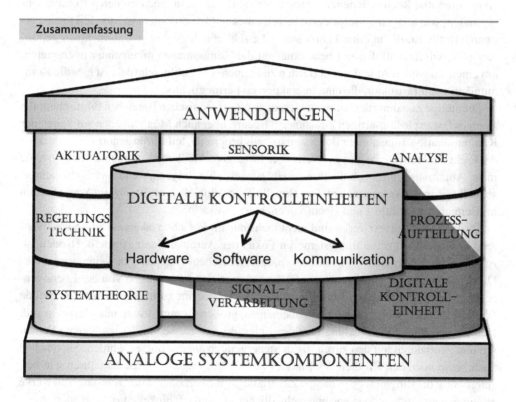

In diesem Kapitel werden die speziellen Anforderungen an Kommunikationssysteme in eingebetteten Systemen und deren Lösungsansätze eingeführt. Dabei wird das OSI-Schichtenmodell vorgestellt und dessen unteren beiden Schichten, die

© Springer Fachmedien Wiesbaden GmbH, ein Teil von Springer Nature 2019
K. Berns et al., *Technische Grundlagen Eingebetteter Systeme*,
https://doi.org/10.1007/978-3-658-26516-8_11

Bitübertragungsschicht und die Sicherungsschicht näher betrachtet. Dadurch wird der Zusammenhang zwischen den zugrundeliegenden, elektrischen Komponenten und den darüber übertragenen abstrakten Nachrichten vermittelt. Durch die korrekte Wahl und Auslegung des Übertragungsmediums können Nachrichten größtenteils störungsfrei zwischen Stationen übertragen und mittels Fehlersicherungsverfahren auftretende Fehler entdeckt und korrigiert werden. Weiterhin wird der Medienzugriff thematisiert, sodass die Kommunikation mehrerer Busteilnehmer kontrolliert werden kann. Als Beispiele solcher Kommunikationssysteme werden die Busprotokolle Profibus und CAN eingeführt.

11.1 Kommunikationskomponenten Eingebetteter Systeme

Eingebettete Systeme bestehen aus einer Vielzahl von Einzelkomponenten, wie Sensoren, Aktuatoren und Recheneinheiten. Desweiteren sind sie oft in einen größeren Kontext eingebunden, wie z. B. eine Motorregelung Teil eines Industrieroboters ist, der Teil einer Fertigungsstraße ist, die in einer Fabrik steht, die schließlich zu einem Unternehmen gehört. Auf und zwischen all diesen Ebenen müssen die Komponenten miteinander interagieren, um einen sinnvollen Ablauf gewährleisten zu können. Ein Schlüsselaspekt ist hier die Kommunikationsinfrastruktur, die eine Interaktion erst ermöglicht.

Die stetige Zunahme der Automatisierung in allen technischen Bereichen führte ebenfalls zu einer fast explosionsartigen Zunahme an Bedarf, aber auch Möglichkeiten auf Seiten der Kommunikation. Immer mehr Bussysteme – teils proprietär, teils offen genormt – entdeckten das Licht der Welt. Heute gibt es bereits über 100 unterschiedliche Kommunikationssysteme in der Automatisierungstechnik. Ihre Anzahl ist weiterhin steigend, wenn auch nicht mehr so schnell wie in der Vergangenheit. Der aktuelle Technologiefortschritt liegt im Wesentlichen im Bereich der Drahtlos- und Hochfrequenzkommunikation.

Drahtlose Sensornetzwerke sind nicht mehr nur im Forschungsbereich zu finden. Während anfänglich einzelne Bussysteme im Fokus der Automatisierungstechnik standen, so ist heute deren Vernetzung zu komplexen, hierarchischen Systemen ein weiteres zentrales Diskussionsthema. Gefordert wird z. B. die automatisierte Produktion von der Ebene einzelner Maschinen, über die Ebene einzelner Werke bis hin zu übergreifenden, verteilten Werksverbünden, wobei alles zu einem einzigen, großen Gesamtsystem integriert sein soll. Den Beginn dieser Entwicklung machten linienförmige Busse, an die intelligente Sensoren und Aktuatoren mit den zugehörigen Steuergeräten angeschlossen wurden. Sie machen auch heute noch den Großteil des Marktes aus. Später folgten andere Strukturen wie beispielsweise die Ringtopologie, um die Zuverlässigkeit zu erhöhen. Hierarchische Netzwerke erlauben heute zudem, Systeme unterschiedlicher Leistungsfähigkeiten zu verbinden. Auch die Einbeziehung des Internets in diese Verbünde nimmt stetig zu. In Abb. 11.1 ist die abstrakte Struktur digitaler Automatisierungssysteme dargestellt. Sie besteht aus

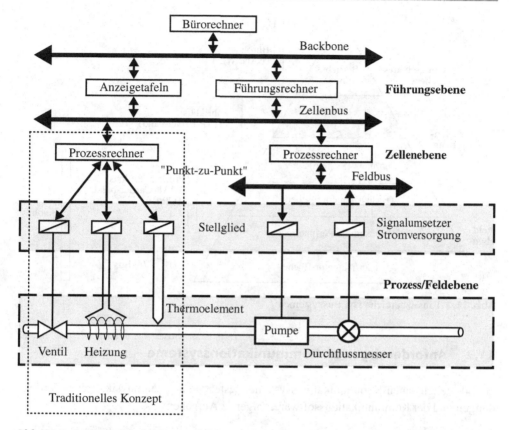

Abb. 11.1 Struktur digitaler Automatisierungssysteme: i. Allg. mehrschichtige Struktur, Variationen je nach Anwendungsgebiet

- **Backbone (Offener Bus)** Dieser übergreifende Bus dient der Vernetzung der Fabrikationsanlage mit der Managementebene bzw. der Vernetzung mehrerer Fabriken/Werke mittels Ethernet oder über eine (getunnelte) Internetverbindung.
- **Zellenbus (Fernbus)** Über diesen Bus werden einerseits die Zellen untereinander verbunden, andererseits die Anzeige- und Bedienelemente mit den prozessnahen Komponenten. Dedizierte Zellenbusse wurden mittlerweile durch Ethernet-basierte Protokolle ersetzt.
- **Feldbus (Nahbus)** Er dient dazu, die prozessnahen Komponenten, wie Sensoren oder Aktuatoren, aber auch prozessnahe eingebettete Systeme mit den übergeordneten Prozessrechnern zu verbinden.
- **Sensor-Aktuator-Bus** Dieser stellt eine einfache und preisgünstige Verbindungsmöglichkeit der Komponenten eines eingebetteten Systems auf Prozessebene zur Verfügung.

Eine Zuordnung der verschiedenen Bussysteme zu ihren möglichen Einsatzgebieten ist in Abb. 11.2 dargestellt.

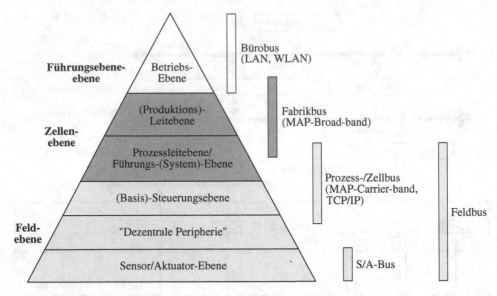

Abb. 11.2 Einsatzbereiche von Bussystemen

11.2 Anforderungen an Kommunikationssysteme

Grundsätzlich haben Kommunikationssysteme, bestehend aus den physikalischen Verbindungen und der Kommunikationssoftware, folgende Aufgaben:

- *Kostengünstige Vernetzung von Stationen*, wenn mehrere Stationen über eine gemeinsame Leitung oder per Funk verbunden sind.
- *Bereitstellung einer korrekten Datenübertragung,* indem auftretende Störungen und Fehler durch die Kommunikationssoftware korrigiert werden.
- *Bereitstellung von Kommunikationsdiensten,* u. a. E-Mail, WWW, ...
- *Besserer Zugang zu Betriebsmitteln („Ressourcenteilung"),* u. a. gemeinsam genutzte Software, Datenbanken, Dokumente, Network Computing.
- *Erhöhung der Ausfallsicherheit* durch redundante, gekoppelte Rechner und redundante Übertragungskanäle, z. B. in Kernkraftwerken, Flugsicherung, Drive-By-Wire-Systemen.
- *Sicherheit* durch geeignete Maßnahmen gegen Abhören und Verändern der übertragenen Signale durch Unbefugte.

Daraus ergeben sich diverse Anforderungen an diese Systeme. Zum einen müssen die gewählten Übertragungsmedien für den Einsatz in industriellen Umgebungen geeignet sein.

Das bedeutet, dass sie unempfindlich gegenüber Störungen (Temperatur, Umgebungsluft, mechanische Schwingungen, elektromagnetische Pulse etc.) sind und eine geringe Fehlertoleranz aufweisen, z. B. durch eine redundante Auslegung. Weiterhin müssen sie leicht und schnell wartbar sein und eine Möglichkeit zur Fehlerdiagnose anbieten. Das Buszugriffsverfahren muss meist Echtzeitverhalten garantieren und sich somit deterministisch verhalten. Andererseits sollen bei der Kommunikation kurze Latenzzeiten auftreten (wichtiger als Durchsatz), was z. B. mittels der Übertragung nur kleiner Datenblöcke möglich ist. Oftmals wird auch eine Möglichkeit zur ereignisorientierten Kommunikation z. B. mittels Interrupts angestrebt, insb. in der Kommunikation mit peripheren Sensoren. Schließlich müssen die eingesetzten Kommunikationsverfahren auch wirtschaftlich sein. Üblicherweise sollen nicht mehr als 10–20 % der Kosten eines Automatisierungsgerätes für die Busankopplung aufgewendet werden müssen.

11.3 Schichtenmodell

Kommunikationssoftware kann sehr komplex werden. Dies liegt an ihren vielfältigen Aufgaben:

- Aufteilung des Datenstroms in Pakete
- Leitwegbestimmung (Routing) der Daten
- Bitübertragung
- Fehlererkennung/-korrektur im Datenstrom
- Auf- und Abbau einer Verbindung von Quelle zu Ziel
- Sichere Ende-zu-Ende-Verbindung
- Kodierung/Dekodierung der Anwenderdaten

Durch schichtenartige, hierarchische Kommunikationsprotokolle wird es ermöglicht, diese Vielzahl an Aufgaben zu beherrschen. Dabei realisiert jede Schicht genau einen der genannten Dienste. Das OSI-Basisreferenzmodell (OSI: Open System Interconnection) erfüllt die nach ISO festgelegten 7 Referenzschichten wie in Tab. 11.1 und 11.2 dargestellt ist. Dabei muss nicht jede der genannten Schichten explizit vorhanden sein. Oft finden sich z. B. nur die Schichten 1,2 und 7, oder es werden innerhalb eines Protokolls mehrere Schichten zusammengefasst, wie in Tab. 11.1 zu sehen ist.

Im Folgenden werden nur die beiden unteren Ebenen, die Bitübertragungsschicht und die Sicherungsschicht vorgestellt, da sie die Basis der Kommunikation in eingebetteten Systemen bilden. Zur weiteren Vertiefung eigenen sich z. B. [Hün16, Mey14a] oder [SW12].

Tab. 11.1 OSI-Basisreferenzmodell für Schichten

Schichten	Name	Aufgaben
7	Anwendungsschicht (Application Layer)	Festlegung des Dienstes des Kommunikationspartners für die jeweilige Anwendungsprogramme (z. B. Dateiübertragung, Email, …)
6	Darstellungsschicht (Presentation Layer)	Festlegung der Struktur der Anwenderdaten (Datenformate) inkl. Formatierung, Verschlüsselung, Zeichensetzung etc.
5	Sitzungsschicht (Session Layer)	Auf- und Abbau von logischen Kanälen auf dem physikalischen Transportsystem
4	Transportschicht (Transport Layer)	Steuerung des Datenstroms durch Bereitstellen von logischen Kanälen auf dem physikalischen Transportsystem
3	Vermittlungsschicht (Network Layer)	Festlegen von Wegen für einen Datenstrom durch das Netzwerk
2	Sicherungsschicht (Data Link Layer)	Sicherstellung eines korrekten Datenstroms durch Festlegung von Kanalkodierung, Blocksicherung und Zugriffsart auf das Netzwerk
1	Bitübertragungsschicht (Physical Layer)	Festlegung des Übertragungsmediums (elektrische und mechanische Eigenschaften)

Tab. 11.2 Zuordnung der Schichten zu OSI-Modell

Anwendungsschicht	Telnet	FTP	Manufacturing Automation Protocol (MAP)	Profinet	Profinet
Darstellungsschicht					
Sitzungsschicht					
Transportschicht	Transmission Control Protocol (TCP)		User Datagram Protocol (UDP)		
Vermittlungsschicht	Internet Protocol (IP)				
Sicherungsschicht	IEEE 802.2: LLC (Logical Link Control)				Profi-
	MAC: Medium Access Control				
	802.3	802.5	802.11		
Bitübertragungsschicht	Zugriff auf physikalisches Medium				bus
	Ethernet	Tokenring	WLAN		

11.4 Bitübertragungsschicht

Die Bitübertragungsschicht dient der Übertragung einfacher Bitfolgen ohne jeglichen Rahmen. Auf dieser Schicht muss sichergestellt werden, dass logische Einsen und Nullen auch als solche beim Empfänger ankommen, solange keine Störungen auftreten. Die Behandlung von Verfälschungen durch Störungen erfolgt erst auf Schicht 2. Festzulegen sind auf der untersten Schicht beispielsweise die Spannungspegel der logischen Werte und die Dauer eines Übertragungsschritts (Baudrate). Daher spielen hier die elektrischen Eigenschaften des Übertragungskanals eine große Rolle. Aber auch mechanische Aspekte wie das unter der Bitübertragungsschicht liegende Medium und Stecker sind zu berücksichtigen.

11.4.1 Bandbreite und maximale Übertragungsfrequenz

In Tab. 11.3 ist die Übertragung des in Abb. 11.3 gezeigten Zeichens/Byte als binäres Rechtecksignal mit unterschiedlichen Übertragungsgeschwindigkeiten dargestellt. Das Beispiel macht deutlich, dass für einen Übertragungskanal eine Mindestbandbreite erforderlich ist, damit ein Empfänger ein übertragenes Binärsignal erkennen kann. Umgekehrt gilt, dass bei einer gegebenen Kanalbandbreite die Schrittweite (T_b) eines Digitalsignals einen Grenzwert nicht unterschreiten darf. Nur so werden genügend viele Oberwellen übertragen, damit das Rechtecksignal nicht zu sehr verfälscht wird. Die Signalformen in der Tabelle in Tab. 11.3 zeigen, dass etwa zehn Oberwellen ausreichen, um das 8 Bit lange Zeichen erkennen zu können. Die Schrittweite T_b darf dann etwa eine viertel Millisekunde (3,33 ms für 8 Bit) nicht unterschreiten. Dabei berechnen sich die Werte wie folgt: Möchte man $n = 80$ Harmonische Schwingungen (also ein recht sauberes Rechtecksignal) bei einer Übertragungsfrequenz von $f_C = 3$ kHz übertragen, so liegt die Frequenz der ersten Harmonischen Schwingung bei $f_0 = \frac{f_C}{n} = 37,5$ Hz. Man hat also pro zu übertragenden Byte $T_B = \frac{1}{37,5\,\text{Hz}} = 26,6$ ms Übertragungszeit. Damit erreicht man eine Übertragungsgeschwindigkeit von $\frac{8}{26,67\,\text{ms}}$ bps $= 300$ bps. Oder andersherum: Möchte ich mit einer Geschwindigkeit von 2400 bps übertragen, ergibt sich eine untere Grenzfrequenz als 1. harmonische von $f_0 = \frac{2400}{8}$ Hz $= 300$ Hz. Somit kann ich mit einer gegebenen Trägerfrequenz von $f_C = 3$ kHz insgesamt $n = \frac{3\,\text{kHz}}{300\,\text{Hz}} = 10$ Harmonische Schwingungen übertragen, wodurch das Signal schon deutlich an Kontur verliert, aber noch erkennbar ist.

Diese Berechnung gilt allerdings erst einmal nur für die Übertragung binärer Rechtecksignale. Es stellt sich die Frage, ob es vielleicht eine andere Kodierung bzw. Übertragung des Bitmusters gibt, die die Bandbreite des Kanals besser ausnutzt. Ist das der Fall, dann kann der Sender das Bitmuster entsprechend kodieren (modulieren) und der Empfänger wieder dekodieren (demodulieren).

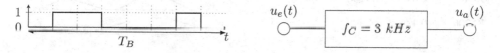

Abb. 11.3 Beispiel eines zu übertragenden Bytes und Blockschaltbild der Übertragungsstrecke

Generell gibt es eine maximale Übertragungsrate in einem bandbegrenzten Übertragungs-kanal, die auch durch eine perfekte Kodierung nicht überschritten werden kann. Die Existenz einer solchen physikalischen Grenze für einen rauschfreien Kanal hat H. Nyquist 1924 ver-öffentlicht. Er hatte damals eine Gleichung erarbeitet, die den Zusammenhang zwischen der Grenzfrequenz und der maximalen Datenrate eines Kanals beschreibt. Es handelt sich hierbei im Prinzip um die Umkehrung des Abtasttheorems (vgl. Abschn. 7.3.1).

Das Abtasttheorem besagt, dass ein analoges Signal der Bandbreite B durch (mehr als) $2 \cdot B$ Abtastwerte pro Sekunde eindeutig beschrieben und wiederhergestellt werden kann. Mehr Abtastwerte sind unnötig bzw. redundant. Die zusätzlichen Abtastwerte korrespon-dieren zu höheren Frequenzen, die im Analogsignal nicht vorhanden sind. Dreht man diesen Zusammenhang um, so kann ein Signal der Bandbreite B maximal $2 \cdot B$ unabhängige Abtast-werte pro Sekunde kodieren. Handelt es sich bei den Abtastwerten um diskrete Werte mit V Stufen, so gilt

$$\text{maximale Datenrate} = 2B \cdot log_2 V \, [\text{Bit/s}]. \tag{11.1}$$

Das Beispiel in Tab. 11.3 kann bei 3 kHz Grenzfrequenz maximal 6000 Bits/s übertragen, wenn der Übertragung ein binäres Signal ($V = 2$ Stufen) zugrunde liegt. Dies ist deutlich mehr als bei einer direkten Übertragung des binären Rechtecksignals möglich ist. Shannon hatte diese Gesetzmäßigkeit später für rauschbehaftete Kanäle erweitert. Er hat hierzu den Begriff des Rauschabstands (*SNR* von *signal-to-noise-ratio*) als Verhältnis der Signalleistung S zur Rauschleistung N definiert. Dieses Verhältnis wird in der Regel logarithmisch ($10 \cdot log_{10} S/N$) mit der Einheit Dezibel beschrieben, um sinnvolle, handhabbare Größen zu haben. Für rauschbehaftete Kanäle mit einer Bandbreite B gilt nach Shannon:

$$\text{maximale Datenrate} = B \cdot log_2(1 + S/N) \, [\text{Bit/s}]. \tag{11.2}$$

Tab. 11.3 Signalverzerrung verschieden schneller Signale durch einen Tiefpass mit 3 kHz Grenzfre-quenz. Die untersten beiden Signale haben keinerlei Informationsgehalt

bps	T_B [ms]	f_0 [Hz] (1. Harmonische)	Übertragene Harmonische	Etwaiges Aussehen des Ausgangssignals
300	26,67	37,5	80	
2400	2,33	300	10	
4800	1,67	600	5	
9600	0,83	1200	2	
19.200	0,42	2400	1	

Die Energie bzw. Leistung eines Signals wächst quadratisch mit dessen Amplitude (vgl. Abschn. 5.2.3). Beträgt beispielsweise das Amplitudenverhältnis von Nutzsignal zum Rauschen 30:1, so liegt das Leistungsverhältnis bei etwa 1000:1. Da nach Shannon die maximale Bitrate logarithmisch von diesem Leistungsverhältnis abhängt, kommt man nach obiger Formel auf eine Bitrate von etwa dem Zehnfachen der Kanalbandbreite. Bei einer Bandbreite von etwa 3 kHz für eine Telefonleitung kommt man somit auf eine theoretische Übertragungsrate von ca. 30 kBit/s. Dabei sind allerdings Signalkodierung und -modulation noch nicht berücksichtigt.

11.4.2 Störungsunterdrückung

Störungen auf Leitungen können zu Verzerrungen des zu übertragenden Signals führen. Wesentliche Einflussgrößen sind Dispersion (Dämpfung), Reflexion, Störungen der Funkübertragung und Übersprechen (Abstrahlung).

Unter *Dispersion* versteht man die frequenzabhängige unterschiedliche Wellenausbreitung eines Signals. Da alle praxisrelevanten Signale ein Frequenzband abdecken, die einzelnen Elementarsignale unterschiedlicher Frequenz aber verschieden schnell übertragen werden, „verwischt" das Signal bei der Übertragung. Aus einem idealen Rechtecksignal $u_Q(t)$ auf Senderseite wird durch die Dispersion (und Dämpfung) der Leitung auf Empfangsseite ein „verwischtes" Signal $u_a(t)$ (vgl. Abb. 11.4). Dies ist vergleichbar mit der Wirkung eines Tiefpassfilters.

Abhängig vom Aufbau einer Leitung ist diese mehr oder weniger dispersiv. In der Praxis verwendete Hochfrequenzleitungen sind dispersionsfrei, während die in der Datenübertragung eingesetzten Doppeldrahtleiter und Koaxialkabel dispersiv sind. Um die Dispersion nicht zu groß werden zu lassen, müssen auf längeren Leitungen in regelmäßigen Abständen Verstärker eingebaut werden, die das „verwischte" Signal wieder aufbereiten.

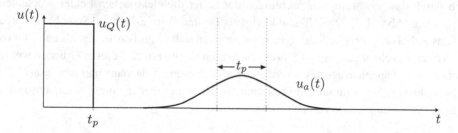

Abb. 11.4 Beispiel für Dämpfung/Dispersion

Bei einer *Reflexion* handelt es sich um die Störung des Signals durch Fehlanpassung des Wellenwiderstands der Leitung. Wird eine Signalwelle übertragen, so wird am Ende der Leitung das Signal reflektiert mit dem Reflexionsfaktor:

$$r = \frac{R_T - Z_W}{R_T + Z_W} \tag{11.3}$$

Dabei bezeichnet R_T den Abschlusswiderstand und Z_W den Wellenwiderstand der Leitung. Ist $r = 0$, so ist der Wellenwiderstand korrekt angepasst, sonst wird die Welle reflektiert, so dass ankommende und reflektierte Welle sich überlagern. Diese Störung ist also vermeidbar, wenn $R_T = Z_W$, was durch einen entsprechenden Abschlusswiderstand realisiert wird.

Um Fehler durch Störimpulse zu vermeiden, kann man, statt für jedes Signal die Spannung eines Leiters gegenüber einem gemeinsamen Massepotenzials zu messen (asymmetrische Übertragung), jedes Signal über zwei Leitungen mit gegensätzlicher Spannung (gegen Masse) übertragen. Man spricht hierbei von symmetrischer bzw. differenzieller Übertragung (Abb. 11.5).

Die differenzielle Übertragung erhöht den Störabstand und erlaubt so längere Übertragungswege. In Abb. 11.6 werden die gegensätzlichen Spannungen der Leitungen „+" und „–" zur Masse sowie die Differenzspannung, die das Signal kodiert, gezeigt. Eine von außen einwirkende Störung auf die Signale wird in der Mitte der Abbildung angedeutet. Die Störung, egal ob kapazitiver oder induktiver Natur, wirkt auf beide Leiter in gleicher Weise. Würde das Signal lediglich – wie bei der asymmetrischen Übertragung – durch die Spannung auf einer Leitung gegenüber Masse beschrieben, läge bei der eingezeichneten Störung eine Fehlinformation auf der Empfangsseite vor. Da aber im symmetrischen Fall das Signal durch die Spannungsdifferenz ausgedrückt wird und die Störung auf beiden Leitungen gleich ist, liegt auf der Empfangsseite keine Störung im Signal vor (auch wenn die Störungen auf den einzelnen Leitungen erheblich sein können). Man sieht also, dass der symmetrische Aufbau den Störabstand erheblich erhöhen kann.

Verdrillen von Leitungspaaren mit symmetrischer Übertragung (Abb. 11.5) bewirkt, dass sich durch das gegenseitige Umschlingen der Leiter die elektrischen Felder größtenteils auslöschen (Abb. 11.7). Diese Technik wird als *Twisted Pair* bezeichnet. Sowohl von außen auf das Kabel eingestrahlte Störungen kompensieren sich zu großen Teilen, als auch die von verdrillten Kabeln abgestrahlten Störungen werden verringert. Aus diesen Gründen werden für längere Leitungen in der Regel verdrillte Kabel verwendet, da man mit ihnen zusätzlichen Schutz ohne großen Mehraufwand bekommt. Je höher die Übertragungsrate ist, umso enger müssen die Leitungspaare verdrillt werden.

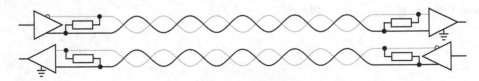

Abb. 11.5 Symmetrische bzw. differenzielle Übertragung

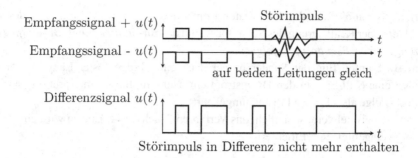

Abb. 11.6 Einfluss von Störimpulsen bei differenzieller Übertragung

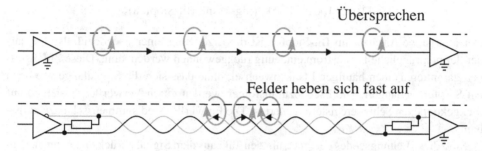

Abb. 11.7 Übersprechen: Während das elektromagnetische Feld um den stromdurchflossenen Leiter im oberen Bild zu einem Übersprechen auf den gestrichelt gezeichneten Leiter führt, heben sich die gegensätzlichen Felder der beiden verdrillten Leitungen bei symmetrischer Übertragung weitgehend auf

11.4.3 Taktrückgewinnung

Bei der Datenübertragung ist es wichtig, den Takt des Senders und des Empfängers zu synchronisieren. Nur so kann der Empfänger wissen, wann er ein neues Bit zu erwarten hat. Andernfalls könnten drei aufeinanderfolgende Einsen zum Beispiel nur als eine oder 5 Bits erkannt werden. In vielen Busstandards ist daher eine externe Taktleitung vorgesehen. Dieses Verfahren ist sehr genau und relativ störungsarm. Allerdings kann die zusätzliche Leitung insbesondere bei Systemen mit knappen Platzverhältnissen oder ohnehin ausufernden Kabelbäumen, ein Problem darstellen. Bei einer seriellen Datenübertragung ohne Taktleitung muss der Takt aus dem Datensignal gewonnen werden. Dazu werden die Signalflanken, also Wechsel des Signalpegels (1–0, 0–1) genutzt, da diese nahezu synchron mit den entsprechenden Signalflanken des Taktsignals stattfinden. Somit kann sich an diesen Stellen der Empfänger seinen internen Takt mit dem Takt des Senders synchronisieren. Finden lange keine Pegeländerungen statt, kann es passieren, dass der Takt des Empfängers von dem des Senders zunehmend abweicht. Daher sind für eine saubere Taktrückgewinnung häufige Flankenwechsel nötig. Möglichkeiten, dies zu erzwingen, sind die Verwendung eines

Verwürflers (Scrambler), wodurch der Datenstrom umkodiert wird und Leitungscodes. Zwei Möglichkeiten der Realisierung des Scramblers sind das *Bit-Stopfen* (engl: *Bit-Stuffing*) und das Erzeugen einer *Pseudozufallsfolge*.

Beim Bit-Stopfen fügt der Sender immer nach einer Folge fester Länge n von Einsen/Nullen eine Null/Eins in den Datenstrom ein. Der Empfänger interpretiert dann jede $111\ldots110$-Folge als $111\ldots111$ (und umgekehrt).

Folgendes Beispiel veranschaulicht das Verfahren. Nach $n = 5$ Einsen wird eine Null in die Bitfolge eingefügt (vgl. Ethernet).

Bsp: n=5: 0011111111000110011111100   (Ursprungssignal)
                ↓   ↓
         001111101100011001111111000 (Signal mit Bit-Stopfen)

Der alternative Ansatz zum Bit-Stopfen ist die Erzeugung einer Pseudozufallsfolge, aus der der ursprüngliche Datenstrom eindeutig rückgewonnen werden kann. Diese Zufallsfolgen garantieren einen häufigen Flankenwechsel, ohne dass sich die Signallänge wie beim Bit-Stopfen verlängert. Die Pseudozufallsfolgen werden durch Verwürfler, basierend auf rückgekoppelten Schieberegistern, generiert. Die Entwürfler sind symmetrisch dazu aufgebaut.

Sind diese Leitungscodes geeignet, um den Takt aus dem Signal zurückzugewinnen, handelt es sich um *selbsttaktende Leitungscodes*. Neben der Taktrückgewinnung können diese Codes aber auch andere Anforderungen erfüllen. *Leitungscodes ohne einen Gleichanteil im Signal* ermöglichen beispielsweise eine Übertragung der Daten über eine Stromversorgungsleitung, sofern eine Gleichspannung als Energieversorgung verwendet wird. In diesem Fall wird auf die Gleichspannung das Wechselsignal der Nachricht aufgeprägt. Auf Empfangsseite kann der Kommunikationspartner durch einen geeigneten Filter das Datensignal und den Gleichanteil zur Energieversorgung trennen. Teilweise werden gleichstromfreie Codes auch dort eingesetzt, wo die Spezifikation aus physikalischen oder anderen Gründen eine Wechselspannung vorschreibt. So verbietet beispielsweise die Telekom zur Sicherung der Kompatibilität mit alten analogen Geräten auch bei der digitalen Telekommunikation (ISDN, DSL) den Einsatz von Codes mit Gleichstromanteilen.

Tab. 11.4 zeigt einen Auszug oft verwendeter Leitungscodes.

11.5   Sicherungsschicht

Die Dienste der Protokolle auf der Sicherungsschicht sind die Übertragung von Rahmen (*Frames,* einige 100 Bytes) zwischen zwei benachbarten Stationen, die an die Bitübertragungsschicht weitergegeben werden, inkl. der Behandlung von Übertragungsfehlern. Hierzu werden die von der Sicherungsschicht gebildeten Rahmen von speziellen Anfangs- und Endesequenzen (*Header* und *Trailer)* eingerahmt. In der Regel ist der Empfänger für die Fehlererkennung zuständig und quittiert entsprechend jeden empfangenen Rahmen.

Tab. 11.4 Beispiele für Leitungscodes

Takt Daten		Bemerkung
NRZ ("Non-Return-to-Zero")		Einfache Bandbreite, nicht gleichstromfrei, kein Takt
RZ ("Return-to-Zero")		Doppelte Bandbreite, lange Nullfolgen, kein Takt
Bipolar. Code		Lange Nullfolgen, kein Takt, gleichstromfrei
Manchester (z. B. Ethernet)		Taktrückgewinnung, doppelte Bandbreite
4B/5B-Code 4-Bit-Block →5-Bit-Codewort (z. B. FDDI)	0000 → 11110 0001 → 01001 0010 → 10100 0011 → 10101 0100 → 01010 0101 → 01011 0110 → 01110 0111 → 01111 1000 → 10010 1001 → 10011 1010 → 10110 1011 → 10111 1100 → 11010 1101 → 11011 1110 → 11100 1111 → 11101	Taktrückgewinnung, 25 % erhöhte Bandbreite

Bei Bussen mit mehreren angeschlossenen Stationen muss darüber hinaus die gewünschte Empfangsstation adressiert werden. Sind mehrere potenzielle Sender an einem gemeinsamen Bus angeschlossen, kommt es zu Signalkollisionen auf der Leitung, wenn zwei oder mehr Stationen gleichzeitig senden. Um dies zu verhindern, erhalten die Stationen eine Arbitrierungskomponente, im Netzwerkbereich *Medienzugriffskontrolle* (engl. *Medium Access Control, MAC*) genannt.

Ein Protokoll auf der Sicherungsschicht berücksichtigt folgende Aspekte:

- Definition von Header und Trailer (z. B. Empfängeradresse, CRC-Prüfpolynom, . . .)
- Anpassung unterschiedlicher Schreib-/Lesegeschwindigkeiten der Kommunikationsteilnehmer zur Verhinderung von Pufferüberläufen (Flusskontrolle)
- Fehlererkennung mit Festlegung von fehlererkennenden Codes, Quittungen zur Vermeidung von Verfälschungen und Verlust, Timer zur Vermeidung von Rahmen-, Quittungs-, oder Token-Verlust und Sequenznummern zur Vermeidung von Duplikaten
- Fehlerbehandlung mit Festlegung von fehlerkorrigierenden Codes, Rahmenwiederholungen, Aussortierung duplizierter und verfälschter Rahmen.

11.5.1 Fehlersicherung

Egal, wie sehr man sich bei der Reduktion von Störungen durch Gegenmaßnahmen auf analoger Ebene auch anstrengt, man wird nie eine hundertprozentig sichere Signalübertragung erreichen. Technische Maßnahmen wie Schirmung, Potenzialtrennung etc. helfen zwar, die Bitfehlerwahrscheinlichkeit zu reduzieren, sie können aber keine korrekte Übertragung garantieren. Es wird immer zu Signalverfälschungen kommen, die bei der Übertragung digitaler Signale zu Fehlern durch Änderung des Bitmusters (Bitfehler) führen. Oft treten solche Fehler gehäuft während eines Zeitabschnitts auf (Fehlerbündel, engl. Error Bursts). Die Fehlerrate steigt im Allgemeinen mit der Übertragungsgeschwindigkeit an. Dennoch kann man heutzutage die Restfehlerwahrscheinlichkeit soweit reduzieren, dass die Übertragung praktisch als sicher angesehen werden kann. Dies erlangt man durch zusätzliche Softwaremaßnahmen, wobei man eine empfangene Nachricht auf Fehler untersucht und im Fehlerfall auf geeignete Weise einschreitet. Diese Datensicherung besteht immer aus den beiden Schritten *Fehlererkennung* und *Fehlerkorrektur.*

In der Praxis kommt der Fehlererkennung eine gewichtigere Rolle zu als einer automatischen Fehlerkorrektur mittels fehlerkorrigierender Codes. Ist die Bitfehlerwahrscheinlichkeit gering, so ist es wesentlich effizienter, eine als fehlerhaft erkannte Nachricht wiederholen zu lassen (ARQ, automatic repeat request), als aufwändige fehlerkorrigierende Codes einzusetzen. Bei hochgradig gestörten Kanälen wie der Funkübertragung werden dagegen effiziente fehlerkorrigierende Codes (z. B. Hamming-Code, Faltungscodes) verwendet, die in der Regel keine vollständig korrekte Übertragung garantieren, aber die Restfehler so stark reduzieren, dass das o. g. ARQ-Verfahren einsetzbar ist, ohne das Medium mit dauernden Nachrichtenwiederholungen zu blockieren.

Da der Empfänger i. d. R. nicht vorher weiß, welche Daten er als nächstes erhält, sind die Voraussetzung zur Fehlererkennung redundante Daten. Da es jedoch aufwändig wäre, alle Daten mehrfach zu übertragen, bedient man sich eines Tricks. Hierzu teilt der Sender einen Datenstrom in eine Sequenz von Datenblöcken auf und berechnet für jeden (Nutz-) Datenblock der Länge k Bit redundante Prüfinformation der Länge r Bit. Nutzdaten und Prüfinformation werden dann zum Empfänger gesendet, der nach Erhalt der Daten die Prüfinformation noch einmal berechnet. Stimmt die erneut berechnete Prüfinformation nicht mit der empfangenen überein, so wird angenommen, dass bei der Übertragung ein Fehler aufgetreten ist.

Die Gesamtlänge des übertragenen Datenblocks beträgt $n = k + r$ Bit. Die mit der Prüfinformation eingeführte Redundanz ist r/k. Prinzipiell gilt, dass mit der Anzahl von Prüfbits auch die Wahrscheinlichkeit der Fehlererkennung wächst. Andererseits darf nicht vergessen werden, dass die übertragenen Prüfdaten selbst auch verfälscht werden können, d. h. die Fehlerwahrscheinlichkeit wächst mit der Länge der Prüfdaten. In der Praxis ist daher ein Kompromiss in der Länge der Prüfdaten zu finden, der zusätzlich noch ökonomischen Aspekten genügen muss.

Heute findet man überwiegend zwei Ansätze zur Fehlersicherung:

- Paritätsprüfung und
- zyklische Redundanzprüfung (engl. cyclic redundancy check, CRC).

Paritätsprüfung

Bei der Paritätsprüfung wird zu jedem Datenblock von k Bit Länge ein Prüfbit hinzugefügt. Dieses Prüfbit wird so belegt, dass die Anzahl aller Einsen im erweiterten Datenblock gerade bzw. ungerade ist. Die Redundanz bei einem Paritätsbit beträgt $1/k$. Mit einer solchen 1-Bit-Parität kann jede ungerade Anzahl verfälschter Bits, insbesondere aber alle 1-Bit-Fehler, im Block erkannt werden. Nicht erkannt werden beispielsweise 2-Bit-Fehler und andere Fehlerbündel.

Bei der seriellen Datenübertragung über Netzwerke – seien es Feldbusse, LANs oder Drahtlosnetzwerke – kommt die Paritätsprüfung jedoch nicht zum Einsatz, da hier Fehlerbündel eher die Regel als die Ausnahme sind. Das Problem kann auch durch eine Erhöhung der Anzahl von Paritätsbits nicht prinzipiell gelöst werden. Computernetzwerke verwenden daher ein mathematisch aufwändigeres, aber leicht zu implementierendes Prüfverfahren, die CRC-Prüfung. Das CRC-Verfahren sichert Datenblöcke von wenigen Bytes bis zu mehreren Kilo-Bytes Länge durch 8 bis 32 Prüfbits ausreichend.

Ein weiterer Ansatz ist die Echokontrolle. Der Empfänger schickt den Datenblock an den Sender zurück, welcher das „Echo" prüft. Dieses Verfahren ist sinnvoll bei Ringstrukturen.

CRC-Prüfung

Das CRC-Verfahren ist auf der Polynomdivision aufgebaut. Der Ansatz ist, die zu übertragende Nachricht als binäres Polynom aufzufassen und im Sender durch ein festgelegtes Prüfpolynom *(Generatorpolynom)* zu teilen. Der entstehende Rest wird dann als Trailer an die eigentlich Nachricht angehängt. Kommt der Empfänger bei der gleichen Rechenoperation auf den gleichen Rest, war die Übertragung erfolgreich.

Mathematisch betrachtet dienen die Bits einer Bitfolge $b_{n-1}b_{n-2}\ldots b_1 b_0$ dabei als Koeffizienten eines Polynoms $P(x)$ des Grades $n-1$:

$$P(x) = b_{n-1}x^{n-1} + b_{n-2}x^{n-2} + \ldots + b_1 x + b_0$$

Eine Polynomdivision sieht beispielsweise wie folgt aus:

$$(x^3 + x + 1)/(x + 1) = x^2 - x + 2 \text{ Rest} - 1$$
$$\underline{-(x^3 + x^2)} \qquad \{= x^2(x+1)\}$$
$$-x^2 + x + 1$$
$$\underline{-((-x^2) - x)} \quad \{= (-x)(x+1)\}$$
$$2x + 1$$
$$\underline{-(2x + 2)} \quad \{= 2(x+1)\}$$
$$-1 \quad \{\text{Rest}\}$$

Für das CRC-Verfahren ist der *Rest* interessant.

Nun wird die Datenübertragung mithilfe des CRC-Verfahrens betrachtet. Sei

- $N(x)$ Nachrichtenpolynom vom Grad $(k-1)$,
- $G(x)$ Generatorpolynom vom Grad r (auf Sender- und Empfängerseite gleich),
- $D(x)$ Rest der Division $N(x) \cdot x^r / G(x) \rightarrow$ Grad $< r$ (CRC-Feld, typischerweise 16/32 Bit),
- $S(x) = N(x) \cdot x^r + D(x)$: übertragenes Codepolynom vom Grad $n = k - 1 + r$,
- $E(x)$ Fehlerpolynom durch Fehler bei Übertragung (Grad $\leq n$) und
- $R(x) = S(x) + E(x)$: empfangenes Codepolynom.

Für die Übertragung gilt:

$$S(x) = N(x) \cdot x^r + D(x)$$
$$R(x) = N(x) \cdot x^r + D(x) + E(x)$$

Gesendet werden Nutzdaten und der Rest $D(x)$ der Division $N(x) \cdot x^r / G(x)$. Auf der Empfangsseite wird folgende Berechnung ausgeführt:

$$\frac{R(x)}{G(x)} = \frac{N(x) \cdot x^r + D(x)(+E(x))}{G(x)}$$

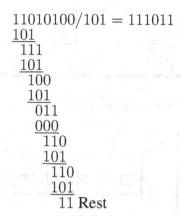

$$11010100/101 = 111011$$
$$\underline{101}$$
$$111$$
$$\underline{101}$$
$$100$$
$$\underline{101}$$
$$011$$
$$\underline{000}$$
$$110$$
$$\underline{101}$$
$$110$$
$$\underline{101}$$
$$11 \text{ Rest}$$

Abb. 11.8 Beispiel für CRC-Berechnung

Eine korrekte Übertragung fand statt, wenn gilt: $R(x)$ ist ganzzahliges Vielfaches von $G(x)$, d. h. der Rest der Division $R(x)/G(x)$ ist gleich Null.

Bei einem in der Praxis verwendeten 16-Bit-Prüfpolynom werden alle ungeraden Bitfehler und 2-Bit-Fehler für Blöcke bis 4095 Bytes und alle Fehlerbursts bis 16 Bit Länge und 99,997 % aller längeren Fehlerbursts erkannt. Zudem lässt sich die CRC-Berechnung einfach in Hardware durch ein erweitertes Schieberegister realisieren. Ein Beispiel der CRC-Berechnung ist in Abb. 11.8 zu sehen. Hier soll die Nachricht 110101 übertragen werden. Das Generatorpolynom lautet 101. Der resultierende Rest ist 11. Man beachte, dass hier die binäre Polynomdivision angewandt wird. Dies entspricht einer XOR-Operation der einzelnen Bits, was in der Praxis die Effizienz des Algorithmus gegenüber einer „echten" Division erhöht. Somit ergibt sich die gesendete Nachricht zu 11010111.

11.5.2 Medienzugriff

Wenn mehrere Teilnehmer dasselbe Medium benutzen wollen, kann es leicht zu Signalkollisionen kommen (wie in Abb. 11.9 zu sehen). Daher ist eine Zugriffskontrolle *(Media Access Control, MAC)* notwendig, mittels derer bestimmt wird, wer wann das Medium nutzen kann. Bei seriellen Übertragungsmedien sollte diese Zugriffskontrolle möglichst deterministisch sein, um eine faire bzw. prioritätsorientierte Verteilung zu ermöglichen. Eine Möglichkeit den Zugriff zu kontrollieren sind *feste Zuordnungsarten* wie das Frequenzmultiplexing und Zeitmultiplexing. Beim Frequenzmultiplexing werden feste Trägerfrequenzen oder Kanäle zugeordnet (vgl. Rundfunk, TV), beim Zeitmultiplexing erfolgt die Unterteilung in feste Zeitfenster wie in Abb. 11.10 am Beispiel TDMA (Time Division Multiple Access) schematisch dargestellt ist. Eigenschaften von Frequenzmultiplexing und Zeitmultiplexing ist die

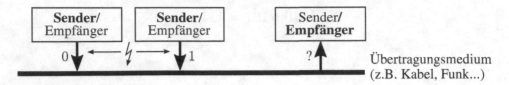

Abb. 11.9 Problemstellung Media Access Control

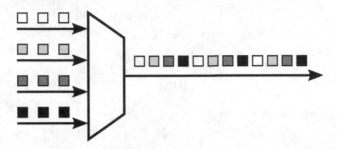

Abb. 11.10 TDMA

Echtzeitgarantie, es sind statische Konzepte, daher müssen Anzahl der Sender und Datenaufkommen bekannt sein. Feste Zuordnung ist sinnvoll bei regelmäßiger Datenübertragung, aber aufgrund der schlechten Auslastung bei schwankender Datenmenge nicht zu empfehlen.

Eine Alternative bieten externe Steuerleitungen, die unabhängig vom Bus nur dazu dienen, den Medienzugriff zu kontrollieren bzw. zu verhandeln. Hiermit können verschiedene Verfahren implementiert werden. Ein Beispiel ist das zentrale Vergabeverfahren mittels Stichleitungen (siehe Abb. 11.11). Hierbei senden alle sendewilligen Stationen eine Anfrage an einen zentralen Arbiter, der dann den Medienzugriff auf Basis eines dort implementierten Vergabeverfahrens steuert. Ein dezentrales Verfahren ist das Polling mittels Steuerleitungen, bei dem der Zugriffsmechanismus redundant in allen Stationen implementiert ist (siehe Abb. 11.12). Der große Nachteil dieser Verfahren ist, dass zusätzlich zum eigentlichen Bus Steuerleitungen gelegt werden müssen. Gerade in großen Netzwerken oder in Systemen mit strengen Gewichtsanforderungen kann dies problematisch sein. Auch sind diese Verfahren nur bedingt erweiterbar, da oft die physische Möglichkeit, weitere Leitungen anzuschließen, begrenzt ist, z. B. durch die Anzahl an Pins oder den Bauraum. In diesen Fällen sind Verfahren, die keine Veränderung der Bustopologie benötigen, im Vorteil.

Das *Master/Slave-Verfahren* zeichnet sich durch die zentrale Busvergabe aus. Nur der Master hat das Recht einen Kommunikationszyklus einzuleiten, andere Geräte (Slaves) senden nur auf Anforderung des Masters. Dadurch ist sichergestellt, dass niemals mehr als ein Gerät gleichzeitig sendet. Meistgenutzt ist das Polling-Verfahren, dabei bedient der Master nacheinander alle Slaves. Eine direkte Kommunikation zwischen Slaves ist nicht möglich. Slaves sind aufwandsarm, da keine vollständige Implementierung des Protokolls notwendig ist.

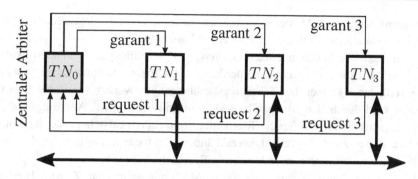

Abb. 11.11 Busvergabe mit zentralem Arbiter (spezielle Steuerleitungen bei Parallelbussen)

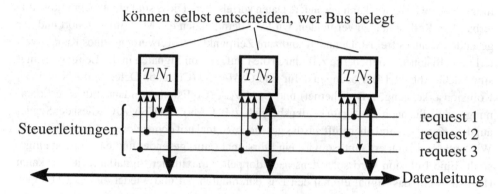

Abb. 11.12 Verteilte Busvergabe (spezielle Steuerleitungen bei Parallelbussen)

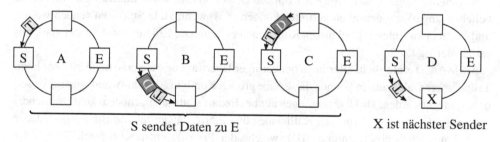

Abb. 11.13 Beispiel für Sendevorgang im Tokenring

Beim Verfahren mit *Tokenring/Tokenbus*, gibt es ein Token, das die Sendeberechtigung repräsentiert. Der Teilnehmer mit Token gibt es hierbei an den nächsten Teilnehmer weiter, sobald kein Kommunikationsbedarf mehr besteht oder nach Ablauf einer Frist. In Abb. 11.13 ist der Sendevorgang im Tokenring gezeigt. Dieses ist i. Allg. ein faires Zugriffsverfahren, durch Erweiterung des Tokens um Prioritätsinformation ist Prioritätsvergabe möglich. Bei maximaler Datenblocklänge ist Echtzeitgarantie möglich. Ein Sonderfall (z. B. POFIBUS) hat aktive (Master) sowie passive Teilnehmer (Slaves), wobei die Slaves nur nach direkter

Aufforderung durch einen Master senden (Kommunikation mittels Master/Slave-Protokoll) und Master untereinander mittels Token-Passing kommunizieren.

Da eine maximale Tokenumlaufzeit existiert, ist Echtzeitfähigkeit garantiert. Aufgrund der maximalen Tokenumlaufzeit, kann der Verlust des Tokens zudem erkannt werden und defekte Teilnehmer können bei Tokenvergabe übergangen werden (logischer Ring). Die Zykluszeit wird durch den Master/Slave-Mechanismus verringert. Allerdings steigt mit Anzahl der (aktiven) Teilnehmer die Tokenumlaufzeit, zudem entsteht großer Rekonfigurationsaufwand, wenn sich die Teilnehmerzahl ändert. Ein weiterer Nachteil ist, dass passive Teilnehmer nicht azyklisch senden können (z. B. Alarmmeldung).

CSMA (Carrier Sense Multiple Access) ist MAC mit wahlfreiem Zugriff. Hierbei findet kein Austausch von Kontrollinformationen statt, daher ist die Kollision von Nachrichten möglich – die Kollision kann gesendete Daten verfälschen. Diese sind nicht mehr rekonstruierbar. Um Kollisionen zu vermeiden, wird vor dem Senden das Medium abgehört und nur gesendet, wenn es frei ist. Dennoch sind zum Zeitpunkt des Freiwerdens eines Kanals weiterhin Kollisionen möglich, die z. B. durch die Laufzeit von Signalen in der Leitung bedingt sind (siehe Abb. 11.14). Lösungen dafür sind *CSMA/CD* (Collision Detection: Abbruch bei Kollisionserkennung, z. B. Ethernet) und *CSMA/CA* (Collision Avoidance: direkte Erkennung von Kollisionen, häufig im Feldbusbereich, z. B. CAN). Bei CSMA/CD liest der Sender auf dem Kanal mit und überprüft, ob das gesendete Signal mit dem gelesenen übereinstimmt. Wird eine Kollision erkannt, so wird ein Störsignal (jam) gesendet und das Senden eingestellt. Eine Kollision wird spätestens nach doppelter maximaler Signallaufzeit t_S erkannt (lapidar: wenn das Signal einmal den Bus durchlaufen hat und wieder zurückgekommen ist, vgl. Abb. 11.15), daher muss die minimale Paketlänge $2 \cdot t_S$ betragen und eine maximale Leitungslänge muss festlegen. Collision Detection kann keine Echtzeit garantieren, da beliebig lange Verzögerungen auftreten können, z. B. wenn viele Stationen senden wollen und es daher zu vielen konsekutiven Kollisionen kommt. Die Effizienz sinkt daher stark mit steigender Last.

CSMA/CD ermöglicht allerdings bei geringer Übertragungsrate eine hohe bis sehr hohe Teilnehmeranzahl, zudem können diese ohne großen Konfigurationsaufwand angeschlossen bzw. entfernt werden. Da Übertragungen nur bei Bedarf stattfinden, entsteht kein (zeitlicher) Overhead. CSMA/CA vermeidet Kollisionen durch prioritätsgesteuerte Busvergabe. Jeder Teilnehmer erhält eine Kennung (ID), welche der Priorität entspricht. Nach Ende einer aktuellen Busübertragung beginnen alle sendewilligen Teilnehmer ihre Kennung zu senden, wobei die Teilnehmer wired-OR-verknüpft („1" dominant, „0" rezessiv) bzw. wired-AND-verknüpft („0" dominant, „1" rezessiv) sind. Die Übertragung beginnt mit dem höchstwertigen Bit. Ist das aktuelle am Bus anliegende Kennungsbit ungleich dem selbst gesandten, zieht sich der rezessive Teilnehmer zurück, wie in Abb. 11.16 dargestellt. Voraussetzung dafür ist, dass die Signallaufzeit t_s vernachlässigbar klein gegenüber der Schrittweite (Bitzeit) t_B ist: $\left[t_s = \frac{l}{v}\right] << \left[t_B = \frac{1}{R}\right]$, mit l = Leitungslänge, v = Ausbreitungsgeschwindigkeit, R = Übertragungsrate z. B. $v = 0{,}66 \cdot c$, $R = 10$ MBd $\Rightarrow l << \frac{v}{R} \Rightarrow l << 20$ m Bei begrenzter Paketlänge hat der Teilnehmer mit höchster Priorität Echtzeitverhalten. Der Bus kann blo-

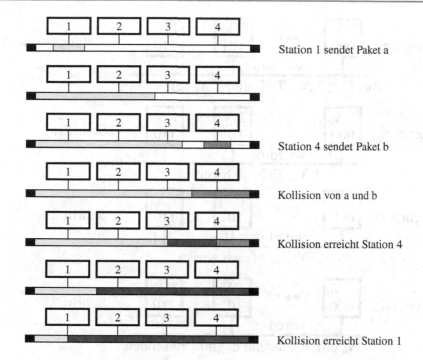

Abb. 11.14 Zeitversatz beim Sendevorgang mit CSMA

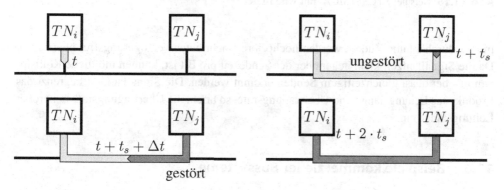

Abb. 11.15 Bestimmung der Maximalzeit bis zur Kollisionserkennung

ckiert werden, wenn der Teilnehmer mit höchster Priorität immer sendet, daher muss i. Allg. nach einer Datenübertragung eine bestimmte Zeit bis zum nächsten Sendewunsch gewartet werden (Forderung an Anwendungsschicht). Ist die Wartezeit ausreichend lang, können weitere Teilnehmer ebenfalls echtzeitfähig werden.

Auch hier entsteht kein Overhead, da Übertragungen nur bei Bedarf stattfinden. Der Bus kann im Vergleich zur Collision Detection optimal genutzt werden, da eine Nachricht

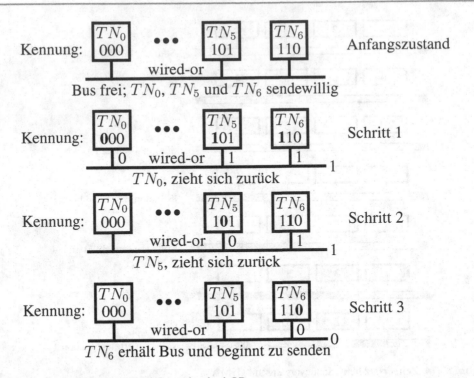

Abb. 11.16 Beispiel zu CSMA/CA, mit wired-OR

immer durchkommt. Zudem werden hochpriore Nachrichten verzögerungsfrei übertragen. Da die Signallaufzeit klein gegenüber der Sendezeit pro Bit ist, können mögliche Kollisionen nur bei quasi gleichzeitigem Senden erkannt werden. Die Signallaufzeit begrenzt das Produkt aus Leitungslänge und Übertragungsrate, so bricht die Übertragungsrate bei großer Leitungslänge ein.

11.6 Beispiele kommerzieller Bussysteme

Aufgrund der stark unterschiedlichen Anforderungen der einzelnen Anwendungsgebiete, kann dem Wunsch eines universell einsetzbaren Kommunikationssystems nur schwer gefolgt werden. Da der universelle Feldbus nicht realisierbar ist, versuchen die Hersteller ihre eigenen Systeme auf dem Markt durchzusetzen, was zur Fragmentierung und Systemvielfalt führt.

Aus diesem Grund ist die internationale Feldbusnorm, mit Arbeitsbeginn 1984, praktisch gescheitert. Als akzeptierte Lösung wurden De-Facto-Standards (z.B. Profibus, CAN) in einer neuen Norm EN-50170 zusammengefasst.

11.6.1 Sensor-Aktuator-Busse

Mit den Sensor-Aktuator-Bussen befindet man sich auf der prozessnahesten Ebene. Die Kommunikationssysteme verbinden hier Roboter, numerische Steuerungen (CNC), speicherprogrammierbare Steuerungen (SPS) etc. in industrieller Umgebung untereinander und mit ihren Sensoren und Aktuatoren. Wichtige Aspekte der Kommunikationsmedien sind in diesem Bereich das oben genannte Echtzeitverhalten (es werden feste Systemreaktionszeiten im Millisekundenbereich gefordert), Einsatz unter Feldbedingungen und auch Wirtschaftlichkeit.

Die meisten Sensor-Aktuator-Lösungen sind herstellergebunden. Industrielle Beispiele sind das Aktuator-Sensor-Interface ASi, das VariNet-2 und der Interbus-S.

Sie alle haben gemeinsam, dass der Buszugriff – im Gegensatz zu Feldbussen – nach dem sehr effizienten Master-Slave-Prinzip erfolgt. Die zentrale Steuerung bzw. der übergeordnete Feldbus stellen hierbei den Bus-Master, der die Sensoren und Aktuatoren (Slaves) abfragt.

ASi ist ein Zweidraht-Bussystem zur direkten Kopplung von binären Sensoren und Aktuatoren über einen Bus mit einer übergeordneten Steuerung. Die übergeordnete Einheit kann eine SPS, eine CNC, ein Mikroprozessor oder aber ein PC bzw. ein Gateway zu einem übergeordneten Feldbus sein. Das Ziel von ASi ist die Ersetzung der immer noch vorherrschenden Kabelbäume auf unterster Ebene.

ASi wurde ursprünglich von 11 Herstellern von Sensoren und Aktuatoren entwickelt. Die Vorgabe bei der Entwicklung von ASi waren neben den allgemeinen Anforderungen an Sensor-Aktuator-Busse: Zweileiterkabel, Übertragung von Daten und Energie für alle Sensoren und die meisten Aktuatoren über den Bus, anspruchsloses und robustes Übertragungsverfahren ohne Einschränkung bzgl. Netztopologie, Master-Slave-Konzept mit einem Master und ein kleiner, kompakter sowie billiger Busanschluss.

Das Master-Slave-Verfahren eines ASi-Systems entspricht dem Token-Ring mit nur einem aktiven Teilnehmer. Der ASi-Slave-Chip kann entweder in ein getrenntes Busankoppelmodul, an das die Sensoren und Aktuatoren in herkömmlicher Weise angeschlossen sind, eingebaut sein, oder er wird direkt in den Sensor/Aktuator eingebaut. Letzteres ist der langfristige Ansatz von ASi, während die erste Variante wichtig ist, um die heutigen Sensoren und Aktuatoren weiter verwenden zu können. Die Energieversorgung der Sensoren und einem Teil der Aktuatoren erfolgt über den Bus. Aktuatoren mit höherer Leistungsaufnahme (mehr als 100 mA bei einer standardisierten Versorgungsspannung von 24 V) benötigen ein eigenes Netzteil.

Die Topologie des Netzwerks kann wie bei der normalen Elektroinstallation beliebig sein: linienförmig, mit Stichleitungen oder baumartig verzweigt. Die Busenden müssen nicht abgeschlossen werden, doch ist die maximale Leitungslänge auf 100 m beschränkt. Größere Entfernungen müssen durch Repeater überbrückt werden. Verzweigungen im Netzwerk werden mit Koppelmodulen, die zwei Leitungen passiv miteinander verbinden, realisiert. Als Übertragungsmedium sind zwei alternative, ungeschirmte Zweidrahtleitungen spezifiziert.

Das Netzgerät und die Leitungen sind in beiden Fällen auf maximal 2 A bei 24 V ausgelegt. Die beiden Leitungsvarianten sind

- $1,5\,mm^2$ Stegleitung/Flachband-Starkstromleitung (preisgünstig)
- $1,5\,mm^2$ ASi-spezifische Flachbandleitung (birgt Vorteile bei der Installation – kann durch spezielle Leitungsgeometrie nicht falsch gepolt werden)

Pro Bus bzw. Strang sind bei ASi nur ein Master und 31 Slaves mit insgesamt 124 Sensoren/Aktuatoren zugelassen. Es können allerdings mehrere ASi-Stränge parallel geschaltet werden.

Im ASi-Flachkabel-Koppelmodul ist die Kontaktierung in Form einer Durchdringungstechnik realisiert. Die Installation erfolgt einfach durch Einklipsen des ASi-Kabels in das Koppelmodul (ohne Schneiden und Abisolieren). Jedes Koppelmodul kann zwei Kabel aufnehmen und diese elektrisch verbinden, wodurch die angesprochenen Verzweigungen realisiert werden. Das Anwendermodul befindet sich im Deckel des Koppelmoduls. Anwendermodule gibt es in unterschiedlichster Form, sie können jedoch prinzipiell in zwei Klassen unterteilt werden:

- aktive Anwendermodule, die die Elektronik der eigentlichen Slave-Anschaltung enthalten – an diese Einheiten sind bis zu vier konventionelle Sensoren/Aktuatoren anschließbar
- passive Anwendermodule ohne eigene Elektronik – diese dienen lediglich der weiteren Verzweigung der ASi-Leitung.

Die Komponenten des Slaves sind in einem IC integriert. Zum Anschluss der Sensoren/Aktuatoren an den ASi-Bus über diese Slave-Anschaltungen ist kein Prozessor und keine Software notwendig. Die gesamte Rahmenverarbeitung wird im IC erledigt.

Bei der Festlegung des Modulationsverfahrens musste darauf geachtet werden, dass das Übertragungssignal gleichstromfrei und schmalbandig ist. Die Gleichstromfreiheit ist notwendig, damit das Datensignal und die Energieversorgung überlagert werden können. Die Schmalbandigkeit muss gefordert werden, da die Dämpfung der Leitung schnell mit der Frequenz ansteigt. Neben diesen beiden Hauptforderungen sollte darauf geachtet werden, dass das Signal einfach zu erzeugen ist.

Aufgrund dieser Forderungen, entschloss sich das ASi-Konsortium, die Alternating Pulse Modulation zu verwenden. Hierbei werden die Rohdaten zunächst Manchester-kodiert. Dies ergibt einen Phasenwechsel bei jeder Änderung des Sendesignals. Aus dem Manchester-Code wird dann ein Sendestrom erzeugt. Dieser Sendestrom induziert über eine nur einmal im System vorhandene Induktivität einen Signalspannungspegel, der größer als die Versorgungsspannung des Senders sein kann. Beim Anstieg des Sendestroms ergibt sich eine negative Spannung auf der Leitung und beim Stromabfall ergibt sich eine positive Spannung. Die Grenzfrequenz dieser Art der Modulation bleibt niedrig, wenn die Spannungspulse etwa als $\sin^2$-Pulse geformt sind. Auf den ASi-Leitungen sind durch die Alternating Pulse Modulation Bitzeiten von $6\,\mu s$, d. h. eine Übertragungsrate von $167\,kBit/s$ realisierbar.

Auf der Protokollebene verwendet ASi ein einfaches Buszugriffsverfahren über zyklisches Polling durch den Master. Interrupting ist nicht vorgesehen. Unter bestimmten Voraussetzung ist dieses Verfahren echtzeitfähig. Die Slaves werden vom Master zyklisch in immer gleicher Reihenfolge adressiert. Der Master sendet jeweils einen Rahmen mit der Adresse eines Slave (14 Bit à $6\,\mu s$), worauf der Slave innerhalb einer vorgegebenen Zeit (7 Bit à $6\,\mu s$) antworten muss. Die Zeit zwischen dem Master-Aufruf und der Antwort durch den Slave nennt man Master-Pause. Sie beträgt im Allg. drei, maximal jedoch 10 Bitzeiten. Danach geht der Master davon aus, dass keine Antwort mehr kommt und sendet die nächste Anfrage. Die Slave-Pause, d. h. die Zeit zwischen der Slave-Antwort und dem folgenden Master-Aufruf beträgt eine Bitzeit ($6\,\mu s$). Die Rahmen enthalten mit nur 5 Bit sehr kurze Informationsfelder, um die Nachrichten und die Busbelegung durch einzelne Sensoren/Aktuatoren kurz zu halten. Addiert man alle Felder eines Zyklus auf (14 + 3 + 7 + 1 Bit), so kommt man auf $150\,\mu s$ je Zyklus bzw. 5 ms Gesamtzykluszeit bei 31 Slaves und 20 ms bei der maximalen Ausbaustufe von 124 Sensoren/Aktuatoren. Diese Zeiten sind ausreichend für SPS-Steuerungen. Ob man bei einer gegebenen Anwendung von Echtzeit sprechen kann, hängt von der Anzahl von Sensoren/Aktuatoren ab.

Interessant ist bei ASi die Sicherung der Datenübertragung. Die Prüfung der empfangenen Daten wird hier nach anderen Kriterien als bei den bisher betrachteten Bussystemen durchgeführt, da wegen der Kürze der Rahmen der Prüfsummen-Overhead zu groß wäre.

Bei ASi wird auf der Bitübertragungsschicht der Signalverlauf getestet. Hierzu wird das Empfangssignal während einer Bitzeit sechzehn Mal abgetastet und folgender Regelsatz vom Slave-Modul in Echtzeit ständig ausgewertet:

- bei Start-/Stoppbits muss der erste Impuls negativ, der letzte Impuls positiv sein
- aufeinander folgende Impulse müssen unterschiedliche Polarität haben
- zwischen zwei Impulsen in einem Rahmen darf nur ein Impuls fehlen
- kein Impuls in Pausen
- gerade Parität.

Diese Regelmenge ergibt bereits einen hohen Grad an Sicherheit. Untersuchungen haben gezeigt, dass alle Ein- und Zweifach-Impulsfehler sowie 99,9999 % aller Drei- und Vierfach-Impulsfehler erkannt werden. Die Paritätsprüfung wird sogar erst ab Dreifach-Impulsfehler wirksam. Theoretische Abschätzungen ergeben, dass statistisch gesehen, bei einer Bitfehlerrate von 100 Fehlern/s nur alle 10 Jahre ein fehlerhafter Rahmen nicht erkannt wird.

Fehlerhafte Rahmen werden bei ASi wiederholt. Sie erhöhen aufgrund ihrer Kürze aber kaum die Gesamtzykluszeit.

11.6.2 Feldbusse

Oberhalb der Sensor/Aktuator-Ebene sind die Feldbusse angesiedelt, wobei sich die beiden Ebenen nicht immer genau abgrenzen lassen. Im Gegensatz zu Sensor-Aktuator-Bussen sind Feldbusse Multimaster-Systeme. Das hierdurch notwendig werdende Buszugriffsprotokoll (Arbitrierung) macht das Bussystem flexibler, aber auch aufwändiger und ineffizienter.

Neben den weiter oben angesprochenen allgemeinen Anforderungen an Busse in der Automatisierungstechnik wird für Feldbusse gefordert:

- die Ausdehnung liegt zwischen einigen Metern und einigen Kilometern
- das Bussystem sollte so flexibel sein, dass zusätzliche Busteilnehmer problemlos eingebracht werden können
- harte Zeitanforderungen mit garantierter maximaler Reaktionszeit des Systems, Echtzeitfähigkeit und Reaktionszeiten im Millisekunden- bis Sekundenbereich (je nach Anwendung).

Aus der Gruppe der Feldbusse werden zwei Bereiche mit ihren vorherrschenden Busnormen besprochen werden. Diese sind die Prozessautomatisierung (PROFIBUS) und die KFZ-Technik (CAN). Einen guten Überblick hierzu findet man in [SW12] und [Hün16].

Profibus (PROcess FIeld BUS)

Der *Profibus* wurde herstellerübergreifend von 14 Herstellern und 5 wissenschaftlichen Instituten entwickelt und ist in Deutschland eine nationale Feldbusnorm (DIN E 19245). Von ihm gibt es drei Varianten: Profibus-FMS, Profibus-DP und PA.

Die grundlegende Variante *Profibus-FMS* ist aufgrund seiner geringen Geschwindigkeit auf den höheren Systembusebenen angesiedelt. *Profibus-DP* erweitert den Profibus-FMS in den Sensor/Aktuator-nahen Systembereich. Anspruchsvolle Sensoren und Aktuatoren sollen den Profibus nutzen können. *Profibus-PA* ist eine weitere Erweiterung für den Bereich der Prozessautomatisierung, der eine eigensichere Datenübertragung verlangt.

Beim Profibus handelt sich um einen Token-Bus, genauer gesagt, um einen Multi-Master-Bus mit Token-Passing-Zugriffsverfahren. Die physikalische Netzstruktur ist eine Linientopologie (Bus) mit kurzen Stichleitungen (Abb. 11.17). Profibus-FMS und Profibus-DP können gleichzeitig das selbe Medium verwenden. Als Übertragungsmedium ist für den Profibus entweder Lichtwellenleiter oder Shielded-Twisted-Pair vorgesehen, wobei im letzteren Fall die Bussegmente passiv abgeschlossen werden müssen. Als Busschnittstelle wurde RS-485 festgelegt. Das Leitungssignal ergibt sich aus der NRZ-Kodierung (No-Return-to-Zero).

Die maximale Leitungslänge beträgt einige hundert Meter, hängt aber stark von der Übertragungsgeschwindigkeit ab. Eine Verlängerung des Busses ist durch maximal drei bidirektionale Repeater zwischen jeweils zwei Stationen möglich. Die Obergrenze der Bus-

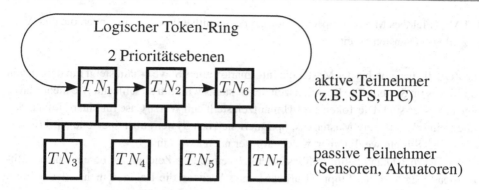

Abb. 11.17 Topologie des Profibus

teilnehmer liegt für zeitkritische Anwendungen bei 32 und für zeitunkritische Anwendungen bei 125 Stationen.

An den Profibus können Master- und Slave-Stationen angeschlossen werden. Der Buszugriff ist ein hybrides Verfahren. Bei der Busarbitrierung nach dem Token-Passing-Verfahren nehmen alle aktiven Teilnehmer (Master-Stationen, z. B. SPS-Steuerung) teil. Nach Erhalt des Tokens, kann der aktuelle Bus-Master mit beliebigen Teilnehmern, auch passiven Slaves (z. B. Sensoren/Aktuatoren), kommunizieren. Für den Zugriff der Master-Station auf seine Partnerstationen werden diese abgefragt (Master-Slave-Kommunikation bzw. Polling).

Der Bus-Master kann während eines Zyklus ein- oder mehrmals einen Datenaustausch durchführen bzw. initiieren, wobei die Gesamtkommunikationsdauer von verschiedenen zeitlichen Randbedingungen abhängt. Hierzu wird die als Parameter vorgegebene Token-Soll-Umlaufzeit mit der gemessenen, tatsächlichen Token-Umlaufzeit verglichen. Die Busbelegungszeit richtet sich nach den verbleibenden Zeitreserven. Jeder Master darf jedoch zumindest eine hochpriore Nachricht absenden. Weitere „normale" Nachrichten sind dagegen nur erlaubt, wenn die Token-Soll-Umlaufzeit noch nicht überschritten ist. Durch die Weitergabe des Tokens spätestens nach der aus der Token-Umlaufzeit abgeleiteten Haltezeit ist ein gut vorhersagbares Echtzeitverhalten möglich.

Mit Hilfe verschiedener Mechanismen kann der Profibus-FMS ausgefallene Stationen erkennen und aus dem Token-Passing-Ring herausnehmen. Ist eine ausgefallene Station wieder voll funktionstüchtig, wird sie auch wieder automatisch eingesetzt. Fehlerhafte Rahmen werden von den Empfängern verworfen und müssen wiederholt werden.

Die OSI-Schichten 3 bis 7 sind beim Profibus nicht vollständig ausgeprägt. Direkt auf der Sicherungsschicht, auf der die Rahmenformate definiert sind, sitzt die Anwendungsschicht. Die Anwendungsschicht ist in zwei Teilschichten unterteilt:

- LLI (Lower Layer Interface), eine Schnittstelle zwischen der Anwendungsschicht und der Sicherungsschicht, die den Datentransfer überwacht

- FMS (Fieldbus Message Specification), eine Schnittstelle zum Anwender, die eine Vielzahl von Diensten bereitstellt.

Die Zeit, die vergeht, bis der Master die Information eines Slave erhält, steigt mit der Anzahl von Slaves im System. Die Reaktionszeit des Systems wird um so schlechter, je mehr Slaves angeschlossen sind. Die Token-Soll-Umlaufzeit stellt den Worst-Case für einen Umlauf dar. Fallen ein oder mehrere Master aus, optimiert sich das System über spezielle Nachrichten selbst. Das System weiß immer, welche Master noch aktiv sind.

Der Overhead kann beim Profibus erheblich sein. Jedes Zeichen hat bereits einen 3-Bit-Overhead (Start, Parity, Stopp). Darüber hinaus besitzen die Rahmen mehr oder weniger viele Steuerzeichen. Im Extremfall fallen bis zu 90 % Steuerzeichen an.

CAN (Controller Area Network)

CAN wurde 1981 von Bosch und Intel mit dem Ziel der Vernetzung komplexer Controller und Steuergeräte entwickelt. Internationale Verbreitung fand CAN vor allem im KFZ-Bereich zur Ersetzung der immer komplexer werdenden Kabelbäume (bis zu 2 km, 100 kg), aber auch im Haushaltsgerätesektor (Bosch), in Textilmaschinen, in Apparaten der Medizintechnik und einigen anderen Anwendungen. Da der Bus im Prinzip auch als Sensor-Aktuator-Bus unter Einhaltung von Echtzeitanforderungen einsetzbar ist, erschließen sich in jüngerer Zeit immer mehr Anwendungsfelder wie etwa die Gebäudeautomatisierung. Ein Vorteil von CAN liegt in den preisgünstigen Busankoppelkomponenten aufgrund von hohen Stückzahlen.

CAN ist ein Multi-Master-Bus mit serieller Übertragung. Die Verdrahtung erfolgt in Bustopologie. Als Übertragungsmedium dient CAN eine abgeschirmte, verdrillte Zweidrahtleitung und als Buszugang die symmetrische RS-485-Schnittstelle. Die differenziellen Spannungspegel sollen helfen, Störungen durch elektromagnetische Einstrahlung zu vermeiden. Im Störfall kann auch über eine Eindrahtleitung (und gemeinsamer Masse) kommuniziert werden. Spezielle Schaltvorrichtungen und Fehlermaßnahmen schalten dann auf eine asymmetrische Übertragung um.

CAN erlaubt eine recht hohe Datenübertragungsrate von 10 kBit/s bis zu 1 MBit/s bei Buslängen von 40 m bis 1 km. In der Praxis werden effektive Bitraten von 500 kBit/s erreicht. Besonderer Wert wurde bei der Busspezifikation auch auf die Übertragungssicherheit und Datenkonsistenz gelegt, da der Bus beispielsweise im Automobilbereich starken Störungen ausgesetzt ist. Durch verschiedene Maßnahmen, u. a. ein 15 Bit langes CRC-Feld, wird eine Restfehlerwahrscheinlichkeit von 10^{-13} erreicht.

Über den CAN-Bus werden kurze Nachrichten in Blöcken von max. 8 Byte übertragen, um geringe Latenz- und kurze Reaktionszeiten zu ermöglichen. Es wird zwischen hochprioren und normalen Nachrichten unterschieden. Bei 40 m Buslänge und einer Übertragungsrate von 1 MBit/s ergibt sich eine maximale Reaktionszeit für hochpriore Nachrichten von 134 µs. Es muss jedoch beachtet werden, dass viele hochpriore Nachrichten normalen Nachrichten den Buszugang versperren können. Als Buszugriffsverfahren wird

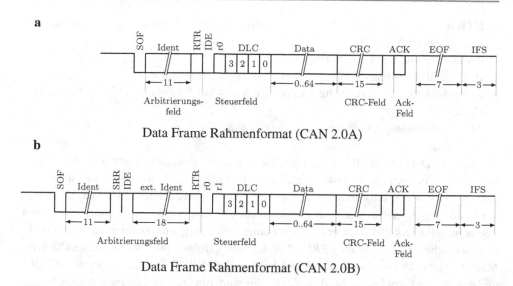

Abb. 11.18 Verschiedene CAN Formate

CSMA/CA verwendet. Zu Beginn eines Übertragungszyklus während der Arbitrierungs-phase wird die sendewillige Station mit der höchsten Priorität bestimmt. Dies ist die Station mit der kleinsten (Quell-) Adresse. Die bitweise, prioritätsgesteuerte Arbitrierung unter-scheidet zwischen dominanten („0") und rezessiven („1") Spannungspegeln. Vorausset-zung für dieses CSMA/CA-Verfahren ist natürlich, dass alle Stationen zur gleichen Zeit mit der Arbitrierung anfangen und dieselbe Taktgeschwindigkeit haben. Im Gegensatz zu den meisten Busprotokollen ist CAN nachrichten- bzw. objektorientiert und nicht teilneh-merorientiert. Dies bedeutet, dass die Rahmen keine Adressen enthalten. Jede Nachricht ist eine Broadcast-Nachricht. Eine Station muss selbst aus einem Rahmen herausfinden, ob die aktuelle Nachricht, genauer: der Nachrichtentyp, für sie bestimmt ist. Hierzu steht ihr im Datenrahmen ein Bezeichnerfeld *(ID/Ident* oder *Arbitration Field)* zur Verfügung, dessen Wert im Allgemeinen den Absender beschreibt. Für das Bezeichnerfeld sind 11 Bit im Rahmen vorgesehen, sodass maximal 2032 verschiedene Nachrichtenobjekte durch die Bezeichner unterschieden werden können (16 Bezeichner sind reserviert). Das typische CAN-Data-Rahmenformat ist in Abb. 11.18a und b dargestellt. Insgesamt gibt es bei CAN vier verschiedene Rahmenformate: Data Frame (Datenübertragung), Remote Frame (Anfor-derung von Daten), Error Frame (Fehlererkennung), Overload Frame (Flussregelung).

Der Standardframe besteht dabei aus:

- **SOF** Start Of Frame
- **EOF** End Of Frame
- **IFS** Inter Frame Space

- **RTR** Remote Transmission Request oder **SRR** Substitute Remote Request (Anforderung einer Nachricht)
- 0 = Data Frame, 1 = Remote Frame
- **IDE** Identifier Extension Bit (CAN2.0A: „0", CAN 2.0B: „1")
- **Steuerfeld** r0, r1 reserviert für Extended CAN, 4 Bit Datenlänge (DLC: Data Length Control)
- **ACK** Acknowledge, wird durch Empfänger verändert

Während im Data Frame allgemein Daten übertragen werden, kann durch Setzen des *RTR*-bzw. *SRR*-Bits auch ein Remote Frame erzeugt werden, das bestimmte Daten anfordert. Diese werden wiederum durch das Bezeichnerfeld beschrieben. Hierzu muss das Datenfeld der Größe der zu erwartenden Antwortdaten entsprechen. Stellt ein Busteilnehmer einen Fehler im Netzwerk fest, kann er ein Error Frame schicken, um die anderen darauf aufmerksam zu machen. Es besteht aus 6 *ERROR FLAG*-Bits, gefolgt von 8 rezessiven Bits (Einsen). Man unterscheidet das aktive Error Frame, bei dem die ERROR FLAGS dominante Bits sind und das passive Error Frame, bei dem sie rezessiv sind. Ein Overload Frame schließlich kann dazu genutzt werden, eine Zwangspause zwischen Daten- und Remote Frames zu erzeugen, z. B. wenn der Eingangspuffer eines Teilnehmers voll ist. Es entspricht einem aktiven Error Frame, kann aber nur an bestimmten Stellen der Kommunikation vorkommen, wodurch es von diesem unterscheidbar ist.

Literatur

[Hün16]   Hüning, F.: Sensoren und Sensorschnittstellen. De Gruyter, Berlin (2016)
[Mey14a] Meyer, M.: Kommunikationstechnik: Konzepte der modernen Nachrichtenübertragung, 5., korr. Aufl. Springer Vieweg, Wiesbaden (2014)
[SW12]   Schnell, G., Wiedemann, B.: Bussysteme in der Automatisierungs- und Prozeßtechnik, 8., aktualisierte und erw. Aufl. Springer Vieweg, Wiesbaden (2012)

Softwaremodellierung und Analyse

Zusammenfassung

In diesem Kapitel werden verschiedene Verfahren für die Modellierung eingebetteter Systeme vorgestellt. Neben verschiedenen Diagrammtypen für UML wird auch SDL betrachtet. Hiermit stehen Werkzeuge der grafischen Modellierung zur Verfügung, mittels derer eine interdisziplinäre Kommunikation und eine klare Strukturierung der

© Springer Fachmedien Wiesbaden GmbH, ein Teil von Springer Nature 2019
K. Berns et al., *Technische Grundlagen Eingebetteter Systeme*,
https://doi.org/10.1007/978-3-658-26516-8_12

Entwicklung eingebetteter Systeme möglich ist. Schließlich wird mit den Petrinetzen ein oft verwendetes Werkzeug zur Analyse nebenläufiger Prozesse, wie sie häufig in eingebetteten Systemen vorkommen, eingeführt.

12.1   Abstraktion technischer Systeme

Eingebettete Systeme nehmen in der heutigen Welt durch die zunehmende Digitalisierung einen immer größeren Stellenwert ein. Dabei werden zunehmend komplexe Aufgaben von diesen übernommen. Gleichzeitig steigt auch die Komplexität der eingebetteten Systeme selbst. So existieren neben einfachen Systemen, die aus wenig mehr als einem 8-Bit Mikrocontroller bestehen, auch komplexe Steuerungsnetzwerke mit hunderten, oft unterschiedlichen Recheneinheiten, integrierten, „smarten" Sensoren und entsprechenden Aktuatoren. Hinzu kommt der dadurch erhöhte Aufwand bei der Softwareentwicklung, da mit einem verteilten, heterogenen und oft hoch-parallelen System gearbeitet werden muss. Um diese Komplexität zu beherrschen, wurden verschiedene Verfahren zur abstrakten Modellierung und darauf basierende Analyseverfahren entwickelt. Dabei besteht der Grundgedanke darin, eine einheitliche, meist grafische Darstellungsform der heterogenen Systeme zu finden, die einen bestimmten Aspekt, wie den Aufbau, die Signalflüsse und/oder Funktionsabläufe abbildet. Dazu werden vordefinierte Basisblöcke entsprechend eines Regelwerks verbunden.

Ein Beispiel für ein solches Modell sind die im Kap. 6 vorgestellten Blockschaltbilder. Hierbei werden die Basisblöcke des Modells mittels Pfeilen verbunden. Die Pfeile zeigen in Signalflussrichtung, können aufgeteilt werden und mittels Rechenblöcken, wie Addition oder Multiplikation wieder zusammengeführt werden (Regelwerk).

Blockdiagramme bieten die Möglichkeit, das Zusammenspiel verschiedener Systemkomponenten (wie z. B. Regler und Messglied) und in begrenztem Umfang auch den Signalfluss durch diese Komponenten übersichtlich darzustellen. Allerdings werden insbesondere zeitliche Abläufe nur rudimentär, wenn überhaupt sichtbar. Auch dynamische Kontrollflüsse zwischen den Komponenten können nur schlecht abgelesen werden.

Modelle kommen bei der Entwicklung eingebetteter Systeme in allen Entwicklungsstadien zum Einsatz, von der Systemspezifikation bis zur Verifikation und Dokumentation. Dabei dienen sie auch als Kommunikationsbasis zwischen den einzelnen Disziplinen, wie der Hardwareentwicklung, der Softwareentwicklung, der Wirtschaftsanalytik und der Systemintegration. Da in jedem Entwicklungsstadium und jeder Disziplin unterschiedliche Aspekte des Systems betrachtet werden, haben sich verschiedene Modellierungstechniken herausgebildet, die dieser Aufgabe mit unterschiedlichen Schwerpunkten – wie z. B. Signalfluss, Systemaufbau oder Komponentenabhängigkeiten, aber auch Produktionsprozess und Kostenaufbau – begegnen. Daher ist ein Grundverständnis der Arbeit mit Modellen für den Entwickler unerlässlich. Im Folgenden sollen einige Modellierungssprachen, die von besonderer Bedeutung im Bereich der eingebetteten Systeme sind, kurz vorgestellt werden. Für tiefergehende Betrachtungen sei auf die entsprechende Literatur verwiesen.

Ein wichtiges Unterscheidungsmerkmal für Modelle ist die Abstraktionsebene. So beschreibt z. B. ein Modell auf Systemebene abstrakt, was ein System generell tun soll und welche Anforderungen es dabei einhalten muss. Auf Modul-/oder Gruppenebene wird das Zusammenspiel der Subsysteme dargestellt und wie sie diese Aufgabe realisieren. Auf der Programm-/oder Logikebene wird die konkrete Implementierung z. B. in einer Programmiersprache oder mittels Hardwaregattern beschrieben (sieh Abb. 12.1).

Neben der Abstraktionsebene kann man Modelle auch anhand ihrer *Sicht* auf ein System einteilen. So unterscheidet man zwischen *Strukturmodellen,* die den Aufbau und die „Verschaltung" von Komponenten des Systems darstellen und *Verhaltensmodellen,* die die Abläufe innerhalb des Systems abbilden.

In den folgenden Abschnitten wird dies am Beispiel des autonomen Gabelstaplers verdeutlicht. Aus Verhaltenssicht soll er sich so lange gegen den Uhrzeigersinn drehen, bis der vordere Abstandssensor ein Hindernis registriert, und dann auf dieses zu fahren, bis das Hindernis direkt vor ihm steht. Ggf. soll er dieses evaluieren und aufnehmen.

Aus struktureller Sicht handelt es sich um ein System bestehend aus einem Entscheider bzw. einer Recheneinheit, einem Abstandssensor und zwei Antriebsmotoren, die in dieser Reihenfolge Informationen austauschen und mit einem externen Hindernis interagieren.

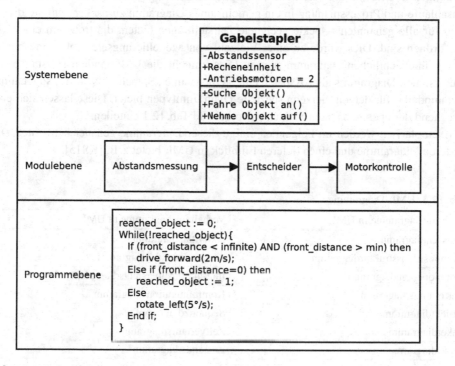

Abb. 12.1 Beispiel für unterschiedliche Abstraktionsebenen

Da im Laufe der Entwicklung alle Modellarten auftauchen können, erhält man am Ende oft durch Zusammenführen dieser Teilmodelle ein heterogenes Gesamtmodell des Systems, das die Dokumentation wesentlich unterstützt.

12.2 UML

In den unterschiedlichen Phasen der Entwicklung und Wartung eingebetteter Systeme werden verschiedene Modelle für die gerade wichtigen Aspekte benötigt. Um einen Zusammenhang oder eine Vergleichbarkeit erreichen zu können, ist eine einheitliche, zugrundeliegende Struktur dieser Modelle hilfreich.

Einen Ansatz für eine solche Struktur bietet die *Unified Modeling Language (UML)*, von der die Version 2.2 betrachtet wird. Diese, von der *Object Management Group (OMG)* betreute Modellierungssprache basiert ursprünglich auf Methoden der Objekt-Orientierten Programmierung, hat sich aber im Laufe der Jahre auch auf andere Methoden erweitert. UML hat den Anspruch, einen für alle Bereiche der Systementwicklung und -betreuung einheitlichen Modellstandard zu bieten. Dieser Anspruch ist mit gewissen Schwierigkeiten verbunden: Würde man z. B. versuchen, Komponentenabhängigkeiten, Signalflüsse, Verfahrensabläufe und Prozessplanung in ein gemeinsames Diagramm zu packen, müsste dieses auch für alle genannten Aspekte geeignete Darstellungen bieten, die trotzdem eindeutig zuzuordnen sind. Dies würde zu einer Vielzahl von Modellierungselementen und einem sehr unübersichtlichen Diagramm führen. Dies umgeht die UML, indem sie statt eines einheitlichen Diagramms aller Aspekte eine gemeinsame „Sprachbasis" – das sogenannte Metamodell – für derzeit vierzehn spezielle Diagrammtypen bietet. Diese lassen sich entsprechend der oben genannten Sichten entsprechend Tab. 12.1 einteilen.

Exemplarisch werden im Folgenden einige dieser Diagramme genauer betrachtet. Die weiteren Diagramme und einen tieferen Einblick in UML bietet z. B. [KS15].

Tab. 12.1 UML-Diagramme

Strukturdiagramme in UML	Verhaltensdiagramme in UML
Klassendiagramm	Aktivitätsdiagramm
Kompositionsstrukturdiagramm	Anwendungsfalldiagramm
Komponentendiagramm	Interaktionsübersichtsdiagramm
Verteilungsdiagramm	Kommunikationsdiagramm
Objektdiagramm	Sequenzdiagramm
Paketdiagramm	Zeitverlaufsdiagramm
Profildiagramm	Zustandsdiagramm

12.2.1 Aktivitätsdiagramme

Aktivitätsdiagramme dienen dazu, Abläufe innerhalb eines Systems zu beschreiben. Mit ihnen können sowohl der Kontrollfluss, als auch der Signal-/oder Objektfluss dargestellt werden. Sie bedienen sich dabei Elementen von Petrinetzen (siehe Abschn. 12.4). Dabei werden Kontroll- und Objekt-Tokens durch das Diagramm weitergereicht. Nur die Aktionen, die gerade einen entsprechenden Token haben, werden ausgeführt. Dies ermöglicht es, auch Konzepte, wie Nebenläufigkeit und asynchrone Kommunikationsmechanismen darzustellen. Aktivitätsdiagramme bestehen meist aus den folgenden Komponenten:

- **Aktivität** Das darzustellende Verhalten, das die Einzelschritte enthält. Es wird durch ein Rechteck mit abgerundeten Ecken dargestellt, wobei der Bezeichner in der linken oberen Ecke steht.
- **Aktion** Ein (elementarer) Schritt bei der Ausführung der Aktivität, dargestellt durch ein Rechteck mit abgerundeten Ecken.
- **Entscheidungsknoten** Eine Verzweigung im Aktivitätsfluss, die an an eine Bedingung geknüpft ist, dargestellt durch eine Raute/Diamant.
- **Vereinigungsknoten** Bieten die Möglichkeit, mehrere Flüsse zu einem zusammenzufügen. Auch sie werden als Raute/Diamant dargestellt.
- **Parallelisierungs- und Synchronisationsknoten** Dienen der Darstellung von Nebenläufigkeit. So werden aus einem Kontrollfluss mehrere oder umgekehrt. Im Gegensatz zum Vereinigungsknoten müssen alle eingehenden Flüsse erfüllt sein, damit der ausgehende Fluss es auch ist. Die Darstellung ist eine fett gezeichnete Linie (vgl. Transitionen in Petrinetzen).
- **Objekte** Sind die Eingangs- und Ausgangsinterfaces der Aktivität. Sie werden als Rechtecke dargestellt, die über den Rand der Aktivität hinausragen.
- **Ein- und Ausgabepins** Stellen die Ausgabe bzw. Annahme von Objekt-Tokens dar. Ihre grafische Repräsentation sind Quadrate an den Seiten von Aktionen.
- **Kontroll- und Objektfluss** Zeigen den Aktivitätsverlauf in Form von Pfeilen an. Dabei entsprechen Objektflüsse Datenflüssen in Verlaufsdiagrammen, während Kontrollflüsse den Transport der Kontroll-Token durch die Aktivität darstellen. Grafisch unterscheiden sie sich dadurch, dass ein Objektfluss zwischen zwei Pins stattfindet oder ein Objekt enthält, ein Kontrollfluss hingegen direkt mit den Aktionen verbunden ist.
- **Start- und Endknoten** Zeigen den Eintritts- bzw. Endpunkt der Aktivität an. Der Startknoten wird durch einen schwarzen Kreis dargestellt, der Endknoten durch einen umrandeten schwarzen Kreis. (vgl. Stellen in Petrinetzen)

Dies soll anhand des oben beschriebenen Beispiels in Abb. 12.2 verdeutlicht werden:

Vom Startknoten aus durchläuft der virtuelle Kontrollknoten einen Vereinigungsknoten und erreicht die Aktion „Prüfe Abstand". Diese erhält vom Eingangsobjekt „Abstandssensorwerte" einen Objekt-Token. Der Objektfluss ist hier aus Darstellungsgründen grau ein-

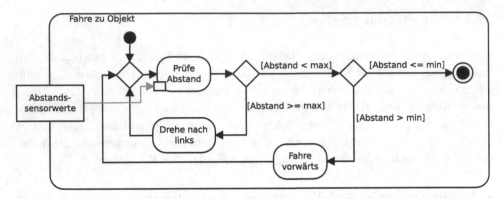

Abb. 12.2 Beispiel eines Aktivitätsdiagramms für das Suchen und Anfahren eines Objektes

gezeichnet. Der Eingangspin an „Prüfe Abstand" ist streng genommen überflüssig, da der Fluss ja bereits ein Objekt („Abstandssensorwerte") enthält, kann aber zur Verdeutlichung hinzugefügt werden.

Nach Abschluss dieser Aktion erreicht der virtuelle Kontroll-Token einen Entscheidungsknoten. Hier wird nun entschieden, ob der Abstand größer als der Messbereich ist, was bedeutet, dass kein Objekt erkannt wurde, oder nicht. Wenn kein Objekt erkannt wurde, wird die Aktion „Drehe nach links" ausgeführt, d. h. der Kontroll-Token an diese weitergereicht. Nach ihrem Abschluss reicht sie wiederum den Kontroll-Token über den Vereinigungsknoten erneut an „Prüfe Abstand", initiiert also eine neue Prüfung.

Sollte diesmal ein Objekt erkannt worden sein, wird im nächsten Entscheidungsknoten anhand des Abstands geprüft, ob dieses schon erreicht wurde. Ist dies noch nicht erfüllt, wird der Kontroll-Token an die Aktion „Fahre vorwärts" weitergereicht, welche ebenfalls nach ihrem Abschluss eine erneute Prüfung des Abstands veranlasst.

Ist der gemessene Abstand minimal, geht man davon aus, dass das Objekt direkt vor einem steht, weshalb der Kontroll-Token an den Endknoten gereicht und die Aktivität somit abgeschlossen wird.

12.2.2 Zeitverlaufsdiagramme

Zeitverlaufsdiagramme dienen der Visualisierung von Zuständen bzw. Zustandsänderungen über die Zeit. Dabei entsprechen sie der typischen Darstellung eines Oszilloskops: Die Zeit wird auf der x-Achse aufgetragen, während der Zustand der zu untersuchenden Objekte auf der y-Achse aufgetragen wird. Dabei können mehrere Objekte übereinander aufgetragen werden. Zusammenhänge zwischen zeitlichen Änderungen werden dabei mit Pfeilen gekennzeichnet.

Diagrammelemente sind:

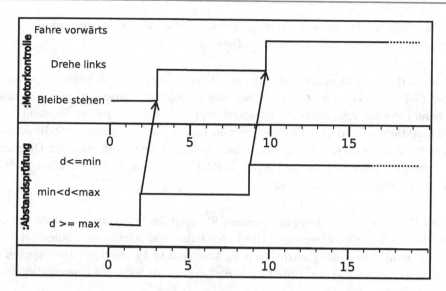

Abb. 12.3 Beispiel eines Zeitverlaufsdiagramms für das Suchen und Anfahren eines Objektes

- **Objekte/Elemente** Entsprechen Objekten bzw. Entitäten aus der Objektorientierten Programmierung. Für das Zeitverlaufsdiagramm sind insbesondere deren mögliche Zustände interessant. Sie werden generell mit der Notation *name:typ* angegeben und im Zeitverlaufsdiagramm durch eine durchgehende horizontale Linie getrennt. Oft wird, wenn nur ein Element eines Typs vorkommt, der Name weggelassen.

Auch hier dient die Suche und Anfahrt eines Objektes durch den Gabelstapler als Beispiel. Dabei wird in Abb. 12.3 der zeitliche Zusammenhang zwischen Zustandsübergängen beim Prüfen des Abstands und den entsprechenden Kontrollbefehlen an die Motorsteuerung dargestellt. Die sichtbare Verzögerung kann z. B. durch Signallaufzeiten, Zwischenberechnungen o. ä. bedingt sein.

12.2.3 Interaktions(übersichts)diagramme

Interaktionsübersichtsdiagramme dienen zusammen mit Kommunikationsdiagrammen, Sequenzdiagrammen und Zeitverlaufsdiagrammen dazu, die Kommunikation zwischen Teilen des Systems darzustellen. Diese vier Typen bilden damit die Gruppe der *Interaktionsdiagramme*. Dabei bieten die Interaktionsübersichtsdiagramme die Möglichkeit, einen Überblick über komplexe Interaktionen zu bekommen. Insbesondere zeitliche Abläufe und Abhängigkeiten werden dadurch deutlich. Dabei können sie die anderen Interaktionsdiagrammtypen als Teilsysteme enthalten. Die Darstellung bedient sich weiterhin Elementen von Flussdiagrammen und Aktivitätsdiagrammen, weshalb hier nur die darüber hinaus vorkommenden Elemente eingeführt werden. Diese sind:

- **Interaktionen** Ein Verhaltensmodell, das auf den Austausch von Nachrichten zwischen den Objekten fokussiert ist. Sie werden durch ein Rechteck dargestellt, in dessen linker oberer Ecke das Schlüsselwort „interaction" oder „sd" (Sequence Diagram) steht.
- **Interaktionsreferenzen** Referenzen auf eine Interaktion, die an anderer Stelle definiert wurde, sodass mehrere Interaktionen übersichtlich in einem gemeinsamen Diagramm dargestellt werden können. Sie werden als Rechteck dargestellt, in dessen linker oberer Ecke das Schlüsselwort „ref" steht.

In Abb. 12.4 ist das obige Beispiel erweitert. Sie zeigt die Interaktion zwischen den drei Sub-Interaktionen „Objekt suchen", „Objekt Anfahren" und „Objekt aufnehmen". Um dieses Diagramm nicht unnötig aufzublähen, sind die erste und letzte Sub-Interaktion nur als Referenz angegeben und nur „Objekt Anfahren" explizit als Sequenzdiagramm dargestellt.

12.2.4 Klassendiagramme

Klassendiagramme sind ein wichtiges Werkzeug in der objektorientierten Entwicklung. Sie visualisieren die Beziehung von *Klassen,* welche ein abstraktes Modell einer Reihe von ähnlichen Objekten darstellen. Diese statische Struktur entspricht i. d. R. der Struktur des tatsächlichen Codes eines objektorientierten Programms. Hier geht es weniger um das Verhalten des Systems, sondern um dessen Aufbau.

Klassendiagramme bestehen aus den folgenden Elementen:

- **Klassen** Sie sind die Basisobjekte des Diagramms. Sie werden als Rechtecke dargestellt. Jede Klasse hat einen Namen. Zusätzlich kann sie *Attribute,* also Eigenschaften bzw. Parameter enthalten, die unter dem Namen stehen und durch einen Querstrich von diesem getrennt sind. Weiterhin kann sie *Operationen* besitzen, also typische Aktionen, die die Klasse ausführen kann, die wiederum darunter zu finden sind. Sowohl Attribute, als auch Operationen können unterschiedliche *Sichtbarkeiten* haben, die durch vorangestellte Operatoren dargestellt werden (z. B. + für public, − für private, # für protected).
- **Beziehungen** Sie beschreiben, wie die dargestellten Klassen zueinander stehen. Es gibt fünf Arten von Beziehungen: *Abhängigkeit, Aggregation, Assoziation, Komposition* und *Vererbung/Spezialisierung.* Sie werden durch verschiedene Pfeilarten unterschieden.
  Die *Abhängigkeit* zeigt, dass eine Klasse eine andere benutzt (gestrichelte Linie mit ausgefülltem Pfeilende).
  Aggregation und *Komposition* zeigen, dass eine Klasse aus anderen besteht, bzw. diese enthält. Der Unterschied ist, dass die enthaltenen Klassen bei einer Komposition nicht ohne die zusammengesetzte Klasse existieren können (es kann keinen Raum geben, ohne

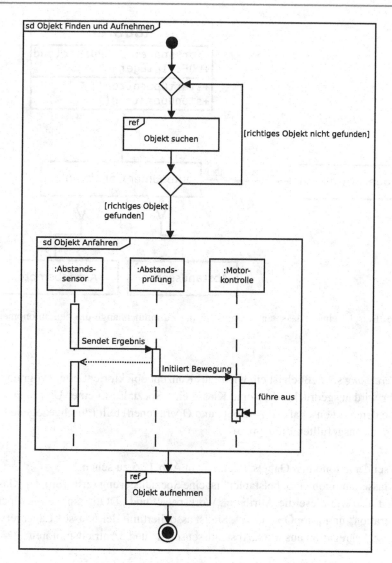

Abb. 12.4 Beispiel eines Interaktionsübersichtssdiagramms für das Suchen, Anfahren und Aufnehmen eines Objektes

ein Gebäude, das jedoch aus Räumen besteht). Beide werden als durchgezogene Linie mit einer rautenförmigen Pfeilspitze gezeichnet, die bei der Komposition ausgefüllt ist, bei der Aggregation nicht.

Die *Assoziation* stellt eine allgemeine Beziehung zwischen zwei Klassen dar (als durchgezogene, ungerichtete Linie dargestellt).

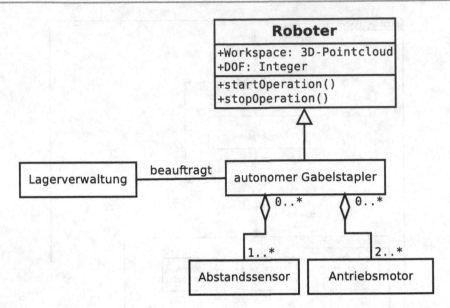

Abb. 12.5 Beispiel eines Klassendiagramms für die Zusammenhänge um den autonomen Gabel-stapler

Die *Vererbung* schließlich ist ein wichtiges Konzept objektorientierter Programmierung. Mit ihr wird ausgedrückt, dass eine Klasse eine Spezialform einer Ursprungsklasse ist und sie deren Eigenschaften (Attribute und Operationen) teilt (durchgezogene Linie mit einer nicht ausgefüllten Pfeilspitze).

Beispiel sei der autonomen Gabelstapler, wie in Abb. 12.5 zu sehen:

Die Klasse „autonomer Gabelstapler" ist eine Spezialisierung (erbt von) der Klasse „Ro-boter", hat also wie diese die Attribute „Workspace" und „DOF", sowie die Operationen „startOperation" und „stopOperation". Sie ist assoziiert mit der Klasse „Lagerverwaltung" und ist eine Aggregation aus u. a. „Abstandssensoren" und „Antriebsmotoren".

12.2.5 Zustandsdiagramme

Das Zustandsdiagramm ist die UML-standardisierte Darstellungsform (deterministischer) endlicher Automaten. Sie fasst andere Darstellungsformen zusammen und erweitert diese um zusätzliche Möglichkeiten, wie hierarchisch-verschachtelte Zustände. Im Gegensatz zu anderen Automatendarstellungen können daher auch komplexe Automaten übersichtlich dargestellt werden. Wichtige Elemente des Zustandsdiagramms sind:

- **Zustände** Das Zustandsdiagramm stellt eine hypothetische Maschine (den Automaten) dar, der zu jedem Zeitpunkt nur einen *Zustand* bzw. nur eine definierte, endliche Menge an Systemzuständen haben kann. Sie werden im Diagramm als Rechtecke mit abgerundeten Ecken dargestellt. Zustände können interne Aktivitäten haben, die unter dem Namen des Zustandes mit den folgenden Schlüsselwörtern stehen:

  entry beschreibt eine Aktion, die ausgeführt wird, sobald der Zustand aktiv wird.

  exit beschreibt eine Aktion, die aktiv wird, sobald der Zustand verlassen wird.

  do beschreibt eine Aktivität, die ausgeführt wird, während der Zustand aktiv ist, aber nach der entry-Aktion. Sollten keine Transitionsbedingungen existieren, wird nach Beendigung der do-Aktivität die exit-Aktion gestartet und der Zustand verlassen.

  event beschreibt Aktionen, die beim Auftreten eines externen Ereignisses ausgeführt werden. Im Gegensatz zu Transitions-Events bleibt der aktuelle Zustand aktiv, sodass die exit- und entry-Aktionen nicht ausgeführt werden.

- **Transitionen** Sie beschreiben den Übergang von einem Zustand in einen anderen. Transitionen können ein auslösendes *Ereignis (event)* haben, eine zu erfüllende *Bedingung (guard)* und eine durch sie gestartete *Aktion*. Transitionen sind durch Pfeile zwischen den Zuständen dargestellt, an denen ihre Ereigniskette folgendermaßen steht:

  Event(Parameter) [Guard]/Aktion, wobei die Reihenfolge variieren kann. Wird eine Transition nur durch die Beendigung der internen Aktivitäten eines Zustandes ausgelöst, muss dies nicht explizit als Event angegeben werden. Ebenso ist beim Übergang zu einem anderen Zustand keine Aktion explizit anzugeben.

In Abb. 12.6 kann man einen solchen Automaten für das oben beschriebene Problem sehen.

Der Roboter ist anfangs im Zustand „Roboter steht". Beim Eintritt in diesen Zustand wird eine grüne LED aktiviert. Nun führt der Roboter eine Prüfung des vom Abstandssensor gemessenen Wertes aus.

Diese interne Aktivität könnte durch ein internes oder externes Event unterbrochen werden, was hier jedoch nicht geschieht.

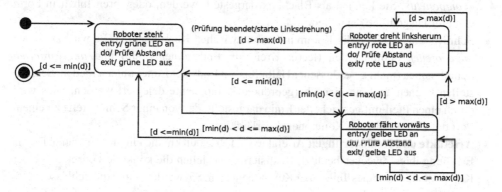

Abb. 12.6 Beispiel eines Zustandsdiagramms für das Suchen und Anfahren eines Objektes

Nach Beendigung der Prüfung wird je nach Wert des Abstands „d" eine der Transitionen zu einem der anderen Zustände ausgeführt. Dabei ist auf der Transition zum Zustand „Roboter dreht linksherum" nochmal die Bedingung „Prüfung beendet" und die daraus folgende Aktion „starte Linksdrehung" in Klammern angegeben, die ansonsten implizit aus der internen Aktion der Zustände und deren Bezeichnung abgeleitet werden.

Es ist wichtig, dass nun für alle Werte, die „d" annehmen kann, eine Transition vorhanden ist, da der Automat ansonsten nach der Prüfung des Abstands im aktuellen Zustand feststeckt.

Beim Verlassen des jeweiligen Zustandes wird die passende LED ausgeschaltet. Im Falle der auf den Ausgangszustand verweisenden Transitionen (z. B. falls der Gabelstapler sich im Zustand „Roboter dreht linksherum" befindet und die Transition mit der Bedingung „d> max(d)" ausgelöst wird) bedeutet dies, dass die jeweilige LED für die Dauer der Transition (hier mit 0 angenommen) zuerst aus- und dann wieder angeschaltet wird.

Stellt der Gabelstapler nun im Zustand „Roboter steht" fest, dass der Abstand „d" kleiner oder gleich seinem Minimum ist, so wird der Vorgang abgeschlossen.

12.2.6 Komponentendiagramme

Das Komponentendiagramm ist ein Strukturdiagramm. Mit seiner Hilfe können die Beziehungen von Komponenten innerhalb des Systems dargestellt werden. Dabei werden die Komponenten als einzelne Blöcke dargestellt, ggf. mit zusätzlichen Informationen darüber, welche Klassen sie realisieren und welche Schnittstellen sie zur Verfügung stellen. Die Komponenten werden untereinander durch verschiedene Pfeile verbunden, die Kommunikationswege, Abhängigkeiten oder Vererbung (Generalisierung) darstellen können. Damit ähneln sie Blockdiagrammen.

Wichtige Elemente sind:

- **Komponenten** Hierbei handelt es sich um abstrakte Elemente des Systems, vergleichbar mit Klassen. Sie werden als Rechteck dargestellt und enthalten das Schlüsselwort *«component»*. Sie können als Blackbox dargestellt werden, oder ihren Inhalt in Form weiterer Diagramme darstellen.
- **Schnittstellen** Zeigen die Kommunikation zwischen Komponenten. Es wird zwischen *angebotenen* Schnittstellen (leerer Kreis am Ende einer Linie) und *angeforderten* Schnittstellen (nicht geschlossener Halbkreis am Ende der Linie) unterschieden. Schnittstellen können auch an eine übergeordnete Komponente delegiert werden. Dies wird durch einen Pfeil mit gestrichelter Linie dargestellt, der von einer Schnittstelle zu einem Port der übergeordneten Komponente verläuft.
- **Artefakte und Realisierungen** Artefakte sind Ressourcen, die eine Komponente für die Erfüllung ihres Zweckes benutzt, Realisierungen stellen die konkrete Umsetzung einer Komponente oder eines Teils einer Komponente dar. Sie werden durch die Schlüsselworte *«artifact»* bzw. *«realization»* erkennbar.

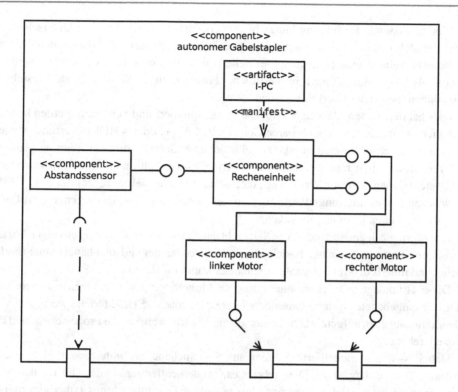

Abb. 12.7 Beispiel eines Komponentendiagramms für den Aufbau des Gabelstaplers

In Abb. 12.7 ist der interne Aufbau des Gabelstaplers mit den für die Aufgabe wesentlichen Bestandteilen als Komponentendiagramm dargestellt.

Der „Abstandssensor" bietet als Schnittstelle die gemessenen Werte an, die die „Recheneinheit" annimmt. Als Manifestation der Recheneinheit kann hier ein „Industrie-PC" dienen. Nach Auswertung der Werte bietet die Recheneinheit Geschwindigkeitswerte für die beiden Motoren an. Die jeweils das System verlassenden Schnittstellen werden nun an die übergeordnete Komponente delegiert.

Die internen Komponenten sind hier als Blackbox dargestellt, ihr interner Aufbau ist nicht sichtbar.

12.3 SDL

Die *Specification und Description Language (SDL)* ist eine aus dem Telekommunikationswesen stammende Modellierungssprache. Obwohl sie ursprünglich für die Handhabung großer, verteilter Kommunikationsnetze gedacht war, hat sie sich im Laufe der Jahre zu einer multifunktionalen Systembeschreibungssprache entwickelt.

Eine umfassende Einführung hierzu bietet beispielsweise [EHS97]. Im Unterschied zu UML ist SDL deutlich formalisierter. Dies drückt sich auch darin aus, dass neben der grafischen Darstellung eine äquivalente textuelle Darstellung existiert, sodass SDL-Modelle sowohl als Diagramm, als auch in schriftlicher Form existieren können. Beide Darstellungen können ineinander überführt werden.

Dies hat den Vorteil, dass SDL-Modelle direkt simuliert und verifiziert werden können und auch automatisch in ausführbaren Code (z. B. C/C++, oder VHDL) überführt werden können. Dadurch erhält man quasi eine selbstdokumentierende Implementierung. Auf der anderen Seite verliert man gegenüber UML etwas Flexibilität und einige Sichtweisen auf das System stehen nicht zur Verfügung. Auch ist das SDL-Modell weniger intuitiv als UML. Inzwischen gibt es allerdings Werkzeuge, mittels derer man (eine Untermenge von) UML in SDL überführen kann und umgekehrt.

Das zugrunde liegende Modell von SDL geht davon aus, dass das System aus einer Anzahl erweiterter Zustandsautomaten besteht, die parallel zueinander und unabhängig voneinander laufen und mittels diskreter Signale miteinander kommunizieren.

Diese Grundlage ermöglicht eine effiziente Modellierung von Echtzeitsystemen, was SDL für eingebettete Systeme besonders interessant macht. SDL-Modelle werden in vier Abstraktionsebenen aufgeteilt: Die Systemebene, die Blockebene, die Prozessebene und die Prozedurebene.

Dabei wird das modellierte System auf Systemebene als miteinander verbundene, abstrakte Blöcke dargestellt. Dies erlaubt es, Implementierungsdetails, die für den Systemaufbau irrelevant sind, außen vor zu lassen und die Gesamtstruktur zu überblicken. Die einzelnen Blöcke enthalten wiederum auf Blockebene eine Anzahl von Prozessen, die auf Prozessebene jeweils als eingebettete hierarchische Zustandsautomaten betrachtet werden können. Diese Automaten wiederum können aus Unterautomaten bestehen, die die o. g. Prozeduren darstellen, welche schließlich lokale, globale oder prozessübergreifende Funktionen im Netzwerk abbilden. Auch in SDL wird zwischen der statischen Struktur, die aus der „Verschaltung" von Blöcken mittels entsprechender Kanäle besteht, und der Verhaltensstruktur, die die Interaktion von Prozessen mittels Signalen und deren internen Aufbau darstellt, unterschieden. Diese kommen jedoch in einem heterogenen Gesamtmodell zum Einsatz. Ein besonderes Merkmal ist, dass es keine impliziten globalen Speicher in SDL gibt: jeder Prozess hat einen eigenen Adressraum. Dies reduziert die Abhängigkeiten innerhalb der Architektur und macht das System robuster.

Die Kommunikation zwischen den Systemkomponenten wird über sogenannte *Gates* realisiert, die mittels *Kanälen* verbunden sind. Kanäle dienen dabei der Weiterleitung von Signalen zwischen den Komponenten, die i. d. R. mit einer Kommunikationsverzögerung beaufschlagt werden. Dadurch werden Signaltransfers asynchron, was eine sehr realistische zeitliche Darstellung der Kommunikation ermöglicht. Dies erzwingt allerdings, dass in einer Komponente eingehende Signale zuerst in einer FIFO-Queue landen und nacheinander abgearbeitet werden müssen. Dabei dienen sie als Trigger für Zustandsübergänge in den enthaltenen Zustandsautomaten.

Wichtige Elemente sind:

- **Deklarationen** Diese dienen dazu, im konkreten (und unterliegenden) Modell Signale, Variablen und Timer zu deklarieren (Rechteck mit abgeknickter Ecke).
- **In- und Output** Sie zeigen an, dass an diese Stelle auf ein eingehendes Signal gewartet wird bzw. ein Signal ausgesendet wird (Rechteck mit dreiecksförmiger Einkerbung [Input] bzw. Auswölbung [Output]).
- **Prozesse** Sie sind die eigentlich ausführenden Programmeinheiten (Rechtecke mit abgeschnittenen Ecken, als Referenz ggf. mehrere ineinander, siehe Abb. 12.9).
- **Zustände** Diese entsprechen den Zuständen eines Automaten (Rechteck mit konvexen Seiten).
- **Prozessaufrufe** Hier wird ein anderer Prozess/eine andere Prozedur aufgerufen (Rechteck mit gedoppelten horizontalen Linien dargestellt).

In den Abb. 12.8, 12.9, 12.10 und 12.11 ist das Beispielsystem auf verschiedenen Ebenen dargestellt.

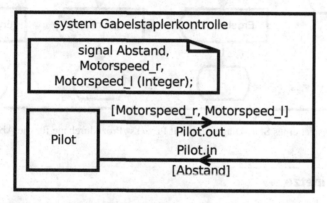

Abb. 12.8 Beispiel eines SDL-Diagramms auf Systemebene für die Gabelstaplerkontrolle

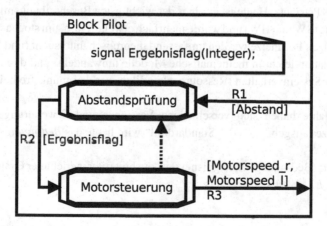

Abb. 12.9 Beispiel eines SDL-Diagramms auf Blockebene für die Gabelstaplerkontrolle

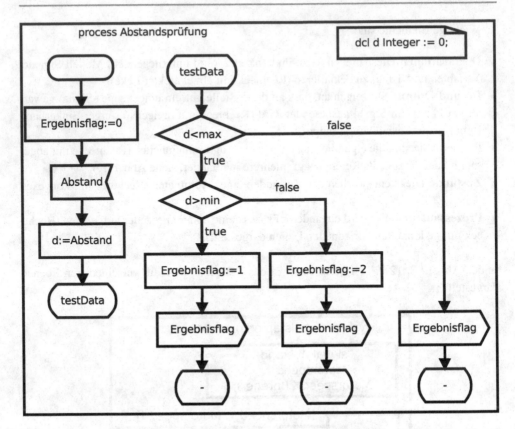

Abb. 12.10 Beispiel eines SDL-Diagramms auf Prozess-/Prozedurebene für die Abstandsprüfung

12.4 Petrinetze

1962 wurde von C.A. Petri ein grafisches Beschreibungsmittel in der Automatentheorie entwickelt: das Petrinetz. Heute ist es eines der wichtigsten Beschreibungsmittel für nebenläufige Systeme (SW und HW) und wurde mehrfach erweitert (u. a. um stochastische und zeiterweiterte Netze). Petrinetze wurden umfassend theoretisch untersucht (und lassen sich zur Analyse/Simulation leicht in mathematische Modelle umwandeln) und dienen qualitativen Aussagen über Systemverhalten (Ressourcenkonflikte, Verklemmungsfreiheit, Zeitaspekte, ...).

Über die Jahre haben sich verschiedene Versionen und Erweiterungen des klassischen Petrinetzes ausgebildet. Als „Standardfall" wird heute das *Bedingungs-/Ereignisnetz* betrachtet.

Ein *Petrinetz* (Bedingungs-/Ereignisnetz) ist ein bipartiter, gerichteter Graph, für den gilt: $PN = (P, T, E, M_0)$. Es besteht aus

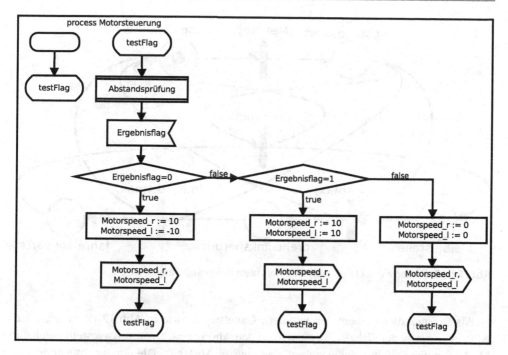

Abb. 12.11 Beispiel eines SDL-Diagramms auf Prozessebene für die Motorsteuerung

- **Stellen:** ($P = \{p_1, \ldots, p_n\}$) Modellieren Prädikate oder Ressourcen-Arten, bzw. mögliche Systemzustände, die *Marken* enthalten können
- **Marken:** Sagen aus, ob ein Prädikat erfüllt oder eine Ressource vorhanden ist
- **Transitionen:** ($T = \{t_1, \ldots, t_m\}$) Modellieren aktive Elemente (z. B. Prozesse)
- **Gerichtete Kanten:** $E = E_i \cup E_o$ mit $E_i \subset (P \times T)$ Eingangskanten der Transitionen, $E_o \subset (T \times P)$ Ausgangskanten der Transitionen. Sie beschreiben die Abhängigkeiten (pre-/post-conditions) der Transistionen
- **Anfangsmarkierung(en):** ($M = \{m_{01}, \ldots, m_{0n}\}$ mit $m_{0i} = 1 \Rightarrow$ Marke in p_i, $m_{0i} = 0 \Rightarrow$ keine Marke in p_i) Beschreiben den Zustand des Systems zu Beginn der Betrachtung

Dynamisches Verhalten wird durch das Schalten (Feuern) von Transitionen beschrieben. Eine Transition t_i ist aktiviert und kann somit feuern, wenn alle Eingangsstellen belegt und alle Ausgangsstellen frei sind. Dabei ist zu beachten, dass in einem Bedingungs-/ Ereignisnetz jede Stelle nur maximal eine Marke aufnehmen kann.

Bei der Abarbeitung werden alle Marken aus den Eingangsstellen konsumiert und alle Ausgangsstellen erhalten neue Marken. Dies stellt den Übergang des System von einem Zustand zum nächsten dar.

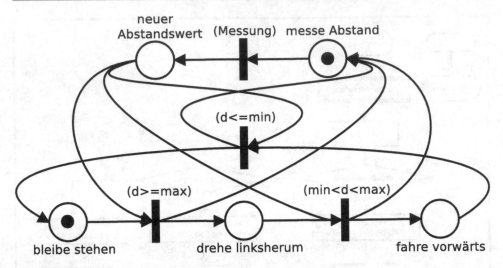

Abb. 12.12 Petrinetz des Gabelstaplerbeispiels ohne Zeiterweiterung

Als Beispiel diene erneut der autonome Gabelstapler, wie in Abb. 12.12 zu sehen ist. Am Anfang steht der Gabelstapler und misst den Abstand nach vorne, dargestellt durch die Marken in den Stellen „bleibe stehen" und „messe Abstand". Die einzige Transition, die in diesem Moment feuern kann ist die Transition „(Messung)", da nur bei ihr alle vorherigen Stellen eine Marke enthalten und alle nachfolgenden Stellen frei sind. Die Transition „(d>=max)" hingegen kann erst feuern, wenn ein neuer Abstandswert vorliegt, also eine Marke in der Stelle „neuer Abstandswert" liegt. Man beachte, dass das Feuern der Transitionen nur von diesen Marken abhängig ist, die in den Beschriftungen enthaltenen Bedingungen dienen nur als Orientierung, sind aber nicht explizit im Petrinetz modelliert. Somit ergibt sich ein wiederkehrender Wechsel zwischen den drei Zuständen „bleibe stehen", „drehe linksherum" und „fahre vorwärts", wobei zwischen den Wechseln immer gewartet werden muss, bis ein neuer Abstandswert vorliegt. Die möglichen Transitionen von „drehe linksherum" zu „bleibe stehen" bzw. von „bleibe stehen" zu „fahre vorwärts" wurden hier aus Gründen der Übersichtlichkeit nicht modelliert. Petrinetze sind nicht immer deterministisch. Zum Einen kann ohne erweiterte Zeitdarstellung (wie z. B. in zeiterweiterten Petrinetzen) keine Aussage über den Zeitpunkt getroffen werden, zudem eine Transition feuert. Zum anderen kann bei einer Eingangsstelle für zwei Transitionen nur eine davon feuern und es wird nicht explizit modelliert, welche dies tut. In Abb. 12.13 ist beispielsweise die Sequenz als deterministische Folge von Transitionen zu sehen und als nicht-deterministische die Verzweigung, da hier ohne weitere Bedingungen nicht klar ist, welche Transition feuert.

Bedingungs-/Ereignisnetze sind gleichmächtig mit endlichen Automaten. Es gibt eine Vielzahl von Erweiterungen, z. B. Stellen-/Transitionsnetze (mit Verneinung), Prädikats-/Transitionsnetze oder zeitbehaftete und stochastische Netze.

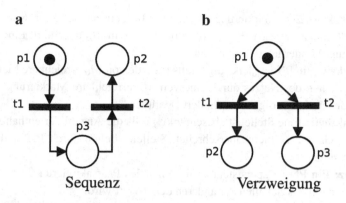

Abb. 12.13 Nicht-Determinismus beim Schalten von Transitionen

Dabei sind Stellen-/Transitionsnetze besonders interessant. Sie sind Bedingungs-/Ereignisnetze erweitert um Mehrmarkenstellen (Zusammenfassung mehrerer Stellen), gewichtete Kanten (Zusammenfassung mehrerer Kanten) und (möglicherweise) Eingangskanten mit Verneinung (hemmende Inhibitor-Kanten).

Dadurch verändern sich die Regeln für das Feuern von Transitionen. Eine Transition t_i ist in einem Stellen-/Transitionsnetz aktiviert, wenn a) alle Stellen p_j der (nicht verneinten) Eingangskanten (p_j, t_i) (mit Gewicht w_j) mindestens w_j Marken enthalten oder b) Stellen p_k der Inhibitor-Eingangskanten (p_k, t_i) (mit Gewicht w_k) keine (bzw. weniger als w_k) Marken enthalten.

In der Literatur findet man auch die Einschränkung, dass durch das Feuern einer Transition ein Maximum an Marken pro Stelle nicht überschritten werden darf.

Die Stellen-/Transitionsnetze sind weiterhin nicht-deterministisch, aber gleichmächtig mit der Turingmaschine.

Dies ist wichtig, wenn Petrinetze analysiert werden müssen, da die verschiedenen Netztypen mit den gleichen Systemzuständen unterschiedlich umgehen können.

12.4.1 Analyse von Petrinetzen

Wie oben erwähnt, eignen sich Petrinetze sehr gut, um ein System formal auf bestimmte Eigenschaften zu analysieren. Es werden Rückschlüsse von Netzeigenschaften auf die Systemeigenschaften gezogen. Dies können strukturelle Eigenschaften (statische Eigenschaften) wie Konflikte sein, oder markierungsabhängige Eigenschaften (dynamische Eigenschaften), wie:

- **Erreichbarkeit:** Eine Markierung M_n ist von M_0 „erreichbar" g. d. w. $n = 0$ oder es eine Schaltsequenz $s = (t_1, t_2, \ldots, t_n)$ gibt, die M_0 in M_n überführt. Eine Markierung kann gewünscht oder unerwünscht sein.

- **Lebendigkeit:** Ein PN ist „lebendig", falls für jede von M_0 erreichbare Markierung M_n alle Transitionen des Netzes durch eine von M_n erreichbare Markierung M_k aktiviert werden können. Lebendigkeit verhindert Deadlocks.

- **Beschränktheit:** Eine Stelle ist „beschränkt", falls die Anzahl der enthaltenen Marken eine obere Grenze N nicht überschreitet. Stellen können durch Puffer der Größe N realisiert werden.

- **Persistenz:** Ein PN ist „persistent", falls für jedes Paar aktivierter Transitionen keine Transition durch das Schalten der anderen deaktiviert wird.

- **Fairness:** Ein Paar von Transitionen heißt fair, falls es eine obere Grenze von Ausführungen einer Transition gibt, bevor die andere schaltet.

- **Konservativität:** Ein PN heißt „konservativ", falls die Anzahl der Marken im Netz immer konstant ist. Dies ist wichtig, wenn bspw. Marken Objekte in geschlossenen Systemen modellieren.

Die Analyse kann genutzt werden, um zeitliche Abläufe in nebenläufigen Systemen zu untersuchen.

Kritische Punkte bei der Analyse treten meist dann auf, wenn mehrere Transitionen feuern (könnten). Daher wurden für diese Fälle spezielle Bezeichnungen eingeführt. Transitionen heißen *nebenläufig*, wenn sie gleichzeitig aktiviert sind und in beliebiger Reihenfolge schalten können, ohne sich gegenseitig zu deaktivieren. Somit spielt es lokal keine Rolle, welche Transition zuerst feuert. Zwei Transitionen stehen dagegen in *Konflikt*, wenn beide aktiviert sind, aber durch Schalten einer Transition die andere deaktiviert wird. Die Stelle, die Ursache für den Konflikt ist, wird Entscheidungspunkt (decision point) genannt. Hier kann die Reihenfolge des Feuerns das weitere Systemverhalten signifikant beeinflussen, weshalb

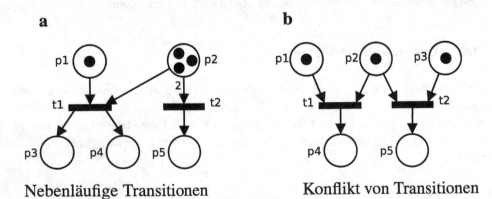

a

Nebenläufige Transitionen

b

Konflikt von Transitionen

Abb. 12.14 Nebenläufigkeit und Konflikt in Petrinetzen

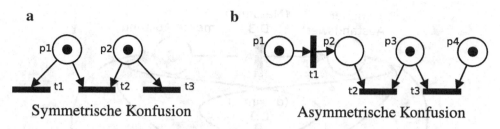

Abb. 12.15 Konfusion zwischen Transitionen

diese Stellen besondere Beachtung verlangen und ggf. weitere Spezifikationen erforderlich machen. Beide Fälle sind in Abb. 12.14 abgebildet.

In Abb. 12.15 ist die *Konfusion* zwischen Transitionen dargestellt. Diese spezielle Art des Konflikts zeichnet sich dadurch aus, dass die Nebenläufigkeit von Transitionen durch das Schalten einer weiteren Transition beeinflusst wird.

12.4.2 Zeiterweiterte Petrinetze

Bei eingebetteten Systeme spielen oft Echtzeitkriterien eine große Rolle (siehe Kap. 13), weshalb auch zeitliche Abläufe der Systeme betrachtet werden müssen. Um diese zu untersuchen, wurden die zeiterweiterten Petrinetze eingeführt. Zum Vertiefen empfiehlt sich hier z. B. [PZ13]. Für Zeitattribute eignen sich Stellen (z. B. Aufenthaltsdauer von Marken) und Transitionen (z. B. Schaltzeichen).

Einer *zeiterweiterten* Transition t_i wird eine Ausführungszeit/Verzögerung c_i zugeordnet (Zeit vom Beginn des Schaltens bis Ausgabeplätze belegt werden). Alternativ kann ein Intervall $[c_{min}, c_{max}]$ zugeordnet werden, in dem sich c_l bewegen darf.

Bei *zeiterweiterten* Stellen werden den Ausgabestellen Berechnungsprozesse zugeordnet, die beim Schalten einer Transition gestartet werden und c_i Zeiteinheiten dauern.

Ein Beispiel dafür sind die *Duration Petri Nets (DPN)*. Hierbei wird jeder Transition eine Schaltdauer D zugemessen. Das bedeutet, dass wenn die Transition t_i zum Zeitpunkt τ feuert, die Marken aus den davor liegenden Stellen entfernt werden, aber sie erst zum Zeitpunkt $\tau + D(t_i)$ den Folgestellen hinzugefügt werden. In der Zwischenzeit existieren diese Marken virtuell in der Transition. Um den Explorationsraum für die Netzanalyse nicht unendlich groß werden zu lassen, wird eine virtuelle Uhr angenommen, die in gleichbleibenden, diskreten Zeitschritten zählt. Dadurch können auch die Schaltdauern nur Vielfache dieser diskreten Zeitschritte sein.

Eine weitere Änderung, die in vielen zeitbehafteten Petrinetzmodellen vorkommt, ist der Feuerzwang der Transitionen. Während in einem normalen Petrinetz die Transition zu einem beliebigen Zeitpunkt nach ihrer Aktivierung feuert, muss sie es in einem DPN so bald wie möglich tun. Dadurch wird die Aussagekraft der zugeordneten Schaltdauer erhalten.

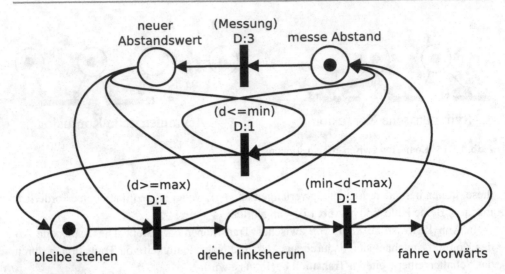

Abb. 12.16 Petrinetz des Gabelstaplerbeispiels mit Zeiterweiterung

Somit kann man Vorgänge, die eine gewissen Ausführungszeit benötigen, mittels DPNs effektiver modellieren, was insbesondere bei nebenläufigen Pfaden hilfreich ist.

Dies wird am Beispiel des Gabelstaplers deutlich. In Abb. 12.16 wurde das in Abb. 12.12 dargestellte Petrinetz um Transitionsschaltdauern erweitert. So benötigt die Transition „(Messung)" nun drei Zeitschritte, um die Dauer der Messung zu simulieren, die anderen Transitionen jeweils einen für die aufgewendete Rechenzeit. Somit wird am Anfang die Marke aus der Stelle „messe Abstand" entfernt und erst drei Schritte später in „neuer Abstandswert" hinzugefügt. Erst jetzt wird „(d>=max)" aktiviert, entfernt alle Marken aus „bleibe stehen" und „neuer Abstandswert", um sie einen Schritt später in „drehe linksherum" und „messe Abstand" hinzuzufügen.

Dadurch ergibt sich eine definierte Zeit zwischen den Übergängen des Fahrtzustandes des Gabelstaplers von jeweils vier Zeitschritten. Dies stellt zwar nicht das reale Systemverhalten dar, in dem die externen Bedingungen für den Abstandswert die tragende Rolle spielen, ermöglicht aber eine zeitliche Analyse des Systems. So kann z. B. ohne großen Aufwand eine Höchstgeschwindigkeit für den Gabelstapler abgeleitet werden, da frühestens vier Zeitschritte später auf einen geänderten Abstandswert reagiert wird.

Literatur

[EHS97] Ellsberger J., Hogrefe, D., Sarma, A.: SDL: Formal Object Oriented Language for Communicating Systems. Prentice Hall, Harlow (1997)

[KS15]   Kecher, C., Salvanos, A.: UML 2.5: Das umfassende Handbuch, 5. Aufl. Rheinwerk-Verlag, Bonn (2015)

[PZ13]   Popova-Zeugmann, L.: Time Petri Nets. Springer, Berlin (2013)

Zusammenfassung

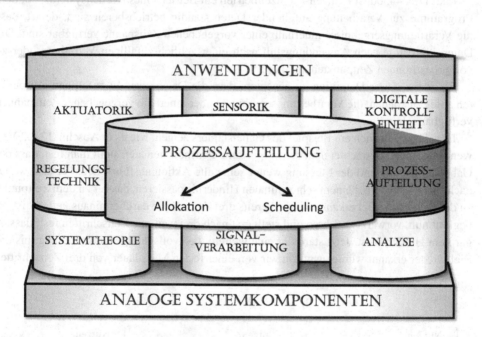

In diesem Kapitel werden Verfahren vorgestellt, mit deren Hilfe die Echtzeitfähigkeit eines Systems sichergestellt werden kann. Dazu wird mit der Allokation zuerst betrachtet, wie Prozesse sinnvoll auf verteilte Ressourcen aufgeteilt werden können. Danach werden verschiedene Schedulingverfahren mit ihren jeweiligen Stärken und Schwächen behandelt, wie das Planen durch Suchen, Earliest Deadline First, Least Laxity und

© Springer Fachmedien Wiesbaden GmbH, ein Teil von Springer Nature 2019

K. Berns et al., *Technische Grundlagen Eingebetteter Systeme*,

https://doi.org/10.1007/978-3-658-26516-8_13

Rate-Monotonic Scheduling. Somit ist es möglich, sowohl periodische und sporadische, als auch unterbrechbare und nicht-unterbrechbare Prozesse in sinnvoller Reihenfolge einzuplanen, sofern die vorhandenen Ressourcen dies erlauben.

13.1 Echtzeit in Eingebetteten Systemen

Viele eingebettete Systeme müssen Echtzeitbedingungen einhalten. Wenn die Berechnungen nicht innerhalb einer festgelegten Zeitspanne durchgeführt werden, kann dies zu schweren Qualitätseinbußen führen (wenn z. B. die Audio- oder Videoqualität durch Aussetzer oder Sprünge leidet), oder es kann sogar zu physischem Schaden des Benutzers führen (wenn sich z. B. Systeme in Autos, Zügen oder Flugzeugen nicht wie vorgesehen verhalten). Eingebettete Systeme, deren Zeitverhalten zu einer Katastrophe führen kann, heißen harte Echtzeit(-systeme). Alle anderen Verletzungen von Zeitbedingungen heißen weiche Echtzeit(-systeme, vgl. Abb. 13.1).

Laut DIN 44300 ist Realzeit-/Echtzeitbetrieb ein Betrieb eines Rechensystems, bei dem Programme zur Verarbeitung anfallender Daten ständig betriebsbereit sind, derart, dass die Verarbeitungsergebnisse innerhalb einer vorgegebenen Zeitspanne verfügbar sind. Die Daten können je nach Anwendungsfall nach einer zeitlich zufälligen Verteilung oder zu vorherbestimmten Zeitpunkten anfallen.

Es ist bei dieser Definition zu beachten, dass die Daten zwar zu zufälligen Zeitpunkten anfallen können, die Verarbeitungsergebnisse aber innerhalb vorgegebener Zeitspannen verfügbar sein müssen.

Dies lässt sich auch am Beispiel des Gabelstaplers zeigen, wie es in Abschn. 12.4.2 Verwendung findet. Betrachtet man das vorgestellte Petrinetz genauer, stellt man fest, dass der Gabelstapler während der Messung weiter seine alte Aktion ausführt. Dreht er also weiter nach links, kann es bei einem sehr schmalen Hindernis passieren, dass er zu dem Zeitpunkt, zu dem ein neues Ziel erkannt wurde, bereits drei Zeitschritte darüber hinaus gedreht ist. Er beginnt nun, vorwärts zu fahren und stellt erst nach drei weiteren Zeitschritten fest, dass da gar kein Hindernis ist. Jetzt startet er eine weitere, fast vollständige Linksdrehung, bis das Ziel wieder erkannt wurde, usw. Da wir von einer festen Messdauer von drei Zeitschritten

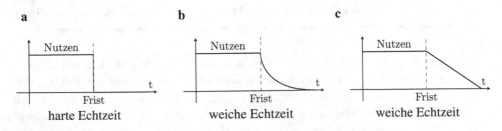

Abb. 13.1 Darstellung von harter und weicher Echtzeit

ausgegangen sind, könnte dies z. B. durch eine minimale Rechtsdrehung des Gabelstaplers nach Erkennen eines Hindernisses kompensiert werden. Dauert eine Messung aber ausnahmsweise länger oder ist die Messdauer gar komplett nicht-deterministisch, kann dies zu einem echten Problem werden, wenn es nicht entsprechend abgefangen wird.

Daher ist zu beachten, dass Echtzeit nicht mit Performanz verwechselt wird. Obwohl eine *durchschnittliche Messzeit* nach zwei Zeitschritten zuerst besser klingt, als eine garantierte nach dreien, kann dies eben auch bedeuten, dass es mal nur einen Zeitschritt dauert, ein anderes mal dafür fünf, oder gar zehn.

Auch in realen System sind derartige Ungenauigkeiten problematisch. Die Benutzung von Caches erhöht z. B. die Rechenleistung eines Systems durch schnelleren Speicherzugriff. Bei einem Rechenzentrum mit n Arbeitsstationen ist ein Cache immer vorteilhaft, wenn es gilt eine Durchsatzsteigerung zu erreichen. Bei einem Flugzeug-Controller hingegen ist ein deterministisches Zeitverhalten von Prozessen für das Scheduling notwendig. Da Cache-Zugriffszeiten/-Verdrängungen bei Prozess-Wechseln nicht vorhersagbar sind, können diese hier nicht genutzt werden. Ähnliche Probleme können durch *Direct Memory Access*-Zugriffe oder schlecht eingebundene Interrupts auftreten. Es wurden daher verschiedene Verfahren und Algorithmen entwickelt, die die Einhaltung von Zeitschranken bei der Abarbeitung mehrerer Prozesse sicherstellen sollen. Als vertiefende Literatur eigenen sich hier u. a. [But11, HW05, Zöb08].

Prozesse in Echtzeitsystemen können in taktbasierte Prozesse (zyklisch, periodisch) und ereignisbasierte Prozesse (aperiodisch, sporadisch) unterteilt werden. Die Antwortzeit des eingebetteten Systems steht also in Relation zur „Zeitskala" des technischen Prozesses. Bei taktbasierten Prozessen werden Messwerte mit festgelegter Abtastrate aufgenommen, die Ausführungszeit der Prozesse wird durch die Abtastrate bestimmt. Bei ereignisbasierten Prozessen erfolgen Zustandsänderungen des Systems durch Interrupts. Das Rechensystem muss in vorgegebener Zeit auf das Interrupt reagieren. Man erhält also aperiodisches Verhalten, da Ereignisse nicht deterministisch auftreten.

Forschung und Lehre betrachten meist nur den Begriff der harten Echtzeit. Hier gilt idealisiert: es treten unter allen Umständen keinerlei Überschreitungen von Zeitbedingungen auf. Diese idealisierte Anforderung ist nicht immer realisierbar, z. B. bei Ausnahmen (Ausfall eines Rechners, Netzwerks, . . .).

Für harte Echtzeitsysteme soll gelten: $P(r + \Delta e \leq d | B) = 1$, mit

- r, d: Startzeitpunkt (*ready*) und Frist (*deadline*) einer Aufgabe
- Δe: Ausführungszeit der Aufgabe
- B: Randbedingung

Das heißt: die Wahrscheinlichkeit der rechtzeitigen Erledigung einer Aufgabe ist 1, falls Randbedingung B (keine Ausfälle etc.) erfüllt ist. Δe schließt alle vorhersagbaren Zeiten ein (z. B. regelmäßige Timerunterbrechungen, Festplattenzugriffe etc.).

Für das weitere Kapitel ist zu beachten, dass keine Unterscheidung zwischen Task, Prozess und Thread getroffen wird, da diese je nach Situation/Betriebssystem/Absicht unterschiedlich konnotiert sind und auch die entsprechende Literatur in dieser Hinsicht uneindeutig bleibt. Da ohnehin rein abstrakte Planungsalgorithmen beschrieben werden, wird im Folgenden einheitlich von *Prozessen* gesprochen.

13.2   Allokation

Das Problem des Prozess-Scheduling lässt sich nicht vollständig losgelöst von dem der Allokation betrachten, welches daher hier zumindest angeschnitten wird. Während der Ausführung von (Software-)Programmen auf eingebetteten Systemen nutzen diese oft unterschiedliche Ressourcen. Dies können z. B. Speicher, GPUs oder parallele Prozessoren sein, aber auch innerhalb der Recheneinheiten werden zunehmend „unabhängige" Rechenressourcen, wie Hardware-Multiplizierer, DMA, multiple Caches u. ä. eingesetzt. Durch die so gesteigerte Parallelisierung der Programmausführung erhofft man sich höhere Datendurchsätze, die wiederum in einer schnelleren Bearbeitung der dem Programm zugrundeliegenden Aufgabe resultieren. Problematisch kann dies werden, wenn im Zuge dieses Paradigmas auch das Programm in mehrere parallele Prozesse aufgeteilt wird, da diese nun ggf. um die genannten Ressourcen konkurrieren. Hinzu kommt, dass die „Verwaltung" von parallelen Ressourcen und deren Allokation zusätzlichen Aufwand erfordert. Hier ergibt sich die Aufgabenstellung der Ressourcenallokation.

Dabei können verschiedene Ziele verfolgt werden, wie z. B.:

- eine möglichst gleichmäßige Auslastung der vorhandenen Ressourcen, wie z. B. mehrerer Prozessoren
- eine optimale Ausnutzung der einzelnen Ressourcen
- die möglichst schnelle Abarbeitung von Prozessen mit hoher Priorität
- die Einhaltung von Echtzeitbedingungen
- Minimierung der Zuteilungskosten
- das garantierte Vermeiden von Deadlocks
- ...

Im Folgenden wird die möglichst vollständige Ausnutzung vorhandener Ressourcen (unter Einhaltung der Leistungsanforderungen) als Ziel der Allokation betrachtet, da dies – unter Einbeziehung der u. g. Scheduling-Algorithmen – in der Regel die meisten der genannten Ziele erfüllt. Dabei werden alle Ressourcen als „Prozessoren" betrachtet, die vorgestellten Ansätze lassen sich aber auch in anderen Allokationsbereichen, wie Großrechnern oder Mikrocontrollern, anwenden.

Um die verschiedenen Ziele der Allokation sinnvoll zu überblicken, haben sich graphenbasierte Lösungsverfahren als hilfreich erwiesen.

13.2.1 Allokation als Graphproblem

Das Ziel der Allokation kann als ein Kostenoptimierungs-Problem verstanden werden. Die Kosten setzen sich aus den Ausführungszeiten der Prozesse und den Wechseln sowohl von einem Prozess zum nächsten, als auch zu einem anderen Prozessor zusammen. Dabei wird davon ausgegangen, dass die Kommunikation bzw. der Kontext-Wechsel von Prozessen auf dem gleichen Prozessor ggü. den entsprechenden Kosten beim Wechsel des Prozessors vernachlässigbar ist. Somit ergibt sich die Aufgabe, die Kommunikationskosten zwischen den Prozessoren zu minimieren. Hierfür haben sich Flussgraphen als Modellierungswerkzeug bewährt. Gegeben sei ein Flussgraph mit:

- **Terminal-Knoten** Prozessoren P_i (z. B. 2 Prozessoren als Quelle und Senke wie in Abb. 13.2)
- **Innere Knoten** Prozesse T_i
- **Kanten** gerichtet, ET (Verbindungsgraph der Prozesse, durchgehende Linien in Abb. 13.2) und EP (Kanten von Prozessoren zu allen Prozessen, schwarz gestrichelte bzw. gepunktete Linien in Abb. 13.2)
- **Gewichte** ET (Kommunikationskosten) und EP (Kosten, um genannten Prozess *nicht* auf Prozessor auszuführen -> inverse Kosten)

Kostenberechnung Beispiel (inverse Kosten w):

$$w(T_i, P_k) = \frac{\sum_{j=1}^{n} E_{P_j}^{T_i}}{n-1} - E_{P_k}^{T_i}$$

mit $E_{P_j}^{T_i}$: Ausführungskosten von T_i auf P_j

Allokation ist hier die Berechnung eines speziellen „Allokations-Cutsets". Dabei ist der Allokations-Cutset die Untermenge aller Kanten, deren Schnitt den Graph in n disjunkte Teilgraphen teilt, wobei jeder Teilgraph einen Terminalknoten (= Prozessor) enthält (z. B. durch grau gestrichelte Linie getrennte Bereiche in Abb. 13.2). Zur Optimierung der Kosten wird nun das Cutset mit den kleinsten Gesamtkosten (Summe der Kosten/Gewichte der ausgehenden Kanten) gesucht, der sogenannte *min-cut*. Dieser repräsentiert somit diejenige Zuordnung der Prozesse zu den entsprechenden Prozessoren, die die geringsten kombinierten Ausführungs- und Kommunikationskosten verursacht. Bei reiner Betrachtung der Zeiten also die, welche am schnellsten ausgeführt wird.

Zur Verdeutlichung wird erneut der Gabelstapler betrachtet. Nehmen wir an, in einer bestimmen Situation soll er basierend auf empfangenen GPS-Koordinaten einer Trajektorie folgen und dabei mittels dreier Infrarotsensoren auf Hindernisse reagieren. Als Rechenein heiten stehen ein Mikrocontroller zur Verfügung, an den die Infrarotsensoren direkt angebunden sind sowie ein Industrie-PC, der wiederum direkt mit der Leistungselektronik der

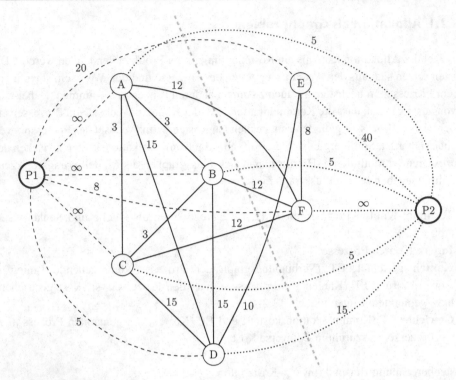

Abb. 13.2 Allokations-Flussgraph zu den Tab. 13.1 und 13.2

Motoren gekoppelt ist. Das GPS-Modul ist über einen Bus mit beiden Recheneinheiten verbunden. Weiterhin ergeben sich die folgenden Prozesse:

- **A–C** Abfrage der Messwerte des Infrarotsensors 1–3,
- **D** Abfrage der GPS-Position,
- **E** Berechnung der aktuellen Positionsdifferenz zur Trajektorie,
- **F** Ansteuerung der Motoren.

Weiterhin ergeben sich die in den Tab. 13.1 und 13.2 angegebenen Ausführungs- und Kommunikationszeiten dieser Prozesse auf den beiden Prozessoren, wobei der Mikrocontroller mit P_1 bezeichnet wird und der i-PC mit P_2. Der resultierende Graph ist in Abb. 13.2 zu sehen. Während es recht offensichtlich ist, dass die Infrarotsensoren vom Mikrocontroller abgefragt werden müssen (Prozesse $A - C \rightarrow P_1$) und die Motoren vom i-PC angesteuert werden müssen (Prozess $F \rightarrow P_2$), ist die Verteilung der Prozesse D und E nicht eindeutig. Es ergeben sich beim Vergleich der Cutsets die in Tab. 13.3 angegebenen Gesamtkosten. Daraus folgt, dass es trotz der signifikant höheren Ausführungskosten von Prozess D auf dem Mikrocontroller dennoch insgesamt besser ist, ihn dort auszuführen, als auf dem i-PC,

Tab. 13.1 Beispiel: Prozessausführungskosten und „inverse" Kosten auf den beiden Prozessoren

Prozess T_i	$E_{P_1}^{T_i}$	$E_{P_2}^{T_i}$	$w(T_i, P1)$	$w(T_i, P2)$
A–C	5	∞	∞	5
D	15	5	5	15
E	40	20	20	40
F	∞	8	8	∞

Tab. 13.2 Beispiel: Kommunikationskosten zwischen den Prozessen T_i und T_j

Prozess T_i	Prozess T_j	$w(T_i, T_j)$
A	B	3
A	C	3
A	D	15
A	F	12
B	C	3
B	D	15
B	F	12
C	D	15
C	F	12
D	E	10
E	F	8

Tab. 13.3 Beispiel: Die drei möglichen Cutsets

Prozesse auf P_1	Prozesse auf P_2	Gesamtkosten
A,B,C	D,E,F	115
A,B,C,D	E,F	**104**
A,B,C,D,E	F	122

was sich durch die hohen Kommunikationskosten im Gegenfall erklären lässt. Dies ist in Abb. 13.2 als grau gestrichelte Schnittlinie dargestellt.

13.3 Prozesse und Pläne

Um das Echtzeitverhalten eines Systems gewährleisten zu können, muss der zeitliche Ablauf abzuarbeitender Prozesse und ggf. deren Zuteilung zu den vorhandenen Ressourcen geplant werden. Die Echtzeitplanung setzt sich aus den Phasen Einplanbarkeitstest, Planerstellung und Planausführung zusammen.

- **Einplanbarkeitstest (Feasibility Check)** Hierbei wird geprüft, ob mit den bekannten Informationen über anfallende Prozesse und die verfügbaren Ressourcen überhaupt ein sinnvoller Plan erstellt werden kann. Es wird zwischen statischen und dynamischen Tests unterschieden. Beim statischen Test wird vor dem Systemstart getestet, ob alle Fristen eingehalten werden können. Beim dynamischen Test hingegen findet der Test zur Fristeinhaltung zur Laufzeit statt. Dies ist oft nötig (z. B. aufgrund neu auftretender Prozesse), liefert aber wegen der unzureichenden Datenlage nicht immer sinnvolle Pläne. Daher ist dieses Verfahren nur für weiche Echtzeitanforderungen geeignet oder erfordert die Ablehnung neu auftretender Prozesse.
- **Plan/Planerstellung (Scheduling bzw. Schedule Construction)** Hierbei erhält der Planer die gesamte Information, um die Prozessoren den Prozessen zuzuordnen und erstellt entweder einen fertigen Plan, oder ein Regelwerk für einen Plan.
- **Prozessorzuteilung/Planausführung (Dispatching)** Hier geschieht schließlich die tatsächliche Zuteilung von Prozessoren zu Prozessen (durch den sogenannten *Dispatcher*).

Die Erstellung der Pläne wird *Scheduling* genannt. Es existiert eine Vielzahl von Algorithmen zur Planung, je nach den Anforderungen an das System. Im Rahmen dieses Buches können nur einige wichtige Algorithmen behandelt werden. Deshalb werden die folgenden Beschränkungen eingeführt:

- Es werden nur Einprozessorsysteme und einfache *SMP (symmetric multiprocessor systems)* betrachtet.
- Das Ziel der Planung ist immer die Einhaltung aller (harten) Echtzeitbedingungen.
- Es werden nicht-unterbrechbare (non-preemptive) und unterbrechbare (preemptive) Prozesse betrachtet.
- Die Prozessumschaltung/der Kontext-Wechsel (Context-Switch) findet bei der Planung i. Allg. keine Berücksichtigung.

Um allgemeine Regeln für die Planung zu finden, werden im weiteren Kapitel die folgenden Abkürzungen verwendet:

- **Prozesstyp** P Realisierung einer Aufgabe. Beispiel: Abfragen eines Temperatursensors und Datenweitergabe.
- **Instanz eines Prozesstyps** P_i Die Aufgabe (Prozesstyp) kann mehrfach zur Anwendung kommen. Instanz verfügt über eigene Daten und spezifische Einbettung. Beispiel: Ankopplung mehrerer Temperatursensoren.
- **j-te Ausführung einer Prozessinstanz** P_i^j P_i kann nach Beendigung neugestartet werden. Anwendung speziell bei periodischen Prozessen.
- **Bereitzeit (Ready Time)** r_i Ab diesem Zeitpunkt darf der Prozessor P_i zugeteilt werden.
- **Startzeit (Starting Time)** s_i Zu diesem Zeitpunkt beginnt die tatsächliche Ausführung von P_i.

- **Ausführungszeit (Execution Time)** Δe_i Reine Rechenzeit von P_i.
- **Frist (Deadline)** d_i Zu diesem Zeitpunkt muss die Ausführung von P_i beendet sein.
- **Abschlusszeit (Completion Time)** c_i Zu diesem Zeitpunkt endet die Ausführung von P_i tatsächlich.

Ein wichtiger Punkt ist hier die Prozessausführungszeit, da sie zwar von der Echtzeitplanung benötigt wird, jedoch von diversen Faktoren abhängig ist, wie von der verfügbaren Hardware (Prozessorleistung, Coprozessoren etc.), den Eingabedaten des jeweiligen Prozesses, der Verfügbarkeit der notwendigen Ressourcen (Betriebsmittel) und von höher priorisierten Prozessen oder Unterbrechungen. Somit ist die Bestimmung der genauen Ausführungszeit problematisch, weshalb i. d. R. mit einer Abschätzung oder statistisch gemittelten Ausführungszeit gearbeitet wird.

Neben den bereits benannten Prozesseigenschaften sind vor allem die Regelmäßigkeit des Auftretens von Prozessen und deren (Nicht-)Unterbrechbarkeit relevant. Daher unterscheidet man für Schedulingaufgaben zwischen *sporadischen Prozessen* und *periodischen Prozessen*, sowie zwischen *unterbrechbaren* und *nicht-unterbrechbaren* Prozessen.

13.3.1 Sporadische Prozesse

Sporadische Prozesse werden in unregelmäßigen Zeitabständen gestartet (aperiodisch). Sie können somit prinzipiell jederzeit auftreten, was das Planen erschwert. Ein Beispiel hierfür sind externe Interrupts, die unabhängig von der aktuellen Systemzeit auftreten können. Diese können z. B. durch das Betätigen eines Tasters ausgelöst werden oder durch die Änderung eines Sensor-Wertes. Dabei gilt

- für nicht-unterbrechbare Prozesse: $s_i + \Delta e_i = c_i$
- für unterbrechbare Prozesse: $s_i + \Delta e_i \leq c_i$

Nicht-unterbrechbare Prozesse starten also zum Zeitpunkt s_i, werden direkt danach für Δe_i durchgehend ausgeführt und enden zum Zeitpunkt c_i (vgl. Abb. 13.3).

Unterbrechbare Prozesse hingegen können während der Laufzeit – wie der Name schon sagt – unterbrochen und zu einem späteren Zeitpunkt fortgesetzt werden, weshalb sich

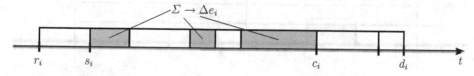

Abb. 13.3 Darstellung der Zeiten sporadischer Prozesse

die tatsächliche Abschlusszeit c_i gegenüber der durchgehenden Ausführung erheblich nach hinten verschieben kann. Hierbei ist Δe_i über $[s_i, c_i]$ verstreut.

13.3.2 Periodische Prozesse

In Abb. 13.4 sind periodische Prozesse dargestellt. Sie zeichnen sich dadurch aus, dass sie in regelmäßigen Abständen wiederkehren. Ein Beispiel hierfür wäre z. B. ein Polling-Algorithmus, der immer wieder den Eingangsbuffer eines Sensors abfragt. Periodische Prozesse sind wegen dieser bekannten Wiederholungen leicht einplanbar.

$$r_i^j = (j - 1) \cdot \Delta p_i + r_i^1, j \geq 1 \tag{13.1}$$

$$d_i^j = j\Delta p_i + r_i^1, j \geq 1 \tag{13.2}$$

$$= r_i^{j+1} \tag{13.3}$$

Alle Bereitzeiten und Fristen hängen also von der ersten Bereitzeit r_i^1 ab.

Der Übergang zwischen sporadischen und periodischen Prozessen ist allerdings aus mehreren Gründen fließend:

- nicht immer beginnen alle Perioden zum gleichen Zeitpunkt,
- die Periodendauer kann schwanken (durch Schwankungen im technischen Prozess)
- Fristen sind nicht mit den Periodenenden identisch.

Schlimmstenfalls müssen periodische Prozesse als einzelne sporadische Prozesse behandelt werden.

13.3.3 Problemklassen

Um zu entscheiden, welchen Planungsalgorithmus man am besten verwendet, müssen einige Randbedingungen berücksichtigt werden. Neben der Unterbrechbarkeit und Periodizität der Prozesse sind dies vor allem der Zeitpunkt, zu dem die Kennzahlen der Prozesse bekannt

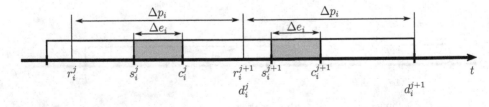

Abb. 13.4 Scheduling: Periodische Prozesse

sind und ob man einen fertigen Plan, oder nur ein „Regelwerk" für einen solchen übergibt. Dementsprechend lässt das Problem sich in die folgenden Klassen einteilen:

- **Statisches Scheduling:** Daten für Scheduling vorher bekannt
- **Dynamisches Scheduling:** Daten für Scheduling fallen erst zur Laufzeit an
- **Explizites Scheduling:** Scheduler gibt fertigen Plan an Dispatcher
- **Implizites Scheduling:** Scheduler übergibt nur Planungsregeln an Dispatcher (z. B. Prioritäten)

13.4 Planungsverfahren

Das Ziel aller Planungsverfahren ist es, einen *brauchbaren Plan* zu finden. Ein Plan für eine Prozessmenge $P = \{P_1, P_2, \ldots, P_n\}$ heißt brauchbar, falls bei gegebenen Bereitzeiten, Ausführungszeiten und Fristen die Start- und Abschlusszeiten jedes Prozesses so gewählt sind, dass keine Ausführungszeiten überlappen und sämtliche Zeitbedingungen eingehalten werden, dass also die Echtzeitanforderungen aller Prozesse erfüllt werden.

Die reine Existenz eines solchen Plans gibt keine Auskunft über seine Berechnung. Umgekehrt liefert auch nicht jedes Planungsverfahren immer einen brauchbaren Plan, selbst wenn ein solcher theoretisch existiert. Daher wurde zur Präzisierung der Begriff des *Vollständigen Planungsverfahrens* eingeführt:

- Ein statisches Planungsverfahren heißt vollständig, wenn es für beliebige Prozesse $P = \{P_1, P_2, \ldots, P_n\}$ einen brauchbaren Plan liefert, falls einer existiert.
- Ein dynamisches Schedulingverfahren heißt vollständig, falls es für beliebige Prozesse $P = \{P_1, P_2, \ldots, P_n\}$ einen brauchbaren Plan liefert, wenn ein statisches Schedulingverfahren mit Kenntnis der gesamten Eingabedaten einen brauchbaren Plan geliefert hätte.

Tab. 13.4 zeigt einen Überblick über die im Folgenden vorgestellten Planungsmethoden.

13.4.1 Planen durch Suchen

Planen durch Suchen ist ein statisches Planungsverfahren, kann also nur angewandt werden, wenn zur Zeit der Planerstellung alle benötigten Informationen vorliegen. Es ist das intuitivste Verfahren, einen brauchbaren Plan zu finden. Hierbei gibt es keine Strategien oder Heuristiken. Der Lösungsraum wird durchsucht und es gibt grundsätzliche Überlegungen zur Planung.

Tab. 13.4 Überblick der vorgestellten Schedulingverfahren

Scheduling-Strategie	Nicht-unterbrechbare Prozesse	Unterbrechbare Prozesse
Planen durch Suchen	Vollständig, Single-Processor, statisch, periodisch und aperiodisch	–
Earliest Deadline First	Vollständig, Single- und Multicore, statisch und dynamisch, periodisch und aperiodisch	Vollständig, Single- und Multicore, statisch und dynamisch, periodisch und aperiodisch
Least Laxity	Nicht vollständig, Multicore, statisch und dynamisch, periodisch und aperiodisch	Nicht vollständig, Multiprozessor, statisch und dynamisch, periodisch und aperiodisch
Rate-Monotonic Scheduling	–	Vollständig auf Single-Processor, wenn $u < n\sqrt[n]{2} - 1$, statisch, periodisch (aperiodisch mit Server-Prinzip)

- Gegeben: Menge P nicht-unterbrechbarer Prozesse, $|P| = n$, mit zugehörigen Eingabedaten, d. h. Bereit-, Ausführungszeiten und Fristen
- Gesucht: Ausgabe einer Folge PL von Tupeln (i, s_i) mit Prozessindex i, Startzeitpunkt s_i von P_i

Es werden nun einfach alle Kombinationen, in denen die vorliegenden Prozesse hintereinander gesetzt werden können, ermittelt und die davon unbrauchbaren ausgeschlossen.
Dabei geht man wie folgt vor:

- Ohne Berücksichtigung von Bereitzeiten und Fristen gilt jede Sequenz von Prozessen als korrekter Plan. Somit existieren $n!$ mögliche Pläne.
- Ein Ast der Länge k enthält eine Prozessmenge $X_k \subseteq P$ mit $|X_k| = k$ bereits eingeplanten Prozessen. Somit wurde ein „Unterplan" PL_k für k Prozesse erstellt.
- Für die Einplanung eines Prozesses $k + 1$ gilt also: $PL_{k+1} = extend(PL_k, i)$. Es wird also ein Restplan ausgehend vom Knoten PL_k erzeugt.
- Der neu entstandene Knoten PL_{k+1} enthält damit den Prozess P_i mit $s_i =$ Abschlusszeit von PL_k.
- In Pseudocode ergibt sich Algorithmus 1.

Dies kann man gut am Beispiel in Abb. 13.5 sehen.

Algorithm 1 Planen durch Suchen ohne Berücksichtigung von Bereitzeiten oder Fristen

procedure SCHEDULE(PL_k, X_k)
   for all i in $P \ X_k$ **do**
      schedule (extendPL(PL_k, i), $X_k \cup i$)
      ▷ Erzeuge ausgehend von PL_k einen Restplan unter Einbeziehung des Prozesses k+1
   end for
end procedure

Um nun Bereitzeiten und Fristen zu berücksichtigen, muss bei jedem neu erstellten Teilplan geprüft werden, ob er die Frist einhält. Dazu wird Prozess P_i so früh, wie möglich eingeplant.

- Beginnend bei r_i wird P_i in die erste Lücke eingeplant, in die er mit Δe_i passt.
- Ist keine solche Lücke vorhanden, dann würde P_i seine Frist d_i verpassen. Somit wäre kein Plan mit den bisherigen Entscheidungen im Ast möglich.
- Das Vorgehen ist in Algorithmus 2 dargestellt, mit
  feasiblePL(PL_k, i) testet, ob P_i überhaupt brauchbar in PL_k integriert werden kann
  earliestPL(PL_k, i) plant den Prozess P_i ausgehend von PL_k in die frühest mögliche Lücke ein.

Dies wird im Beispiel in Abb. 13.6 deutlich, in dem die Prozesse aus Abb. 13.5 mit Bereitzeiten und Fristen ergänzt wurden. Dadurch tauchen nicht nur „Lücken" im Plan auf (sogenannte *Idle-Times*), es werden auch diverse Kombinationen unbrauchbar. Man kann zeigen, dass mit dem Verfahren ein brauchbarer Plan gefunden wird, falls ein solcher existiert. Es gibt

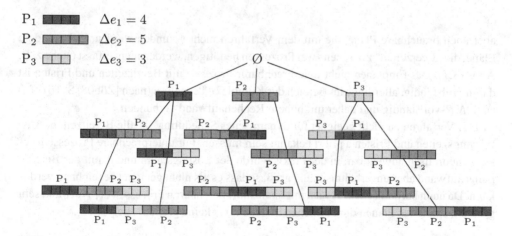

Abb. 13.5 Planen durch Suchen ohne Betrachtung von Bereitzeiten und Fristen

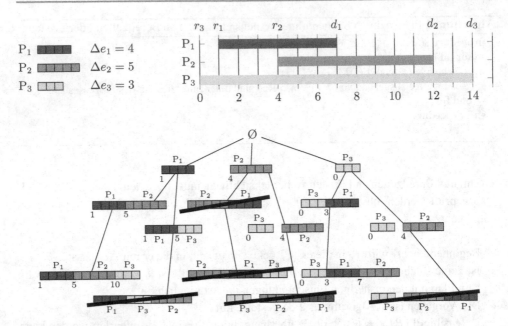

Abb. 13.6 Beispiel für Planen durch Suchen

Algorithm 2 Planen durch Suchen unter Beachtung von Bereitzeiten und Fristen

---

   procedure SCHEDULE(PL_k, X_k)
      for all (i in $P \setminus X_k$) AND feasiblePL(PL_k, i) **do**
         schedule (earliestPL(PL_k, i), $X_k \cup i$)
      end for
   end procedure

---

aber auch brauchbare Pläne, die mit dem Verfahren nicht gefunden werden, insbesondere Pläne, die „Leerzeiten" zwischen zwei Prozessen benötigen, werden nicht erfasst (siehe z. B. Abb. 13.7). Das Einplanen nicht-unterbrechbarer Prozesse mit Bereitzeiten und Fristen ist damit vollständig, allerdings im Bereich der Komplexitätsanalyse (nach [Zöb08, S. 161 ff.]) auch NP-vollständig und daher mit hohem Rechenaufwand verbunden.

Das Verfahren ist nicht geeignet für dynamisches Scheduling, da alle Bereitzeiten, Ausführungszeiten und Fristen a priori bekannt sein müssen. Für unterbrechbare Prozesse ist es zwar theoretisch anwendbar, in der Praxis würde der Lösungsraum und damit der Berechnungsaufwand aber unverhältnismäßig groß, sodass es als nicht geeignet bezeichnet werden kann. Da auch bei statischem Planen mit nicht-unterbrechbaren Prozessen der Aufwand sehr groß ist, spielt das Planen durch Suchen in der Praxis keine große Rolle.

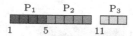

P_1 $\qquad$ P_2 $\qquad$ P_3

1 $\qquad$ 5 $\qquad$ 11

Abb. 13.7 Beispiel für brauchbaren Plan, der nicht mit Planen durch Suchen gefunden wird.

13.4.2 Earliest Deadline First

Das Schedulingverfahren *Planen nach Fristen (Earliest Deadline First, EDF)* ist weit verbreitet. Das liegt vor allem daran, dass es für nicht-unterbrechbare und unterbrechbare Prozesse sowie statische und dynamische Planungsverfahren geeignet ist, also die wesentlichen Problemklassen abdeckt. Dabei ist die Vorgehensweise immer noch recht intuitiv:

Der Prozessor wird immer dem rechen-bereiten Prozess P_i mit kleinster Frist d_i zugeordnet. Trifft diese Bedingung auf mehrere Prozesse zu, führt das zu beliebiger Auswahl (meist mit zusätzlichen Randbedingungen/Prioritäten gelöst). Gibt es dagegen keine rechenbereiten Prozesse, bleibt der Prozessor untätig (engl. *IDLE*).

Bei nicht-unterbrechbaren Prozessen wird die Strategie nach jedem Abschluss eines Prozesses angewandt. Bei unterbrechbaren Prozessen vor jedem möglichen Prozesswechselzeitpunkt. Dies wird ermöglicht, da der Rechenaufwand sich auf den Vergleich der Fristen aller Prozesse, die bereit sind, beschränkt. Die Algorithmen für unterbrechbare und nicht-unterbrechbare Prozesse unterscheiden sich dabei im Falle der statischen Planung nur wenig. Unter der Annahme, dass die Prozessmenge $P = P_1, ..., P_n$ nach d_i geordnet ist, ergibt sich Algorithmus 3, wobei deadlinePL(PL, i) die obige Strategie implementiert.

Algorithm 3 EDF für nicht-unterbrechbare Prozesse und statisches Planen

```
procedure SCHEDULE(PL, P)
    PL = ∅
    i = 1
    while (i ≤ n) AND feasiblePL(PL, i) do
        PL = deadlinePL(PL, i)
        i = i + 1
    end while
end procedure
```

Dies ist im Beispiel in Abb. 13.8 gut sichtbar.

Für den Fall unterbrechbarer Prozesse müssen nun in jedem Zeitschritt die Bereitzeiten und Fristen berücksichtigt werden. Dies erhöht vor allem den Aufwand für die Planbarkeitsprüfung (feasiblePL). Für die formelle Beschreibung werden einige Rechengrößen eingeführt:

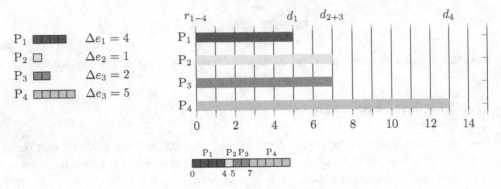

Abb. 13.8 EDF für statisches Scheduling, nicht-unterbrechbare Prozesse

- Da die Prozesse unterbrechbar sind, werden sie in Intervallen bearbeitet. Diese ergeben sich i. d. R. aus der Zykluszeit des Systems. Das aktuelle Intervall des Prozesses P_i wird mit m_i bezeichnet.
- Der Plan PL stellt somit eine Folge von Tupeln $(i, s_{i,j}k, \Delta e_{i,j})$ dar mit
    $s_{i,j}$: Beginn des Intervalls j von P_i
    $\Delta e_{i,j}$: Dauer des Intervalls j von P_i.
- Somit wird die Ausführungszeit Δe_i des Prozesses P_i in mehrere Teile $\Delta e_{i,j}$ aufgeteilt. Damit gilt

$$\sum\nolimits_{j=1}^{m_i} \Delta e_{i,j} = \Delta e_i$$

- Weiterhin soll der Prozess P_i trotz dieser Aufteilung vor seiner Frist abgeschlossen sein und sein erstes Intervall kann frühestens zu seiner Bereitzeit beginnen. Damit gilt:

$$r_i \leq s_i = s_{i,1} \leq s_{i,m_i} + \Delta e_{i,m_i} = c_i \leq d_i$$

- Um nun einen Plan für den nächsten Zeitschritt zu bestimmen, müssen zuerst alle Prozesse P_i bestimmt werden, die zum Zeitpunkt t bereit sind und deren Fristen noch eingehalten werden können:

$$ready(t) = \{i \,|\, r_i \leq t \leq d_i \wedge rest(i, t) > 0\}$$

mit

$$rest(i, t) = \Delta e_i - \sum\nolimits_{j \in PL} \Delta e_{i,j}$$

- Aus dieser Menge ready(t) wird nun mit $edf(ready(t))$ derjenige P_i mit der kleinsten Frist d_i bestimmt.
- Nun muss berücksichtigt werden, dass weitere Prozesse mit abweichenden Bereitzeiten ggf. zu ebendiesen eingeplant werden müssen. Dazu wird der Zeitpunkt des nächsten bereiten Prozesses bestimmt:

$$nextAvail(t) : \begin{cases} min\{r_i | r_i > t\} & \text{falls}(\{r_i | r_i > t\} \neq \varnothing) \\ max(d_i) \text{ oder } \infty & \text{sonst} \end{cases}$$

- Um festzustellen, ob nun alle relevanten Prozesse eingeplant sind, wird deren verbleibende, noch nicht eingeplante Ausführungszeit betrachtet:

$$AllinPL(t) \iff \left(\sum_{i \in P} rest(i, t) = 0 \right).$$

- Somit ergibt sich bei unterbrechbaren Prozessen und statischer Planung Algorithmus 4,
- mit $\neg feasible(i, t) \equiv t + rest(i, t) > d_i$.

Algorithm 4 EDF für unterbrechbare Prozesse und statisches Planen

---

procedure SCHEDULE(PL, P)
   $PL = \varnothing$
   $t = min\{r_i | r_i \in P\}$
   while $\neg AllinPL(t)$ **do**
     if $ready(t) = \varnothing$ **then**
       $t = nextAvail(t)$
     else
       $i = edf(ready(t))$
       if $\neg feasible(i, t)$ **then**
         BREAK
       end if
       $\Delta e = min(rest(i, t), nextAvail(t) - t)$
       $PL = PL + (i, t, \Delta e)$
       $t = t + \Delta e$
     end if
   end while
end procedure

Dies ist im Beispiel in Abb. 13.9 zu sehen. In der Praxis liegen oft die konkreten Daten der Prozesse erst zur Laufzeit vor, sodass ein dynamisches Scheduling erfolgen muss. Die Voraussetzung, dass dies gelingen kann, ist natürlich, dass r_i, Δe_i und d_i zumindest rechtzeitig bekannt sind, damit der Planungsschritt noch erfolgen kann. Im Folgenden wird daher der Einfachheit halber angenommen, dass der Zeitaufwand des Echtzeit-Scheduling selbst und des Dispatching vernachlässigbar sind (z. B. durch Planung auf zusätzlichem Prozessor oder spezieller Scheduling-Einheit). Somit ergibt sich für den Fall des dynamischen Scheduling:

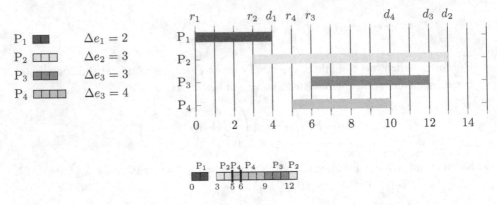

P_1 ▪▪ $\quad \Delta e_1 = 2$

P_2 ⬜⬜⬜ $\quad \Delta e_2 = 3$

P_3 ▪▪▪ $\quad \Delta e_3 = 3$

P_4 ⬜⬜⬜⬜ $\quad \Delta e_3 = 4$

Abb. 13.9 Beispiel für EDF mit statischem Scheduling unterbrechbarer Prozesse

- Sei
  - EL eine Queue mit nach Fristen sortierten, rechen-bereiten Prozessen (vgl. oben)
  - $head(EL)$ eine Funktion, die den rechen-bereiten Prozess mit der kürzesten Frist liefert (also den, der in EL vorne steht)
  - $insert(EL, i)$ eine Funktion, die den Prozess P_i entsprechend seiner Frist d_i in EL einsortiert und
  - $dispatch(i)$ eine Funktion, die den Prozessor dem Prozess i zuteilt.
- Es ergibt sich Algorithmus 5.

Algorithm 5 EDF für dynamisches Planen

$EL = <\text{idle}> \triangleright \text{rest(idle)}=\infty$
while TRUE **do**
    $p = head(EL)$
    dispatch(p)
    arrival= WAIT(ARRIVAL(newp) OR TIME(rest(p)))
    if arrival **then**
        insert(newp, EL)
    else
        delete(p, EL)
    end if
end while

Dabei setzt WAIT(ARRIVAL(newp) OR TIME(rest(p))) den Scheduling-Prozess solange aus, bis entweder ein neuer Prozess rechen-bereit ist (WAIT liefert TRUE), oder die Zeit rest(p) verstrichen ist (WAIT liefert FALSE).

EDF hat eine große Bedeutung für Echtzeitberechnungen. Man kann zeigen, dass durch ETF ein brauchbarer Plan generiert wird, falls ein solcher existiert.

Bei periodischen Prozessen ist das Planen nach Fristen weiterhin imstande, bei jeder Prozessorauslastung

$$U = \sum_{i \in P} \frac{\Delta e_i}{\Delta p_i} \leq 1$$

einen brauchbaren Plan zu finden (mit der Periode Δp_i, s. v.). Anders ausgedrückt: Solange die Prozessorlast unter 100 % liegt, liefert EDF einen brauchbaren Plan, so denn einer existiert. Der Algorithmus ist also in diesem Sinne optimal. Das Problem ist, dass diese 100 %-Grenze oft nicht garantiert werden kann, insbesondere beim Auftreten von sporadischen Prozessen und in Mehrprozessorsystemen. Wird sie überschritten, ist es sehr schwer vorherzusagen, welche Prozesse nun ihre Fristen verpassen.

13.4.3 Least Laxity

Heutige Echtzeitsysteme sind häufig Mehrprozessorsysteme und benötigen angepasste Scheduling-Verfahren. EDF ist beispielsweise für Mehrprozessorsysteme nicht optimal, da die Planung den Zeitpunkt, zu welchem ein Prozess eingeplant sein muss, nicht berücksichtigt.

Planen nach Spielräumen unterstützt nicht-unterbrechbare Prozesse, unterbrechbare Prozesse und Mehrprozessorsysteme. Als Besonderheit können unterbrechbare Prozesse jederzeit den Prozessor wechseln, wobei die entstehenden Kommunikationskosten entweder als fix oder als vernachlässigbar angenommen werden.

Dabei werden die Prozesse nach ihren „Spielräumen" (engl. *laxity*) priorisiert. Dieser Spielraum ist der Unterschied vom Zeitraum zwischen Bereitzeit und Frist des Prozesses zu dessen Ausführungszeit:

$$\Delta lax_i = (d_i - r_i) - \Delta e_i$$

Damit der Prozess rechtzeitig eingeplant wird, muss also gelten

$$r_i \leq s_i \leq r_i + \Delta lax_i$$

Hier muss nun erneut in die Fälle von unterbrechbaren und nicht-unterbrechbaren Prozessen, sowie statischem und dynamischem Scheduling unterschieden werden. Für den Fall des dynamischen Scheduling bei unterbrechbaren Prozessen gilt als allgemeine Lösung:

- Ein Plan wird beschrieben durch eine Folge von Tupeln $(i, s_{i,j}, \Delta e_{i,j}, m)$ mit dem Prozessorindex m.
- Dann liefert die Funktion $llf(P)$ der Prozessmenge P den Prozess mit dem kleinsten Spielraum und
- die Funktion $active(t, j)$ den zum Zeitpunkt t auf dem Prozessor j aktiven Prozess.
- Es wird angenommen, dass P so viele bereite Prozesse enthält, wie Prozessoren vorhanden sind.

- Das Vorgehen ist in Algorithmus 6 dargestellt.
- Dabei liegt ein Augenmerk auf dem Dispatch-Algorithmus. Dieser verteilt die neuen Prozesse aus *newSet* auf die Prozessoren, wie in Algorithmus 7 zu sehen.

Algorithm 6 Least Laxity

---

procedure SCHEDULE
  while TRUE **do**
    $llSET = \varnothing$
    $readySet = ready(t)$
    for $j = 1$ **to** m **do**
      $i = llf(readySet)$
      $llSet = llSet \cup \{i\}$
      $readySet = readySet \setminus \{i\}$
    end for
    dispatchAll(llSet)
    WAIT(TIME(Δt_{slice}))
  end while
end procedure

Algorithm 7 Dispatcher für Least Laxity

---

procedure DISPATCHALL(llSet)
  $activeSet = \varnothing$
  for $j = 1$ **to** m **do**
    $activeSet = activeSet \cup \{active(t, j)\}$
  end for
  $newSet = llSet \setminus activeSet$
  for $j = 1$ **to** m **do**
    if $active(t, j) \notin llSet$ **then**
      $dispatch(get(newSet), j)$
    end if
  end for
end procedure

Dies kann man an den Beispielen in Abb. 13.10 gut nachvollziehen.

Der Algorithmus lässt sich auch gut grafisch darstellen. Neben der in Abschn. 13.2.1 dargestellten Methode des max-flow/min-cut bietet sich hier eine Darstellung als Zeitskala (z. B. als UML-Zeitverlaufs-Diagramm, siehe Abschn. 12.2.2) an:

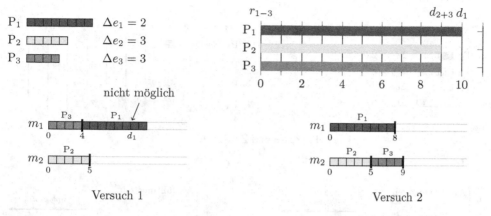

Abb. 13.10 Planen nach Spielräumen

- Zu einem Zeitpunkt t hat P_i bereits $\Delta e_i - \Delta rest_i(t)$ Ausführungszeit hinter sich und noch $\Delta rest_i(t)$ Ausführungszeit vor sich. Für den verbleibenden Spielraum gilt also:

$$\Delta lax_i(t) = d_i - (t + \Delta rest_i(t))$$

- Sei weiterhin $t_0 = min\{r_1, ..., r_n\}$ und m die Anzahl der vorhandenen Prozessoren.
- In einem Achsenkreuz werden für t_0 alle zu t_0 bereiten Prozesse P_i auf die Punkte (x_i, y_i) eingetragen, mit

$$x_i : \Delta lax_i(t_0) = d_i - r_i - \Delta e_i$$

$$y_i : \Delta rest_i(t_0) = \Delta e_i$$

- Für jeden Zeitschritt Δt_G werden die Einträge nun folgendermaßen geändert:
  - Maximal m rechenbereite Prozesse werden in einem Schritt ausgeführt. Sie rücken im Achsenkreuz um ein Raster nach unten (entspricht Verringerung der Restlaufzeit)
  - Alle anderen rechenbereiten Prozesse rücken ein Raster nach links (entspricht Verringerung des Spielraums)
  - Alle nun neu rechenbereiten Prozesse werden neu aufgenommen (s. o.)

Das Ende tritt ein, wenn alle Prozesse ihre Abszisse erreicht haben (brauchbarer Plan) oder wenn ein Prozess die Ordinate überschreitet (kein brauchbarer Plan).

Als Beispiel sollen $n = 4$ unterbrechbare Prozesse auf $m = 2$ Prozessoren eingeplant werden (siehe Abb. 13.11). Das Verfahren hier: Schiebe jeweils diejenigen Prozesse nach unten, welche die kleinsten Spielräume haben. Dieses Verfahren ist weder für unterbrechbare noch nicht-unterbrechbare Prozesse vollständig. Dies ist am Beispiel in Abb. 13.12 zu sehen, in dem zwar ein brauchbarer Plan existiert (siehe rechte Bildseite), dieser aber nicht vom least laxity-Algorithmus gefunden wird (siehe linke Bildseite).

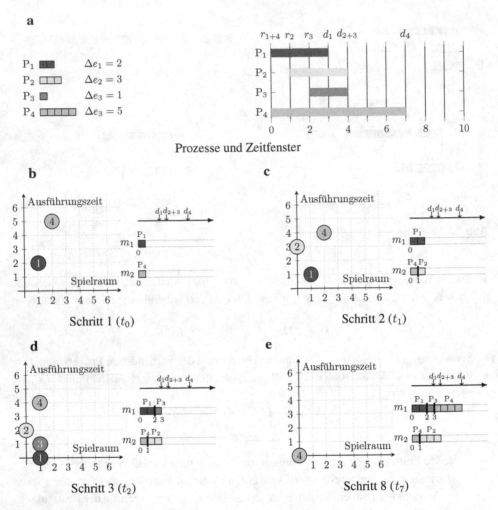

Abb. 13.11 Grafische Darstellung von Planen nach Spielräumen

Für die unterbrechbaren Prozesse $P = \{P_1, P_2, \ldots, P_n\}$ mit gleichen Bereitzeiten pd_0 gibt es in einem System mit m Prozessoren genau dann einen brauchbaren Plan, wenn für jedes j mit $1 \leq j \leq k$ gilt:

$$\sum_{i \in P} \Delta req_i(j) \leq (pd_j - pd_0)\, m$$

Im Falle des statischen Schedulings kann man davon ausgehen, dass die Bereitzeiten r_i aller Prozesse gleich sind ($pd_0 = r_i$) und $P = \{P_1, \ldots, P_n\}$ bereits nach Fristen d_i sortiert ist. Somit ergibt sich ein Algorithmus, der dem des EDF für statisches Scheduling unterbrechbarer Prozesse entspricht, nur dass die Laxity der Prozesse zusätzlich in jedem Schritt angepasst werden muss.

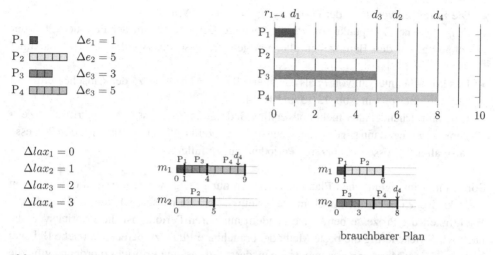

Abb. 13.12 Beispiel für das Planen nach Spielräumen: dynamisches Scheduling, nicht-unterbrechbare Prozesse

13.4.4 Rate-Monotonic Scheduling

Das Planen nach monotonen Raten (engl. *Rate Monotonic Scheduling, RMS*) ist für unterbrechbare, periodische Prozesse geeignet. Eine Rate ist die Anzahl von Perioden in einem Bezugszeitraum. Es gibt keinen expliziten Plan. Stattdessen werden Prioritäten entsprechend der Prozessraten vergeben (impliziter Plan): prio : $P \Rightarrow Z$. Dabei werden Prozesse mit kürzeren Perioden ggü. Prozessen mit längeren Perioden bevorzugt.

- Sei Rate(P_i) $\neq$ Rate(P_j).
- Dann erfolgt die Prioritätszuordnung anti-proportional zur Periodenlänge:
  $\text{rms}(i) < \text{rms}(j) \Leftrightarrow \frac{1}{\Delta p_i} < \frac{1}{\Delta p_j}$
- mit Δp_i: Periode von P_i und rms: Priorität für RMS

Die Prozesse werden nach der so bestimmten Priorität geordnet: $i < j \Leftrightarrow \text{rms}(i) < \text{rms}(j)$. Diese Zuordnung findet in bestimmten Intervallen statt, den o. g. Bezugszeiträumen. Dieser ermittelt sich z. B. durch die längste vorkommende Periode eines Prozesses.

RMS ist nicht vollständig, hat aber große Bedeutung bei Echtzeitsystemen. Der Grund dafür ist die Einfachheit. Bei (möglichem) Prozesswechsel sind nur zwei Prioritätswerte zu vergleichen: rms(rechnender Prozess) und rms(bereit werdender Prozess), was von den meisten kommerziellen Echtzeit-Betriebssystemen unterstützt wird.

Von besonderer Bedeutung beim RMS ist die Betrachtung der kritischen Zeitpunkte bzw. kritischen Intervalle der Prozesse, da mögliche Fristverletzungen nur hier stattfinden können. Dazu wird definiert:

- Die Bereitzeit von P_i in der Periode k: $r_i^k = r_i + k \cdot \Delta p_i$
- Den kritischen Zeitpunkt von P_i als diejenige Bereitzeit r_i^k in der Periode k, bei der abhängig von den Bereitzeiten aller übrigen Prozesse die Abschlusszeit c_i^k maximal wird.
- Das kritische Intervall von P_i als das Intervall $[r_i^k, c_i^k]$ bei dem r_i^k der kritische Zeitpunkt ist. Siehe Beispiel in Abb. 13.13 und 13.14.
- Eine hinreichende, aber nicht notwendige Bedingung für P_i ist, dass ein kritischer Zeitpunkt r_i^k immer dann gegeben ist, wenn die Bereitzeiten aller höher priorisierten Prozesse (also aller Prozesse mit kürzeren Perioden) auf r_i^k fallen.

Somit muss im eigentlichen Planungsverfahren nur gezeigt werden, dass alle Prozesse in ihren kritischen Intervallen noch in die jeweilige Periode passen. Obwohl RMS nicht die Wichtigkeit der Prozesse betrachtet, sondern nur deren Periode, ist die Prioritätsvergabe nach RMS-Scheduling die beste Methode, brauchbare Pläne zu berechnen (siehe Beispiel in Abb. 13.16). Man kann allgemein zeigen, dass, falls es eine Prioritätszuordnung gibt, die zu einem brauchbaren Plan führt, auch RMS zu einem brauchbaren Plan führt. Ein Beispiel, in dem dies nicht gelingt, ist in Abb. 13.15 zu sehen. Hier werden P_2 und P_3 an einem kritischen Zeitpunkt gegenüber P_1 bevorzugt, sodass dieser seine Frist verletzt.

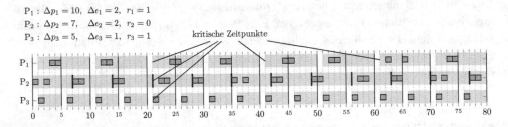

Abb. 13.13 Planen nach monotonen Raten

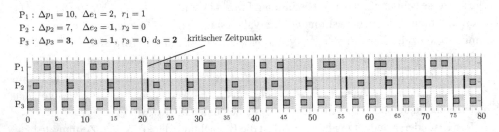

Abb. 13.14 Beispiel 2: Planen nach monotonen Raten

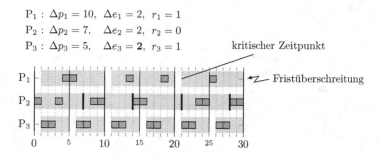

$P_1 : \Delta p_1 = 10, \quad \Delta e_1 = 2, \quad r_1 = 1$
$P_2 : \Delta p_2 = 7, \quad \Delta e_2 = 2, \quad r_2 = 0$
$P_3 : \Delta p_3 = 5, \quad \Delta e_3 = 2, \quad r_3 = 1$

kritischer Zeitpunkt

Fristüberschreitung

Abb. 13.15 Beispiel 1: Planen nach monotonen Raten mit Fristüberschreitung

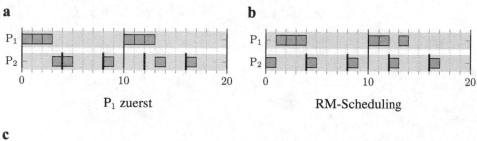

$P_1 : \Delta p_1 = 10, \quad \Delta e_1 = 3, \quad r_1 = 0$
$P_2 : \Delta p_2 = 4, \quad \Delta e_2 = 1, \quad r_2 = 0$

a

P_1 zuerst

b

RM-Scheduling

c

$P_1 : \Delta p_1 = 10, \quad \Delta e_1 = 4, \quad r_1 = 0$
$P_2 : \Delta p_2 = 4, \quad \Delta e_2 = 2, \quad r_2 = 0$

Ähnlicher Plan

Abb. 13.16 Beispiel 3: Planen nach monotonen Raten

Literatur

[But11] Buttazzo, G.C.: Hard Real-Time Computing Systems, 3. Aufl. Springer, New York (2011)
[HW05] Wörn, H., Brinkschulte, U.: Echtzeitsysteme. Springer, Berlin (2005)
[Zöb08] Zöbel, D.: Echtzeitsysteme: Grundlagen der Planung. Springer, Berlin (2008)

Anhang A: Physikalische Einheiten und Größen

A.1   Physikalische Größen

Physikalische Größen (Spannung, Zeit, Länge etc.) werden mit einem Namen dargestellt, der für

- einen Wert und
- eine Maßeinheit nach dem SI-System (Système International d'Unités, siehe Tab. A.1)

steht.

Zum Rechnen in Größengleichungen werden Wert und Maßeinheit als Produkt aufgefasst: Name = Wert · Maßeinheit, z. B. Spannung $U = 5 \cdot$ Volt.

Um Maßeinheiten für eine Zielanwendung in vernünftige Bereiche zu bringen, erhalten Maßeinheiten Präfixe. Eine Auflistung ist in Tab. A.2 zu finden.

Ein Rechnung könnte dann wie folgt aussehen:

$$U = 1\,\mu\text{A} \cdot 50\,\text{m}\Omega$$
$$= 1 \cdot 10^{-6} \cdot 50 \cdot 10^{-3}\,\text{A} \cdot \Omega$$
$$= 50 \cdot 10^{-9}\,\text{V}$$
$$= 50\,\text{nV}$$

© Springer Fachmedien Wiesbaden GmbH, ein Teil von Springer Nature 2019
K. Berns et al., *Technische Grundlagen Eingebetteter Systeme*,
https://doi.org/10.1007/978-3-658-26516-8

Tab. A.1 Auflistung physikalischer Größen

Name	Symbol	Einheit	Kurzzeichen	SI-Einheiten
Strom	I	Ampere	A	SI-Basiseinheit
Ladung	Q	Coulomb	C, As	$1\,C = 1\,As$
Spannung	U	Volt	V	$1\,V = 1\,W/A$
Leistung	P	Watt	W	$1\,W = 1\,VA$
Widerstand	R	Ohm	Ω	$1\,\Omega = 1\,V/A$
Kapazität	C	Farad	F	$1\,F = 1\,C/V$
Leitwert	G	Siemens	S	$1\,S = 1\,1/\Omega = 1\,A/V$
Energie	W	Joule	J	$1\,J = 1\,Ws$
Temperatur	T	Kelvin	K	SI-Basiseinheit
Zeit	t	Sekunden	s	SI-Basiseinheit
Länge	l	Meter	m	SI-Basiseinheit

Tab. A.2 Präfixe für Maßeinheiten

Präfix	Aussprache	Faktor
T	Tera	10^{12}
G	Giga	10^{9}
M	Mega	10^{6}
k	Kilo	10^{3}
d	Dezi	10^{-1}
c	Centi	10^{-2}
m	Milli	10^{-3}
μ	Mikro	10^{-6}
n	Nano	10^{-9}
p	Pico	10^{-12}
f	Femto	10^{-15}

Anhang B: Widerstandswerte, Schaltzeichen und Diodentypen

B.1 Spezifischer Widerstand

Der Widerstand eines Leiters hängt bei Raumtemperatur vom Material, der Leiterlänge l und seiner Querschnittsfläche q ab. Diese Materialabhängigkeit wird als *spezifischer Widerstand* ρ angegeben. Der Widerstand berechnet sich dann zu:

$$R = \rho \cdot \frac{l}{q}$$

In Tab. B.1 sind die spezifischen Widerstände verschiedener Materialien angegeben.

B.2 Farbkodierung von Widerständen

Widerstände werden als elektrische Bauteile mit einer Farbkodierung versehen. Es gibt Farbkodierungen mit vier bis sechs Ringen. Bei vier Ringen geben der 1. und 2. Ring den Zahlenwert, der 3. den Multiplikator und der 4. Ring die Toleranzklasse an. Die genaue Farbkodierung findet sich in Tab. B.2. Die Kodierung *Gelb-Lila-Rot-Gold* steht also für $47 \cdot 10^2 \, \Omega$ mit einer Toleranz von $\pm 5\,\%$.

B.3 Schaltzeichen

Obwohl hier kein kompletter Überblick über alle Schaltzeichen gegeben werden kann, sollen in Tab. B.3 doch zumindest die wichtigsten gezeigt werden.

© Springer Fachmedien Wiesbaden GmbH, ein Teil von Springer Nature 2019
K. Berns et al., *Technische Grundlagen Eingebetteter Systeme*,
https://doi.org/10.1007/978-3-658-26516-8

Tab. B.1 Spezifische Widerstände verschiedener Materialien bei 20 °C

Material	Spez. Widerstand ρ $\left[\frac{\Omega \cdot mm^2}{m}\right]$
Silber	0,016
Kupfer	0,018
Gold	0,022
Aluminium	0,028
Zink	0,06
Messing	0,07
Eisen	0,1
Platin	0,106
Zinn	0,11
Blei	0,208
Kohle	66,667

Tab. B.2 Farbkodierung von Widerständen mit 4 Ringen

Kennfarbe	1. Ring	2. Ring	3. Ring	4. Ring
Silber	–	–	$\times 10^{-2}$	$\pm 10\%$
Gold	–	–	$\times 10^{-1}$	$\pm 5\%$
Schwarz	–	0	$\times 10^0$	–
Braun	1	1	$\times 10^1$	$\pm 1\%$
Rot	2	2	$\times 10^2$	$\pm 2\%$
Orange	3	3	$\times 10^3$	–
Gelb	4	4	$\times 10^4$	–
Grün	5	5	$\times 10^5$	$\pm 0,5\%$
Blau	6	6	$\times 10^6$	$\pm 0,25\%$
Lila	7	7	$\times 10^7$	$\pm 0,1\%$
Grau	8	8	$\times 10^8$	$\pm 0,05\%$
Weiß	9	9	$\times 10^9$	–

Die vorgestellten Schaltzeichen entsprechend der derzeitigen DIN-Norm, allerdings sind nach wie vor viele veraltete oder nicht-offizielle Schaltzeichen in Umlauf. So wird auch hier im Buch z. B. die Gleichspannungsquelle oft durch einen Kreis mit einem „=" Zeichen in der Mitte dargestellt, sodass sie direkt von einer Wechselspannungsquelle unterschieden werden kann. Auch findet sich das normgerechte Symbol für Induktivitäten (das linke in Tab. B.3) gerade in Lehrbüchern eher selten, während das veraltete (in der Abbildung rechts) noch häufig auftaucht.

Diese Inkonsistenz ist der historischen Entwicklung geschuldet.

Tab. B.3 Schaltzeichen

Bauteil	Schaltzeichen	Bauteil	Schaltzeichen
Widerstand, allgemein		NPN-Transistor	
Widerstand, veränderbar (Potenziometer)		PNP-Transistor	
Kondensator		Spannungsquelle, ideal	
Spule bzw. Induktivität		Stromquelle, ideal/konstant	
Glühbirne aus/an		Wechselspannung	
Motoren		Gleichspannung	
Spannungsmesser		Sprunggenerator	
Diode		Batterie	
Leuchtdiode		Masse	
Fotodiode		Operationsverstärker	

B.3.1 Diodentypen

Im Betrieb einer Diode im Durchlassbereich *(forward)* ergeben sich für die typischen Ströme I_F die Diodenspannungen U_F. Bei Betrieb in Sperrrichtung *(reverse)* dagegen die Sperrströme I_R für die anliegenden Diodenspannungen U_R (negativer Wert). Weiterhin muss hier darauf geachtet werden, dass eine Spannung in Sperrrichtung, die größer als U_{Rmax} ist, bei normalen Dioden zu deren Zerstörung führt. Im Durchlassbereich ist der Strom I_{Fmax} die

Tab. B.4 Eigenschaften ausgewählter Diodentypen

	1N914	AA139	1N4005	SSik2380	SSiP11
Anwendung	Schalter	Universell	Gleichrichter	Leistung	Leistung
Material	Si	Ge	Si	Si	Si
Kenngrößen					
Spannung U_{F_1}	0,6 V	0,21 V	0,8 V	0,85 V	0,82 V
Bei Strom I_{F_1}	1 mA	1 mA	10 mA	10 A	100 A
Spannung U_{F_2}	1,0 V	0,5 V	1,0 V	1,02 V	1,15 V
Bei Strom I_{F_2}	100 mA	100 mA	1 A	100 A	1500 A
Sperrstrom I_R	25 nA	1 μ A	10 μ A	15 mA	60 mA
Bei U_R	20 V	10 V	600 V	1400 V	2200 V
Bei T	25 °C	25 °C	25 °C	180 °C	180 °C
Grenzwerte					
$I_{F_{max}}$	200 mA	200 mA	1,0 A	160 A	1500 A
$U_{R_{max}}$	75 V	20 V	600 V	1400 V	2200 V

Grenze, da bei einem größeren Strom die Diode zu heiß wird und dadurch ebenfalls zerstört wird. Beispielhafte Werte für einige im Handel erhältliche Diodentypen sind in Tab. B.4 aufgeführt.

Anhang C: Fourier- und Laplace-Tabellen

C.1 Beispiele für Fourierreihen

In der folgenden Tabelle sind einige Beispiele für Fourier-Reihen mit ihren Eigenschaften zu sehen. Dabei werden die Reihen nicht immer vollständig angegeben und deren Fortführung durch (...) angedeutet.[1]

Tab. C.1 Beispiele zur Fourierreihenentwicklung

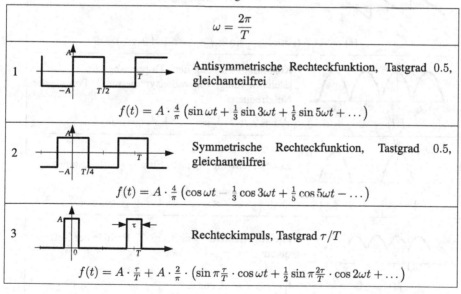

$$\omega = \frac{2\pi}{T}$$

1	Antisymmetrische Rechteckfunktion, Tastgrad 0.5, gleichanteilfrei

$$f(t) = A \cdot \tfrac{4}{\pi} \left(\sin \omega t + \tfrac{1}{3} \sin 3\omega t + \tfrac{1}{5} \sin 5\omega t + \dots \right)$$

2	Symmetrische Rechteckfunktion, Tastgrad 0.5, gleichanteilfrei

$$f(t) = A \cdot \tfrac{4}{\pi} \left(\cos \omega t - \tfrac{1}{3} \cos 3\omega t + \tfrac{1}{5} \cos 5\omega t - \dots \right)$$

3	Rechteckimpuls, Tastgrad τ/T

$$f(t) = A \cdot \tfrac{\tau}{T} + A \cdot \tfrac{2}{\pi} \cdot \left(\sin \pi \tfrac{\tau}{T} \cdot \cos \omega t + \tfrac{1}{2} \sin \pi \tfrac{2\tau}{T} \cdot \cos 2\omega t + \dots \right)$$

(Fortsetzung)

[1]Quelle: [KSW08]

© Springer Fachmedien Wiesbaden GmbH, ein Teil von Springer Nature 2019
K. Berns et al., *Technische Grundlagen Eingebetteter Systeme*,
https://doi.org/10.1007/978-3-658-26516-8

Tab. C.1 (Fortsetzung)

4	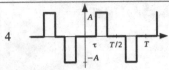	Bipolarer Rechteckimpuls, Halbwellensymmetrie, Hilfsgröße $\varphi = 2\pi\tau/T$

$$f(t) = A \cdot \frac{4}{\pi} \left(\frac{\cos\varphi}{1} \sin\omega t + \frac{\cos 3\varphi}{3} \sin 3\omega t + \frac{\cos 5\varphi}{5} \sin 5\omega t + \dots \right)$$

5		Trapezschwingung, Anstiegszeit = Abfallzeit = τ, Hilfsgröße $a = 2\pi\tau/T$

$$f(t) = \frac{A}{a} \cdot \frac{4}{\pi} \left(\frac{\sin a}{1^2} \sin\omega t + \frac{\sin 3a}{3^2} \sin 3\omega t + \frac{\sin 5a}{5^2} \sin 5\omega t + \dots \right)$$

6	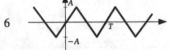	Antisymmetrische Dreieckschwingung mit Halbwellensymmetrie, gleichanteilfrei

$$f(t) = A \cdot \frac{8}{\pi^2} \left(\sin\omega t - \frac{1}{3^2} \sin 3\omega t + \frac{1}{5^2} \sin 5\omega t - \dots \right)$$

7	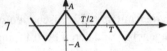	Symmetrische Dreieckschwingung mit Halbwellensymmetrie, gleichanteilfrei

$$f(t) = A \cdot \frac{8}{\pi^2} \left(\cos\omega t + \frac{1}{3^2} \cos 3\omega t + \frac{1}{5^2} \cos 5\omega t + \dots \right)$$

8	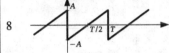	Sägezahnschwingung, gleichanteilfrei, Antisymmetrie

$$f(t) = A \cdot \frac{2}{\pi} \left(\sin\omega t + \frac{1}{2} \sin 2\omega t + \frac{1}{3} \sin 3\omega t + \dots \right)$$

9	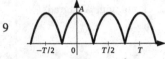	Kosinusschwingung nach Doppelweg-Gleichrichtung, Vollwellensymmetrie, T: Periode der Netzfrequenz

$$f(t) = A \cdot \frac{2}{\pi} + A \cdot \frac{4}{\pi} \cdot \left(\frac{1}{1\cdot 3} \cos 2\omega t - \frac{1}{3\cdot 5} \cos 4\omega t + \frac{1}{5\cdot 7} \cos 6\omega t - \dots \right)$$

10	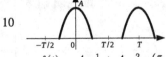	Kosinusschwingung nach Einweggleichrichtung

$$f(t) = A \cdot \frac{1}{\pi} + A \cdot \frac{2}{\pi} \cdot \left(\frac{\pi}{4} \cos\omega t + \frac{1}{1\cdot 3} \cos 2\omega t - \frac{1}{3\cdot 5} \cos 4\omega t + \frac{1}{5\cdot 7} \cos 6\omega t - \dots \right)$$

11	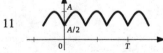	Gleichgerichteter Drehstrom, T: Periode der Netzfrequenz

$$f(t) = A \cdot \frac{3\sqrt{3}}{\pi} \cdot \left(\frac{1}{2} - \frac{1}{2\cdot 4} \cos 3\omega t - \frac{1}{5\cdot 7} \cos 6\omega t - \frac{1}{8\cdot 10} \cos 9\omega t - \dots \right)$$

C.2 Fourier-Transformationstabelle

In der hier angegeben Tab. C.2 finden sich die Fourier-Transformierte bzw. -Rücktransformierte der wichtigsten Elementarfunktionen. Durch Zerlegen komplexerer Funktionen in eine Summe dieser Elementarfunktionen (beispielsweise mittels des Residuensatzes oder einer Partialbruchzerlegung), kann so die jeweilige Transformierte bestimmt werden.

Tab. C.2 Fourier-Transformationstabelle (Auszug)

$f(t)$	$F(\omega)$
$\delta(t)$	1
1	$2\pi \cdot \delta(\omega)$
$\sigma(t)$	$\frac{1}{j\omega} + \pi\delta(\omega)$
$sgn(t)$	$\frac{2}{j\omega}$
$e^{j\omega_0 t}$	$2\pi \cdot \delta(\omega - \omega_0)$
$sin(\omega_0 t)$	$j\pi \cdot [\delta(\omega + \omega_0) - \delta(\omega - \omega_0)]$
$cos(\omega_0 t)$	$\pi \cdot [\delta(\omega + \omega_0) + \delta(\omega - \omega_0)]$
$rect\left(\frac{t}{2T}\right) = \begin{cases} 1, & \text{für } |t| < T \\ 0, & \text{für } |t| > T \end{cases}$	$2T \cdot \frac{sin(\omega T)}{\omega T} = 2T \cdot si(\omega T)$
$e^{-at} \cdot \sigma(t)$	$\frac{1}{a+j\omega}$
$e^{-a|t|} \cdot cos(bt)$	$\frac{2a \cdot (a^2+b^2+\omega^2)}{(a^2+b^2+\omega^2)^2+4a^2\omega^2}$
$e^{-a|t|} \cdot sin(bt)$	$\frac{-j \cdot 4ab\omega}{(a^2+b^2-\omega^2)^2+4a^2\omega^2}$

C.3 Laplace-Transformationstabelle

In der hier angegeben Tab. C.3 finden sich die Laplace-transformierte bzw. -rücktransformierte der wichtigsten Elementarfunktionen. Durch Zerlegen komplexerer Funktionen in eine Summe dieser Elementarfunktionen (beispielsweise mittels des Residuensatzes oder einer Partialbruchzerlegung), kann so die jeweilige Transformierte bestimmt werden.

Tab. C.3 Laplace-Transformationstabelle

Nr.	$f(t)$	$F(s)$
1	$\delta(t)$	1
2	$\sigma(t)$	$\frac{1}{s}$
3	t	$\frac{1}{s^2}$
4	$\frac{t^{n-1}}{(n-1)!}$	$\frac{1}{s^n}$
5	e^{-at}	$\frac{1}{s+a}$
6	$t \cdot e^{-at}$	$\frac{1}{(s+a)^2}$
7	$t^2 \cdot e^{-at}$	$\frac{2}{(s+a)^3}$
8	$1 - e^{-at}$	$\frac{a}{s \cdot (s+a)}$
9	$\sin(\omega t)$	$\frac{\omega}{s^2+\omega^2}$
10	$\cos(\omega t)$	$\frac{s}{s^2+\omega^2}$
11	$e^{-at}\sin(\omega t)$	$\frac{\omega}{(s+a)^2+\omega^2}$
12	$e^{-at}\cos(\omega t)$	$\frac{s+a}{(s+a)^2+\omega^2}$

Literatur

[KSW08] Kories, R., Schmidt-Walter, F.: Taschenbuch der Elektrotechnik: Grundlagen und Elektronik, 8., erw. aufl. Harri Deutsch, Frankfurt a. M. 2008

Stichwortverzeichnis

© Springer Fachmedien Wiesbaden GmbH, ein Teil von Springer Nature 2019
K. Berns et al., *Technische Grundlagen Eingebetteter Systeme,*
https://doi.org/10.1007/978-3-658-26516-8

Printed in the United States
by Baker & Taylor Publisher Services

Printed in the United States
By Bookmasters